Die zwei Kulturen
Literarische und naturwissenschaftliche Intelligenz
C. P. Snows These in der Diskussion

Herausgegeben von Helmut Kreuzer
unter Mitarbeit von Wolfgang Klein

Klett-Cotta
im
Deutschen
Taschenbuch
Verlag

Dieser Ausgabe liegen zugrunde:

C. P. Snow ›Die zwei Kulturen‹. Stuttgart 1967

›Literarische und naturwissenschaftliche Intelligenz‹
Dialog über die »zwei Kulturen«.
Herausgegeben von Helmut Kreuzer. Stuttgart 1969

Juli 1987
Deutscher Taschenbuch Verlag GmbH & Co. KG,
München

Umschlaggestaltung: Celestino Piatti
Gesamtherstellung: C. H. Beck'sche Buchdruckerei,
Nördlingen
Printed in Germany · ISBN 3-423-04454-3

Das Buch

Seitdem C. P. Snow – Physiker und Romancier zugleich – 1959 zum ersten Mal von den »zwei Kulturen« sprach, ist dieses Wort zu einem festen Begriff geworden. Die »zwei Kulturen« – das sind die zwei Welten der Geisteswissenschaft und Literatur einerseits, der Naturwissenschaft und Technik andererseits, zwischen denen sich eine Kluft gegenseitigen Nichtverstehens aufgetan hat. Ignoranz und Spezialisierung auf beiden Seiten haben zuweilen sogar eine gewisse Feindseligkeit entstehen lassen. Mit Recht hält Snow diese Situation für ein wichtiges Problem des Westens, für politisch gefährlich, und zwar schon aus dem Grunde, weil die Geisteswissenschaftler und Politiker nicht mehr wissen, ob Ratschläge der Naturwissenschaftler richtig oder falsch sind.

Die These von den zwei Kulturen fand ein weltweites Echo und entfachte eine Diskussion, in der das Problem, das Snow als sein eigenes Problem empfunden hat, sich immer mehr auf das Verhältnis der Literatur zur »naturwissenschaftlichen Revolution« zuspitzte. Obwohl nämlich Snow beiden Kulturen ihre Einseitigkeit vorwirft, macht er letztlich doch die literarische Intelligenz, die er fortschrittsfeindlich und im eigentlichen Sinn antiintellektuell nennt, für die Isolierung verantwortlich.

Dieser Band enthält den vollständigen Text der berühmten Vorlesung Snows und seinen ›Nachtrag‹ von 1963, in dem er sich mit der Kritik auseinandersetzt, außerdem zwölf Beiträge zur Diskussion aus dem angloamerikanischen und deutschen Bereich, die das Problem von den verschiedensten Seiten aus angehen sowie ein aktuelles Vorwort des Herausgebers.

Inhalt

Vorwort

Sir Charles Snow, erfolgreicher Romancier, ehemaliger Wissenschaftler und hoher Staatsbeamter, hielt 1959 in Cambridge einen Vortrag, die traditionelle »Rede Lecture«, mit dem Titel ›The Two Cultures and the Scientific Revolution‹. Er vertrat die These, die literarisch-geisteswissenschaftliche und die naturwissenschaftlich-technische Intelligenz verkörperten zwei grundverschiedene »Kulturen« innerhalb der westlichen Industriegesellschaft. Ihre wechselseitige Entfremdung, die Kluft des Unverständnisses, der Gleichgültigkeit und Aversion zwischen ihnen habe ein unerträgliches Ausmaß erreicht. Die Horizontbeschränkung wirke sich auf beiden Seiten als kulturelle Verarmung aus, habe aber darüber hinaus die ernstesten politisch-sozialen Konsequenzen. Eine Nation, die nichts zu ihrer Überbrückung (etwa durch Reform des Bildungswesens) unternehme, setze ihre Zukunft aufs Spiel. Die Industriegesellschaften insgesamt könnten sich nicht leisten, den Ausgleich zwischen reichen und armen Nationen auf die lange Bank zu schieben. Dieser sei nur möglich mit den Mitteln und den sozialen Gesinnungen der szientifisch-technischen »Kultur«, werde daher erschwert und gehemmt durch die antiszientifische Einstellung und auch durch eine antisoziale Erbschaft der literarischen »Kultur«, deren Einfluß in der Gesamtgesellschaft dominiere.

Eine gekürzte Fassung der Rede Lecture erschien in der Zeitschrift ›Encounter‹ und löste in deren Spalten eine Diskussion aus, an der sich mehrere Gelehrte von Weltruf beteiligten. Die englische Buchausgabe erreichte schon im folgenden Jahr, 1960, die 7., die amerikanische die 6. Auflage. Ihre These fand ein frappierendes, weltweites Echo, von New York bis Moskau, von Tokio bis Warschau und Budapest. Der Begriff der »zwei Kulturen« wurde zum internationalen Schlagwort, die Rede Lecture zum Lese- und Diskussionsstoff englischer Schulen und amerikanischer Colleges.

Die Diskussion trat in ein neues, für die englische Intelligenz ziemlich sensationelles Stadium, als am 28. Februar 1962, ebenfalls in Cambridge, der ebenso berühmte wie streitbare und umstrittene Kritiker und Literaturwissenschaftler F. R. Leavis die fällige, gleichfalls traditionelle »Richmond Lecture« unter das Thema der ›Zwei Kulturen‹ stellte, mit dem Untertitel ›The Significance of C. P. Snow‹ versah und in diesem Vortrag die Rede Lecture von 1959 und ihren Autor Snow zum Gegenstand eines Angriffs von exzessiver Schärfe machte. Die Publikation des Textes im ›Spectator‹ (vom 9. März des gleichen Jahres) löste einen Sturm meist polemischer Stellungnahmen sowohl von Literaten wie von Wissenschaftlern aus (die Mehrheit trat für Snow in die Schranken). Unverzüglich griff die Kontroverse auf die Vereinigten Staaten über; schon im Juni 1962 publizierte der einflußreiche Kritiker Lionel Trilling in der New Yorker Zeitschrift ›Commentary‹ einen längeren Essay über die Kontroverse, der sich seinerseits Angriffe beider Parteien zuzog. Leavis selber reagierte 1963 im Vorwort zur amerikanischen Buchausgabe der Richmond Lecture darauf. Weitere Kommentare folgten in nicht abreißender Kette, in den letzten Jahren auch in der Bundesrepublik, wo 1967 die Rede Lecture in einer deutschen Ausgabe des Ernst Klett Verlags erschien. Eine Auswahl der publizistischen Stellungnahmen verzeichnet die Bibliographie dieses Bandes.

Daß Snows und Leavis' Vorträge zur Frage der »zwei Kulturen« so viel Resonanz gefunden haben und noch finden, erklärt sich schwerlich aus gedanklicher Originalität und stilistischem Glanz (beides ist beiden nachdrücklich abgesprochen worden, ohne daß ihre stimulierende Wirkung darunter gelitten hätte). Es scheint vielmehr anzuzeigen, daß die Diskussion Sachverhalte berührt und Anschauungen ins Rampenlicht gerückt hat, die für die Intelligenz der Industriegesellschaften im letzten Jahrzehnt eine zunehmende Signifikanz gewonnen haben. (Noch im vorangegangenen Jahrzehnt hatten Snow und andere das sogenannte »Zwei Kulturen-Problem« öffentlich angesprochen, ohne ein nur entfernt vergleichbares Interesse zu erregen.) Dafür zeugt auch der engagierte (und enragierte) Charakter mancher Stellungnahmen, darunter einiger deutscher aus den letzten Jahren.

Ist es aber so, dann sollten wir uns doch wohl bemühen, die aufgeworfenen Fragen zu klären und sodann die nötigen praktischen Konsequenzen zu ziehen. Vielleicht kann dieser Band – auch mit einzelnen mehr oder weniger problematischen Beiträgen – als ein Anstoß dafür dienen. Er erfüllt den angestrebten Zweck, wenn er einen anregungskräftigen Einblick in Verlauf und Stand einer Debatte gewährt, die kultursoziologisch symptomatisch und aktuell erscheint (in Deutschland mittelbar aktuell und applizierbar wohl auch an denjenigen Stellen, die speziell angelsächsische Phänomene erörtern). Der Band vereinigt die bisher am stärksten beachteten Dokumente der englisch-amerikanischen Diskussion (die meisten waren bisher unübersetzt) und ergänzt sie durch deutsche Beiträge teils direkt zur Snow-Leavis-Kontroverse, teils zum zugrundeliegenden Problem. Von diesen deutschen Stellungnahmen sind einige bereits verstreut erschienen; andere wurden speziell für diesen Band geschrieben; die Drucknachweise zu den Beiträgen geben darüber jeweils genaue Auskunft. Unter den neunzehn beteiligten Autoren sind Vertreter des naturwissenschaftlich-technischen und des geisteswissenschaftlich-historischen Bereichs ungefähr gleichgewichtig vertreten; auch Schriftsteller und Soziologen kommen zu Wort. Die Sammlung wendet sich an eine interessierte Öffentlichkeit; sie kann im ganzen keinen fachgebundenen akademisch-wissenschaftlichen Anspruch erheben, behandelt auch keineswegs die aufgeworfenen Probleme gleichmäßig und wissenschaftlich zureichend – weder das historisch variable Verhältnis von Natur- und Geisteswissenschaften, Naturwissenschaft und Technik, von Kunst, Literatur und industrieller Gesellschaft, noch gar das Verhältnis von Wissenschaft und Politik, Politik und Kunst, von Administrationen, Parteien, Parlamenten zum literarischen Leben u. ä.[1] Die relative, teils auch totale Vernachlässigung der zuletzt genannten Aspekte in diesem Band entspricht und ergibt sich aus dem bisherigen Verlauf der Diskussion (vielleicht korrigiert hier die Zukunft). Entsprechendes gilt für das Zurücktreten des Problems der »armen Nationen« gegenüber dem der geistig-sozialen Antagonismen innerhalb der »reichen Nationen«.

Die Beiträge mußten, mit Rücksicht auf den Umfang und Zweck des Bandes und zur Vermeidung von Wiederholungen, teilweise gekürzt werden; Auslassungen sind jeweils durch Punkte in eckigen Klammern gekennzeichnet. An der redaktionellen Bearbeitung beteiligte sich Wolfgang Klein. Er schrieb auch die biobibliographischen Notizen, erstellte die Auswahlbibliographie* und las die Korrekturen mit. Die Anregung zur Zusammenstellung des Bandes gab Gert Quenzer vom Ernst Klett Verlag anläßlich eines Vortrags zur »Zwei-Kulturen-Dis-

* Die Auswahlbibliographie von 1969 wurde, da veraltet, nicht übernommen.

[1] Beitragszusagen von Politikern und Publizisten konnten aus Zeitmangel nicht eingehalten werden.

kussion«, den ich 1966 an der Technischen Hochschule Stuttgart hielt (und aus dem einige Formulierungen in diese Einleitung übernommen wurden).

Saarbrücken, im Dezember 1968 Helmut Kreuzer

Vorwort zur Taschenbuchausgabe (1987)

Die deutschen Beiträge zu diesem Band entstanden zwischen 1966 und 1968.[1] 1969/70 erschienen zahlreiche Besprechungen; die Presse reagierte positiv. Dennoch drängten neue intellektuelle Frontbildungen die Zwei-Kulturen-Debatte, die Snow 1959 entfesselt hatte, zunächst in den Hintergrund der kulturpolitischen Szene. Die Studentenbewegung hat 1969, im Erscheinungsjahr des Bandes, ihren Höhepunkt erreicht. Die Gruppenuniversität, die neue Schulpolitik mit ihren Rahmenrichtlinien, die Selbstbestimmung von »Betroffenen« in Redaktionen, Verlagen, Theatern usw., die antiautoritäre Erziehung, die Lebensform von »Kommunen«, die »sexuelle Revolution« – dies und ähnliches waren vorübergehend Themen und Schlagworte im Alltag der Intellektuellen, insbesondere der literarischen Intelligenz. Sie wurden verknüpft mit Bekenntnissen und Thesen, die weit über die kulturpolitische Szene hinausreichten, aber auch auf dieser die Abgrenzung der intellektuellen »Lager« mitbestimmten: Stellungnahmen zum Vietnam-Krieg, zu den Revolutionen und revolutionären Führern der Dritten Welt (Beispiel: Che Guevara), Debatten über die »große Verweigerung« der Kunst (im Sinne Marcuses und der Kritischen Theorie) oder ihr Engagement in operativen Genres, über den besten Weg zur Systemveränderung (direkte Aktion oder Langer Marsch durch die Institutionen), über das Verhältnis der Intelligenz zu den revolutionsunwilligen Massen, über die Vorzüge und Nachteile der rivalisierenden neomarxistischen Theorien und Strategiekonzepte. Nach dem Radikalenerlaß von 1972, der Zersplitterung und dem Versanden der kulturrevolutionären Bewegung begannen die literarischen Rückzüge auf die Probleme des eigenen Selbst, auf die Krisen der »Zweierbeziehungen«, begann aber auch der Aufbruch des neuen Feminismus: »Sexismus geht tiefer als rassismus als klassenkampf«, deklarierte 1975 eine bis dahin unbekannte Autorin mit beträchtlicher Resonanz.[2]

Gleichzeitig aber kehrte das Problem der »Zwei Kulturen« modifiziert ins allgemeine Bewußtsein zurück. Allerdings in

[1] Mit Ausnahme des Beitrags von Hans Paul Bahrdt (1960/62).

[2] Vgl. Verena Stefan, Häutungen. Autobiographische Aufzeichnungen, Gedichte, Träume, Analysen. 7. Aufl. München 1976, S. 34.

neuen wirtschaftspolitischen Zusammenhängen, die der Club of Rome diagnostizierte. Die Ölkrise und, damit verbunden, Prognosen zur möglichen Erschöpfung der Rohstoffvorräte, zum ökonomisch-industriellen »Ende des Wachstums« machten die geschichtliche Begrenztheit und die brüchige Grundlage der Industriegesellschaft alter Art breiten Schichten bewußt. Die Konturen der sogenannten Informationsgesellschaft zeichneten sich ab. Der Datenschutz wurde aktuell. Der Computer drang als Chance und Bedrohung ins Lebensmilieu von Druckern, Journalisten, Büroangestellten, Industrie- und Warenhauskunden ein. Arbeitslosigkeit und Frührentnertum wurden zum Dauerschicksal für Millionen. Mit der wachsenden Freizeit wächst die Bedeutung der technischen Massenmedien; die Schärfe des politischen Kampfes um ihre Kontrolle und teilweise Privatisierung nahm zu und verband sich mit der Diskussion um den ästhetisch-ethischen Anspruch an ihre Programme.

Nicht mehr das Verhältnis von Kapitalismus und Sozialismus, sondern das von Ökologie und Ökonomie erwies sich als aktuellste bewegende Kraft im gesellschaftlich-politischen Leben. Bürgerinitiativen setzten sich für die bedrohte Umwelt ein; die Grünen etablierten sich als politische Partei; die traditionellen Parteien nahmen – wenn auch schwerfällig und Schritt für Schritt – unvermeidliche Kurskorrekturen vor. Medikamentenskandale (Beispiel: »Contergan«-Kinder), Raumfahrt-Unfälle, das »Waldsterben«, die Vergiftung von Boden, Luft und Gewässern, die neuen Möglichkeiten der Gentechnologie, beängstigende Pannen in Atomkraftwerken (von Harrisburg bis Tschernobyl) – was immer nun durch die ›Tagesschau‹ in jedermanns Stube hineinstrahlte, unterminierte das herkömmliche Fortschrittsbewußtsein, soweit es auf Technik, Wissenschaft und Industrie gegründet war.[3] Daß nicht alles, was technisch möglich ist, realisiert werden darf – diese Formel fand als Imperativ für künftiges Handeln fast allgemeinen Konsens. Freilich geht aus ihr nicht hervor, *was* realisiert werden darf; und in den engsten Zirkeln der Mächtigen fand und findet ein ungehemmter Technizismus offenbar nach wie vor Gehör. Der »Vater« der Wasserstoffbombe, Edward Teller, forderte unbeeindruckt,

[3] »Die Frage des Allensbacher Instituts: ›Glauben Sie an den Fortschritt – das heißt, glauben Sie, daß die Menschheit einer immer besseren Zukunft entgegengeht?‹ hatten 1972 60 Prozent der befragten Bundesbürger bejaht, 1980 nur 31.« Mit diesem Satz beginnen Johano Strasser und Klaus Traube ihr Buch ›Die Zukunft des Fortschritts‹. Bonn 1981, S. 7.

der Wissenschaftler solle, »was er verstanden hat, anwenden. Und ich meine, daß man sich dabei keine Grenzen ziehen sollte. Was man verstehen kann, das soll man auch anwenden.«[4]

In der politischen und intellektuellen Diskussion der Bundesrepublik wurden alte Positionen aufgegeben, teilweise geradezu vertauscht. Es waren unpolitische Künstler oder konservative Ideologen gewesen, die C. P. Snow im Auge hatte, als er die »literarische Kultur« der Verachtung von Wissenschaft und Technik bezichtigte, der asozialen Resistance gegen soziale Errungenschaften, die durch jene beiden ermöglicht worden waren. Ein Beispiel – von Karl Steinbuch in diesem Band erwähnt – ist Friedrich Georg Jüngers ›Die Perfektion der Technik‹ (1946). Nun aber bekennt sich die »Linke« – jedenfalls in der Bundesrepublik – buchstäblich zu einem neuen Konservatismus, den sie – im Sinne Erhard Epplers – als »Wertkonservatismus« vom »Strukturkonservatismus« der »Rechten« unterscheidet. Diese aber warf sich – jedenfalls im unmittelbar politischen Sektor – zum Verteidiger des industriellen »Wachstums« und des technischen Fortschritts auf: Sie verhinderte das Tempo-Limit auf Autobahnen, bekannte sich zur Atomwirtschaft, unterstützte das »Sternenkrieg«-Programm der Reagan-Administration. Ihre intellektuellen Wortführer innerhalb der literarisch-geisteswissenschaftlichen Szene übernahmen aber keineswegs das traditionelle Fortschrittskonzept der Linken, sondern verkündeten das Zeitalter der »Postmoderne«, das sich nicht durch einzuholende Utopien definiert, das Noch-nicht kollektiver Zukunftsziele, sondern durch den Abschied von Zielen der Vergangenheit, durch das Nicht-mehr einer »Moderne« (unter der man höchst Unterschiedliches versteht).

Wäre der vorliegende Band erst in den letzten Jahren geplant worden, so würden darin auch technophile Beiträger, Fürsprecher einer fortschreitenden Technisierung unserer Lebenswelt zögern, eine »Entwicklung« der »Entwicklungsländer« in der Dritten Welt nach dem gegenwärtigen Muster der Ersten Welt zu fordern, da die Menge der Schadstoffe nicht beliebig vermehrbar ist, ohne verhängnisvolle Folgen hervorzurufen, und die Vorräte an Rohstoffen tatsächlich begrenzt sind.[5] Ein Um-

[4] Bild der Wissenschaft 12 (1975) 10, S. 116. Vgl. dazu Hans Lenk: Der Macher der Natur? Über operativistische Fehldeutungen von Naturbegriffen der Neuzeit. In: Natur als Gegenwelt. Beiträge zur Kulturgeschichte der Natur. Hrsg. v. Götz Großklaus und Ernst Oldemeyer. Karlsruhe 1983.

[5] Anders Hermann Lübbe, Zeit-Verhältnisse. Zur Kulturphilosophie des

denken der »Ersten«, der »Zweiten« wie der »Dritten Welt« scheint geboten, wenn die Menschheit ihr Überleben sichern will, soweit es in ihren eigenen Kräften steht.

Die literarischen Kritiker der Technik aber würden sich zwar nach wie vor auf die Gewißheit des je persönlichen Todes berufen (»Jeder stirbt allein«), um die Fortschritte des zivilisatorischen Prozesses zu entwerten; es gibt regelrechte Todesschwärmer unter den Propheten des »neuen Irrationalismus« von heute.[6] Sie würden sich auch nach wie vor auf die Individualität beziehen, die in der »verwalteten Welt« des technisch-wissenschaftlichen Zeitalters allein in der Kunst noch ihre Zuflucht finde; bezeichnenderweise sind Autobiographie, Biographie, Ich-Lyrik bevorzugte Genres der siebziger und achtziger Jahre. Aber wohl noch mehr würden sie die Bedrohung der zivilisatorischen »Lebensqualität« durch die industrielle Zivilisation selbst an die Wand schreiben, vor allem aber die Gefahr der Selbstvernichtung, in der sich die Industriegesellschaft als ganze, ja das Kollektiv der Menschheit befindet. Die positive Utopie, die diese »Gegenkultur« beschwört, steht im Zeichen der »Natur als Gegenwelt«.[7]

Damit ist mehr gemeint als daß die »Natur« als touristisch begehrtes (und vom Tourismus gefährdetes) Komplement industrieller Ballungszentren fungiert, als notwendiges Teilelement der Industriegesellschaft als ganzer. Die Renaissance des Naturbegriffs – ein »Rousseauismus ohne Rousseau«[8] – in der intel-

Fortschritts. Graz, Wien, Köln 1983, S. 127. – Den erwähnten Positionsverschiebungen in den gesellschaftlichen Lagern entsprechen auch gewisse Positionsverschiebungen bei Beiträgern dieses Bandes. So galt Karl Steinbuch bis 1969 als Wortführer des eher linken Flügels der technischen Intelligenz, später als Wortführer des eher rechten Flügels. Der Biologe Hans Mohr zweifelt nun daran, daß »unser Intellekt – angepaßt an die Welt, aus der wir kommen – hinreicht, die von uns geformte Welt, in der wir leben, zu begreifen und zu zügeln« und befürchtet ein mögliches Versagen unserer »Überlebensstrategie«. Vgl. Hans Mohr, Evolutionäre Erkenntnistheorie. In: Mitteilungen der Alexander von Humboldt-Stiftung, Heft 47, Juli 1986.

[6] Ein Musterbeispiel ist Gerd Bergfleth. Vgl. seinen »Anhang: Baudrillard und die Todesrevolte« zu: Jean Baudrillard, Der symbolische Tausch und der Tod. München 1982.

[7] Vgl. »Natur als Gegenwelt« (s. Anm. 4) und die zahlreichen Literaturverweise der einzelnen Beiträge. Vgl. dort u.a. Kurt Hübner, der am Beispiel Hölderlins die Dichtung als Zuflucht nichtwissenschaftlicher Naturerfahrung beschreibt, als ein Erbe mythischer Naturerfahrung, das so legitim wie die wissenschaftliche Naturerfahrung sei und grundsätzlich etwas anderes als die laienhafte Form wissenschaftlicher Naturerfahrung.

[8] Vgl. Rousseau und Rousseauismus. Heft 63 der Zeitschrift für Literaturwissenschaft und Linguistik (LiLi) 1986.

lektuellen und literarischen Debatte gehört zur Signatur der Gegenwart. An ihm scheiden sich die »Zwei Kulturen« heute – auch im Lager derer, die einen ökotechnologischen Wandel fordern und sich nicht mit einer Philosophie des »Weiter so« begnügen.

Was aber heißt »Natur« als soziale Utopie am Ausgang des 20. Jahrhunderts? Die Widersacher der technischen Dynamik suchen sie (geistig) in meditativer Versenkung und neuer Mystik, (gesellschaftlich) im Auszug aus den gigantischen Institutionen und Organisationen, im Rückzug auf Landkommunen, in der Autarkie kleiner Gemeinschaften, (ethisch) im asketischen Verzicht auf »Konsum« und »Chemie«, (ökonomisch) in der »Deindustrialisierung« und »Reagrarisierung« als wenn auch ferner Chance bei starkem Sinken der Bevölkerungszahl, das freilich in der Dritten Welt nicht abzusehen ist und selbst im Wohlstandsstaat der Bundesrepublik von den politischen Verwaltern der Renten als Gefahr für den »Vertrag der Generationen« bekämpft wird.

Die Gegenrichtung aber, die Fürsprecher der technischen Dynamik, setzen philosophisch gerade auf die Autonomie und Rationalität des Menschen, auf die Leistungen der technisch-naturwissenschaftlichen Intelligenz: auf eine Umwelttechnologie, der eine neue Politik, eine neue Mentalität der Menschen, gewachsen aus neuen Bedürfnissen und Interessen, neue Ziele setzt – beginnend mit bleifreiem Benzin und Katalysator-Autos, mit Recycling, Emissionsschutz und Entfilterung, und nicht endend mit technischer Abrüstungskontrolle und der Substituierung von Atomkraftwerken durch energiesparende Erfindungen, durch »alternative« Energiequellen wie Sonne, Wasser und Wind.

Die einen berufen sich darauf, daß nicht der Mensch der Schöpfer der Natur sei und daß er als ihr »Macher« sich übernehme. Die Natur »räche sich«, wenn man nicht auf sie höre. Die anderen fordern dazu auf, die »Technologisierung der Natur« durch die Anstrengung der Ingenieure zu vollenden. Die »Agrarrevolution«, d.h. der Übergang von der Jäger- und Sammlergesellschaft zur Hirten- und Ackerbaugesellschaft, habe »auf einer niedrigeren Stufe der technischen Entwicklung genau das (vollzogen), was heute auf sehr viel höherem Entwicklungsniveau wiederum zu recht gefordert wird: die Ablösung des Ausbeutungsprinzips durch das Prinzip der Hege und Pflege.«[9]

[9] Günter Ropohl, Technik als Gegennatur. In: Natur als Gegenwelt (Anm. 3), S. 97.

Soweit gibt es noch Konsens bei denen in beiden Lagern, die die Notwendigkeit des Umdenkens, den Gedanken des Epochenwechsels akzeptieren. Aber wenn die einen daraus »regressive« Schlüsse ziehen, so die anderen »progressive«, bezogen auf den Prozeß technischer Naturbeherrschung. Die »regressive« Richtung fordert die Überwindung des »technokratischen« Bewußtseins, die »progressive« die »technische Reorganisation der Natur«, zwecks Berücksichtigung der »ökologischen Systemgleichgewichte« im »Gestaltungsprozeß«, der mittels einer »ökologisch begründete(n) weltweite(n) Material-, Energie-, Ernährungs-, Landschafts-, Klima- und Bevölkerungsplanung ... die Natur allseitig domestiziert ...«[10]. »Wenn der Mensch die nunmehr gebotene ökotechnologische Wende nicht vollzieht, wird er gemäß ökologischer Prinzipien über kurz oder lang eliminiert werden; dann und nur dann wird es wieder Natur geben. Wenn jedoch die Menschen die Hege und Pflege des irdischen Ökosystems mit der erforderlichen Konsequenz vervollkommnen, so bedeutet dies nicht mehr oder weniger als das Ende der Natur.«[11]

Das »Ende der Natur« steht beiden Richtungen vor Augen: der einen (falls es nicht zur Umkehr kommt, zur Abdankung des großen Anspruchs- und technisch-politischen Allmachtsdenkens) als Horrorphantasie, als globale Katastrophe, sei sie nun verursacht durch den Atomkrieg der Supermächte oder durch das »Restrisiko«, das mit jeglicher Sicherheitstechnik im Rüstungs-, Chemie- oder Atomgeschäft verbunden bleibt, der anderen als vollendeter Triumph der Technik über die Natur, als menschliche Beherrschung einer total »domestizierten« Welt. Vertreter eines dritten Weges plädieren zwar gleichfalls für eine »gewaltige Steigerung der menschlichen Erfindungskraft«,[12] bleiben sich aber der »Undomestizierbarkeit« der Natur bewußt, der geringen Bedeutung des Planeten Erde im katastrophenträchtigen All, der Episodenhaftigkeit menschlicher Historie und technischer Kultur im Kontext der planetarischen Naturgeschichte. Dieses Bewußtsein muß sich mit keinem resignativen Fatalismus, keinem heroischen Nihilismus, keiner Lust am Untergang verbinden. Aber es dürfte sinnvoll sein, den Menschen selbst als Teil der Natur zu begreifen, seine literari-

[10] Ebd. S. 97f.
[11] Ebd. S. 98.
[12] Ebd.

schen und technischen Fähigkeiten als natürliche Fähigkeiten einzuschätzen, mit Chancen, die dergestalt in der Natur des Menschen liegen, in seiner Geschichte sich produktiv entfalten können, und mit Grenzen, die teils mit der Natur (als sogenannte »Naturgesetze«) ein für allemal gegeben sind, teils aber vom Ethos und der Vernunft des Menschen im Blick auf die Notwendigkeiten der wechselnden geschichtlichen Situationen immer neu zu ziehen sind.

Dafür wird auch der Beitrag der Geisteswissenschaften gefragt sein. So könnte Odo Marquard recht haben, wenn er eine Folge der naturwissenschaftlich-technischen Dynamik darin sieht, daß die Geisteswissenschaften »unvermeidlich« werden.[13] Sollte aber die umfassende und weltweite Planung Realität werden, die Günter Ropohl fordert, und sollte das illusionäre Bewußtsein einer »Domestikation« der Außenwelt sich festsetzen, wird das spontane Verlangen der Einzelnen sich vermutlich in einer gegenläufigen Tendenz auf »undomestizierte« Künste richten, auf Imaginationen eines »wilden«, unbeherrschten Innenlebens als Gegenwelt zur (scheinbar) beherrschten Kultur-Natur der Gesellschaft.

[13] Odo Marquard, Über die Unvermeidlichkeit der Geisteswissenschaft. In: Apologie des Zufälligen. Philosophische Studien. Stuttgart 1986.

Vgl. auch die in den 80er Jahren vielbeachteten Schriften des Philosophen Hans Jonas zur »Zukunftsverantwortung«, zu einer neuen Ethik unter den Bedingungen des Atomzeitalters und der Gentechnologie.

C. P. Snow
Die zwei Kulturen
Rede Lecture, 1959

I. Die zwei Kulturen

Es ist ungefähr drei Jahre her, daß ich in einem Zeitungsartikel eine Frage angeschnitten habe, die mich schon geraume Zeit beschäftigt hatte.[1] So, wie mein Leben verlaufen ist, mußte ich mich irgendwann mit diesem Problem befassen. Und eben der Verlauf meines Lebens, jene Verkettung günstiger Umstände, war ja meine einzige Legitimation dafür, daß ich dieses Thema immer wieder aufgriff. Jeder Mensch mit ähnlichen Erfahrungen hätte etwa dieselben Beobachtungen gemacht, und er hätte sie, denke ich, auch kaum viel anders auslegen können. Es waren einfach ungewöhnliche Umstände. Meiner Ausbildung nach war ich Naturwissenschaftler, meiner Berufung nach Schriftsteller. So einfach war das. Eine glückliche Fügung, wenn Sie so wollen, die sich daraus ergab, daß ich aus kleinen Verhältnissen kam.

Aber es geht hier nicht um meine Lebensgeschichte. Es genügt, wenn ich erwähne, daß ich nach Cambridge kam und dort zu einer Zeit angespannter wissenschaftlicher Tätigkeit Forschungsarbeiten durchführte. Ich hatte das Glück, eine der großartigsten schöpferischen Epochen der Physik aus nächster Nähe beobachten zu dürfen. Und die Fügungen des Krieges – zu denen auch eine Begegnung mit W. L. Bragg im Bahnhofsrestaurant Kettering an einem sehr kalten Morgen des Jahres 1939 gehörte, die entscheidenden Einfluß auf mein Berufsleben hatte – brachten es mit sich, daß ich in der Lage, ja sogar moralisch verpflichtet war, diesen Beobachterposten seither ohne Unterbrechung beizubehalten. Ich mußte also dreißig Jahre lang nicht nur aus Neugier, sondern weil es zu meinen Berufspflichten gehörte, Verbindung mit Naturwissenschaftlern halten. Während dieser selben dreißig Jahre habe ich aber auch versucht, die Bücher zu gestalten, die ich schreiben wollte, und das führte mich notwendigerweise mit Schriftstellern zusammen.

Es ist oft genug vorgekommen, daß ich meine Dienststunden mit Wissenschaftlern verbrachte, um dann abends mit ein paar

[1] The Two Cultures. In: New Statesman, 6. Oktober 1956.

Schriftstellerkollegen loszugehen. Im wahrsten Sinne des Wortes. Natürlich hatte ich unter den Naturwissenschaftlern genau so gute Freunde wie unter den Schriftstellern. Dieser Verkehr mit beiden Gruppen und mehr noch, glaube ich, das regelmäßige Pendeln von der einen zur anderen war daran schuld, daß mich ein Problem nicht mehr losließ; ich hatte es, lange bevor ich es zu Papier brachte, für mich selber die »zwei Kulturen« getauft. Ich hatte nämlich ständig das Gefühl, mich da in zwei Gruppen zu bewegen, die von gleicher Rasse und gleicher Intelligenz waren, aus nicht allzu verschiedenen sozialen Schichten kamen und etwa gleich viel verdienten, sich dabei aber so gut wie gar nichts mehr zu sagen hatten, und deren intellektuelle, moralische und psychologische Atmosphäre dermaßen verschieden war, daß Burlington House oder South Kensington von Chelsea durch einen Ozean getrennt schienen.

In Wirklichkeit lag viel mehr als nur ein Ozean dazwischen, denn nach ein paar tausend Meilen Atlantischen Ozeans konnte man in Greenwich Village genau dieselbe Sprache wiederfinden, die man aus Chelsea kannte – aber die Leute dort konnten sich mit dem MIT (Massachusetts Institute of Technology) auch nicht verständigen: die Wissenschaftler hätten ebensogut Tibetanisch sprechen können. Das Problem besteht nämlich keineswegs nur für die Engländer; infolge gewisser Eigenheiten unseres Bildungs- und Gesellschaftssystems wird es bei uns ein wenig übertrieben, infolge einer anderen englischen gesellschaftlichen Eigentümlichkeit ein wenig bagatellisiert, doch im großen und ganzen stellt sich dieses Problem für den gesamten Westen.

Ich ziele hier auf etwas Ernstzunehmendes und denke nicht an die hübsche Geschichte, wie einer von den geselligeren großen Dons von Oxford – in der Version, die mir erzählt wurde, war es A. L. Smith – zu einem Essen nach Cambridge kam. Es mag um 1890 herum gewesen sein, und das College war wohl St. John's, oder Trinity. Nun, Smith saß jedenfalls rechts vom Präsidenten – oder Vizemaster –, und er war ein Mensch, der gern seine ganze Umgebung in das Gespräch einbezog, wenn auch die Mienen seiner Nachbarn ihn nicht unbedingt dazu ermutigten. So richtete er ein paar heitere Bemerkungen im leichten Oxfordton an sein Gegenüber, bekam aber nur ein Knurren zur Antwort. Dann versuchte er es mit seinem Nachbarn zur Rechten, der aber auch nur ein Knurren von sich gab. Zu seiner Überraschung bemerkte er dann, wie die beiden einander anblickten und sagten: »Verstehen Sie, wovon er sprickt?« – »Keine blasse Ahnung.« Das brachte selbst Smith aus der Fassung. Doch der Präsident überbrückte die peinliche Situation und beruhigte ihn mit den Worten: »Ach die – das sind Mathematiker. Mit denen reden wir überhaupt nicht.«

Nein, ich habe etwas Ernstes im Sinn. Ich glaube, das geistige Leben der gesamten westlichen Gesellschaft spaltet sich immer mehr in zwei diametrale Gruppen auf. Wenn ich vom geistigen Leben spreche, so möchte ich darunter auch einen großen Teil unserer Praxis mitverstanden wissen, denn ich wäre der Letzte, der zugeben würde, daß da im tiefsten Grunde ein Unterschied gemacht werden kann. Auf diese Praxis werde ich etwas später noch zurückkommen. Zwei diametrale Gruppen also: auf der einen Seite haben wir die literarisch Gebildeten, die ganz unversehens, als gerade niemand aufpaßte, die Gewohnheit annahmen, von sich selbst als von »den Intellektuellen« zu sprechen, als gäbe es sonst weiter keine. Ich weiß noch, wie G. H. Hardy in den dreißiger Jahren einmal etwas verdutzt zu mir sagte: »Ist Ihnen schon aufgefallen, wie heutzutage das Wort ›intellektuell‹ verwendet wird? Anscheinend gibt es da eine neue Definition, unter die Rutherford bestimmt nicht fällt, und Eddington, Dirac, Adrian und ich selber auch nicht. Also wissen Sie, mir kommt das ziemlich komisch vor.«[2] Literarisch Gebildete auf der einen Seite – auf der anderen Naturwissenschaftler, als deren repräsentativste Gruppe die Physiker gelten. Zwischen beiden eine Kluft gegenseitigen Nichtverstehens, manchmal – und zwar vor allem bei der jungen Generation – Feindseligkeit und Antipathie, in erster Linie aber mangelndes Verständnis. Man hat ein seltsam verzerrtes Bild voneinander. Selbst im Bereich der Gefühle ist die Einstellung so grundverschieden, daß sich nur schwer eine gemeinsame Basis findet. Die literarisch Gebildeten neigen dazu, die Naturwissenschaftler für dreist und überheblich zu halten. Bei ihnen hört man T. S. Eliot, den wir gerade für unsere Darlegungen als Musterbeispiel ansehen dürfen, von seinen Versuchen einer Neubelebung des Versdramas sagen, viel dürfe man sich nicht erhoffen, aber er werde schon zufrieden sein, wenn er und seine Mitarbeiter einem neuen Kyd oder einem neuen Green den Boden bereiten könnten. Das ist

[2] Dieser Vortrag wurde in Cambridge gehalten, vor einem Publikum also, bei dem ich auf manches anspielen konnte, ohne es erklären zu müssen. G. H. Hardy, 1877–1947, war einer der hervorragendsten Vertreter der reinen Mathematik seiner Zeit und galt in Cambridge als Don und auch nach seiner Rückkehr auf den Lehrstuhl für Mathematik im Jahre 1931 als originelle Persönlichkeit.

der zurückhaltende und gedämpfte Ton, der den literarisch Gebildeten vertraut ist: es ist die verhaltene Stimme ihrer Kultur. Doch dann hören sie eine viel lautere Stimme, die Stimme Rutherfords – auch er ein Musterbeispiel – herausposaunen: »Dies ist das heroische Zeitalter der Naturwissenschaften! Dies ist das Elisabethanische Zeitalter!« Das haben viele von uns gehört, und noch so manche andere Behauptung, neben der diese noch zahm wirkte; außerdem ließ uns Rutherford nicht im Zweifel, wen er für die Rolle Shakespeares ausersehen hatte. Daß er voll und ganz im Recht war – das eben können die literarisch Gebildeten sowohl von ihrem Vorstellungsvermögen wie auch von ihrem Intellekt her nur schwer begreifen.

Und vergleichen Sie jenes »So wird die Welt untergehen, nicht mit einem Knall, sondern mit einem Wimmern« – übrigens eine der unwahrscheinlichsten wissenschaftlichen Voraussagen, die jemals gemacht worden ist –, vergleichen Sie das mit Rutherfords berühmter schlagfertiger Antwort: »Ein Glückskind, dieser Rutherford – schwimmt auf der Welle immer oben.« – »Na, schließlich habe doch ich die Welle gemacht, nicht wahr?«

Die Gegenspieler der Naturwissenschaftler haben die tiefeingewurzelte Vorstellung, jene seien immer seichte Optimisten, die nicht merken, wo die Menschheit steht. Andererseits glauben die Naturwissenschaftler, den literarisch Gebildeten gehe jede Voraussicht ab, sie kümmerten sich kaum um ihre Mitmenschen und sie seien in einem tieferen Sinne antiintellektuell und eifrig darauf bedacht, Kunst und Denken auf das existentielle Moment zu beschränken. Und so weiter. Wer nur eine einigermaßen scharfe Zunge hat, könnte solche versteckten Spitzen en masse produzieren. Auf beiden Seiten findet sich manches, was nicht völlig aus der Luft gegriffen ist. Aber das alles ist destruktiv, und vieles beruht auf gefährlichen Fehldeutungen. Ich möchte jetzt zwei der entscheidendsten herausgreifen, und zwar von jeder Seite eine.

Zunächst einmal: der Optimismus der Naturwissenschaftler. Das ist eine Beschuldigung, die so oft vorgebracht wurde, daß sie schon zur Platitüde geworden ist. Sie stammt von einigen der besten Köpfe, die im gegnerischen Lager stehen. Doch sie beruht auf einer Vermengung der individuellen und der sozialen Erfahrung, der individuellen und der sozialen Situation des Menschen. Die meisten Naturwissenschaftler, die ich kenne, sind genau so fest wie meine Freunde von der Gegenseite davon überzeugt, daß sich jeder Mensch als Individuum in einer tragischen Situation befindet. Jeder von uns ist allein; bisweilen entfliehen wir der Einsamkeit mit Hilfe von Liebe oder Zuneigung oder vielleicht dank schöpferischer Augenblicke, aber diese Triumphe des Lebens sind Lichtquellen, die wir uns selbst schaffen, während am Rande des Weges Finsternis lauert: jeder von uns stirbt allein. Manche von den Naturwissenschaftlern, die ich kannte, glaubten an geoffenbarte Religion. Vielleicht ist bei ihnen das Gefühl für die Tragik der Situation nicht so stark ausgeprägt. Ich weiß das nicht. Bei den meisten tief empfindenden Menschen aber, mögen sie noch so mutig und glücklich sein, ja bisweilen gerade bei den glücklichsten und mutigsten, scheint es tief im Wesen verwurzelt zu sein und das Gewicht des Lebens mit auszumachen. Das gilt für diejenigen Naturwissenschaftler, die ich besonders gut kennengelernt habe, genau so wie für andere Menschen.

Doch fast keiner könnte einsehen – und hier darf nun wirklich das Wort Optimismus fallen –, warum die soziale Lage tragisch sein müsse, nur weil die Situation des einzelnen es ist. Jeder von uns ist einsam; jeder von uns stirbt allein; nun gut, das ist ein Schicksal, gegen das wir uns nicht wehren können –, aber an unserer Lage ist vieles nicht schicksalhaft, und wenn wir uns dagegen nicht wehren, füllen wir unseren Rang als Menschen nicht aus.

So sind zum Beispiel die meisten unserer Mitmenschen unterernährt und sterben vorzeitig. Das ist unsere soziale Lage, wenn man es brutal ausdrückt. Nur zu leicht wird die Einsicht in die menschliche Einsamkeit zu einer moralischen Falle: zur Versuchung nämlich, die Hände in den Schoß zu legen, sich mit der eigenen unüberbietbaren Tragödie zufriedenzugeben und die anderen ungespeist zu lassen.

Als Gruppe erliegen die Naturwissenschaftler dieser Versuchung weniger leicht als andere. Sie neigen dazu, ungeduldig zu fragen, ob sich da nicht etwas tun lasse, und sie neigen weiter zu der Meinung, man könne etwas tun, solange das Gegenteil nicht bewiesen ist. Das ist ihr eigentlicher Optimismus, und diesen Optimismus könnten wir anderen dringend brauchen.

Andererseits hat eben diese unbeirrbare und wohlmeinende Haltung, diese Entschlossenheit, die Mitmenschen nicht im Stich zu lassen, die Naturwissenschaftler dazu geführt, die soziale Einstellung der »anderen Kultur« für verächtlich zu halten. Damit machen sie es sich zu leicht; in manchen Fällen stimmt es, aber da handelt es sich um vorübergehende Zeiterscheinungen, die nicht als typisch angesehen werden dürfen.

Ich erinnere mich an ein Kreuzverhör, das ein berühmter Naturwissenschaftler mit mir angestellt hat. »Warum bekennen sich die meisten Schriftsteller zu sozialen Vorstellungen, die schon zur Zeit der Plantagenets als höchst barbarisch und veraltet gegolten hätten? Auf die meisten berühmten Schriftsteller des zwanzigsten Jahrhunderts treffe das doch zu. Yeats, Pound, Wyndham Lewis – neun Zehntel von denen, die zu unserer Zeit literarisch den größten Einfluß gehabt hätten, seien doch in politischer Hinsicht nicht nur töricht, sondern geradezu bösartig gewesen. Hätten nicht die Auswirkungen alles dessen, was sie vertraten, Auschwitz mit möglich gemacht?«

Ich dachte damals und denke auch heute noch, daß die richtige Antwort auf diese Fragen darin besteht, nichts zu verteidigen, was sich nicht verteidigen läßt. Es hatte keinen Sinn zu sagen, daß Yeats nach Berichten von Freunden, auf deren Urteil ich mich verlassen kann, nicht nur ein großer Dichter war, sondern auch ein Mensch von einzigartiger Charaktergröße. Es hatte keinen Sinn, Tatsachen abzustreiten, die durchaus wahr sind. Die ehrliche Antwort lautete, daß tatsächlich zwischen gewissen Strömungen der Kunst des frühen 20. Jahrhunderts und den absurdesten Äußerungen unsozialen Empfindens ein Zusammenhang besteht, den Literaten sträflich spät erkannt haben.[3] Neben vielen anderen Gründen war das für manchen von uns ein Anlaß, der Kunst den Rücken zu kehren und einen neuen oder doch einen anderen Weg einzuschlagen.[4]

Aber wenn auch viele jener Schriftsteller eine Generation hindurch den literarischen Geschmack bestimmten, so ist das jetzt nicht mehr oder nur in viel geringerem Grade der Fall. Die Literatur wandelt sich langsamer als die Wissenschaft. Sie korrigiert sich nicht in derselben Weise automatisch wie jene, und deshalb dauern die Phasen ihrer Irrwege länger. Dennoch sind jene Naturwissenschaftler schlecht beraten, die die Schriftsteller

[3] Etwas ausführlicher habe ich mich über diesen Zusammenhang in Challenge to the Intellect. In: The Times Literary Supplement, 15. August 1958, geäußert. Ich hoffe, diese Analyse später noch einmal vertiefen zu können.

[4] Genauer müßte ich sagen, daß wir aus literarischen Gründen den Eindruck hatten, die herrschende literarische Mode habe uns nichts zu sagen. Allerdings vertiefte sich dieser Eindruck bei uns, als wir feststellten, daß diese vorherrschende Mode mit einer sozialen Haltung Hand in Hand ging, die bösartig oder albern oder auch beides zugleich war.

auf Grund des Beweismaterials aus den Jahren 1914 bis 1950 beurteilen.

Das sind zwei von den Mißverständnissen, die zwischen den beiden Kulturen bestehen. Ich darf wohl sagen, daß ich allerlei Kritik zu hören bekommen habe, seit ich begonnen habe, mich über sie – die zwei Kulturen nämlich – zu äußern. Die meisten meiner Bekannten aus den Kreisen der Wissenschaft meinen, es sei etwas daran, und die meisten schaffenden Künstler, die ich kenne, meinen das auch. Aber ich bin von Leuten angegriffen worden, die – ohne selbst Naturwissenschaftler zu sein – starke praktische Interessen vertreten. Sie sind der Ansicht, ich hätte allzusehr vereinfacht, und wenn man schon diese Begriffe verwende, so müsse zumindest von drei Kulturen die Rede sein. Sie behaupten, sie seien zwar keine Naturwissenschaftler, teilten aber doch weitgehend deren Empfindungen. Sie könnten mit der neueren Literatur genau so wenig anfangen wie jene, ja vielleicht noch weniger, da sie mehr darüber wüßten. J. H. Plumb, Allan Bullock und manche der mit mir befreundeten amerikanischen Soziologen haben erklärt, sie weigerten sich ganz entschieden, mit Leuten in ein und denselben kulturellen Käfig gesperrt zu werden, mit denen sie noch nicht einmal begraben sein möchten, oder als Handlanger bei der Erzeugung einer Atmosphäre zu gelten, die keine soziale Hoffnung zulasse.

Ich respektiere diese Einwände. Die Zahl zwei ist eine sehr gefährliche Zahl: deshalb ist ja auch der dialektische Prozeß etwas so Gefährliches. Gegenüber jedem Versuch, irgend etwas in zwei Teile zu zerlegen, ist stärkstes Mißtrauen am Platze. Ich habe lange überlegt, ob ich noch weiter unterteilen solle, habe mich aber schließlich dagegen entschieden. Mir schwebte eine Überschrift vor, die nicht einfach nur ein einprägsames Bild, aber doch auch absolut keine Generalstabskarte unserer kulturellen Situation sein sollte – und für diesen Zweck ist die Formulierung »Die zwei Kulturen« ganz gut geeignet; bei jeder weiteren Aufgliederung würden die Nachteile den Nutzen übersteigen.

Auf der einen Seite steht die naturwissenschaftliche Kultur, die tatsächlich eine Kultur nicht nur im intellektuellen, sondern auch im anthropologischen Sinne ist. Das heißt, die ihr angehören, brauchen einander gar nicht völlig zu verstehen und verstehen einander natürlich oft auch wirklich nicht ganz; die Biologen haben meist eine ziemlich verschwommene Vorstellung von der modernen Physik; aber es gibt doch eine gemeinsame Einstellung, gemeinsame Maßstäbe und Verhaltensweisen, gemeinsame Auffassungen und Ausgangspunkte. Das geht überraschend weit und greift erstaunlich tief. Es überschneidet andere geistige Normen, wie etwa religiöse, politische oder klassenbedingte Vorstellungen.

Statistisch gesehen finden sich vermutlich unter den Naturwissenschaftlern etwas mehr Ungläubige – im religiösen Sinne – als unter den übrigen Intellektuellen, obwohl es auch bei ihnen viele religiöse Menschen gibt und unter der Jugend diese Tendenz sich zu verstärken scheint. Statistisch gesehen steht die Mehrzahl der Naturwissenschaftler politisch links, obwohl es auch hier wiederum immer schon viele Konservative gegeben hat und bei dem Nachwuchs in zunehmendem Maße zu geben scheint. Im Vergleich mit der übrigen intellektuellen Welt kommen hier in England und vermutlich auch in den Vereinigten Staaten beträchtlich mehr Naturwissenschaftler aus kleinen Verhältnissen.[5] Doch das alles hat wenig Einfluß auf einen weiten Bereich ihres Denkens und Verhaltens. In ihrer Tätigkeit und weitgehend auch in ihrem Gefühlsleben sind sie in ihrer Grundeinstellung anderen Naturwissenschaftlern näher als den Leuten aus dem anderen Lager, auch wenn diese auf religiösem, politischem oder sozialem Gebiet ihre Überzeugungen teilen. Sollte ich ein knappes Schlagwort riskieren, so würde ich sagen, sie haben die Zukunft im Blut.

Ob sie selbst das schätzen oder nicht, es ist jedenfalls so. Das galt für die Konservativen J. J. Thomson und Lindemann ebenso wie für die Radikalen Einstein oder Blackett, für den Christen A. H. Compton wie für den Materialisten Bernal, für die Aristokraten de Broglie oder Russell wie für den Proletarier Faraday, für Thomas Merton und Victor Rothschild, die aus reichem Hause kamen, genau so wie für Rutherford, der der Sohn eines ungelernten Arbeiters war. Ohne darüber nachzudenken, reagieren sie gleich. Und eben das ist das Wesen einer Kultur.

Auf der Gegenseite sind die Einstellungen weniger einheitlich. Ganz offensichtlich trifft man, wenn man sich von den Physikern bis zu den literarischen Intellektuellen durch die gei-

[5] Eine Analyse der Schulen, aus denen Fellows der Royal Society kommen, spricht Bände. Ganz anders sieht es z. B. bei den Mitgliedern des Auswärtigen Amtes oder bei den Kronanwälten aus.

stige Schicht der Gesellschaft hindurchbewegt, unterwegs auf alle möglichen Schattierungen. Aber ich glaube, daß das Extrem eines völligen Nichtverstehens gegenüber den Naturwissenschaften sich auf alles übrige auswirkt. Dieses vollkommene Nichtverstehen durchdringt die gesamte »überkommene« Kultur viel tiefer, als wir – die wir in ihr leben – es uns klar machen, es gibt ihr einen naturwissenschaftsfremden Beigeschmack, der oft – und viel weitergehend als wir zugeben – im Begriff ist, in Feindschaft umzuschlagen. Die Empfindungen der einen Seite werden zu Anti-Empfindungen der anderen. Wenn die Naturwissenschaftler die Zukunft im Blut haben, dann reagiert die überkommene Kultur darauf mit dem Wunsch, es gäbe gar keine Zukunft.[6] Diese überkommene Kultur jedoch dirigiert die westliche Welt in einem Ausmaß, das durch das Auftreten der naturwissenschaftlichen Kultur erstaunlich wenig geschmälert wird.

Diese Aufspaltung in zwei Pole ist ein reiner Verlust für uns alle. Für uns als Volk und als Gesellschaft. Es ist ein Verlust gleichzeitig in praktischer, in geistiger und in schöpferischer Hinsicht, und ich wiederhole, es ist falsch, sich einzubilden, diese drei Aspekte ließen sich sauber voneinander trennen. Doch jetzt im Augenblick möchte ich mich auf den Verlust in geistiger Hinsicht konzentrieren.

Der Grad des beiderseitigen Nichtverstehens ist einer von den Witzen, die nur noch ein bitteres Lächeln hervorrufen können. Wir haben etwa fünfzigtausend aktive Naturwissenschaftler im Lande und etwa achtzigtausend Berufsingenieure oder Vertreter der angewandten Wissenschaft. Während des Krieges und in den Jahren danach mußten meine Kollegen und ich etwa dreißig- bis vierzigtausend dieser Leute befragen – ungefähr 25 Prozent also. Diese Zahl ist groß genug, um uns ein brauchbares Bild zu liefern, wenn auch die meisten unserer Gesprächspartner wohl noch unter vierzig waren. Wir konnten bis zu einem gewissen Grade herausbekommen, was sie lasen und worüber sie sich Gedanken machten. Ich gestehe, daß selbst ich, der ich ihnen mit Wohlwollen und Achtung gegenüberstehe, ein wenig erschüttert war. Wir hatten doch nicht erwartet, daß die Verbindung zur überkommenen Kultur so dürftig sei und eigentlich nur mehr in der rein äußerlichen Andeutung einer Verbeugung bestehe.

Wie anzunehmen war, hatten und haben einige der besten

[6] Man vergleiche George Orwells ›1984‹, wo die Zukunft mit aller Entschiedenheit abgelehnt wird, mit J. D. Bernals ›World Without War‹.

Naturwissenschaftler reichlich Kraft und Interesse übrig, und wir fanden mehrere, die alles gelesen hatten, worüber in der literarischen Welt gesprochen wird. Aber das sind seltene Fälle. Von den übrigen machten die meisten, wenn man sich über ihre Lektüre informieren wollte, das bescheidene Geständnis: »Ach, ich habe mich ein bißchen an Dickens versucht«, gerade, als wäre Dickens ein ungewöhnlich schwieriger und nur Eingeweihten zugänglicher Schriftsteller, bei dem man nicht unbedingt auf seine Kosten kommt – etwa ein Dichter wie Rainer Maria Rilke. Tatsächlich ist das ihre Vorstellung von Dickens, und die Entdeckung, daß ausgerechnet er zum Musterbeispiel unverständlicher Literatur geworden ist, gehörte für uns zu den seltsamsten Ergebnissen des ganzen Unternehmens. Doch natürlich machen die Befragten, wenn sie Dickens oder auch fast jeden anderen von uns geschätzten Schriftsteller lesen, nur eben eine knappe Verbeugung vor der überkommenen Kultur. Sie haben ihre eigene Kultur, die kraftvoll ist, streng und ständig in Bewegung. In dieser Kultur gibt es viele Auseinandersetzungen, die gewöhnlich in härteren Formen und fast stets auf einer höheren begrifflichen Ebene vor sich gehen als Auseinandersetzungen unter Vertretern der literarischen Kultur; und wenn auch die Naturwissenschaftler ganz munter Wörter in einem Sinn verwenden, den anders Gebildete nicht verstehen, so ist dieser Sinn doch immer genau, und wenn sie von »subjektiv«, »objektiv«, »Philosophie« oder »progressiv«[7] sprechen, so wissen sie, was sie meinen, obwohl für unsereinen die Bedeutung ungewohnt ist.

Man darf nicht vergessen, daß es sich hier um sehr intelligente Menschen handelt. Ihre Kultur ist in vieler Hinsicht anspruchsvoll und bewundernswert. Sie umfaßt wenig Kunst, mit einer – wichtigen – Ausnahme, der Musik. Mündlicher Austausch gehört dazu, kritische Auseinandersetzungen, Langspielplatten, Farbphotographie – das Ohr, bis zu einem gewissen Grade auch das Auge. Bücher sehr wenige, wenn vielleicht auch viele nicht so weit gehen würden wie jener ganz besondere Held – von dem ich wohl gleich sagen sollte, daß er als Wissenschaftler an

[7] »Subjektiv« bedeutet in der Technikersprache von heute »gemäß den Subjekten geteilt«. »Objektiv« bedeutet »auf ein Objekt gerichtet«. »Philosophie« bedeutet »allgemeine geistige Haltung oder Einstellung« (so kann z. B. die »Philosophie gelenkter Waffen« eines Naturwissenschaftlers ihn veranlassen, gewisse Methoden »objektiver Forschung« vorzuschlagen). Eine »progressive« Arbeit ist eine Tätigkeit, die Beförderungsmöglichkeiten bietet.

die anderen nicht heranreichte, von denen ich sprach –, der auf die Frage nach seiner Lektüre dreist und unerschüttert antwortete: »Bücher? Ich ziehe es vor, meine Bücher als Werkzeuge zu benutzen.« Man war tatsächlich versucht, sich auszumalen, als was für ein Werkzeug ein Buch sich wohl verwenden lasse – vielleicht als Hammer? Vielleicht auch als primitive Schaufel?

Mit Büchern war also nicht viel los. Und die Bücher, die für die meisten literarisch Gebildeten das tägliche Brot sind – Romane, Geschichtswerke, Lyrik, Drama –, spielten fast gar keine Rolle. Dabei war durchaus Interesse für Psychologie, für moralische oder soziale Fragen vorhanden. Sozial gesehen sind sie sicherlich stärker engagiert als die meisten von uns. Moralisch gesehen, stellen sie im großen und ganzen die gesündeste Gruppe von Intellektuellen überhaupt: die Naturwissenschaften haben eine moralische Komponente, und fast alle ihre Vertreter bilden sich in moralischer Hinsicht ein selbständiges Urteil. Psychologisch sind sie genauso interessiert wie andere auch, doch stoßen sie offenbar verhältnismäßig spät auf die Psychologie. Nicht, daß es ihnen an Interesse mangelte. Vielmehr scheint ihnen die Literatur der überkommenen Kultur durchweg dieses Interesse nicht befriedigen zu können. Natürlich befinden sie sich da in einem grundlegenden Irrtum. Die Folge ist, daß ihr Einfühlungsvermögen schwächer ausgebildet ist als es sein könnte. Das ist eine selbstverschuldete Verarmung.

Aber wie steht es auf der anderen Seite? Auch hier herrscht Verarmung – und vielleicht ist sie noch bedenklicher, weil mehr Eitelkeit dabei ist. Man stellt sich hier gern immer noch so, als wäre die überlieferte Kultur die ganze »Kultur«, als gäbe es das Reich der Natur gar nicht. Als wäre die Erforschung seiner Ordnung weder um ihrer selbst willen noch ihrer Folgen wegen interessant. Als wäre das wissenschaftliche Gebäude der physikalischen Welt in seiner geistigen Tiefe, Komplexität und Gliederung nicht die schönste und wunderbarste Gemeinschaftsleistung des menschlichen Geistes. Dennoch haben die meisten Menschen, die nicht Naturwissenschaftler sind, überhaupt keine Vorstellung von diesem Gebäude. Selbst wenn sie gerne eine Vorstellung davon hätten, so können sie sie doch nicht haben. Es ist ungefähr, als wäre eine ganze Gruppe von Menschen ohne musikalisches Gehör – ohne Antenne für einen unabsehbaren Erfahrungsbereich. Nur daß dieser Defekt nicht angeboren, sondern anerzogen oder vielmehr nicht verhindert worden ist.

Wie die unmusikalischen Menschen, wissen auch sie nicht, was sie entbehren. Sie lächeln mitleidig, wenn sie von Naturwissenschaftlern hören, die bedeutende Werke der englischen Literatur nie gelesen haben. Sie tun diese Leute als ungebildete Spezialisten ab. Dabei ist ihre eigene Ignoranz und Spezialisierung genau so erschreckend. Wie oft bin ich in größerem Kreise mit Leuten zusammengewesen, die, an den Maßstäben der überkommenen Kultur gemessen, als hochgebildet gelten, und die mit beträchtlichem Genuß ihrem ungläubigen Staunen über die Unbildung der Naturwissenschaftler Ausdruck gaben. Ein- oder zweimal habe ich mich provozieren lassen und die Anwesenden gefragt, wie viele von ihnen mir das zweite Gesetz der Thermodynamik angeben könnten. Man reagierte kühl – man reagierte aber auch negativ. Und doch bedeutete meine Frage auf naturwissenschaftlichem Gebiet etwa dasselbe wie: »Haben Sie etwas von Shakespeare gelesen?« Ich glaube heute, daß auch bei einer einfacheren Frage – etwa: »Was verstehen Sie unter Masse«, oder »Was verstehen Sie unter Beschleunigung?«, die für den Naturwissenschaftler dasselbe bedeutet wie »Können Sie lesen?« – höchstens einer unter zehn hochgebildeten Menschen das Gefühl gehabt hätte, daß ich dieselbe Sprache spreche wie er. So wird also das großartige Gebäude der modernen Physik errichtet, und die Mehrzahl der gescheitesten Leute in der westlichen Welt versteht ungefähr genausoviel davon wie ihre Vorfahren in der Jungsteinzeit.

Nun noch eine von den Fragen, die meine Freunde, soweit sie nicht Naturwissenschaftler sind, für äußerst taktlos halten. Cambridge ist eine Universität, an der sich Naturwissenschaftler und Geisteswissenschaftler jeden Abend beim Essen treffen.[8] Vor etwa zwei Jahren wurde eine der erstaunlichsten Entdeckungen in der gesamten Geschichte der Naturwissenschaften gemacht. Ich meine nicht den Sputnik – der war aus ganz anderen Gründen bewundernswert, nämlich als organisatorische Leistung und als erfolgreiche Anwendung vorhandener Kenntnisse. Nein, ich meine die Entdeckung, die Yang und Li an der Columbia University machten. Das ist eine Arbeitsleistung von größter Schönheit und Originalität, aber das Ergebnis ist so bestürzend, daß man vergißt, wie schön der gedankliche Vorgang ist. Es bringt uns wieder zum Nachdenken über gewisse

[8] Fast in allen Colleges sitzen im Speisesaal Dozenten der naturwissenschaftlichen und der geisteswissenschaftlichen Fächer an einem Tisch.

Grundlagen der physikalischen Welt. Anschauung, gesunder Menschenverstand – sie werden säuberlich auf den Kopf gestellt. Das Ergebnis wird gewöhnlich als Nicht-Erhaltung der Parität bezeichnet. Gäbe es einen ernstzunehmenden Austausch zwischen den beiden Kulturen, so hätte dieses Experiment Gesprächsgegenstand an jeder Collegetafel in Cambridge sein müssen. War das der Fall? Ich war nicht da – aber ich würde diese Frage gern einmal stellen.

Es scheint also keinen Ort zu geben, an dem die beiden Kulturen einander begegnen. Ich will mich nicht mit der Feststellung aufhalten, daß das bedauerlich sei. Es ist viel schlimmer. Ich werde gleich auf einige praktische Konsequenzen zu sprechen kommen. Aber wir befinden uns im Zentrum geistiger Schöpfungsvorgänge und lassen einige unserer besten Gelegenheiten durch Nachlässigkeit vorübergehen. Das Aufeinandertreffen zweier Fächer, zweier Disziplinen, zweier Kulturen – und schließlich doch auch zweier Gruppen von bedeutenden Geistern – sollte doch schöpferische Impulse auslösen. In der Geschichte geistiger Bemühungen waren das die Momente, in denen so mancher Durchbruch sich ereignete. Jetzt ist diese Chance wieder gegeben, aber gewissermaßen in einem Vakuum, weil die Angehörigen der zwei Kulturen nicht miteinander reden können. Es ist bizarr, wie sehr wenig aus den Naturwissenschaften des zwanzigsten Jahrhunderts in die Kunst des zwanzigsten Jahrhunderts eingegangen ist. Hier und da traf man wohl auf Dichter, die sich wohlbedacht wissenschaftlicher Ausdrücke bedienten, sie aber falsch verstanden – eine Zeitlang stieß man in der Lyrik immer wieder auf das Wort »Brechung« in irreführendem Zusammenhang, oder es war die Rede von »polarisiertem Licht«, als stellten sich die Dichter darunter ein ganz besonders herrliches Licht vor.

Das ist natürlich kein Weg, aus der Naturwissenschaft Nutzen für die Kunst zu ziehen. Sie muß gleichzeitig mit dem Ganzen unserer geistigen Erfahrung und als wesentlicher Teil davon assimiliert und so selbstverständlich wie alles übrige verwendet werden.

Ich sagte vorher, daß diese Trennung der Kulturen nicht etwa nur ein englisches Phänomen ist: sie besteht in der gesamten westlichen Welt. Aber in England tritt sie wahrscheinlich am krassesten auf, und zwar aus zwei Gründen. Der eine ist unser fanatischer Glaube an ein spezialisiertes Bildungssystem, der bei uns tiefer verwurzelt ist als in jedem anderen Land der Welt im Westen oder im Osten. Der andere Grund ist unsere Neigung, Gesellschaftsformen erstarren zu lassen. Diese Neigung scheint nicht etwa schwächer zu werden, sondern nur um so stärker, je erfolgreicher wir wirtschaftliche Ungleichheiten beseitigen, und für die Erziehung gilt das ganz besonders. Es bedeutet, daß sofern erst einmal eine wie auch immer geartete kulturelle Scheidelinie gezogen ist, alle sozialen Kräfte dahin wirken, sie zu verstärken und nicht etwa, sie zu verwischen. Die beiden Kulturen waren schon vor sechzig Jahren gefährlich weit voneinander getrennt, aber damals war es noch möglich, daß ein Premierminister – Lord Salisbury – sein eigenes Laboratorium in Hatfield hatte, und Arthur Balfour interessierte sich – keineswegs bloß als Dilettant – für die Naturwissenschaften. John Anderson arbeitete in Leipzig auf dem Gebiet der anorganischen Chemie, ehe er in den Staatsdienst trat, und er beschäftigte sich nebenher noch mit vielen anderen Dingen. Das ist heute ganz unmöglich.[9] Heute ist ein so krasses Überwechseln bei den Spitzen der Beamtenschaft unwahrscheinlich, ja undenkbar.[10]

Vielmehr ist die Trennung zwischen Natur- und Geisteswissenschaften bei der jungen Generation noch viel weniger zu überbrücken als vor etwa dreißig Jahren. Vor dreißig Jahren hatten die Kulturen längst schon aufgehört miteinander zu sprechen, brachten aber doch noch ein kühles Lächeln über die Kluft hinweg zustande. Heute ist es vorbei mit der Höflichkeit, und man macht sich nur noch Grimassen. Das liegt nicht nur daran, daß die jungen Naturwissenschaftler jetzt überzeugt sind, einer Kultur anzugehören, die im Aufstieg begriffen ist, während die andere sich auf dem Rückzug befindet. Es liegt auch, grob herausgesagt, daran, daß die jungen Naturwissenschaftler wissen, wie leicht sie auch ohne Prädikatsexamen eine gute Stelle finden, während ihre Altersgenossen und Gegenspieler in Englisch und Geschichte froh sein müssen, wenn sie 60 Prozent vom Gehalt der anderen verdienen. Kein, auch nur

[9] Er hat 1905 Examen gemacht.

[10] Man darf allerdings mit Recht behaupten, daß die Managerschicht der englischen Gesellschaft besonders fest verzahnt ist – »jeder kennt jeden« – und daß deshalb Natur- und Geisteswissenschaftler rein umgangsmäßig eher miteinander in Berührung kommen als in anderen Ländern. Man darf auch behaupten, daß nicht wenige führende Politiker und Verwaltungsbeamte, soweit ich es beurteilen kann, stärkere geistige und künstlerische Interessen haben als in den Vereinigten Staaten. Beides gehört zu unseren Aktivposten.

einigermaßen begabter junger Naturwissenschaftler hätte das Gefühl, überflüssig zu sein, oder sich mit seiner Arbeit lächerlich zu machen, wie das bei dem Helden von ›Lucky Jim‹ der Fall war, und eigentlich ist das Unbehagen Amis' und seiner Gefährten bis zu einem gewissen Grade das Unbehagen des Geisteswissenschaftlers ohne ausreichendes Stellenangebot.

Es gibt nur einen Weg, hier Abhilfe zu schaffen: unser Bildungssystem muß neu durchdacht werden. Aus den beiden angeführten Gründen ist das in England schwieriger als anderswo. Fast jedermann wird zugeben, daß unsere Schulbildung zu stark spezialisiert ist. Aber fast jedermann hat auch den Eindruck, es übersteige menschliche Kräfte, da Abhilfe zu schaffen. Andere Länder sind mit ihrem Bildungswesen ebenso unzufrieden wie wir, zeigen sich aber nicht so resigniert.

In den Vereinigten Staaten werden sehr viel mehr Kinder bis zum achtzehnten Lebensjahr unterrichtet als bei uns; der Unterricht ruht auf sehr viel breiterer Grundlage und ist bei weitem nicht so streng. Man weiß das und hofft, innerhalb der nächsten zehn Jahre dieses Problem lösen zu können – freilich ist die Frage, ob so viel Zeit zur Verfügung steht. Auch in der Sowjetunion werden sehr viel mehr Kinder unterrichtet als bei uns, auch hier ist der Lehrplan breiter (es ist ein törichtes westliches Märchen, von einer Spezialisierung im russischen Schulwesen zu sprechen), aber man geht viel zu streng vor.[11] Das weiß man auch und macht heftige Anstrengungen, die Fehler zu beseitigen. Die Skandinavier und vor allem die Schweden würden die Sache vernünftiger anpacken als wir anderen alle, sie sind jedoch durch die praktische Notwendigkeit behindert, den Fremdsprachen unverhältnismäßig viel Zeit einräumen zu müssen. Doch auch sie schlagen sich mit dem Problem herum.

Und was tun wir? Sind wir schon so erstarrt, daß wir uns überhaupt nicht mehr umstellen können?

Wenn man mit Lehrern spricht, hört man von ihnen, unsere starke Spezialisierung sei in erster Linie eine Folge der Stipendiatsexamina von Oxford und Cambridge. Wenn das der Fall ist, so wäre es, sollte man meinen, nicht ganz abwegig, diese Examina umzugestalten. Doch, wer das für leicht hielte, der unterschätzte unser nationales Talent für hinhaltende Verteidi-

[11] In: New Minds for the New World. In: New Statesman, 6. September 1956, habe ich versucht, das amerikanische, sowjetische und englische Bildungswesen miteinander zu vergleichen.

gung. Aus der Geschichte unseres Unterrichtswesens lernen wir immer nur das eine: daß wir die Spezialisierung zwar auszubauen, aber nicht abzubauen verstehen.

Irgendwie haben wir es uns zur Aufgabe gemacht, eine winzige Elite hervorzubringen – im Verhältnis eine viel kleinere als in jedem vergleichbaren Land –, die in einer einzigen akademischen Disziplin ausgebildet ist. In Cambridge war das 150 Jahre lang die Mathematik, dann waren es entweder die Mathematik oder die klassische Philologie; dann wurden die Naturwissenschaften zugelassen. Aber noch immer mußte man sich für ein einziges Fach entscheiden.

Es ist durchaus möglich, daß dieser Prozeß schon zu weit vorgeschritten ist, als daß er noch rückgängig gemacht werden könnte. Ich habe schon begründet, daß ich diese Entwicklung im Hinblick auf das Entstehen einer lebendigen Kultur für katastrophal halte. Und ich werde noch weitere Gründe anführen, warum ich sie für verhängnisvoll halte, wenn wir unsere praktischen Aufgaben in der Welt erfüllen wollen. Aber ich kann mich nur an einen einzigen Fall in der gesamten Geschichte des englischen Bildungswesens erinnern, in dem man diesem Streben nach spezialisierter geistiger Schulung mit Erfolg Widerstand entgegengesetzt hat.

Das geschah hier in Cambridge vor fünfzig Jahren, als das alte System der Abschlußprüfung in Mathematik abgeschafft wurde. In mehr als hundert Jahren war diese Prüfung immer starrer geworden. Der Wettbewerb um die Spitzenplätze wurde immer heftiger, und Karrieren hingen von ihnen ab. In den meisten Colleges – in meinem jedenfalls – hatte man die Ernennung zum Fellow in der Tasche, wenn man als Erster oder Zweitbester bestand. Ein ganzer Einpaukapparat hatte sich herausgebildet. Köpfe wie Hardy, Littlewood, Russell, Eddington, Jeans und Keynes unterzogen sich einer zwei- oder dreijährigen Vorbereitung auf ein Examen, das im höchsten Grade auf Auslese zielte und ungeheuer schwierig war. Die meisten Leute in Cambridge waren stolz darauf – es war so ziemlich derselbe Stolz, mit dem fast jedermann in England auf unsere Bildungseinrichtungen schaut, wie immer sie auch beschaffen sein mögen. Vertieft man sich in die einschlägigen Aufsätze von damals, so findet man leidenschaftliche Plädoyers dafür, daß das Examen in alle Ewigkeit genauso bleiben müsse, wie es immer war: nur so sei einem Absinken der Maßstäbe vorzubeugen, nur so lasse sich Verdienst gerecht beurteilen, ja, es stelle überhaupt die einzige wirklich objektive Prüfung in der ganzen Welt dar. Es waren im Grunde dieselben Argumente, die heute genauso leidenschaftlich und aufrichtig vorgebracht werden, wenn jemand andeutet, daß die Stipendiatsexamina vielleicht doch gelegentlich einer Reform unterzogen werden könnten.

Tatsächlich schien die alte Mathematikprüfung in jeder Hinsicht vollkommen zu sein – mit einer einzigen Ausnahme. Die eine Ausnahme jedoch wurde von manchen Leuten für ziemlich wichtig gehalten. Sie bestand schlechtweg darin – das betonten die jungen schöpferischen Mathematiker, Hardy und Littlewood zum Beispiel, immer wieder –, daß die Vorbereitung auf diese Prüfung keinerlei geistiges Verdienst hatte. Sie gingen noch ein wenig weiter und behaupteten, diese Prüfung habe auf hundert Jahre eine ernstzunehmende Mathematik in England überhaupt ausgeschaltet. Nun, obwohl es sich um eine akademische Kontroverse handelte, hat sie doch ihre Kreise gezogen, und die Neuerer erreichten ihr Ziel. Aber mir ist fast, als wäre Cambridge zwischen 1850 und 1914 bedeutend elastischer gewesen als heutzutage. Wenn wir die alte Mathematikprüfung noch als feste Einrichtung vorgefunden hätten, wäre es uns je gelungen, sie abzuschaffen?

II. Intellektuelle als geborene Maschinenstürmer

Für das Vorhandensein der zwei Kulturen gibt es viele, tiefgreifende und komplizierte Gründe, die teils auf gesellschaftliche, teils auf individuelle Entwicklungen zurückgehen, teils auch auf der inneren Dynamik der verschiedenen Arten geistiger Tätigkeit beruhen. Einen jedoch möchte ich hier gesondert herausgreifen, der eigentlich weniger ein Grund ist als ein Korrelat, ein roter Faden, der sich durch jede solche Erörterung zieht. Es läßt sich ganz schlicht ausdrücken, und zwar folgendermaßen: Lassen wir die naturwissenschaftliche Kultur außer Betracht, so ist von den übrigen westlichen Intellektuellen niemals der Versuch gemacht, der Wunsch geäußert oder die Fähigkeit aufgebracht worden, die Industrielle Revolution zu verstehen, geschweige denn sie hinzunehmen. Die Intellektuellen, und ganz besonders die literarisch Gebildeten, sind geborene Maschinenstürmer.

Das gilt besonders für England, wo die industrielle Revolution früher als anderswo stattfand – während einer langen Periode der Geistesabwesenheit. Vielleicht trägt das zur Erklärung unserer hochgradigen Erstarrung in der Gegenwart bei. Doch mit geringen Einschränkungen gilt das – erstaunlicherweise – auch für die Vereinigten Staaten.

In beiden Ländern und überhaupt im gesamten Westen schob sich die erste Welle der industriellen Revolution vorwärts, ohne daß jemand bemerkte, was vorging. Ohne Frage war das – oder wurde zumindest später, unter unseren Augen und in unserer Zeit – bei weitem der gewaltigste Umbruch in der Gesellschaft seit der Erfindung des Pfluges. Tatsächlich brachten diese beiden Revolutionen, die bäuerliche und die naturwissenschaftlich-industrielle, die einzigen qualitativen Veränderungen im Sozialgefüge, die der Mensch je erlebt hat. Aber die überkommene Kultur nahm das nicht wahr, oder, wenn sie es wahrnahm, gefiel ihr dieser Anblick nicht. Dabei zog die überkommene Kultur ungeheure Vorteile aus der Revolution: die englischen Bildungseinrichtungen partizipierten durchaus am Reichtum Englands im neunzehnten Jahrhundert, und paradoxerweise trug er dazu bei, sie in den uns bekannten Formen erstarren zu lassen.

So gut wie keine Begabung, so gut wie keine schöpferische Kraft floß in die Revolution zurück, der dieser Reichtum zu danken war. Die überkommene Kultur löste sich in dem Maße von ihr, in dem sie an Reichtum zunahm, bereitete ihre jungen Leute auf den Verwaltungsdienst vor, auf den Dienst in Indien, auf die Erhaltung und Fortsetzung eben dieser Kultur, aber unter gar keinen Umständen vermittelte sie ihnen die Voraussetzungen, die Revolution zu verstehen oder sich an ihr zu beteiligen. Bei vorausschauenden Männern setzte sich noch vor der Mitte des neunzehnten Jahrhunderts die Erkenntnis durch, daß das Land, wenn es weiterhin Reichtümer hervorbringen wolle, einen Teil seiner Intelligenz in den Naturwissenschaften und vor allem in den angewandten Wissenschaften ausbilden müsse. Niemand hörte auf sie. Die überkommene Kultur hörte überhaupt nicht zu, und die reinen Wissenschaftler, sofern vorhanden, hörten nicht sehr aufmerksam zu. Sie können diese Vorgänge, die sich in der Theorie bis zum heutigen Tag fortsetzen, in Eric Ashbys ›Technology and the Academics‹ nachlesen.[12]

Die Akademiker hatten mit der industriellen Revolution

[12] Das beste und nahezu einzige Buch über dieses Thema.

nichts zu schaffen – Corrie zum Beispiel, der alte Master vom Jesus-College, sagte von den Zügen, die sonntags in Cambridge einliefen: »Dem lieben Gott mißfällt das genau so wie mir.« Was überhaupt an Denkarbeit in der Industrie des neunzehnten Jahrhunderts geleistet wurde, blieb Käuzen und gescheiten Arbeitern überlassen. Amerikanische Sozialhistoriker haben mir gesagt, daß es in den Vereinigten Staaten nicht viel anders aussah. Die industrielle Revolution, die in Neuengland etwa fünfzig Jahre später als bei uns einsetzte,[13] hatte anscheinend damals und auch im späteren neunzehnten Jahrhundert nur ganz geringen Zugang an vorgebildeten Köpfen. Sie mußte mit der Anleitung auskommen, die Leute mit geschickten Händen ihr geben konnten – Leute freilich, die manchmal von der Art eines Henry Ford waren und eine geniale Ader hatten.

Das Merkwürdige war, daß es in Deutschland in den dreißiger und vierziger Jahren des 19. Jahrhunderts, also lange bevor die Industrialisierung ernstlich eingesetzt hatte, möglich war, in den angewandten Naturwissenschaften eine gute Universitätsausbildung zu bekommen – eine bessere, als sie den nächsten beiden Generationen England und die Vereinigten Staaten bieten konnten. Ich kann mir das absolut nicht erklären, es ist sozial gesehen unbegreiflich, aber es war so. Die Folge war, daß Ludwig Mond, der Sohn eines Lebensmittelhändlers, der Hoflieferant war, nach Heidelberg ging und sich dort eine gediegene Ausbildung in angewandter Chemie verschaffte. Siemens, ein preußischer Artillerieoffizier, absolvierte auf der Kriegsschule und an der Universität für die damalige Zeit ausgezeichnete Lehrgänge in Elektrotechnik. Dann kamen sie nach England, fanden dort keinerlei Konkurrenz vor, holten noch andere entsprechend ausgebildete Deutsche nach und erwarben sich Vermögen, als hätten sie es mit einem reichen, unzivilisierten Kolonialgebiet zu tun. Zu ähnlichen Vermögen kamen deutsche Ingenieure in den Vereinigten Staaten.

Trotzdem begriff die Intelligenz fast nirgends, was vorging. Die Schriftsteller jedenfalls bestimmt nicht. Viele von ihnen schauderten davor zurück, als sei jeder fühlende Mensch verpflichtet sich fernzuhalten; manche, Ruskin etwa, William Morris, Thoreau, Emerson und Lawrence, versuchten sich in den verschiedensten Phantastereien, die letztlich nichts anderes

[13] Sie hat sich sehr rasch entwickelt. Schon 1865 ging eine englische Kommission zur Untersuchung der industriellen Produktivität in die Vereinigten Staaten.

waren als ein Aufschrei des Abscheus. Es fällt schwer, einen Schriftsteller von Rang zu nennen, dessen Mitgefühl und Vorstellungskraft so weit reichten, daß er die gräßlichen Hinterhöfe, die rauchenden Schlote, den inneren Preis sah, und doch zugleich auch die Aussichten, die sich für das Leben der Armen eröffneten, die Chancen, die bisher nur für die Glücklichen da waren und nun plötzlich in Reichweite der übrigen 99 Prozent seiner Mitmenschen rückten. Manche russischen Romanschriftsteller des 19. Jahrhunderts hätten das vielleicht gekonnt, ihr Wesen hatte genügend Spannweite dafür; aber sie lebten in einer vorindustriellen Gesellschaft, und die Gelegenheit bot sich ihnen nicht. Der einzige Schriftsteller von Weltruf, der Verständnis für die industrielle Revolution gehabt zu haben scheint, war der alte Ibsen; und dieser alte Mann verstand ja überhaupt fast alles.

Denn eine Wahrheit ist unanfechtbar: die Industrialisierung ist die einzige Hoffnung der armen Leute. Ich gebrauche das Wort »Hoffnung« in einem brutalen und nüchternen Sinn. Von dem moralischen Empfinden jener Leute, die zu fein sind, um es in diesem Sinn zu gebrauchen, halte ich nicht viel. Uns, die wir in guten Verhältnissen leben, fällt es nicht weiter schwer, zu glauben, daß das Materielle im Leben keine allzu große Rolle spielt. Man kann auch durchaus für die eigene Person die Industrialisierung ablehnen – sozusagen einen modernen Walden mimen; wenn einer sich dann durchhungert, die meisten seiner Kinder im Säuglingsalter sterben sieht, die Vorteile der Bildung verachtet und sich damit abfindet, daß er zwanzig Jahre früher stirbt – nun, vor der Stärke des ästhetischen Widerwillens dieses Mannes habe ich Achtung.[14] Aber ich habe nicht die geringste Achtung vor jemandem, der – auch nur passiv – die gleiche Entscheidung anderen aufzwingen will, die nicht die Möglichkeit der freien Wahl haben. Außerdem wissen wir ja, wie sie wählen würden. Schließlich sind die armen Leute noch in jedem Land, in dem ihnen die Gelegenheit geboten wurde, in seltener Einmütigkeit so schnell vom Dorf in die Fabriken abgewandert, wie sie dort nur unterkommen konnten.

Ich erinnere mich noch an Gespräche, die ich als Kind mit

[14] Es ist verständlich, wenn Intellektuelle lieber in den im 18. Jahrhundert entstandenen Straßen Stockholms wohnen als in Vallingby. Ich würde das auch vorziehen. Aber es ist nicht zu verstehen, wenn sie verhindern wollen, daß weitere Vallingbys errichtet werden.

meinem Großvater führte. Er war der Typ des Handwerkers des neunzehnten Jahrhunderts, hochintelligent und mit Charakter. Zehn Jahre alt, hatte er die Schule verlassen und sich dann bis in sein hohes Alter eifrig weitergebildet. Er besaß den ganzen leidenschaftlichen Bildungsglauben seiner Klasse. Dennoch hatte sein Glück – oder, wie ich jetzt vermute, hatten seine Kraft und sein Geschick, sich in der Welt durchzusetzen – für einen großen Erfolg nicht ausgereicht. Er brachte es nicht weiter als bis zum Werkmeister in einem Straßenbahndepot. Seine Enkel fanden ein solches Leben unglaublich mühselig und entbehrungsvoll. Aber er selber war da etwas anderer Ansicht. Er war klug genug, um zu wissen, daß er nicht gut behandelt worden war; er war zu stolz, um nicht einen gerechten Groll zu hegen; er war enttäuscht, daß er es nicht weiter gebracht hatte – und doch hatte er, wenn er seinerseits an seinen Großvater dachte, das Gefühl, sehr viel erreicht zu haben. Sein Großvater muß Landarbeiter gewesen sein. Ich weiß nicht mehr von ihm als seinen Vornamen. Er gehörte zu denen im Dunkeln, wie die alten russischen Liberalen sie nannten, und verlor sich völlig in dem großen namenlosen Schlamm der Geschichte. Soviel mein Großvater wußte, konnte er weder lesen noch schreiben. Er war ein fähiger Mensch, meinte mein Großvater, der nicht verwinden konnte, wie die Gesellschaft mit seinen Vorfahren umgesprungen war, und der ihren Status keineswegs romantisch verbrämte. Es war kein Spaß, um die Mitte oder gegen Ende des 18. Jahrhunderts Landarbeiter zu sein, in einer Epoche, bei der wir, snobistisch wie wir sind, nur an die Aufklärung und an Jane Austen denken.

Die industrielle Revolution hatte sehr verschiedene Aspekte, je nachdem, ob man sie von oben oder von unten sah. Sie hat sie noch heute, je nachdem, ob man sie von Chelsea aus sieht oder von einem Dorf in Asien. Für Leute wie meinen Großvater stand es außer Frage, daß die industrielle Revolution weniger schlimm war als das, was vorhergegangen war. Es ging nur darum, wie man es noch besser machen könne.

Und darum geht es in einem differenzierteren Sinne noch immer. In den hochentwickelten Ländern haben wir uns so ungefähr klargemacht, was die alte industrielle Revolution im Gefolge hatte. Einen großen Bevölkerungszuwachs, weil die angewandten Naturwissenschaften Hand in Hand gingen mit der medizinischen Wissenschaft und der medizinischen Fürsorge. Genug zu essen – aus einem ähnlichen Grund. Jeder kann lesen und schreiben, weil das in einer Industriegesellschaft unerläßlich ist. Gesundheit, Nahrung, Bildung, weil einzig und allein die industrielle Revolution das alles bis an die Ärmsten herantragen konnte. Das sind die hauptsächlichen Vorteile – aber es gibt natürlich auch Nachteile.[15] Ein Nachteil ist, daß eine Gesellschaft, die für die Industrie organisiert worden ist, sich leicht auch für einen Vernichtungskrieg organisieren läßt. Aber das hebt die Vorteile nicht auf. Sie bilden die Grundlage unserer sozialen Hoffnung.

Und dennoch: verstehen wir, wie es dazu gekommen ist? Haben wir überhaupt schon angefangen, wenigstens die alte industrielle Revolution zu verstehen? Wie steht es erst mit der naturwissenschaftlichen Revolution, in der wir uns befinden? Noch nie hat es einen Vorgang gegeben, für den Verständnis notwendiger gewesen wäre.

III. Die naturwissenschaftliche Revolution

Ich habe eben zwischen der industriellen und der naturwissenschaftlichen Revolution unterschieden. Diese Unterscheidung läßt sich nicht klar umreißen, da sie uns aber weiterhelfen kann, möchte ich doch jetzt den Versuch machen, sie näher zu bestimmen. Wenn ich von industrieller Revolution spreche, denke ich an den allmählichen Einsatz von Maschinen, an die Beschäftigung von Männern und Frauen in Fabriken, hier in England an den Übergang von einer vorwiegend aus Landarbeitern bestehenden Bevölkerung zu einer Bevölkerung, die sich in der Hauptsache damit befaßt, Fabrikwaren herzustellen und sie nach der Herstellung zu vertreiben. Diese Wandlung hat sich, wie ich schon sagte, unversehens vollzogen, ohne Beteiligung der Akademiker, allen Maschinenstürmern ein Greuel, ob sie nun ihre Theorie in die Praxis umsetzten oder nicht. Hier sehe ich einen Zusammenhang mit so manchem Standpunkt zur Naturwissenschaft und zur Ästhetik, der bei uns bezogen worden ist. Man kann die Wandlung ungefähr auf den Zeitraum von der Mitte des 18. Jahrhunderts bis zum frühen 20. Jahrhundert an-

[15] Man sollte nicht vergessen, daß sich ähnliche Nachteile – freilich über einen weit längeren Zeitraum hin – ergeben haben müssen, als der Mensch sich vom Jäger und Sammler zum Ackerbauer entwickelte. Für manchen muß das eine echte geistige Verarmung bedeutet haben.

setzen. Aus ihr ergab sich eine weitere, die mit der ersten in engem Zusammenhang stand, jedoch viel stärker wissenschaftlich geprägt war, viel rascher vor sich ging und wahrscheinlich viel gewaltigere Folgen haben wird. Dieser Wandel kommt daher, daß die Industrie sich der wirklichen Wissenschaft bedient, daß nicht mehr über den Daumen gepeilt, nicht mehr mit den Ideen vereinzelter »Erfinder«, sondern durchaus sachgemäß gearbeitet wird.

Von wann an man diese zweite Veränderung datiert, ist weitgehend eine Geschmacksache. Manche möchten am liebsten bis auf die ersten großangelegten chemischen oder Metall-Industriebetriebe vor etwa sechzig Jahren zurückgehen. Ich persönlich würde sie in weit jüngere Zeit verlegen und nicht mehr als dreißig oder vierzig Jahre zurückgreifen – grob gesagt, etwa bis auf die Zeit, als man begann, Atomteilchen industrieller Verwendung zuzuführen. Ich glaube, daß die Industriegesellschaft der Elektronen, der Atomenergie und der Automation sich ihrem Wesen nach ganz grundlegend von jeder früheren unterscheidet und die Welt viel stärker verwandeln wird. Meiner Ansicht nach darf eben erst diese Verwandlung Anspruch auf die Bezeichnung »naturwissenschaftliche Revolution« erheben.

Dies ist die materielle Grundlage unseres Lebens, oder genauer, das soziale Plasma, dem auch wir angehören. Und wir wissen fast nichts darüber. Ich habe oben schon erwähnt, daß die hochgebildeten Jünger der geisteswissenschaftlichen Kultur nicht einmal mit den einfachsten Begriffen der reinen Naturwissenschaften zurechtkommen können – nun, man sollte es nicht für möglich halten, aber mit den angewandten Wissenschaften erginge es ihnen noch schlimmer. Wieviele gebildete Menschen wissen etwas über Produktionsmittelindustrie, alten oder neuen Stils? Was ist eine Werkzeugmaschine? Ich habe das einmal in gebildeter Gesellschaft gefragt, da hat man mich nur vielsagend angesehen. Für den, der nicht Bescheid weiß, ist die Industrieproduktion genauso geheimnisvoll wie Gesundbeten. Oder nehmen wir Knöpfe. Knöpfe sind nichts besonders Kompliziertes, sie werden täglich zu Millionen hergestellt, und man müßte schon ein ziemlich eingefleischter Maschinenstürmer sein, wenn man das nicht als eine im großen und ganzen achtenswerte Tätigkeit ansehen wollte. Dennoch ginge ich jede Wette ein, daß von den Leuten, die dieses Jahr in Cambridge Examina mit Auszeichnung in geisteswissenschaftlichen Fächern machen, keine zehn Prozent auch nur annähernd den personellen Aufbau analysieren könnten, der dazu erforderlich ist.

In den Vereinigten Staaten sind vielleicht breitere Kreise in etwa mit der Industrie vertraut, aber wenn ich es mir recht überlege, hat noch kein amerikanischer Romancier, welcher sozialen Schicht auch immer, solche Kenntnisse bei seiner Leserschaft voraussetzen können. Er kann voraussetzen – und er tut das nur allzu oft –, daß man über eine pseudofeudale Gesellschaft Bescheid weiß, etwa über die letzten Relikte des alten Südens – nicht aber über die Industriegesellschaft. Ein englischer Romancier könnte es mit Sicherheit nicht voraussetzen.

Dabei sind die menschlichen Beziehungen in einer Produktionsorganisation überaus differenziert und interessant. Allerdings täuscht man sich da leicht. Nach außen hin scheint es, als wären sie von der Art, wie sie in jedem hierarchischen Gefüge mit einer Kommandokette entstehen, in einer Division beim Heer etwa oder in einem Ministerium. In Wirklichkeit aber sind sie weit komplizierter, und jeder, der an eine direkte Kommandokette gewöhnt ist, kommt sofort ins Schwimmen, wenn er in einen Industriebetrieb gerät. Übrigens weiß man noch in keinem Lande, wie diese Beziehungen beschaffen sein sollten. Es handelt sich hier um ein Problem, das mit großer Politik so gut wie gar nichts zu tun hat und sich unmittelbar aus dem Industrieleben ergibt.

Billigerweise muß wohl gesagt werden, daß die meisten Vertreter der reinen Naturwissenschaft selbst erschreckend wenig über die Produktionsmittelindustrie wußten und vielfach heute noch wissen. Es ist zulässig, »reine« und »angewandte« Naturwissenschaftler in ein und derselben Kultur zusammenzufassen, aber die Kluft zwischen ihnen ist oft groß. Reine Wissenschaftler und Ingenieure mißverstehen einander oft völlig. Ihr Verhalten ist meist sehr verschieden: die Ingenieure müssen ihr Leben in einer organisierten Gemeinschaft führen, und es gelingt ihnen immer, in der Öffentlichkeit nicht aus dem Rahmen zu fallen, selbst wenn sie im Grunde Sonderlinge sind. Anders die reinen Wissenschaftler, die außerdem immer noch zu einem höheren Prozentsatz als alle anderen akademischen Berufe links eingestellt sind – wenn auch nicht mehr im gleichen Ausmaß wie vor zwanzig Jahren –, während die Ingenieure fast ohne Ausnahme konservativ sind. Nicht reaktionär im extremen Sinne des Wortes, aber eben konservativ. Sie sind vollauf damit beschäftigt, Dinge herzustellen, und die gegenwärtige Gesellschaftsordnung genügt ihnen.

Die reinen Wissenschaftler haben im allgemeinen immer eine unklare Vorstellung von Ingenieuren und der angewandten Wissenschaft gehabt. Sie konnten kein Interesse dafür aufbringen. Sie wollten nicht einsehen, daß deren Probleme vielfach geistig genauso hohe Anforderungen stellten wie die Probleme der reinen Wissenschaft, und daß viele von ihren Lösungen ebenso befriedigend und ebenso schön waren. Ihr Instinkt – der hier in England vielleicht von der Sucht geschärft wird, wo nur immer möglich einen neuen Snobismus zu entdecken und, falls keiner vorhanden ist, einen zu erfinden – gab ihnen die Überzeugung ein, daß die angewandte Wissenschaft eine Beschäftigung für Geister zweiten Ranges sei. Ich drücke das deshalb so schroff aus, weil ich vor dreißig Jahren genau dieselbe Meinung vertreten habe. Die geistige Atmosphäre, in der wir jungen Leute in Cambridge damals Forschungsarbeit leisteten, sprach durchaus nicht für uns. Wir waren stolz darauf, daß unsere wissenschaftliche Arbeit niemals und unter gar keinen Umständen praktisch nutzbar gemacht werden konnte. Je entschiedener einer diesen Anspruch erheben konnte, desto überlegener kam er sich vor.

Rutherford selbst hatte wenig Sinn für Ingenieurarbeit. Er wunderte sich darüber – und erzählte diese Geschichte immer mit ungläubigem Staunen –, daß Kapitza wirklich und wahrhaftig eine Ingenieurzeichnung nach Metrovick geschickt hatte, daß diese Zauberer die Zeichnung sorgfältig studiert, die Maschine gebaut und in Kapitzas Laboratorium abgeliefert hatten! Cockcrofts Sachkenntnis als Ingenieur machte auf Rutherford solchen Eindruck, daß er ihm eine besondere Summe für Maschinen beschaffte: diese Summe belief sich auf 600 Pfund! 1933, vier Jahre vor seinem Tod, erklärte Rutherford entschieden und ausdrücklich, er glaube nicht, daß die Energie des Atomkerns jemals entbunden werden könne – neun Jahre später begann in Chicago der erste Meiler zu arbeiten. Das war das einzige wichtige Fehlurteil, das Rutherford in den Naturwissenschaften je unterlaufen ist. Es ist bezeichnend, daß es sich gerade dort ergab, wo die reine Wissenschaft in die angewandte überging.

Nein, die reinen Wissenschaftler zeigten nicht viel Verständnis und bewiesen wenig Sinn für soziale Wirklichkeit. Das Beste, was man von ihnen sagen kann, ist, daß sie es verhältnismäßig leicht lernten, als es notwendig wurde. Im Krieg mußten viele Wissenschaftler aus jenem guten Grund, der nach Dr. Johnson den Geist schärft, sich Kenntnisse über die Produktionsmittelindustrie aneignen. Das öffnete ihnen die Augen. Ich selbst mußte auf meinem Posten versuchen, einen gewissen Einblick in die Industrie zu gewinnen. Das war eine der wertvollsten Bildungsphasen in meinem ganzen Leben. Aber als sie begann, war ich schon fünfunddreißig, und ich hätte sie viel eher durchmachen sollen.

Damit komme ich wieder auf die Bildung zurück. Warum werden wir mit der naturwissenschaftlichen Revolution nicht fertig? Warum gelingt es anderen Ländern besser? Wie werden wir unsere Zukunft in kultureller und praktischer Hinsicht bewältigen? Inzwischen sollte klargeworden sein, daß für mich beide Beweisführungen in einem Punkte zusammenlaufen. Geht man zunächst nur von der geistigen Seite aus oder nur von der sozialen, so wird man doch immer an einem Punkte anlangen, wo sich herausstellt, daß unser Bildungswesen falsch orientiert war, und beide Male falsch aus demselben Grund.

Ich behaupte nicht, daß irgendein anderes Land ein vollkommenes Bildungswesen hätte. Wie ich schon sagte, sind die Russen und die Amerikaner in einer aktiveren Weise unzufrieden mit dem ihren, als wir es sind – sie unternehmen drastischere Schritte, um Abhilfe zu schaffen. Aber das kommt daher, daß sie ein feineres Gespür haben für die Welt, in der sie leben. Wenn sie auch beide den richtigen Weg noch nicht gefunden haben, so zweifle ich für meinen Teil doch nicht, daß sie ihm bedeutend näher sind als wir. Wir machen manches weit besser als sie. In Fragen der Bildungstaktik zeigen wir oft größeres Geschick. Aber was die Bildungsstrategie angeht, sind wir ihnen gegenüber Anfänger.

Die Unterschiede zwischen den drei Systemen sind aufschlußreich. Bei uns besucht natürlich ein weit geringerer Prozentsatz von Kindern die Schule bis zum achtzehnten Lebensjahr, und noch geringer ist der Prozentsatz derer, die wir bis zur Erlangung eines akademischen Grades unterrichten. Die alte Methode, eine kleine Elite auszubilden, hat immer noch Gültigkeit, wenn sie auch nicht mehr ganz so starr gehandhabt wird. Innerhalb dieser Methode sind wir unserer nationalen Leidenschaft für Spezialisierung treu geblieben; wir verlangen von unseren klugen jungen Leuten bis zum einundzwanzigsten Lebensjahr weit mehr als die Amerikaner, wenn auch nicht mehr als die Russen. Mit achtzehn wissen unsere naturwissenschaftlichen Spezialisten mehr von ihrem Fach als ihre Altersgenossen anderswo, verstehen dafür freilich von allem anderen weniger. Wenn sie dann mit einundzwanzig ihren ersten Grad erhalten, sind sie in den Naturwissenschaften vermutlich immer noch um ein Jahr voraus.

Die Amerikaner haben ein anderes System. Sie lassen alle, die gesamte Bevölkerung,[16] bis zum achtzehnten Lebensjahr auf die High Schools gehen und vermitteln eine sehr lockere und allgemeine Bildung. Ihr Problem besteht darin, in diese lockere Ausbildung eine gewisse Exaktheit – insbesondere einige fundamentale mathematische und naturwissenschaftliche Kenntnisse – einzuführen. Ein hoher Prozentsatz der Achtzehnjährigen geht dann auf Colleges, und diese Collegebildung ist genau wie die Schulbildung weniger klar abgegrenzt und auf den Beruf ausgerichtet als unsere.[17] Nach vier Jahren sind die jungen Männer und Mädchen in beruflicher Hinsicht gewöhnlich nicht so gut ausgebildet wie wir, aber ich glaube, man kann mit Fug und Recht behaupten, daß ein höherer Prozentsatz der Besten von ihnen sich die schöpferische Freude erhält, da man ihnen die Zügel lockerer gelassen hat. Der eigentliche Ernst beginnt mit dem Doktorat. Auf dieser Stufe verlangen die Amerikaner plötzlich von ihren Studenten viel mehr als wir. Es darf auch nicht verschwiegen werden, daß sie genügend Begabte finden, um jedes Jahr fast ebensoviele Doktoranden der Natur- und Ingenieurwissenschaften zu promovieren, wie wir für den untersten akademischen Grad zusammenbringen.

Der Unterricht an den russischen höheren Schulen ist viel weniger spezialisiert als bei uns und viel intensiver als bei den Amerikanern. Der Lehrplan verlangt so viel, daß er sich anscheinend für die Nicht-Akademiker als zu schwierig erwiesen hat, und man vom fünfzehnten bis zum siebzehnten Jahr andere Methoden ausprobiert. Die allgemeine Methode sah vor, alle einen Kurs absolvieren zu lassen, der etwa der kontinentalen Lyzeumsbildung entspricht und zu einem beträchtlichen Teil –

[16] Das stimmt nicht ganz genau. In den Staaten mit dem am höchsten entwikkelten Bildungswesen – in Wisconsin etwa – besuchen etwa 95 Prozent der Kinder die High School bis zum 18. Lebensjahr.

[17] Die Vereinigten Staaten stellen eine zusammengesetzte und vielheitliche Gesellschaft dar, und die Maßstäbe der Colleges sind bedeutend unterschiedlicher als die unserer Universitäten. Manche Colleges legen sehr strenge Maßstäbe an. Im großen und ganzen läßt sich die Verallgemeinerung wohl rechtfertigen.

über 40 Prozent – aus Mathematik und Naturwissenschaften besteht. Alle Fächer sind Pflichtfächer. An der Universität hört diese Allgemeinbildung unvermittelt auf, und in den letzten drei Jahren des fünfjährigen Studienkurses ist die Spezialisierung stärker als bei uns. Das heißt, wenn ein junger Mann an den meisten englischen Universitäten einen Grad in Maschinenbau erwerben kann, so kann er in Rußland – und das ist eine weitverbreitete Praxis – einen entsprechenden Grad in einem kleinen Teilgebiet des Maschinenbaus erwerben, etwa in der Aerodynamik, in der Konstruktion von Werkzeugmaschinen oder im Dieselmotorenbau.

Man will ja dort nicht auf mich hören, aber ich glaube, sie übertreiben das, wie ich ja auch die Anzahl der Ingenieure für etwas übertrieben halte, die sie ausbilden. Es sind jetzt mehr als in der ganzen übrigen Welt sonst zusammenkommen – bald werden es um 50 Prozent mehr sein.[18] Reine Naturwissenschaftler bilden sie nur wenig mehr aus als die Vereinigten Staaten, doch haben die Russen in Physik und Mathematik ein beträchtliches Übergewicht.

Im Vergleich mit den USA oder der UdSSR ist unsere Bevölkerungszahl gering. Wenn wir Naturwissenschaftler und Ingenieure zusammenrechnen und einen überschlägigen Vergleich anstellen, kommt bei uns im Verhältnis zur Bevölkerungszahl ein ausgebildeter Engländer auf anderthalb Amerikaner und zweieinhalb Russen.[19] Eine Seite muß da im Irrtum sein.

Mit bestimmten Einschränkungen glaube ich, daß die Russen die Lage vernünftig beurteilen. Sie haben eine tiefere Einsicht in die naturwissenschaftliche Revolution als wir und als die Amerikaner. Die Kluft zwischen den Kulturen scheint bei ihnen nicht annähernd so breit zu sein wie bei uns. Liest man zum Beispiel sowjetische Romane, so stellt man fest, daß deren Verfasser bei ihren Lesern – im Gegensatz zu uns – zumindest elementare Kenntnisse darüber voraussetzen können, was es mit der Industrie überhaupt auf sich hat. Um reine Wissenschaft geht es selten, und dabei scheinen sie sich auch nicht wohler zu fühlen als die literarisch Gebildeten hierzulande.

[18] Die Anzahl der Ingenieure, die alljährlich in den Vereinigten Staaten ihre Schlußprüfung ablegen, nimmt ziemlich rapid ab. Eine ausreichende Erklärung dafür kenne ich nicht.

[19] Die neuesten Zahlen der alljährlich ausgebildeten Naturwissenschaftler und Ingenieure zusammengenommen: Großbritannien 13000, Vereinigte Staaten 65000, Sowjetunion 130000.

Aber die Ingenieurwissenschaften spielen durchaus eine Rolle. Ein Ingenieur wird, wie es scheint, in einem sowjetischen Roman ebenso selbstverständlich hingenommen wie ein Psychiater in einem amerikanischen. Man ist dort ebenso bereit, sich in der Kunst mit den Produktionsvorgängen auseinanderzusetzen, wie Balzac das mit dem Handwerk getan hat. Ich möchte dem nicht allzuviel Wert beimessen, aber vielleicht ist es doch bezeichnend. Weiter ist wohl auch bezeichnend, daß man in diesen Romanen ständig einem leidenschaftlichen Bildungsglauben begegnet. Die Romanfiguren glauben an Bildung genauso, wie mein Großvater daran glaubte, und dahinter steckt dieselbe Mischung aus idealistischen und rein materiellen Gründen.

Jedenfalls haben die Russen sich ein Urteil darüber gebildet, welche Art und welche Anzahl ausgebildeter Männer und Frauen[20] ein Land braucht, um sich in der wissenschaftlichen Revolution an die Spitze zu setzen. Ich vereinfache jetzt, aber ihr Voranschlag, der mir ziemlich richtig zu sein scheint, sieht folgendermaßen aus: Erstens: so viele Wissenschaftler mit Auszeichnungsexamina wie das Land nur aufbringen kann. Kein Land hat viele solche Leute. Vorausgesetzt, daß die Schulen und Universitäten vorhanden sind, kommt es gar nicht so sehr darauf an, was man ihnen beibringt. Sie machen ihren Weg schon selber.[21] Wir haben vermutlich im Verhältnis mindestens genau so viele wie die Russen und die Amerikaner, das ist unsere geringste Sorge. Zweitens: eine weit größere Schicht erstklassiger Fachleute – das sind die Leute, die die zusätzliche Forschungsarbeit leisten, im Entwerfen und Entwickeln erste Qualität liefern. In dieser Schicht fällt ein Vergleich zwischen England und den USA sowie der UdSSR, was Qualität betrifft, für uns günstig aus, denn unser Bildungswesen ist eigens auf dieses Ziel hin ausgerichtet. Was jedoch die Quantität angeht, so finden wir bei uns im Verhältnis zur Bevölkerungszahl nur halb

[20] Ein Drittel der russischen Ingenieure mit Abschlußprüfung sind Frauen. Eine unserer größten Torheiten besteht darin, daß wir, wenn wir es auch nicht offen zugeben, Frauen nicht für geeignet halten, naturwissenschaftliche Berufe zu ergreifen. Auf diese Weise halbieren wir fein säuberlich das Reservoir unserer Begabungen.

[21] Es würde sich wahrscheinlich lohnen, einmal genau zu untersuchen, welchen Bildungsgang hundert ganz hervorragend schöpferisch begabte Persönlichkeiten auf dem Gebiet der Naturwissenschaften unseres Jahrhunderts durchlaufen haben. Ich könnte mir denken, daß ein überraschend hoher Prozentsatz die schwierigsten althergebrachten Hürden – etwa Physik II in Cambridge und ähnliches – gar nicht genommen haben.

soviele, wie die Russen für notwendig halten und auch ausbilden können. Drittens: eine weitere Schicht, die etwa die Bildungsstufe unseres ersten naturwissenschaftlichen Examens beziehungsweise des Ingenieurexamens erreicht hat oder vielleicht ein wenig darunter liegt. Ein Teil dieser Leute nimmt zweitklassige technische Aufgaben wahr, ein anderer Teil jedoch füllt ziemlich verantwortliche Posten aus, vor allem im personalen Bereich. Der richtige Einsatz solcher Leute beruht darauf, daß man die Befähigung anders klassifiziert als es bei uns üblich ist. Mit dem Fortschreiten der naturwissenschaftlichen Revolution wird der Bedarf an diesen Leuten ein Ausmaß annehmen, mit dem wir nicht gerechnet haben, wohl aber die Russen. Sie werden zu Tausenden und Abertausenden notwendig werden, und sie werden voll und ganz die Entwicklung ihrer menschlichen Qualitäten brauchen, die die Universität ihnen vermitteln kann.[22] In diesem Punkte hat uns unsere Einsicht vielleicht am meisten im Stich gelassen. Viertens und letztens: Politiker, Verwaltungsbeamte, ein ganzes Gemeinwesen, das genug von den Naturwissenschaften versteht, um sich vorstellen zu können, wovon die Naturwissenschaftler reden.

So oder doch so ähnlich sieht der Stellenplan für die naturwissenschaftliche Revolution aus.[23] Ich wünschte, ich wüßte genau, daß wir hierzulande anpassungsfähig genug wären, um sie zu bewältigen. Ich werde sofort auf ein Thema zu sprechen kommen, das, auf die ganze Welt gesehen, wichtiger ist, aber vielleicht verzeiht man mir, wenn ich vorher noch einen kurzen Blick auf unser eigenes Schicksal werfe. Zufällig befindet sich unter allen hochentwickelten Ländern das unsere in der bei weitem gefährlichsten Lage. Das ist eine Folge unserer Geschichte und unseres Schicksals und kann keinem jetzt lebenden Engländer zum Vorwurf gemacht werden. Hätten unsere Vorfahren die besten geistigen Kräfte in die in-

[22] Hier in England ist man versucht, diese Leute an Instituten auszubilden, die nicht Universitätsrang haben und infolgedessen als zweitklassig eingestuft werden. Eine schlimmere Fehlentscheidung könnten wir gar nicht treffen. Man begegnet oft amerikanischen Ingenieuren, die im engen Sinne der Berufsausbildung weniger gut geschult sind als die an englischen technischen Colleges ausgebildeten; trotzdem haben die Amerikaner das soziale und individuelle Selbstbewußtsein, das ihnen durch ihre Gleichstellung an den Universitäten zugewachsen ist.

[23] Ich habe mich hier auf die Universität beschränkt. Art und Anzahl der Techniker wären ein anderes und überaus interessantes Thema.

dustrielle Revolution investiert anstatt in das indische Empire, dann wären unsere Grundlagen jetzt solider. Aber das haben sie eben nicht getan.

Wir haben jetzt eine Bevölkerung, die doppelt so groß ist, wie wir sie ernähren können, so daß wir schon von dieser Voraussetzung her immer mehr Sorgen haben werden als Frankreich oder Schweden;[24] und wir haben sehr wenige natürliche Hilfskräfte – im Vergleich mit den großen Weltmächten überhaupt keine. Das einzige, was wir auf der Habenseite aufweisen können, ist unser Verstand. Der hat uns in zweierlei Hinsicht recht gut gedient. Wir haben ziemlich viel – angeborenes oder erworbenes – Geschick, hier im Lande miteinander auszukommen: das ist eine Stärke. Und wir haben immer wieder erfinderische und schöpferische Geister hervorgebracht, vielleicht sogar unverhältnismäßig viele. Ich glaube nicht recht an nationale Verschiedenheiten, was Intelligenz betrifft, aber im Vergleich mit anderen Ländern sind wir gewiß nicht die Dümmeren.

Mit diesen beiden Aktivposten – die unsere einzigen sind – hätten wir doch eigentlich die naturwissenschaftliche Revolution als erste verstehen, unser Bildungswesen bis zur äußersten Grenze ausbauen und eine führende Rolle spielen müssen. Nun, wir haben einiges geleistet. Auf manchen Gebieten, in der Atomenergie zum Beispiel, haben wir mehr geleistet als man hätte voraussagen können. Innerhalb unseres Schemas, dieses starren und festgefahrenen Schemas unseres Bildungswesens und der zwei Kulturen haben wir leidlich energisch versucht, uns anzupassen.

Das Schlimme ist nur, daß das bei weitem nicht genügt. Wenn ich sagen würde, wir müßten uns bilden oder untergehen, so wäre das pathetischer ausgedrückt, als die Tatsachen es rechtfertigen. Wenn ich sage, wir müssen uns bilden oder selbst noch miterleben, wie es rasend schnell abwärts geht, so kommt das den Tatsachen schon näher. Das können wir aber, wie ich jetzt überzeugt bin, nur, wenn wir das bestehende Schema zerbrechen. Ich weiß, wie schwer das ist. Es geht gefühlsmäßig fast allen von uns gegen den Strich. In vielerlei Hinsicht auch mir, der ich voller Unbehagen mit dem einen Fuß in einer toten oder sterbenden Welt stehe und mit dem anderen in einer Welt, deren Heraufkunft wir um jeden Preis betreiben müssen. Ich

[24] Die Dichte unserer Bevölkerung macht uns natürlich auch in militärischer Hinsicht verwundbarer.

wünschte, ich könnte mich darauf verlassen, daß wir den Mut aufbringen zu tun, was die Vernunft uns rät. Nur zu oft muß ich mit Sorge an ein altes Beispiel aus der Geschichte denken. Ob es historisch belegt ist oder nicht, spielt keine Rolle – mich jedenfalls beunruhigt es. Ich muß immer wieder an die Republik Venedig in ihrem letzten halben Jahrhundert denken. Wie wir, hatte sie märchenhaftes Glück gehabt. Sie war wie wir durch Schicksalsfügung reich geworden. Sie hatte, genau wie wir, enormes politisches Talent entwickelt. Viele Männer in Venedig waren nüchterne, realistische Patrioten. Sie sahen genauso klar wie wir, daß der Strom der Geschichte sich allmählich gegen sie wandte. Viele von ihnen bemühten sich, Wege zu finden, auf denen sich ihr Fortbestand sichern ließ. Voraussetzung wäre gewesen, daß man das Schema zerbrach, in dem alles erstarrt war. Sie liebten dieses Schema, genau wie wir an dem unseren hängen. Und sie haben die Energie nicht aufgebracht, es zu zerbrechen.

IV. Die Reichen und die Armen

Für uns hier stellt sich dasselbe Problem, und wir sind aufgerufen, damit fertig zu werden. Manchmal, das muß ich zugeben, war mir, als breite sich der Schatten, in dem Venedig liegt, über den gesamten Westen. Dieser Gedanke kam mir jenseits des Mississippi. In optimistischeren Augenblicken tröste ich mich damit, daß die Amerikaner in viel stärkerem Maße so sind, wie wir zwischen 1850 und 1914 waren. Mögen sie auch vieles unterlassen – sie legen doch die Hände nicht in den Schoß. Sie werden heftige und langdauernde Anstrengungen machen müssen, um auf die naturwissenschaftliche Revolution ebensogut vorbereitet zu sein wie die Russen, aber es bestehen gute Aussichten, daß sie es schaffen werden. Trotzdem ist das nicht die Hauptsache bei der naturwissenschaftlichen Revolution. Das Hauptproblem liegt darin, daß die Menschen in den industrialisierten Ländern reicher werden, während die in den nichtindustrialisierten bestenfalls ihren Status halten, so daß die Kluft zwischen den industrialisierten Ländern und den übrigen täglich größer wird. Auf die ganze Welt hin gesehen, ist dies die Kluft zwischen den Reichen und den Armen.

Zu den Reichen gehören die Vereinigten Staaten, die weißrassigen Teile des Commonwealth, Großbritannien, der größte

Teil Europas und die UdSSR. China steht irgendwie dazwischen, es ist industriell noch nicht über den Berg, wird das aber wahrscheinlich fertigbringen. Die Armen sind alle übrigen. In den reichen Ländern leben die Menschen länger, essen besser und arbeiten weniger. In einem armen Land wie Indien werden die Leute im Durchschnitt nicht halb so alt wie in England. Es sieht so aus, als ob die Inder und andere Asiaten, absolut gesehen, weniger zu essen haben als in der vorigen Generation. Die Statistiken sind nicht verläßlich, und Gewährsmänner aus der FAO (Food and Agricultural Organization der UN) haben mich gewarnt, allzu sehr darauf zu vertrauen. Aber soviel steht fest, daß in allen nichtindustrialisierten Ländern die Menschen sich nicht besser ernähren, als es für die bloße Existenz erforderlich ist. Und sie arbeiten, wie die Menschen immer arbeiten mußten, von der Jungsteinzeit bis heute. Das Leben ist für die überwältigende Mehrzahl der Menschen immer häßlich, roh und kurz gewesen. In den armen Ländern hat sich daran nichts geändert.

Diese Ungleichheit zwischen den Reichen und den Armen ist nicht unbemerkt geblieben. Am schärfsten haben sie verständlicherweise die Armen gesehen. Und eben weil sie sie bemerkt haben, wird es sie nicht mehr lange geben. Was auch immer in der Welt, wie wir sie kennen, sich bis zum Jahr 2000 halten wird – diese Ungleichheit bestimmt nicht. Wenn der Weg zum Reichtum erst einmal bekannt geworden ist – und das ist heute der Fall –, dann kann die Welt nicht halb reich und halb arm weiterbestehen. Das gibt es einfach nicht.

Der Westen muß bei dieser Umwandlung helfen. Das Schwierige ist, daß es ihm mit seiner gespaltenen Kultur so schwer fällt zu begreifen, in welchem Ausmaß und vor allem wie schnell diese Umwandlung vor sich gehen muß.

Ich sagte oben, daß wenige Geisteswissenschaftler einen wirklich wissenschaftlichen Begriff von der Beschleunigung haben. Das war als Stichelei gemeint. Aber unter sozialen Aspekten ist es etwas mehr als das. Während der ganzen Menschheitsgeschichte bis zu unserem Jahrhundert hat sich die Gesellschaft sehr langsam gewandelt. So langsam, daß es innerhalb eines Menschenlebens kaum zu spüren war. Das hat sich geändert. Das Tempo des Wandlungsprozesses hat sich so stark erhöht, daß unser Vorstellungsvermögen nicht mehr mitkommt. Im nächsten Jahrzehnt muß notwendigerweise die gesellschaftliche Veränderung größer sein und müssen mehr Menschen davon betroffen werden, als das je innerhalb von zehn Jahren der Fall war. Und in den siebziger Jahren muß sich dann zwangsläufig die Veränderung wieder steigern. In den armen Ländern haben die Menschen diese einfache Vorstellung jetzt erfaßt. Sie sind nicht mehr willens, Phasen abzuwarten, die über ein Menschenalter hinausgehen.

Gönnerhafte Vertröstungen, daß es in zwei- bis dreihundert Jahren für sie vielleicht ein wenig besser aussehen werde, bringen sie nur zur Raserei. Prophezeiungen, wie man sie noch immer von alten Asien- oder Afrikaexperten hört – »Was denn, diese Leute brauchen mindestens fünfhundert Jahre, bis sie unseren Standard erreicht haben!« –, sind selbstmörderisch und zeugen dazu von völliger technischer Ignoranz. Besonders wenn sie, was ja fast die Regel zu sein scheint, von einem Menschen gemacht werden, der selbst so aussieht, als brauchte der Neandertaler keine fünf Jahre, um mit diesem Typus Schritt halten zu können.

Tatsache ist, daß sich die Wandlung in diesem Tempo bereits als möglich erwiesen hat. Als die erste Atombombe losging, sagte jemand, das einzige wichtige Geheimnis sei jetzt gelüftet: das Ding funktioniert. Danach konnte jedes entschlossene Land die Bombe herstellen, wenn es ein paar Jahre Zeit hatte. Genauso ist bei der russischen und der chinesischen Industrialisierung das einzige Geheimnis, daß sie sie geschafft haben. Die Afrikaner und Asiaten haben das bemerkt. Die Russen haben ungefähr vierzig Jahre gebraucht, nachdem sie mit einer gewissen industriellen Grundlage anfangen konnten – die Industrie der Zarenzeit war immerhin ein Anfang –, dann aber von einem Bürgerkrieg und von dem größten aller Kriege unterbrochen worden waren. Die Chinesen haben von einer bedeutend geringeren industriellen Basis aus begonnen, sind aber nicht unterbrochen worden, und es sieht aus, als würden sie nicht viel mehr als die halbe Zeit brauchen.

Diese Umbildungen wurden unter übermäßigen Anstrengungen und großen Opfern vollzogen. Ein guter Teil der Opfer war unnötig – für den Zeitgenossen ist es bitter, Augenzeuge der Greuel sein zu müssen. Dennoch haben sie bewiesen, daß der einfache Mann erstaunliche Tapferkeit aufbringen kann, wenn es gilt, Zukunftsziele zu verfechten. Der gegenwärtige Augenblick kann den Menschen verhältnismäßig kalt lassen, wenn es aber um die Zukunft geht, erwachen oft seine edelsten Instinkte. Die Umbildungen haben aber auch etwas bewiesen, was nur die naturwissenschaftliche Kultur ohne weiteres begreift. Dennoch – wenn wir es nicht begreifen, sind wir die Dummen.

Es handelt sich einfach um die Erkenntnis, daß die Technik ziemlich leicht ist. Oder genauer, die Technik ist derjenige Zweig menschlicher Erfahrung, den sich die Menschen mit vorhersagbaren Ergebnissen aneignen können. Lange Zeit hindurch hat der Westen das ganz falsch beurteilt. Schließlich sind ja sehr viele Engländer in über hundertfünfzig Jahren in technischen Fertigkeiten ausgebildet worden. Wir haben uns irgendwie in den Glauben verrannt, die gesamte Technik sei mehr oder weniger eine Fertigkeit, die man nicht weitergeben könne. Zugegeben, wir haben einen gewissen Vorsprung. Nicht so sehr auf Grund unserer Tradition, glaube ich, sondern weil alle unsere Kinder mit mechanischem Spielzeug spielen. Sie eignen sich angewandte Wissenschaft stückweise an, noch bevor sie lesen können. Das ist ein Vorteil, den wir nicht genügend ausgenützt haben. Genau wie die Amerikaner den Vorteil haben, daß von zehn Erwachsenen neun einen Wagen fahren können und bis zu einem gewissen Grade Mechaniker sind. Im letzten Krieg, der ein Krieg der kleinen Maschinen war, stellte das ein echtes militärisches Plus dar. Rußland holt jetzt Amerika in den größeren Industriezweigen ein – aber es wird noch lange dauern, bis in Rußland eine Autopanne ebensowenig Scherereien macht wie in Amerika.[25]

Das Merkwürdige ist, daß das alles anscheinend gar nicht so wichtig ist. Wenn ein großes Land wie das heutige China vollständig industrialisiert werden soll, so bedarf es nur des Willens, genügend Naturwissenschaftler und Ingenieure und Techniker auszubilden. Des Willens, und gar nicht so vieler Jahre. Nichts spricht dafür, daß ein Land oder eine Rasse naturwissenschaftlich stärker begabt ist als andere; aber vieles spricht dafür, daß alle ziemlich gleich sind. Tradition und technische Vorgeschichte scheinen überraschend wenig auszumachen.

[25] Eine merkwürdige Folgeerscheinung läßt sich in allen größeren industrialisierten Gesellschaften feststellen. Für die vordringlichen Aufgaben werden mehr Begabungen gebraucht, als das Land ohne Schwierigkeiten hervorbringen kann, und das wird immer deutlicher in Erscheinung treten. Die Folge davon ist, daß niemand mehr übrig bleibt, der gescheit und tüchtig ist und sich doch mit jenen untergeordneten Tätigkeiten zufrieden gäbe, die das Getriebe der sozialen Annehmlichkeiten in Gang halten. Die Dienstleistungen der Post und der Bahn werden wahrscheinlich allmählich einfach deswegen schlechter werden, weil die Leute, die hier beschäftigt waren, jetzt für andere Aufgaben ausgebildet werden. In den Vereinigten Staaten ist das schon deutlich zu sehen, und in England ist derselbe Prozeß im Gange.

Das alles haben wir mit eigenen Augen gesehen. Ich selbst habe es erlebt, wie sizilianische Mädchen in einem fortgeschrittenen Physiklehrgang an der Universität von Rom die Spitzenplätze einnahmen, obwohl sehr viel verlangt wurde; dreißig Jahre zuvor wären sie quasi noch verschleiert herumgelaufen. Und ich erinnere mich, wie John Cockcroft in den frühen dreißiger Jahren aus Moskau zurückkam. Man erzählte sich überall, er habe einen Blick nicht nur in die Laboratorien, sondern auch in die Fabriken und auf die dort beschäftigten Mechaniker werfen können. Ich weiß nicht mehr, was wir zu hören erwarteten, aber bestimmt waren einige da, die sich schon auf solche Geschichten freuten, wie sie der Mensch des Westens so gerne hört – von Muschiks, die vor einer Fräsmaschine Kotau machten oder die einen Vertikalbohrer mit bloßen Händen zerbrachen. Jemand fragte Cockcroft, wie denn die Facharbeiter wären. Nun, er war nie ein Mann von vielen Worten. Tatsachen sind Tatsachen. »Oh«, sagte er, »die sind ungefähr genauso wie die von Metrovick.« Nichts weiter. Wie gewöhnlich hatte er recht.

Man kommt nicht darum herum. Es ist technisch möglich, innerhalb der nächsten fünfzig Jahre die naturwissenschaftliche Revolution in Indien, Afrika, Südostasien, Lateinamerika und dem Mittleren Osten durchzuführen. Es gibt keine Entschuldigung für Menschen im Westen, wenn sie sich dieser Einsicht verschließen. Und der Einsicht, daß dies der einzige Weg ist, den drei Bedrohungen unserer Zeit zu entgehen: dem Atomkrieg, der Übervölkerung und der Kluft zwischen arm und reich. Wir befinden uns in einer Lage, in der Harmlosigkeit das größte Verbrechen ist.

Da die Kluft zwischen den reichen und den armen Ländern beseitigt werden kann, wird sie auch beseitigt werden. Wenn wir kurzsichtig oder dumm sind und nicht imstande, guten Willen oder vernünftigen Egoismus aufzubringen, dann wird sie vielleicht im Gefolge von Krieg und Hungersnot beseitigt – aber beseitigt wird sie jedenfalls. Die Frage ist, wie und von wem. Auf solche Fragen kann man nur Teilantworten geben, doch sie mögen hinreichen, um uns nachdenklich zu machen. Die naturwissenschaftliche Revolution im Weltmaßstab erfordert in erster Linie Kapital: Kapital in jeder Form, auch in Form von Maschinen. Die armen Länder können dieses Kapital nicht ansammeln, solange sie nicht einen bestimmten Punkt der Industrialisierungskurve überschritten haben. Das ist der

Grund, warum sich die Kluft zwischen arm und reich vergrößert. Das Kapital muß von außen kommen.

Es kommen da nur zwei Quellen in Frage. Die eine ist der Westen, unter dem man hier vor allem die Vereinigten Staaten zu verstehen hat, die andere ist die UdSSR. Selbst die Vereinigten Staaten haben keine unbeschränkten Kapitalquellen für solche Zwecke. Wenn sie oder Rußland es allein schaffen wollten, würde das für beide in industrieller Hinsicht größere Anstrengungen bedeuten, als sie der Krieg mit sich gebracht hat. Beteiligen sich beide gemeinsam daran, so würde das ihr Opfer verringern, wenn auch meiner Meinung nach nur Optimisten glauben können, es ginge dann überhaupt ganz ohne Opfer. Manche klugen Leute glauben das allerdings. Das Ausmaß des Unterfangens verlangt, daß der Staat dahinterstehen muß. Privatindustrie, und sei sie noch so mächtig, kann das nicht schaffen, das Geschäftsrisiko geht weit über das übliche hinaus. Es wäre ein bißchen so, wie wenn man seinerzeit Dupont oder ICI aufgefordert hätte, die gesamte Entwicklung der Atombombe zu finanzieren.

Das zweite Erfordernis nach dem Kapital ist genauso wichtig. Es sind Menschen. Ausgebildete Naturwissenschaftler und Ingenieure, die genügend Anpassungsfähigkeit besitzen, um mindestens zehn Jahre ihres Lebens der Industrialisierung eines fremden Landes zu widmen. Sofern und solange die Amerikaner und wir kein vernünftiges und einfallsreiches Bildungswesen aufbauen, sind die Russen hier klar im Vorteil. Dies ist der Punkt, wo ihre Bildungspolitik schon reiche Dividenden gebracht hat. Sie haben solche Leute übrig, wenn sie sie brauchen. Wir dagegen haben keine, und die Amerikaner sind nicht viel besser dran. Nehmen wir zum Beispiel an, die Regierungen der Vereinigten Staaten und Englands hätten den Indern bei der Durchführung einer umfassenden Industrialisierung etwa im Ausmaß der chinesischen ihre Hilfe zugesagt, und nehmen wir weiter an, das Kapital könnte bereitgestellt werden. Dann wären etwa zehn- bis zwanzigtausend Ingenieure aus den Vereinigten Staaten und von uns notwendig, um die Sache in Gang zu bringen. Gegenwärtig könnten wir die nicht auftreiben. Diese Leute, die wir noch nicht haben, müßten nicht nur wissenschaftlich, sondern auch allgemeinmenschlich gebildet sein. Sie könnten ihre Aufgabe nicht erfüllen, wenn sie nicht jede Spur Gönnerhaftigkeit abschütteln. Vom Heiligen Franz Xavier bis zu Schweitzer haben viele Europäer ihr Leben den Asiaten und

Afrikanern geweiht, edelmütig, aber doch eben als Gönner. Das ist nicht die Art Europäer, die die Asiaten und Afrikaner in Zukunft bei sich sehen wollen. Sie wollen Leute, die sich gemeinsam mit ihnen abrackern, die weitergeben, was sie wissen, ehrliche, technische Arbeit leisten und dann wieder verschwinden. Glücklicherweise ist das eine Haltung, die Naturwissenschaftlern nicht schwer fällt. Sie haben weniger Rassenvorurteile als der Durchschnitt, und was die Beziehungen zu den Mitmenschen betrifft, so ist ihre Kultur demokratisch. In ihrem eigenen Kreis herrscht der Geist der Gleichheit und das Klima ist hier manchmal ziemlich rauh.

Aus diesem Grunde könnten uns Naturwissenschaftler in ganz Asien und Afrika gute Dienste leisten. Und sie würden auch bei der dritten wesentlichen Aufgabe der naturwissenschaftlichen Revolution ihren Mann stellen, die in einem Land wie Indien neben der Investierung von Kapital und der ausländischen Starthilfe herlaufen müßte: ein Bildungsprogramm von der Vollständigkeit des chinesischen, auf Grund dessen innerhalb von zehn Jahren die Universitäten umgewandelt und in solcher Anzahl neu errichtet worden sind, daß China jetzt fast unabhängig von auswärtigen Wissenschaftlern und Ingenieuren ist. Zehn Jahre. Mit Lehrern der Naturwissenschaften aus den Vereinigten Staaten und aus England und – was unerläßlich ist – mit Englischlehrern könnten andere arme Länder dasselbe in zwanzig Jahren leisten.

Das ist das Problem in seinem ganzen Umfang. Ein ungeheurer Kapitaleinsatz, eine ungeheure Investierung von Menschen, Naturwissenschaftlern und Philologen, von denen der Westen die meisten noch gar nicht besitzt. Von irgendeinem Gewinn könnte in nächster Zukunft kaum die Rede sein, abgesehen von der Leistung an sich, und auch auf weite Sicht ist ein Gewinn höchst ungewiß. Man wird mich fragen – und ich bin das privat auch wirklich schon gefragt worden –: »Das ist alles sehr schön und großartig. Aber Sie sind doch angeblich ein Realist. Sie interessieren sich für die Feinheiten der Politik, und Sie haben allerlei Zeit darauf verwandt, zu erforschen, wie die Menschen sich bei der Verfolgung ihrer egoistischen Ziele verhalten. Können Sie da wirklich glauben, daß die Menschen sich so verhalten werden, wie sie sich Ihrer Ansicht nach verhalten sollten? Können Sie sich in einer parlamentarischen Gesellschaft wie der unseren oder der amerikanischen eine politische Taktik vorstellen, mit deren Hilfe solch ein Plan sich verwirklichen ließe?

Glauben Sie wirklich, daß auch nur eine ganz geringe Möglichkeit besteht, so etwas in die Tat umzusetzen?«

Das sind vernünftige Einwände. Ich kann nur erwidern, daß ich es nicht weiß. Einerseits ist es ein Irrtum, dem natürlich gerade die sogenannten Realisten leicht verfallen, zu glauben, es sei schon alles gesagt, wenn man vom Egoismus, von den Schwächen und Eitelkeiten und vom Machtstreben der Menschen spricht. Ja, die Menschen sind so. Sie sind die Bausteine, aus denen wir unser Gebäude errichten müssen, und wir haben an unserer eigenen Selbstsucht den Maßstab, nach dem wir die anderen beurteilen können. Aber manchmal ist der Mensch auch zu mehr fähig, und ein »Realismus«, der das nicht zugibt, ist nicht ernstzunehmen.

Andererseits gebe ich zu – und es wäre nicht redlich, wenn ich das nicht täte –, daß ich nicht weiß, welcher politischen Taktik man sich bedienen müßte, um die positiven menschlichen Möglichkeiten des Westens in Bewegung zu setzen. Das Beste, was man tun kann, ist, immer weiter zu nörgeln, und das ist wahrhaftig eine bescheidene Leistung. Vielleicht ist das ein zu bequemes Mittel, der eigenen Unruhe zu entgehen. Denn wenn ich auch nicht weiß, wie wir tun können, was wir tun müssen, oder ob wir überhaupt etwas tun werden, so weiß ich doch das eine: wenn wir es nicht tun, die kommunistischen Länder tun es bestimmt irgendwann. Es wird sie selbst und andere sehr viel kosten, aber sie werden es tun. Und wenn es wirklich darauf hinauskommt, dann haben wir praktisch und auch moralisch versagt. Der Westen ist dann bestenfalls eine Enklave in einer verwandelten Welt – und unser Land wäre eine Enklave in einer Enklave. Wollen wir uns damit abfinden? Die Geschichte kennt Versagern gegenüber kein Erbarmen. Wir freilich werden die Geschichte nicht schreiben, wenn es so kommt.

Inzwischen müssen Schritte unternommen werden, die nicht außerhalb der Möglichkeiten nachdenklicher Menschen liegen. In der Bildung liegt zwar nicht die vollständige Lösung dieses Problems, aber ohne Bildung kann der Westen nicht im entferntesten hoffen, der Schwierigkeiten Herr zu werden. Alle Pfeile weisen in dieselbe Richtung. Daß wir die Kluft zwischen unseren Kulturen schließen, ist sowohl im extrem geistigen als auch im extrem praktischen Sinn notwendig. Wenn diese beiden Extreme keinerlei Verbindung mehr miteinander haben, wird keine Gesellschaft imstande sein, einsichtig zu bleiben. Um des geistigen Lebens willen, um der besonderen Gefahren willen, die England drohen, um der westlichen Gesellschaft willen, die das gefährliche Leben der von Armen umgebenen Reichen führt, um der Armen willen, die nicht arm zu sein brauchen, wenn es Intelligenz in der Welt gibt, sind wir, die Amerikaner und der gesamte Westen verpflichtet, unser Bildungswesen unter ganz neuen Gesichtspunkten zu betrachten. Dies ist einer der Fälle, wo wir und die Amerikaner am meisten voneinander lernen können. Und beide können wir eine Menge von den Russen lernen, wenn wir nicht zu stolz dazu sind. Übrigens könnten auch die Russen eine ganze Menge von uns lernen.

Wäre es nicht Zeit anzufangen? Das Gefährliche ist, daß man uns in dem Glauben hat aufwachsen lassen, wir hätten unendlich viel Zeit. Wir haben nur sehr wenig Zeit. So wenig, daß ich dazu gar keine Vermutung auszusprechen wage.

C. P. Snow
Ein Nachtrag
1963

I

Es sind mehr als vier Jahre vergangen, seit ich in Cambridge (im Mai 1959) die »Rede Lecture« hielt. Ich wählte ein Thema, das schon längere Zeit vielfach erörtert worden war. Ich erhoffte mir allenfalls, anspornend zu wirken, so daß erstens auf dem Gebiet des Erziehungswesens etwas geschähe, und zweitens – denn ich selbst hielt immer den zweiten Teil des Vortrags für dringlicher – die reichen und privilegierten Gesellschaften sich mehr Gedanken über die weniger glücklichen machten. Viel erwartete ich allerdings nicht. Es gab eine Menge Leute, die sich ähnlich äußerten. Es schien mir ein Zeitpunkt zu sein, in dem man auch sein Wort dazu sagen sollte. Ich dachte, in gewissen nicht sehr weitreichenden Kreisen werde man mich vielleicht anhören. Dann werde die Wirkung bald nachlassen, und zu gegebener Zeit würde ich, da mir das Thema sehr am Herzen lag, einen neuen Versuch machen müssen.

Eine Zeitlang schien es, als wäre diese Prognose richtig. Der Vortrag wurde wie üblich am Tage, nachdem er gehalten worden war, als Broschüre veröffentlicht.[1] Er wurde in einigen Leitartikeln erwähnt, sonst aber in den Zeitungen während der ersten Monate nur wenig besprochen. Irgendwelche Propaganda wurde nicht gemacht und konnte auch gar nicht gemacht werden. Im ›Encounter‹ erschienen lange Auszüge, die einige Zuschriften im Gefolge hatten.[2] Ich selbst bekam eine Anzahl interessanter privater Briefe. Damit sei alles vorbei, dachte ich damals.

Die Sache entwickelte sich aber etwas anders. Als ungefähr ein Jahr vergangen war, wurde mir so unbehaglich zumute wie dem Zauberlehrling. Artikel, Hinweise, Briefe und Lobsprüche strömten mir zu – oft aus Ländern, in denen ich sonst gar keinen Namen hatte. Tatsächlich hatte das Ganze, wie ich gleich erklären will, gar nicht viel mit mir zu tun. Es war eine

[1] In den Vereinigten Staaten ist der Vortrag in Buchform erschienen: Cambridge University Press, 1959.
[2] Encounter, Mai 1959 und folgende Nummern.

Erfahrung, die mich eher seltsam als angenehm berührte. Die Literatur wuchs immer rascher an, und wenn ich auch unter den gegebenen Umständen vermutlich mehr davon zu sehen bekam als andere Leute, so doch bei weitem nicht alles. Hört man dann noch, daß es gerade in Sprachen, die einem Engländer normalerweise nicht zugänglich sind, zu besonders fruchtbaren Erörterungen kam, so ist das recht bitter.

Bei einer solchen Flut von Literatur drängten sich zwei Folgerungen auf. Erstens: Wenn fast zu gleicher Zeit in verschiedenen intellektuellen Gesellschaften in verschiedenen Teilen der Welt ein Nerv getroffen worden war, so konnten die Gedankengänge, die diese Reaktion hervorbrachten, unmöglich originell sein. Originelle Ideen verbreiten sich nicht so geschwind. Sehr selten einmal denkt oder hofft man, etwas Neues gesagt zu haben und wartet dann ein wenig resigniert jahrelang darauf, daß irgendwo ein Funke des Verständnisses aufsprühen möge. Hier war es ganz anders. Offenbar hatten sich schon viele Leute über diesen Fragenkomplex Gedanken gemacht. Die Ideen lagen in der Luft. Es brauchte sie nur irgendwo irgend jemand in Worte zu fassen, und schon sprang der Funke über. Die Worte brauchten nicht die richtigen Worte zu sein, aber der Zeitpunkt, den keiner vorhersagen konnte, mußte der richtige sein. Geschah es so, dann sah sich der Zauberlehrling hilflos den hereinströmenden Fluten ausgeliefert.

Es scheint bloßer Zufall gewesen zu sein, daß nicht andere schon früher in diese Situation des Zauberlehrlings geraten waren. Jacob Bronowski hatte in den fünfziger Jahren[3] verschiedentlich mit viel Phantasie alle möglichen Aspekte dieser Fragen behandelt. Merle Kling veröffentlichte 1957 einen Artikel[4] – den ich erst viel später in die Hand bekam –, in dem er die erste Hälfte meines Vortrags ziemlich genau vorwegnahm. Erzieher von Beruf, A. D. C. Peterson etwa, hatten ähnliches geschrieben. 1956[5] und 1957[6] verfaßte ich selbst zwei Artikel, die, freilich in einer kürzeren Fassung als die »Rede Lecture«, schon vieles davon enthielten. Dennoch hatte keiner von uns viel Echo. Zwei Jahre später war der richtige Zeitpunkt gekommen, und jeder von uns hätte einen Wirbel hervorrufen können. Man

[3] J. Bronowski, The Educated Man in 1984. Schlußansprache an die Erziehungsabteilung der British Association, 1955.

[4] Merle Kling, New Republic, 8. April 1957.

[5] New Statesman, 6. Oktober 1956.

[6] Sunday Times, 10. und 17. März 1957.

fühlt sich an das geheimnisvolle Wirken erinnert, das im 19. Jahrhundert ehrfurchtsvoll als »Zeitgeist« bezeichnet wurde.

Die erste Schlußfolgerung ist also, daß diese Ideen keineswegs originell waren, sondern bereits in der Luft lagen. Die zweite Folgerung scheint mir ebenso unabweisbar. Sie lautet: Es muß etwas daran sein. Ich will damit nicht sagen, daß man sie nicht ganz anders und besser hätte formulieren können – aber sie enthalten, vielleicht versteckt, etwas, wovon Menschen in der ganzen Welt vermuten, es sei aktuell und habe praktische Bedeutung. Es war ganz belanglos, ob ich diese Dinge sagte oder Bronowski oder Kling, oder X oder Y oder Z. Eine umfassende Auseinandersetzung ist angelaufen und wird auch noch weiter anhalten. Das kann unmöglich alles nur Zufall sein. Es konnte bestimmt auch nicht durch den Anstoß eines einzelnen zustandekommen. Bei derartigen Themen zählt die Persönlichkeit nichts, aber das Thema selbst bedeutet viel.

Allein schon die Menge der Äußerungen – teils Zustimmung, teils Widerspruch, teils neutrale Stimmen – ist überwältigend. Ich habe nicht in jedem einzelnen Fall geantwortet; hierin folge ich einer Regel, die ich mir schon bei anderen Streitfällen zu eigen gemacht habe. Mir scheint nämlich, wenn man sich über jeden Einzelpunkt unmittelbar in eine Debatte einläßt, so engt man sein eigenes Denkvermögen ein für allemal ein. Den meisten Menschen verschafft das Debattieren mehr innere Befriedigung als das Denken, doch es beraubt uns aller etwa noch vorhandenen Möglichkeiten, der Wahrheit näher zu kommen. Mir scheint es wünschenswerter, sich ruhig zu verhalten und erst einmal zu durchdenken, was gesagt worden ist – womit ich nicht behaupten will, daß das leicht wäre –, um dann, nach längerer Pause, zuzusehen, welche Abänderungen ich unter Benutzung dessen, was ich gehört und was ich inzwischen hinzugelernt habe, vornehmen würde, wenn ich den Vortrag noch einmal halten müßte. Eben das tue ich jetzt. Ich beabsichtige, diese Methode auch in Zukunft beizubehalten. Sollte ich zu der Auffassung kommen, daß ich noch weiteres hinzuzufügen habe, so werde ich mir das für später aufheben.

Im Verlaufe der bisherigen Auseinandersetzung hat sich etwas recht Ungewöhnliches ereignet, das ich erwähnen will, um dann nicht mehr davon sprechen zu müssen. Einige wenige, sehr wenige, der kritischen Äußerungen waren stärker als üblich mit persönlichen Angriffen verbunden; in einem Fall ging das so weit, daß die für die Veröffentlichung an zwei verschiedenen Stellen[7] Verantwortlichen getrennt an mich herantraten, um meine Zustimmung einzuholen. Ich mußte ihnen versichern, daß ich nicht die Absicht hätte, sie zu verklagen. Das alles kam mir ausgesprochen merkwürdig vor. Bei jedem Streitgespräch muß man damit rechnen, daß scharfe Worte fallen, aber zumindest nach meiner Erfahrung ist es nicht üblich, daß dabei die Grenze zur Verleumdung auch nur gestreift wird.

Die Frage jedoch, wie man sich unter solchen Umständen verhält, läßt sich sehr leicht beantworten. Angenommen, jemand nennt mich schwarz auf weiß einen kleptomanischen Leichenschänder (ich habe mich bemüht, zwei Behauptungen zu finden, die meines Wissens bisher nicht aufgestellt worden sind). Dann habe ich genau zwei Möglichkeiten. Ich kann entweder gar nichts tun, und das ist der Weg, den ich im allgemeinen am liebsten einschlagen würde, oder ich kann, wenn die Belästigung unerträglich wird, vor Gericht gehen. Aber eines kann von einem vernünftigen Menschen niemand erwarten, nämlich daß er Bestätigungen von Saks und Harrods vorweist, die bezeugen, daß er ihres Wissens nie auch nur einen einzigen Gegenstand gestohlen hat; ferner daß er sich Zeugnisse beschafft mit den Unterschriften von sechzehn Mitgliedern der Royal Society, des Chefs der Zivilverwaltung, eines Lordrichters und des Sekretärs vom Marylebone Cricket Club, daß sie ihn nun ein halbes Leben lang kennen und selbst nach einem feuchtfröhlichen Abend nie gesehen haben, daß er sich in der Nähe eines Grabes herumgetrieben hätte.

Eine solche Antwort ist unmöglich. Damit stellt man sich psychologisch mit dem Verleumder auf eine Stufe, und dieser Situation sich zu entziehen, ist man berechtigt.

Glücklicherweise tut es der Sache keinen Abbruch, wenn wir Kritik, die diesen oder einen ähnlichen Geist atmet, ignorieren, denn was hier intellektuell beigetragen wird, ist in korrekter und ernstzunehmender Form auch von anderen gesagt worden.

Gelegentlich wird noch einiges klarzustellen sein. Es bieten sich nicht immer gleich Lehrbuchbeispiele dafür an, wie sich gewisse psychologische Zustände auswirken, aber hier, in diesem Teilgebiet der Literatur, gibt es eine ganze Menge. Führen

[7] Ich spreche hier von F. R. Leavis', Two Cultures? The Significance of C. P. Snow (zuerst erschienen im Spectator, 9. März 1962; dann als Buch neu herausgebracht. London 1962).

gewisse Formen von Animosität dazu, daß man nicht mehr fähig ist, den physischen Vorgang des Lesens durchzuführen? Der Anschein spricht dafür. Der ursprüngliche Vortrag war sehr kurz. Der Text ist sehr einfach. Die meisten Leute würden, besonders wenn sie bösartige Angriffe planen, sich die Mühe machen, direkte Zitate im richtigen Wortlaut zu bringen. Das ist nicht geschehen. Es finden sich mehrere Beispiele, die mir, wie der ganze Vorfall überhaupt, höchst bizarr erscheinen. Ich will das Gröbste herausgreifen. Eines meiner Verbrechen in der »Rede Lecture« soll gewesen sein, daß ich den Ausdruck »Wir sterben allein« verwendet habe. Diese Wendung ist nicht nur in einem Artikel zitiert und aufgespießt worden, für den die Verleger sich vorher bei mir Straffreiheit hatten zusichern lassen,[8] sondern auch in anderen, späteren.[9] Als ich das Zählen aufgab, war das Zitat, glaube ich, zehnmal wiederholt worden.

Aber woher kommt dieses Zitat? Schauen Sie sich den Text der »Rede Lecture« einmal aufmerksam an. Sie werden den Ausdruck nicht finden. Er steht nirgends. Es wäre ja auch erstaunlich, wenn er sich fände. Wollte ich doch gerade die äußerste Vereinzelung ausdrücken. Und kein Mensch würde sich einfallen lassen, eine solche Feststellung im Plural auszusprechen. Seltsamerweise entspricht die englische Sprache hier den Anforderungen nicht ohne weiteres. »Man stirbt allein« trifft es nicht. Ich mußte schließlich einen Ausdruck verwenden, der etwas plump ist, aber das aussagt, was ich meinte – »Jeder von uns stirbt allein«.

Übrigens ist auch diese Vorstellung wie so vieles andere in der ganzen Erörterung nicht originell. Sie kommt seit Jahrhunderten im introspektiven Denken, vor allem in der nach innen gerichteten religiösen Gedankenwelt vor. Soviel ich weiß, war Blaise Pascal der erste, der gesagt hat: On mourra seul.

Auf Untersuchungen dieser Art kann man sich später einlassen, aber doch hoffentlich nicht jetzt. Jetzt kommt es darauf an, die Personen soweit wie möglich aus dem Spiel zu lassen. In allem, was ich selbst schreibe, werde ich versuchen, das im Auge zu behalten.

Wie ich schon sagte, glaube ich, daß es für mich jetzt am zweckmäßigsten ist, mir noch einmal anzusehen, was ich ur-

[8] Leavis, a. a. O.

[9] Spectator, 23. März 1962 und spätere Nummern; weitere Beispiele in der folgenden Literatur.

sprünglich geschrieben habe; es im Lichte dessen zu betrachten, was darüber, dafür, dagegen und dazu gesagt worden ist, und zwar unter Zuhilfenahme neuer wissenschaftlicher, soziologischer und historischer Erkenntnisse, die mit fortschreitender Forschung dazu beitragen sollten, zumindest für einen Teil des Problems nicht nur eine Perspektive, sondern eine Lösung zu finden.

II.

Die Feststellungen in meinem Vortrag hatte ich so einfach wie nur möglich formuliert. Jede Feststellung, die auf praktische Maßnahmen abzielt, muß einfach sein. Es ist immer irgend etwas nicht in Ordnung, wenn man das Selbstverständliche unverständlich zu machen bestrebt ist. Ich schirmte meine Feststellungen durch Erläuterungen ab und versuchte einige von ihnen besonders plastisch hinzustellen. Ich werde jetzt die Erläuterungen und Bilder weglassen und den Kern des Vortrags sine ira et studio noch einmal darzustellen versuchen.

Die Sache ist etwa die: Unsere Gesellschaft (das heißt die hochentwickelte westliche Gesellschaft) gibt nicht einmal mehr vor, eine gemeinsame Kultur zu besitzen. Menschen, die eine höchst intensive Bildung genossen haben, können sich auf der Ebene ihrer wichtigsten geistigen Anliegen nicht mehr verständigen. Das ist bedenklich für unser schöpferisches, geistiges und vor allem auch für unser alltägliches Leben. Es bringt uns dazu, die Vergangenheit falsch auszulegen, die Gegenwart falsch zu beurteilen und unserer Hoffnung auf die Zukunft zu entsagen. Es erschwert es uns oder macht es überhaupt unmöglich, richtige Maßnahmen zu ergreifen.

Als deutlichstes Beispiel dieser mangelnden Verständigung führte ich zwei Menschengruppen an, die das repräsentieren, was ich »die zwei Kulturen« getauft habe. Die eine Gruppe umfaßte die Naturwissenschaftler, deren Gewicht, Leistung und Einfluß nicht besonders betont zu werden brauchte. Die andere umfaßte die literarisch Gebildeten. Ich wollte nicht sagen, daß die literarisch Gebildeten in der westlichen Welt die maßgeblichen Entscheidungen treffen. Ich wollte sagen, daß die literarisch Gebildeten die Tendenzen der nicht-naturwissenschaftlichen Kultur repräsentieren, ihr Ausdruck geben und sie bis zu einem gewissen Grade formen und vorherbestimmen; sie treffen nicht die Entscheidungen, aber ihre Worte dringen in den Geist derer ein, die sie treffen. Zwischen diesen beiden Gruppen – den Naturwissenschaftlern und den literarisch Gebildeten – besteht kaum eine Verbindung und anstelle von Kollegialität herrscht eher so etwas wie Feindseligkeit.

Das war als Beschreibung oder als eine erste sehr ungefähre Skizze unserer augenblicklichen Zustände gedacht. Daß mir dieser Zustand von Herzen zuwider ist, glaubte ich deutlich genug gesagt zu haben. Merkwürdigerweise haben einige Kommentatoren unterstellt, ich billigte diesen Zustand; hier muß ich mich nun geschlagen geben und kann meine Zuflucht nur noch zu dem berühmten Schillerzitat nehmen.[10]

Ich komme zum Ende meiner Zusammenfassung. Es gibt natürlich keine vollkommene Lösung. Unter den Bedingungen unseres Zeitalters oder jeder anderen Zeit, die wir voraussehen können, ist der Renaissancemensch nicht möglich. Aber wir können etwas tun. Der Hauptweg der uns offensteht, ist das Bildungswesen – Bildung vor allem in den Grund- und höheren Schulen, aber auch in den Colleges und Universitäten. Es gibt keine Rechtfertigung dafür, daß eine weitere Generation auf so vielen Gebieten unwissend und so bar jeden Verständnisses oder jeder Sympathie bleiben sollte, wie wir selbst es sind.

III.

Der Ausdruck »Die zwei Kulturen« hat von Anfang an mancherlei Widerspruch hervorgerufen. Man wandte sich gegen das Wort »Kultur« oder »Kulturen«, und mit mehr Berechtigung gegen die Zahl zwei. (Über den bestimmten Artikel hat sich, glaube ich, bis jetzt noch niemand beklagt.)

Ehe ich zu den gewichtigeren Argumenten komme, muß ich ein Wort über diese Formulierungsfragen sagen. Der Begriff »Kultur« in meiner Überschrift hat zwei Bedeutungen, die sich beide genau auf unser Thema anwenden lassen. Kultur hat erstens den Sinn, der im Lexikon folgendermaßen definiert wird: »geistige Entfaltung, Entfaltung des Verstandes«. Viele Jahre lang schwangen in dieser Definition Obertöne mit – oft sehr dunkler und zweideutiger Art. Es ist nun einmal so, daß fast jeder Mensch auf eine differenziertere Verwendung des Wortes

[10] Mit der Dummheit kämpfen Götter selbst vergebens.

erpicht ist; wenn jemand fragt »Was ist Kultur?«, »Wer ist kultiviert?«, so zeigt die Nadel – welch seltsamer Zufall! immer auf uns selber.

Aber das ist, obwohl ein hübsches Beispiel menschlicher Schwäche, wenig wichtig; wichtig ist, daß seit Coleridge jede differenzierte Definition sich zumindest ebensogut (und auch ebenso unzulänglich) auf die Entwicklung anwenden läßt, die ein Naturwissenschaftler im Verlaufe seiner Berufstätigkeit erreicht, wie sie auf die »traditionelle« geistige Entwicklung oder einen ihrer Ableger paßt. Coleridge sagte »Kultivierung«, wo wir »Kultur« sagen würden, und umschrieb sie als »die harmonische Entfaltung jener Eigenschaften und Fähigkeiten, die unser Menschsein ausmachen«[11]. Nun, das schafft keiner von uns; in Wahrheit verdient jede von unseren Kulturen, die traditionelle sowohl wie die naturwissenschaftliche, nur den Namen einer Teilkultur. »Eigenschaften und Fähigkeiten, die unser Menschsein ausmachen.« Wißbegier hinsichtlich der natürlichen Welt, der Gebrauch symbolischer Denksysteme – das sind zwei der kostbarsten und kennzeichnendsten aller menschlichen Eigenschaften. Die traditionellen Methoden der Entwicklung des Geistes haben sie verkümmern lassen. Ebenso läßt umgekehrt die naturwissenschaftliche Bildung unsere sprachlichen Fähigkeiten verkümmern – der Sprache der Symbole wird ein weites Feld eingeräumt, der Sprache der Wörter nicht. Auf beiden Seiten unterschätzen wir die Spannweite dessen, was dem Menschen mitgegeben ist.

Doch wenn wir das Wort »Kultur« im differenzierten Sinn überhaupt verwenden sollen, dann ist es nur ein Mangel an Vorstellungsvermögen oder möglicherweise auch die reine Ignoranz, wenn sie den Naturwissenschaftlern nicht zugebilligt wird. Es gibt keine Entschuldigung für derartige Ignoranz. Schon seit einer Generation hat sich eine umfangreiche Literatur angesammelt – in einer Prosa übrigens, die ihresgleichen sucht –, die den intellektuellen, ästhetischen und moralischen Wert einer Beschäftigung mit den Naturwissenschaften aufzeigt (vgl. A. N. Whitehead, ›Science and the Modern World‹, G. H. Hardy, ›A Mathematician's Apology‹, J. Bronowski, ›Science and Human Values‹). Im gesamten amerikanischen und englischen Schrifttum der letzten zehn Jahre fin-

[11] S. T. Coleridge, On the Constitution of Church and State, Kap. V.

den sich wertvolle Erkenntnisse verstreut: Needham, Toulmin, Price, Piel und Newman sind nur ein paar Namen, die mir gerade einfallen.

In dem lebendigsten Beitrag zu diesem Thema, einer noch nicht erschienenen Sendung des dritten Programms, hat Bronowski bewußt das Wort »Kultur« auf beiden Seiten vermieden und als Titel »Dialog zwischen zwei Weltsystemen« gewählt. Ich persönlich halte das Wort noch immer für geeignet und glaube, daß es von vernünftigen Leuten richtig verstanden wird. Doch gerade weil ich das Wort beibehalte, möchte ich wiederholen, was eigentlich meine hauptsächliche Botschaft sein sollte, irgendwie aber von anderem überdeckt worden ist: daß weder das naturwissenschaftliche noch das traditionelle System einer Entfaltung des Geistes unseren geistigen Möglichkeiten, den Aufgaben, die vor uns liegen, und der Welt, in der wir nun endlich leben sollten, angemessen ist.

Das Wort »Kultur« hat eine zweite und technische Bedeutung, auf die ich in dem ersten Vortrag eigens hingewiesen habe. Es wird von Anthropologen verwendet, um eine Gruppe von Personen zu bezeichnen, die in demselben Milieu leben und durch gemeinsame Gewohnheiten, gemeinsame Voraussetzungen, einen gemeinsamen Lebensstil miteinander verbunden sind. So spricht man von einer Neandertalkultur, von einer Latènekultur, einer Kultur der Trobriandinseln; die Bezeichnung erweist sich als sehr brauchbar und wird auch auf Gruppen innerhalb unserer heutigen Gesellschaften angewendet. Für mich war das ein entscheidender zusätzlicher Grund, das Wort zu wählen; es kommt nicht häufig vor, daß man ein Wort findet, das in zweierlei Bedeutung verwendet werden kann, die man beide ausdrücklich anstrebt. Denn die Naturwissenschaftler auf der einen und die literarisch Gebildeten auf der anderen Seite existieren tatsächlich als Kulturen im Sinne der Anthropologen. Es gibt da, wie ich vorher schon sagte, gemeinsame Einstellungen, gemeinsame Maßstäbe und Verhaltensweisen, gemeinsame Auffassungen und Anschauungen. Damit ist nicht gesagt, daß ein Mensch innerhalb einer Kultur seine Individualität und seinen freien Willen verliert. Es bedeutet, daß wir, mehr als wir denken, Kinder unserer Zeit, unseres Milieus und unserer Ausbildung sind. Lassen Sie mich zwei banale und unanfechtbare Beispiele anführen. Die überwältigende Mehrheit der naturwissenschaftlichen Kultur (das heißt, der unter anthropologischen Aspekten gesehenen Gruppe von Naturwissenschaftlern) wäre ohne nachdenken oder ihr Gewissen erforschen zu müssen, der festen Überzeugung, daß Forschung die Hauptaufgabe einer Universität sei. Diese Einstellung haben sie ganz automatisch, sie ist Teil ihrer Kultur; doch innerhalb der traditionellen Kultur fände diese Auffassung bedeutend weniger Anhänger. Andererseits wäre die überwiegende Mehrheit auf der Seite der traditionellen Kultur ebensofest davon überzeugt, daß unter gar keinen Umständen auch nur die geringste Zensur des gedruckten Wortes erlaubt sei. Auch diese Einstellung ergibt sich nicht etwa durch individuelles Nachdenken: sie gehört wiederum zur Kultur. Tatsächlich gilt sie so unbestritten, daß die literarisch Gebildeten ihren Willen hier weitergehend durchgesetzt haben, als man es noch vor dreißig Jahren für möglich gehalten hätte.

Das sei genug über die »Kulturen«. Jetzt zur Zahl »zwei«. Ob ich hier die bestmögliche Entscheidung getroffen habe, ist mir viel weniger gewiß. Ich habe gleich zu Beginn einige einschränkende Zweifel geäußert, und ich wiederhole hier, was ich schon ziemlich am Anfang der Vorlesung sagte:

Die Zahl zwei ist eine sehr gefährliche Zahl: deshalb ist ja auch der dialektische Prozeß etwas so Gefährliches. Gegenüber jedem Versuch, irgend etwas in zwei Teile zu zerlegen, ist stärkstes Mißtrauen am Platze. Ich habe lange überlegt, ob ich noch weiter unterteilen solle, habe mich aber schließlich dagegen entschieden. Mir schwebte eine Überschrift vor, die nicht einfach nur ein einprägsames Bild, aber doch auch absolut keine Generalstabskarte unserer kulturellen Situation sein sollte – und für diesen Zweck ist die Formulierung »Die zwei Kulturen« ganz gut geeignet; bei jeder weiteren Aufgliederung würden die Nachteile den Nutzen übersteigen.

Das kommt mir noch immer ganz vernünftig vor. Aber ich lasse mich durchaus belehren, und ein neues Moment, von dem ich gleich noch sprechen werde, hat mir großen Eindruck gemacht. Vorher möchte ich jedoch noch zwei Gruppen von Einwänden erwähnen: die eine läßt sich sehr rasch abtun, die andere, der ich mich früher einmal selbst angeschlossen hätte, kann zu Irrtümern führen. Die erste sagt: Nein, es gibt nicht zwei Kulturen, es gibt hundertundzwei oder zweitausendundzwei oder wieviel immer Sie wollen. In gewissem Sinne ist das richtig, aber es heißt eben auch gar nichts. Worte sind immer einfacher als die rohe Wirklichkeit, die von ihnen in ein Schema gebracht wird; wären sie das nicht, so wäre jede Erörterung und jedes gemeinsame Handeln unmöglich. Natürlich gibt es – innerhalb der naturwissenschaftlichen Kultur zum Beispiel – alle möglichen zusätzlichen Unterteilungen. Vertreter der theoretischen Physik sprechen am liebsten nur mit ihresgleichen oder – wie die Cabots – höchstens noch mit Gott. In der Wissenschaftspolitik wie in der allgemeinen Politik erweisen sich die Vertreter der organischen Chemie meistens als konservativ, während von den Biochemikern das Gegenteil gilt. Und so weiter. Hardy sagte immer, am Sitzungstisch der Royal Society könne man alle diese Spielarten in Funktion sehen. Trotzdem hätte Hardy, der weder vor Etikettierungen noch vor Institutionen besonderen Respekt hatte, nie behauptet, daß die Royal Society nicht etwas ganz Bestimmtes repräsentiere. Ihr Vorhandensein ist tatsächlich eine großartige Manifestation oder ein Symbol der naturwissenschaftlichen Kultur.[12] Dieser Versuch, alles so kompliziert wie nur möglich hinzustellen, dieses »Denkschema der zweitausendundzwei Kulturen« taucht immer dann auf, wenn irgend jemand einen Vorschlag macht, der – wenn auch erst für eine ferne Zukunft – die Aussicht auf Neuerungen eröffnet. Es verlangt ein ganz besonderes Talent, das alle konservativen Funktionäre in hohem Maße besitzen, wenn sie raffiniert den Status quo verteidigen: man nennt es die »Technik des hinhaltenden Widerstands«.

Die zweite Gruppe von Einwänden zieht eine deutliche Trennungslinie, oder versucht sie jedenfalls zu ziehen, zwischen der reinen Wissenschaft und der Technik (ein Begriff, der übrigens mehr und mehr abwertend gebraucht wird). Diese Unterscheidung habe ich früher selbst einmal vorzunehmen versucht[13], würde das aber heute nicht mehr tun, obwohl ich die Gründe dafür noch immer verstehe. Je mehr ich von der Arbeit der Techniker gesehen habe, desto unhaltbarer erscheint mir diese Trennung. Wenn man nämlich einmal wirklich sieht, wie jemand ein Flugzeug entwirft, stellt man fest, daß er ästhetisch, intellektuell und moralisch dieselben Erlebnisphasen durchläuft wie jemand, der ein Experiment in der Atomphysik vorbereitet.

Der naturwissenschaftliche Prozeß hat zwei Motive: einmal

[12] Die Lage in England spiegelt sich in der interessanten Tatsache, daß die Royal Society am Anfang dieses Jahrhunderts ganz bewußt die Sozialwissenschaften und andere Wissensgebiete, die in anderen Ländern durchaus zur »Wissenschaft« in der universalen Bedeutung des Wortes gehören, aus ihrem Bereich ausschloß.

[13] Vgl. The Search (1934).

soll die natürliche Welt verstanden, zum anderen soll sie beherrscht werden. Jedes dieser Motive kann für den einzelnen Naturwissenschaftler Vorrang haben; Teilgebiete der Naturwissenschaften können ihre ursprünglichen Impulse aus dem einen oder anderen beziehen. Kosmogonie zum Beispiel – die Erforschung des Ursprungs und des Wesens des Kosmos – ist ein ziemlich reines Beispiel aus der ersten Gruppe. Die Medizin ist das Musterbeispiel aus der zweiten. Dennoch wird auf allen Gebieten der Naturwissenschaften, von wo auch immer der Anstoß zu ihrer Arbeit kommt, das eine Motiv im anderen mitenthalten sein. Von der Medizin, einer klassischen »Technik« ausgehend, ist man auf »reine« wissenschaftliche Probleme durchgestoßen – zum Beispiel auf die Struktur der Hämoglobinmoleküle. Von der Kosmogonie her, die so praxisfremd zu sein scheint wie kein anderer Gegenstand, haben sich Erkenntnisse für die Kernspaltung ergeben – und die kann ja wohl niemand als praxisfremd bezeichnen, ob sie nun zum Bösen oder möglicherweise auch zum Guten ausschlägt.

Diese komplizierte Dialektik zwischen reiner und angewandter Wissenschaft stellt eines der tiefgründigsten Probleme in der Geschichte der Wissenschaft dar. Gegenwärtig gibt es da noch vieles, wovon wir vorläufig kaum eine Ahnung haben. Manchmal zeigt sich sehr unverhüllt, wie ein praktisches Bedürfnis eine Welle von Erfindungen hervorruft. Keinem braucht gesagt zu werden, warum britische, amerikanische und deutsche Naturwissenschaftler plötzlich – und zunächst, ohne daß die einen von den anderen wußten – zwischen 1935 und 1945 gewaltige Fortschritte in der Elektronik machten. Es war allen klar, daß diese ungeheuer wirksame technische Waffe binnen kurzem in der Forschung der absolut reinen Wissenschaft von der Astronomie bis zur Kybernetik verwendet werden würde. Aber welcher äußere Anstoß oder welche soziale Wechselbeziehung brachte Bolyai, Gauß und Lobachewski, auch zunächst ohne daß einer es vom anderen wußte, im gleichen Zeitpunkt dazu, sich der nichteuklidischen Geometrie zuzuwenden, die ja doch eines der abstraktesten Gebiete der begrifflichen Erfindungskraft darstellt? Es wird schwer sein, eine zufriedenstellende Antwort zu finden. Aber wir verhindern sie vielleicht ganz und gar, wenn wir von allem Anfang an einen Unterschied zwischen dem Wesen der reinen und dem der angewandten Wissenschaft voraussetzen.

IV.

Die Wendung »Die zwei Kulturen« scheint also für den Zweck, der mir vorschwebte, immer noch geeignet. Trotzdem glaube ich jetzt, ich hätte stärker betonen sollen, daß ich als Engländer und aus einer Erfahrung sprach, die sich hauptsächlich auf englische Verhältnisse gründete. Ich habe das zwar gesagt, und ich habe auch gesagt, daß diese kulturelle Kluft in England am schärfsten ausgeprägt zu sein scheint. Aber mir war jetzt klar, daß ich es nicht genügend betont habe.

In den Vereinigten Staaten zum Beispiel ist die Kluft längst nicht so unüberbrückbar. Es gibt da wohl auch Kreise innerhalb der überkommenen Kultur, die von entsprechenden Richtungen in England beeinflußt sind und ebenso entschieden ablehnen, zu verstehen und verstanden zu werden; doch für die überkommene Kultur als Ganzes trifft das nicht zu, und noch weniger für die intellektuelle Gesellschaft in ihrer Gesamtheit. Und gerade weil die Kluft nicht so tief ist, gerade weil die gegenwärtige Lage nicht als unabänderliche Tatsache hingenommen wird, bemüht man sich in der Praxis bedeutend mehr, sie zu verbessern. Das ist ein aufschlußreiches Beispiel für eines der Gesetze, nach denen sich die Gesellschaft wandelt: zu den Veränderungen kommt es nicht, wenn die Lage gänzlich verfahren ist, sondern wenn die Besserung schon begonnen hat. Gerade in Yale und Princeton, in Michigan und Kalifornien sprechen Naturwissenschaftler von Weltruf vor nicht spezialisierten Klassen, und an den Technischen Hochschulen von Massachusetts und Kalifornien eignen sich Studierende der Naturwissenschaften eine gediegene Allgemeinbildung an. In den letzten Jahren mußte der Besucher überall in Amerika erstaunt feststellen, daß das höhere Schulwesen sich durch Elastizität und Einfallsreichtum auszeichnet, und wenn er Engländer ist, so wird er melancholisch.[14]

Ich glaube ferner, daß meine einseitige Ausrichtung auf England mich einem Phänomen gegenüber blind gemacht hat, das in ein paar Jahren vielleicht die Auseinandersetzung in eine andere Richtung lenken wird; möglicherweise hat dieser Prozeß sogar schon begonnen. Mir macht ein Komplex von Theorien

[14] Leute, die die akademische Sphäre in Amerika und England gut kennen, sagen mir bisweilen, ich überschätzte die amerikanischen höheren Bildungseinrichtungen.

immer stärkeren Eindruck, der sich gegenwärtig ganz spontan, ohne jede Führung oder bewußte Zielsetzung, unter der Oberfläche dieser Debatte herausbildet. Das ist das neue Phänomen, von dem ich eben sprach. Dieser Theorienkomplex scheint sich von Intellektuellen der verschiedensten Gebiete herzuleiten: der Sozialgeschichte, Soziologie, Demographie, politischen Wissenschaften, Volkswirtschaft, Staatsführung (im amerikanischen akademischen Sinn), Psychologie, Medizin und der sozialen Techniken, etwa der Architektur. Das wirkt ziemlich kunterbunt, aber es besteht da ein innerer Zusammenhang. Alle befassen sich damit, wie der Mensch lebt oder gelebt hat – und zwar gehen sie dabei nicht von Legenden, sondern von Tatsachen aus. Ich will nicht sagen, daß sie in allen Punkten übereinstimmen, aber in ihrer Einstellung zu Kardinalproblemen, etwa zur Auswirkung der naturwissenschaftlichen Revolution auf den Menschen, um die sich ja hier alles dreht, läßt sich doch zumindest eine Familienähnlichkeit feststellen.

Ich sehe heute, daß ich damit hätte rechnen müssen. Daß ich es nicht getan habe, läßt sich kaum entschuldigen. Fast mein ganzes Leben lang habe ich mit Sozialhistorikern in engem geistigem Kontakt gestanden, sie haben mich stark beeinflußt, und ihre neueren Forschungsergebnisse haben die Grundlage für viele meiner Thesen geliefert. Und trotzdem habe ich erst spät bemerkt, daß sich da etwas herausbildete, was nach den hier verwendeten Begriffen eigentlich als eine dritte Kultur bezeichnet werden könnte. Vielleicht hätte ich es eher erkannt, wäre ich nicht als Opfer meiner englischen Erziehung voreingenommen gegenüber allen geistigen Disziplinen, die nicht zu den althergebrachten gehören, und völlig zu Hause nur in den »schwierigen« Fächern. Ich bedaure das.

Wahrscheinlich wäre es verfrüht, zu behaupten, daß eine dritte Kultur bereits vorhanden sei. Aber daß sie kommt, davon bin ich jetzt überzeugt. Und wenn sie da ist, wird die Verständigung schließlich doch leichter sein, denn eine solche Kultur muß, einfach um ihre Aufgabe erfüllen zu können, mit der naturwissenschaftlichen im Gespräch stehen. Dann wird sich, wie ich schon sagte, der Schwerpunkt meiner Beweisführung in eine Richtung verlagern, die für uns alle ergiebiger ist.

Es gibt Anzeichen dafür, daß das schon im Gange ist. Manche Sozialhistoriker stehen nicht nur im Gespräch mit den Naturwissenschaftlern, sondern haben es auch notwendig gefunden, ihre Aufmerksamkeit den literarisch Gebildeten zuzuwenden oder, genauer gesagt, gewissen extremen Erscheinungen der überkommenen Kultur. Im Lichte der Erkenntnisse der letzten zehn Jahre werden Begriffe wie die »organische Gemeinschaft« oder das Wesen der vorindustriellen Gesellschaft oder die naturwissenschaftliche Revolution behandelt, und diese neuartigen Untersuchungen sind für unsere geistige und moralische Gesundheit von großer Bedeutung.

Da sie sich mit denjenigen Teilen meines Vortrags berühren, die mir am meisten am Herzen liegen, werde ich im nächsten Abschnitt darauf zurückkommen. Danach werde ich sie denen überlassen, die von Berufs wegen darüber zu sprechen berechtigt sind.

Noch ein Wort zu einer anderen Stelle, bei der ich schlecht beraten war. Was ich über die mangelnde Verständigung zwischen den zwei Kulturen sagte, war nicht übertrieben – eher habe ich noch zu rosig gesehen, wie sich inzwischen bei anderen Untersuchungen herausgestellt hat.[15] Dennoch bedaure ich, daß ich zur Feststellung naturwissenschaftlicher Elementarkenntnisse die Frage stellte: »Was wissen Sie vom zweiten Gesetz der Thermodynamik?« Im Grunde ist das eine gute Frage. Viele Physiker würden mir zugeben, daß es eine zugespitztere Frage eigentlich gar nicht gibt. Dieses Gesetz ist allgemeingültig und von tiefer Bedeutung – es hat seine ganz eigentümliche ernste Schönheit: wie alle die großen naturwissenschaftlichen Gesetze erweckt es Ehrfurcht. Allerdings hat es keinen Wert, wenn jemand, der selbst nicht Naturwissenschaftler ist, es einfach hersagt, wie es im Lexikon steht. Man muß es auch verstehen, und das ist nur möglich, wenn man die Sprache der Physik einigermaßen beherrscht. Dieses Verständnis sollte – wie Lord Cherwell seinerzeit im Oberhaus mit mehr Nachdruck als ich forderte – im 20. Jahrhundert zur Allgemeinbildung gehören. Trotzdem wünschte ich, ich hätte ein anderes Beispiel gewählt. Ich hatte – wie ein Bühnenschriftsteller, der den Kontakt zu seinem Publikum verloren hat – vergessen, daß das Wort Thermodynamik den meisten Leuten nicht geläufig ist und daher komisch vorkommt. Ich hatte offengestanden vergessen, wie komisch alles Ungewohnte ist, und hätte doch daran denken sollen, wieviel Spaß den Engländern die russischen Patronymika bei Tschechow machten, und wie sie sich jedesmal vor Lachen ausschütten wollten, wenn von Fjodor Iljitsch oder Ljubow Andrejewna die Rede war. Freilich gaben sie damit zu verste-

[15] Vgl. Kenneth Richmond, Culture and General Knowledge. London 1963.

hen, daß sie noch nie im Leben etwas von einer offiziellen Namensgebung gehört hatten, die höflicher und menschlicher ist als ihre eigene.

Ich hatte also einen Lacherfolg, nur kam er – wieder wie beim Theater – an der falschen Stelle. Heute würde ich die Sache anders anpacken und würde einen Zweig der Naturwissenschaften herausstellen, der unbedingt zur Allgemeinbildung gehört, jedenfalls für alle diejenigen, die sich jetzt noch in der Ausbildung befinden. Dieser Wissenschaftszweig ist augenblicklich die Molekularbiologie. Oder klingt das auch komisch? Ich hoffe, das Wort ist schon genügend eingebürgert. Eine ganze Kette glücklicher Umstände hat bewirkt, daß dieses Lehrfach hervorragend geeignet ist, sich in ein neues Modell des Bildungswesens einzufügen. Es ist einigermaßen in sich abgeschlossen. Es beginnt mit der Analyse der Kristallstruktur, einem schon rein ästhetisch reizvollen und leicht verständlichen Gegenstand. Es schreitet fort zur Anwendung dieser Methoden auf Moleküle, die im wahren Sinne des Wortes lebensentscheidend für unser eigenes Dasein sind: Moleküle von Proteinen, Nukleinsäuren – Molekülen, die (nach molekularen Maßstäben) ungeheuer groß und, wie sich herausstellt, seltsam gestaltet sind: die Natur scheint, wenn sie ihr Interesse auf das richtet, was wir Leben nennen, einen ganz barocken Geschmack zu entfalten. In diesen Bereich gehört der geniale Sprung, in dem Crick und Watson die Struktur von DNS erfaßten und uns die entscheidenden Kenntnisse über unser Erbgut vermittelten.

Im Unterschied zur Thermodynamik bietet die Molekularbiologie keine ernstlichen Schwierigkeiten hinsichtlich der Begriffe. Hier ist sie vielmehr weniger tiefgründig: die ungeheure Bedeutung, die sie für uns besitzt, hat andere Ursachen. Mathematik wird zum Verständnis kaum benötigt. Es gibt nur wenige Gebiete der strengen Wissenschaften, von denen man ohne mathematische Vorbildung so viel verstehen kann. Vor allem anderen braucht man ein visuelles und dreidimensionales Vorstellungsvermögen, so daß Maler und Bildhauer sich in diesem Studienfach sofort zu Hause fühlen könnten.

In der Molekularbiologie treten beispielhaft und äußerst klar einige charakteristische Züge der gesamten naturwissenschaftlichen Kultur, ihre Aufgliederung und ihre Einheit, zutage. Anhänger der Theorie von den »zweitausendundzwei Kulturen« werden mit Vergnügen hören, daß in der ganzen Welt nur eine Handvoll Menschen – fünfhundert vielleicht? – in der Lage wären, jedem einzelnen Schritt des Vorgangs zu folgen, in dessen Verlauf Perutz und Kendrew schließlich die Struktur der Hämoglobinmoleküle ans Licht brachten. Schließlich hatte sich Perutz mit dem Hämoglobin schon rund fünfundzwanzig Jahre lang beschäftigt. Doch jeder Naturwissenschaftler, der Ausdauer zum Lernen hat, könnte sich in diese Vorgänge einführen lassen, und jeder Naturwissenschaftler weiß das auch. Die überwiegende Mehrheit der Naturwissenschaftler vermag sich ausreichend darüber zu informieren, was die Ergebnisse bedeuten. Das zeigt sehr schön, wie die naturwissenschaftliche Kultur sich auswirkt.

Ich sagte, die Ideen in diesem Gebiet der Naturwissenschaften seien nicht so tiefgründig und hätten keine solche universale physikalische Bedeutung wie die des Zweiten Gesetzes. Das ist richtig. Das Zweite Gesetz ist eine Induktion, die für den gesamten Kosmos gilt. Die Molekularbiologie dagegen befaßt sich nur mit mikroskopischen Teilen des Kosmos, die vielleicht – niemand weiß das – nur auf unserer Erde vorkommen, aber da diese mikroskopischen Teile nun eben mit dem Leben im biologischen Sinne verknüpft sind, haben sie für jeden von uns Bedeutung. Es ist sehr schwierig, über diese Bedeutung zu schreiben. Besser ist, glaube ich, sich Zurückhaltung aufzuerlegen und die Klärung den Forschungen der nächsten zehn Jahre zu überlassen. Aber eine Feststellung läßt sich treffen, der nicht ernsthaft widersprochen werden kann. Dieses Gebiet der Naturwissenschaften wird das menschliche Selbstverständnis entscheidender beeinflussen als jeder wissenschaftliche Fortschritt seit Darwin – und wahrscheinlich wird dieser Einfluß selbst den Darwins übertreffen.

Das ist doch wohl eine ausreichende Begründung dafür, daß die nächste Generation etwas darüber lernen muß. Die Kirche läßt unüberwindbare Ignoranz gelten – aber hier ist die Ignoranz nicht unüberwindbar oder braucht es nicht zu sein. Dieses Studienfach könnte ohne Zwang und ohne Anstrengung jedem unserer Bildungspläne auf der Ebene der höheren Schule oder des Colleges einverleibt werden. Ich möchte behaupten, daß, wie immer in solchen Fällen, diese Idee auf der ganzen Welt schon in der Luft liegt und daß, während ich das hier niederschreibe, irgendein amerikanisches College schon den ersten Lehrgang eingerichtet hat.

V.

Bedeutende wissenschaftliche Durchbrüche, die so unmittelbar den Menschen aus Fleisch und Blut angehen wie hier in der Molekularbiologie, oder noch deutlicher vielleicht jene neuen Erkenntnisse, die sich im Bereiche des höheren Nervensystems anbahnen, müssen sowohl Hoffnung wie auch Resignation hervorrufen. Das heißt: seit die Menschen ihr eigenes Innere zu betrachten begonnen haben, stellen sie auch Vermutungen über den Teil ihres Wesens an, der vorausbestimmt zu sein scheint, und haben dabei bisweilen intuitiv tiefe Einsichten gewonnen. Es ist möglich, daß in wenigen Jahrzehnten manche dieser Vermutungen an exaktem Wissen nachgeprüft sein werden. Niemand kann vorhersagen, was eine solche geistige Revolution bedeuten wird, aber ich glaube, eine ihrer Folgen wird sein, daß unser Verantwortungsgefühl unseren Mitmenschen gegenüber nicht schwächer, sondern stärker werden wird.

Das war unter anderem auch ein Grund, weswegen ich in dem ursprünglichen Vortrag einen Unterschied zwischen der individuellen und der sozialen Situation gemacht habe. Ich betonte dadurch die Einsamkeit, das letztlich Tragische im innersten Kern eines jeden Einzellebens – und das hat vielen, die im übrigen gegen meine Ausführungen nichts einzuwenden hatten, zu schaffen gemacht. Es ist natürlich sehr schwer, fixe Ideen zu unterdrücken, die im eigenen Wesen begründet sind; diese Saite wird in vielen meiner schriftstellerischen Arbeiten immer wieder angeschlagen, wie Alfred Kazin treffend bemerkt hat[16], und es ist kein Zufall, daß meine Romanfolge ›Fremde und Brüder‹ heißt. Dennoch ist diese Unterscheidung – wo auch immer die Trennlinie verläuft – unerläßlich, wenn wir nicht in dem billigen sozialen Pessimismus unserer Zeit versinken, wenn wir uns nicht in unserer eigenen egozentrischen Kälte einrichten wollen.

Ich will also versuchen, meine Erklärung mit möglichster innerer Distanz abzugeben. Ich denke doch, wir sind uns im allgemeinen darin einig, daß es im individuellen Leben eines jeden einzelnen von uns vieles gibt, wogegen man letztlich nichts machen kann. Der Tod ist eine Tatsache – der eigene Tod, der Tod derer, die man liebt. Es gibt vieles, was uns leiden macht und wogegen wir keine Hilfe kennen: man kämpft un-

[16] Alfred Kazin, Contemporaries. London 1963, S. 171–78.

entwegt dagegen an, aber es bleibt ein Rest, der nicht zu heilen ist. Das sind Tatsachen, und sie werden Tatsachen bleiben, solange der Mensch Mensch bleibt. Das gehört zur Situation jedes einzelnen, ob man es nun tragisch, komisch oder absurd nennt, oder ob man sich, wie gerade die besten und tapfersten Menschen, gar nicht darum kümmert.

Doch das ist noch nicht alles. Man blickt aus sich heraus auf andere Menschenwesen, denen man in Liebe, Zuneigung, Treue und Verpflichtung verbunden ist: jedes dieser Menschenleben enthält dieselben unabänderlichen Komponenten wie das eigene, aber daneben gibt es Komponenten, bei denen Hilfe möglich ist oder die Hilfe bedeuten können. Und eben in dieser winzigen Ausweitung der Persönlichkeit, in diesem Ergreifen der Möglichkeit einer Hoffnung vertiefen wir unsere Menschlichkeit: hier beginnt für den einzelnen sein Dasein in der Gesellschaft. Schließlich kann man versuchen, die Lage von Menschen zu begreifen, die dem eigenen Lebenskreis nicht nahestehen, und die man nicht von Angesicht zu Angesicht kennenlernen kann. In jedem dieser Menschenleben – das heißt, in jedem Dasein eines Mitmenschen – gibt es wiederum Grenzen, jenseits davon Hilfe nicht möglich ist, genau wie in unserem eigenen Leben. Jedes hat Bedürfnisse, von denen sich einige befriedigen lassen; die Gesamtheit alles dessen ist die soziale Lage. Wir können über die soziale Lage in der ganzen Welt nicht soviel wissen, wie notwendig wäre. Aber wir können zwei höchst wichtige Dinge wissen, und die wissen wir auch. Das sind erstens die brutalen existentiellen Tatsachen auf der Ebene, auf der wir alle eins sind oder doch sein sollten. Wir wissen, daß die große Mehrheit, vielleicht zwei Drittel, unserer Mitmenschen unmittelbar mit Krankheit und vorzeitigem Tod konfrontiert sind; ihre Lebenserwartung beträgt die Hälfte der unseren, die meisten sind unterernährt, viele sind vom Hunger bedroht, viele hungern wirklich. Alle diese Menschen sind mit Leid geschlagen, einem Leid, das nicht unausweichlich zum Dasein des Menschen gehört. Dieses Leid aber ist unnötig und kann behoben werden. Das ist die zweite wichtige Tatsache, die wir kennen – oder bei der es weder Entschuldigung noch Absolution für uns gibt, wenn sie uns entgeht.

Wir können nicht umhin, uns klarzumachen, daß die angewandte Wissenschaft es ermöglicht hat, von einer Billion einzelner Menschenleben unnötiges Leid abzuwenden – Leid, das wir in unserer privilegierten Gesellschaft weithin vergessen haben,

Leid, das so elementar ist, daß man es taktvoll verschweigt. So wissen wir zum Beispiel, wie Heilung für viele Kranke möglich ist, wir wissen, wie sich verhindern läßt, daß Kinder im Säuglingsalter und Mütter im Wochenbett sterben, wie wir genügend Nahrung produzieren können, um den Hunger zu mildern, wie der nötigste Wohnraum zu schaffen ist, wie die Geburten soweit beschränkt werden können, daß nicht alle unsere übrigen Bemühungen umsonst sind. Für alles das wissen wir einen Weg.

Es bedarf nicht einer einzigen zusätzlichen wissenschaftlichen Entdeckung, obwohl neue wissenschaftliche Entdeckungen uns helfen müssen. Es hängt von der Verbreitung der naturwissenschaftlichen Revolution über die ganze Welt ab. Es gibt keinen anderen Weg. Für die meisten Menschen auf der Welt liegt hier die Hoffnung. Es wird gewiß geschehen. Vielleicht dauert es länger, als die Armen sich gedulden werden. Wie lange es dauert und auf welche Weise es geschieht – daran wird sich zeigen, was wir wert sind, vor allem diejenigen von uns, die im Glück geboren sind, wie fast alle von uns Bewohnern der westlichen Welt.[17] Wenn das erreicht ist, wird unser Gewissen ein wenig reiner sein, und die nach uns kommen, werden wenigstens denken können, daß die elementaren Nöte anderer nicht länger ein täglich neuer Vorwurf für jeden fühlenden Menschen sind, daß zum erstenmal uns allen ein wenig echte Würde zugefallen ist.

Der Mensch lebt nicht vom Brot allein – ja, das ist im Laufe dieser Erörterungen oft genug gesagt worden, gelegentlich mit so wenig Einfühlungsvermögen und mit so viel Engstirnigkeit, daß man erschrecken könnte; denn das ist wahrhaftig ein Ausspruch, den keiner von uns aus dem Westen in der heutigen Welt den meisten Asiaten, den meisten unserer Mitmenschen gegenüber unbedacht im Munde führen dürfte. Allerdings können und sollten wir ihn uns selbst zu Gemüte führen. Denn wir wissen, daß es uns, wenn erst einmal die elementaren Bedürfnisse befriedigt sind, gar nicht leicht fällt, mit unserem Leben etwas Sinnvolles und Befriedigendes anzufangen. Vermutlich wird das nie leicht sein. Wahrscheinlich werden Menschen in der Zukunft, falls es ihnen so gut geht wie jetzt uns, genauso gegen unser existentielles Ungenügen oder auch gegen neues, eigenes Mißvergnügen ankämpfen. Sie werden vielleicht wie

[17] Natürlich gemessen an den Lebensverhältnissen aller bis heute geborenen Menschen.

manche von uns versuchen, mit Erotik oder Alkohol oder Drogen das Sinnenleben zu intensivieren. Oder sie werden vielleicht auch versuchen, ihr Leben wertvoller zu gestalten, indem sie ihre Verantwortung ausweiten, ihre Empfindungen und ihr Seelenleben auf eine Weise vertiefen, die wir uns nur unzulänglich vorzustellen vermögen, obwohl auch wir für uns und unsere Gesellschaft dasselbe Ziel verfolgen können. Aber mag unser Vorstellungsvermögen auch unzulänglich sein, so kann das doch eine Wahrheit nicht verdunkeln: daß man nämlich die elementaren Bedürfnisse nicht verachten darf, wenn man selbst sie befriedigen kann, während andere es nicht können. Wer das tut, demonstriert nicht etwa seine geistige Überlegenheit. Es ist einfach nur inhuman, oder, genauer gesagt, antihuman.

Hier liegt das Problem, das ich eigentlich zum Mittelpunkt meiner Darstellung machen wollte. Ehe ich den Vortrag niederschrieb, hatte ich als Überschrift ›Die Reichen und die Armen‹ im Sinn, und fast wünschte ich, ich hätte meine Absicht nicht geändert.

Die naturwissenschaftliche Revolution ist der einzige Weg, auf dem die meisten Menschen die wesentlichen Güter (ein langes Leben, genügend Nahrung, gesunde Kinder) erlangen können, jene wesentlichen Güter, die wir als selbstverständlich hinnehmen und die uns in Wirklichkeit nur dadurch zugefallen sind, daß wir vor noch gar nicht so langer Zeit selbst unsere naturwissenschaftliche Revolution hatten. Die meisten Menschen wünschen sich diese wesentlichen Güter. Die meisten Menschen stürzen sich in die naturwissenschaftliche Revolution, sowie sie nur eine Gelegenheit dazu finden.

Wer diese Lage mißversteht, kann weder die Gegenwart noch die Zukunft verstehen. Es siedet unter der Oberfläche der Weltpolitik. Wenn auch die äußere Form der Politik sich gleich zu bleiben scheint, so ändert sich doch der Inhalt in dem Maße, in dem die naturwissenschaftliche Revolution einströmt. Wir haben die richtigen Konsequenzen daraus nicht so schnell gezogen, wie wir es hätten tun sollen; und wahrlich nicht geringe Schuld daran hatte die Spaltung der Kulturen. Es war schwierig für Politiker und Verwaltungsbeamte, die praktische Bedeutung dessen zu erfassen, was die Wissenschaftler ihnen sagten. Aber jetzt wächst allmählich das Verständnis. Am ehesten oft bei Menschen, die im praktischen Leben stehen, welcher politischen Richtung sie auch angehören mögen: bei Ingenieuren, Priestern, Ärzten – bei allen denen, die ein stark entwickeltes natürliches Mitgefühl für andere Menschen haben. Wenn andere die wesentlichen Güter bekommen können – ja, darüber kann man nicht streiten, das ist einfach gut.

Seltsamerweise gibt es viele Menschen, die sich liberal nennen möchten und doch diesem Wandel feindlich gegenüberstehen. Fast wie Schlafwandler treiben sie in eine Haltung hinein, die für die Armen der Welt Versagung jeder menschlichen Hilfe bedeutet. Diese Haltung, die sowohl die Gegenwart wie auch die Zukunft falsch deutet, scheint mit einer ähnlichen Fehldeutung der Vergangenheit verbunden zu sein. Dies ist der Punkt, bei dem die Vertreter der mutmaßlichen dritten Kultur sehr deutlich geworden sind.

Der Streit geht um die erste Welle der naturwissenschaftlichen Revolution, jene Umwandlung, die wir als industrielle Revolution bezeichnen, und er befaßt sich mit der Frage, wie sich von den elementarsten menschlichen Aspekten her das Leben in der vorindustriellen Gesellschaft im Vergleich mit dem Leben in der Industriegesellschaft darstellt. Natürlich können wir einige Einblicke aus der Welt von heute gewinnen, die ein ungeheures soziologisches Laboratorium ist, in dem man von der neusteinzeitlichen bis zur fortgeschrittenen industriellen Gesellschaft alle möglichen Spielarten beobachten kann. Gleichzeitig tragen wir jetzt auch wichtiges Material über unsere eigene Vergangenheit zusammen.

Als ich einige Bemerkungen über die industrielle Revolution machte, war ich der Meinung, die Ergebnisse der neueren sozialgeschichtlichen Forschung wären besser bekannt. Sonst hätte ich belegt, was ich sagte; aber ich dachte, das heiße Selbstverständliches beweisen. Hat etwa jemand geglaubt, die Situation unserer Vorfahren wäre, was die wesentlichen Güter betrifft, von denen ich eben im Zusammenhang mit den armen Ländern unserer heutigen Welt gesprochen habe, so sehr anders gewesen? Oder hat jemand daran gezweifelt, daß die industrielle Revolution uns innerhalb von drei oder vier Generationen in einen Zustand versetzt hat, der in der harten, von keiner Chronik überlieferten Vergangenheit der armen Leute noch nie dagewesen ist? Ich konnte das nicht glauben. Ich kannte freilich die Macht der Sehnsucht nach alten Zeiten, der Märchen und des schieren Snobismus. In jeder Familie hat es zu allen Zeiten Geschichten gegeben von besseren Tagen, gerade bevor man selbst auf die Welt kam – das war bei uns zu Haus auch so. Märchen – ich hätte daran denken müssen, was Malinowski uns gelehrt hat, daß nämlich die Menschen ihre Märchen für Tatsachen halten. Ich hätte wirklich daran denken sollen, daß die Leute, wenn man sie fragt, was sie in einem früheren Leben hätten sein mögen, sich mindestens als Geistliche zur Zeit Jakobs I. oder als Gutsbesitzer im achtzehnten Jahrhundert oder in ähnlichen Stellungen sehen. Sie wären aber nichts dergleichen gewesen, sondern aller Wahrscheinlichkeit nach Bauern. Wenn wir schon über unsere Vorfahren sprechen wollen – dort liegt unser Ursprung.

Vermutlich war es ein Fehler, daß ich nicht versuchte, überzeugendere Argumente gegen diese Art Widerstand vorzubringen. Eigentlich brauche ich aber nicht mehr zu sagen. Es gibt ja zahlreiche Gelehrte, die sich von Berufs wegen mit der vorindustriellen Sozialgeschichte befassen. Wir wissen jetzt allerlei über die elementaren Tatsachen in Leben und Tod der Bauern und Landarbeiter im England und Frankreich des siebzehnten und achtzehnten Jahrhunderts. Es sind keine erfreulichen Tatsachen. J. H. Plumb schrieb in einem seiner Angriffe auf die Lehre von der guten alten Zeit: »Kein Mensch, der bei Sinnen ist, würde sich wünschen in einem vergangenen Zeitalter gelebt zu haben, außer er wüßte genau, daß er in einer reichen Familie geboren worden wäre, daß er sich einer außerordentlich stabilen Gesundheit erfreut hätte und daß er den Tod der Mehrzahl seiner Kinder mit stoischer Ruhe hätte hinnehmen können.«

Es lohnt sich für einen jeden – ja, eigentlich sollte sich niemand dieser Erfahrung entziehen –, die Ergebnisse zu studieren, die die französischen Bevölkerungsstatistiker in den letzten zehn Jahren erzielt haben. Im siebzehnten und achtzehnten Jahrhundert wurden in Frankreich die Kirchenbücher sehr genau geführt, genauer, als es im allgemeinen in England der Fall war; Geburten, Eheschließungen und Todesfälle sind ja die einzigen spärlichen Zeugnisse, die einzigen Spuren so vieler Menschenleben. Diese Einträge werden jetzt in ganz Frankreich analysiert.[18] Sie erzählen uns Dinge, die man in ganz derselben Weise heute in asiatischen (oder lateinamerikanischen) Gemeinden finden kann.

In der trockenen und doch so erschreckend eindringlichen

[18] Vgl. die Veröffentlichungen von INED (Institut National d'Etudes Démographiques), Paris. So zum Beispiel M. Fleury und L. Henry, Des registres paroissiaux à l'histoire de la population (INED 1956); J. Meuvret, Les crises de subsistances et la démographique de la France d'Ancien Régime. Population 1946.

Sprache der Statistik erklären uns die Historiker, daß in den französischen Dörfern im 18. Jahrhundert das durchschnittliche Heiratsalter höher lag als das durchschnittliche Sterbealter. Die durchschnittliche Lebenszeit betrug vielleicht ein Drittel der unseren, und für Frauen war sie wegen der Todesfälle im Wochenbett beträchtlich kürzer als für Männer (erst seit neuester Zeit haben Frauen in glücklicheren Ländern die Aussicht, ebensolange zu leben wie die Männer). Daß der größere Teil ganzer Gemeinden[19] Hungers starb, scheint keineswegs selten vorgekommen zu sein.

Obgleich englische Quellen diese Vollständigkeit bei weitem nicht erreichen, haben Peter Laslett und seine Mitarbeiter einige Kirchenbücher aus dem späten 17. Jahrhundert ausfindig gemacht[20] und treiben ihre Forschungen energisch voran. Sie kommen zu denselben eindeutigen Ergebnissen, nur ist für England der Nachweis periodischer Hungersnöte noch nicht erbracht, während sie unter den Armen in Schottland eine Dauererscheinung ist.

Es gibt eine Menge Beweismaterial aus den verschiedensten Quellen, das stets in dieselbe Richtung weist. Unter dem Eindruck dieser Zeugnisse sollte niemand im Ernst auf den Gedanken kommen, von einem vorindustriellen Paradies zu sprechen, aus dem unsere Vorfahren durch die üblen Machenschaften der angewandten Wissenschaften mit roher Gewalt vertrieben worden wären. Wann und wo hat denn dieses Paradies existiert? Soll doch jemand, der dem Märchen nachweint, uns sagen, wo es seiner Meinung nach gelegen war – aber historisch und geographisch genau bestimmt, nach Ort und Zeit, und nicht bloß als Phantasiebild seiner Sehnsucht. Dann können die Sozialhistoriker den Fall untersuchen, und es kann eine korrekte Erörterung beginnen.

Die gegenwärtige Haltung ist nicht korrekt. Man kann nicht falsche Sozialgeschichte vortragen oder lehren, wenn einem die Sozialhistoriker die Unrichtigkeit schwarz auf weiß nachweisen. Dennoch wird »dieser Unsinn« gelehrt, wie Plumb sagte, als er öffentlich dagegen protestierte. Für jeden, der in einer

[19] Das heißt, die Bauern hungerten, und eine kleine reichere Schicht blieb am Leben. Neuere Forschungen über schwedische Verhältnisse im 17. Jahrhundert haben gezeigt, daß auf ein Hungerjahr oft ein Seuchenjahr folgte, das die kleinen Kinder, die Alten und die Schwachen dahinraffte.

[20] Zum Beispiel P. Laslett und J. Harrison, Clayworth and Cogenhoe. In: Historical Essays 1600–1750. 1963.

exakten Disziplin ausgebildet worden ist, sieht das alles sehr seltsam aus, fast als sei das Lesen aus der Mode gekommen, oder jedenfalls das Lesen aller Unterlagen, die die Klischees von vor fünfzig Jahren widerlegen. Es ist etwa, als hätten die Physiklehrer die Quantentheorie ignoriert und lehrten nun Jahr für Jahr weiter genau dieselben Strahlungsgesetze, an deren Stelle die Quantentheorie getreten war, und lehrten sie zudem mit jenem besonderen Nachdruck, der den Stimmen einer sterbenden Religion ihren schrillen Klang verleiht.

Wichtig ist, daß die Leute, die die vorindustriellen Zustände rühmen, sich den Sozialhistorikern stellen. Dann erst gewinnen wir eine Basis akzeptierter Tatsachen. Man kann einen Mythus lehren, wenn aber der Mythus als Tatsache gesehen wird, und wenn die Tatsache widerlegt wird, dann wird der Mythus zur Lüge. Niemand kann eine Lüge lehren.

Ich habe mich auf die wesentlichen Güter beschränkt. Mir scheint es besser, daß die Menschen leben, als daß sie sterben; besser, daß sie nicht hungern, daß sie nicht ihre Kinder sterben sehen müssen. Wenn irgendwo, so sind wir hier Glieder eines und desselben Organismus. Sind wir das nicht, empfinden wir auf dieser elementaren Ebene kein Mitgefühl, dann haben wir überhaupt kein Gefühl für unsere Mitmenschen, und jede Vorspiegelung einer höheren Form von Sympathie ist der reine Hohn. Glücklicherweise sind die meisten Menschen nicht derart herzlos.

Jeder, der einmal von einem physischen Leiden betroffen war, weiß, daß viele Bekannte, die sonst kein Mitgefühl mit ihm hätten, in diesem einen Fall aufrichtig mit ihm fühlen. Dieses Mitgefühl liegt uns im Blut – es ist ein Zeichen, daß wir unser gemeinsames Menschentum nicht verleugnen können.

Darum ist die soziale Lage unsere Sache, wir sind ein Teil von ihr, wir können sie nicht verleugnen. Millionen Individuen in ein paar glücklichen Ländern, zu denen England gehört, ist – infolge einer einzigen gigantischen Umwälzung in der angewandten Wissenschaft während der letzten hundertfünfzig Jahre – ein gewisser Anteil der wesentlichen Güter zugefallen. Billionen Individuen in der gesamten übrigen Welt werden sie ebenfalls erhalten oder sich verschaffen. Darauf deuten alle Zeichen der Zeit. Es ist das bei weitem die großartigste Revolution, die Menschen je erfahren haben. Wir haben drei oder vier Generationen hindurch eine rapide Umwandlung erlebt. Jetzt beschleunigt sich diese Umwandlung. Sie muß zwangsläufig noch sehr viel schneller werden. Wir befinden uns in einer Situation, in der wir gleichzeitig Handelnde und Zuschauer sind. Die Haltung, die wir einnehmen, bestimmt, oft in entscheidender Weise, was uns gefällt und was uns nicht gefällt in unserer Welt, welche Maßnahmen wir treffen, wie die Kunst aussieht, die wir schätzen oder ausüben, wie hoch oder gering wir die Wissenschaft bewerten. Sie bestimmt aber, wie ich mir einbilde, auch die Art und Weise, in der ein paar freimütige Vorschläge zur Erziehung, die einfach und praktisch sein sollten, zum Ausgangspunkt einer Debatte über erste und letzte Dinge gemacht worden sind.

VI.

Wir beginnen eben erst mit der industriell-naturwissenschaftlichen Revolution zu leben; wir haben die ersten positiven Schritte unternommen, sie unter unsere Kontrolle zu bringen, ihre Nachteile auszugleichen und ihre Vorteile auszuschöpfen. Die modernen Industrieorte etwa Norditaliens oder Schwedens unterscheiden sich qualitativ von denen, die sich zu Anfang in Lancashire oder New England bildeten. In seinem ganzen Ausmaß können wir den Prozeß noch nicht völlig begreifen. Wir, die wir ihn kommentieren, stehen außerhalb und befinden uns, sozial gesehen, in einer höchst gefährlichen Position, da wir ein paar Vorrechte mehr genießen als diejenigen, die tätigen Anteil an ihm nehmen.

Eines jedoch ist klar: diejenigen, die jetzt in diesem Prozeß stehen, haben nie auch nur eine Sekunde ihre Aufmerksamkeit jenen Zuschauern geschenkt, die gerne möchten, daß sie von der Industrialisierung Abstand nähmen. Wie ich schon in meinem ersten Vortrag sagte, ist das in allen Gesellschaften der ganzen Welt eine offenkundige Tatsache. Und das sind doch die Zeugen, die wir befragen müssen, und nicht diejenigen unter uns, die zu wissen glauben, was für die anderen gut sei, obwohl wir selbst ihnen nur einen Schritt voraus sind.

Der oben aufgezeigte Hauptgrund für die begeisterte Aufnahme der industriellen Revolution wiegt so schwer, daß kein Mensch einen anderen brauchte. Aber ich glaube, daß es andere, tief im intuitiven Leben des einzelnen verborgene Gründe gibt, die die meisten jungen Menschen dazu treiben, lieber in Städten zu wohnen, wenn sie die Wahl haben, und dann noch weitere

Gründe, die fast alle Unprivilegierten dazu treiben, eine hochorganisierte Gesellschaft einer Gesellschaft vorzuziehen, die sich auf bloße Machtverhältnisse gründet.

Die erste Gruppe von Gründen liegt so offen zutage, daß es keiner weiteren Erklärung bedarf. Sie sind doch selbst einmal jung gewesen! Die zweite ist ein wenig schwerer erklärbar. Vielleicht kann ich sie deutlicher machen, wenn ich sozusagen ein Gegenbeispiel bringe. Ich denke an D. H. Lawrence[21], der sich mit einer Anekdote in Danas ›Zwei Jahre als einfacher Matrose‹ befaßt. Die Stelle ist ziemlich lang und sollte ganz gelesen werden; es geht darum, daß Dana Empörung empfindet, als der Kapitän des Schiffes einen Matrosen namens Sam auspeitschen läßt. Lawrence tadelt Dana wegen dieser Empörung – er findet es richtig.

»Das Verhältnis zwischen Herrn und Diener – oder Herrn und Untergebenem – ist im wesentlichen ein polarisierter Strom, wie die Liebe. Es ist ein Kreislauf von Lebenskraft, die zwischen Herrn und Untergebenem fließt, für jeden eine sehr kostbare Nahrung darstellt und beide in einem Zustand feinsten, zitternden, lebensvollen Gleichgewichts erhält. Wie entschieden man das auch bestreiten mag, es ist doch so. Sowie man aber Herrn und Untergebenen gesondert betrachtet und beide einer Idee dienen läßt – Produktion, Lohn, Leistung, und so weiter –, so daß jeder in sich selbst ein Instrument erblickt, das eine bestimmte wiederkehrende Entwicklung durchmacht, dann hat man den lebendigen, zitternden Kreislauf zwischen Herrn und Untergebenen in eine mechanische Gleichschaltung von Maschinen umgewandelt. Einfach eine andere Lebensform – eine Anti-Lebensform ...

Auspeitschen.

Auf der einen Seite steht Sam, ein dicker, träger Kerl, der von Woche zu Woche fauler und schlampiger wird. Auf der anderen Seite ein Herr, der in seiner Autorität immer empfindlicher wird. Bis Sam seine Nachlässigkeit einfach ins Extrem treibt, so daß einem die Galle hochkommt. Und den Herrn treibt das bis zur Weißglut. Jetzt ist zwischen diesen beiden Männern, dem Kapitän und Sam, das Gleichgewicht aus Befehlsgewalt und Gehorsam erheblich gestört. Ein polarisierter Strom. Ganz entschieden polarisiert ...

[21] D. H. Lawrence, Studies in Classic American Literature, Kap. 9.

›Bindet das elende Schwein!‹ brüllt der zornige Kapitän. Und klatsch, klatsch, fährt die Peitsche auf den bloßen Rücken Sams, dieses Flegels herab.

Was bewirkt das? Bei Gott, es geht ihm wie eiskaltes Wasser den Rücken hinunter. Durch diese Hiebe fließt der Strom der Wut des Kapitäns, er geht ins Blut und in die grauen Zellen von Sams Willenssystem. Klatsch, klatsch, saust die sprühende Flamme, unmittelbar bis auf den innersten, lebendigen Nerv.

Und die lebendigen Nerven reagieren. Sie beginnen zu vibrieren. Sie spannen sich. Das Blut beginnt schneller zu zirkulieren. Die Nerven werden allmählich wieder aktiv. Das ist ihr Stärkungsmittel. Für den Mann Sam bricht ein neuer klarer Tag der Einsicht an, und sein Rücken tut ihm weh. Der Kapitän fühlt sich wieder erleichtert, wieder wohl in seiner Autorität, und das Herz tut ihm weh.

Das Gleichgewicht ist wiederhergestellt, ein neuer Anfang wird gemacht. Bei Sam ist die physische Intelligenz wieder im Lot, beim Kapitän die Stauung in den Adern gelöst.

Es ist eine natürliche Form menschlichen Verkehrs und Austauschs. Es ist gut für Sam, ausgepeitscht zu werden, und es ist in diesem Falle gut für den Kapitän, Sam auspeitschen zu lassen. Das behaupte ich.«

Dieser Gedankengang steht in krassem Gegensatz zu dem, was ein Mensch meinen würde, der nie das richtige Ende der Peitsche in der Hand gehalten und damit auch nie gerechnet hat: damit meine ich die meisten Armen in der Welt, alle Nichtprivilegierten, die überwältigende Mehrheit unserer Mitmenschen. Ein solcher Mensch braucht kein Faulpelz wie Sam zu sein, aber deshalb gefällt es ihm doch nicht, sich einem anderen fügen zu müssen. Er teilt keineswegs diese Rousseausche Ansicht über die Tugend des unmittelbaren Ausdrucks der Gefühle, oder den »Kreislauf der Vitalität«[22] oder den »lebendigen Kontakt durch das Blut«. Er hat nämlich schon die Launen der anderen erdulden müssen – am falschen Ende der Peitsche. Er hat absolut keine romantischen Ansichten über die ästhetischen Aspekte des Verhältnisses zwischen Herrn und Untergebenen: diese Illusion steht nur denen offen, die schon eine Stufe höher geklettert sind und sich mit allen Fasern dort oben festklammern. Er

[22] Die pseudowissenschaftliche Ausdrucksweise zieht sich durch diesen ganzen Abschnitt.

weiß aus der langen Erfahrung des Armen, wie es wirklich bestellt ist um die unmittelbare Gewalt; wer dazu eine Stimme höchster Menschlichkeit hören will, dem empfehle ich Bruno Bettelheims ›The Informed Heart‹.

Die Nichtprivilegierten haben sich also in seltener Einmütigkeit für die Gesellschaften entschieden, in denen sie soweit wie möglich von der Kapitän-Sam-Konstellation entfernt sind, und das sind natürlich stark durchgegliederte Gesellschaften. Gewerkschaften, kollektives Handeln, der gesamte Apparat der modernen Industrie – das alles mag jene Menschen, die niemals die Erfahrungen der Armen gemacht haben, zum Wahnsinn treiben, aber das alles steht auch wie ein Stacheldrahtzaun dem Anspruch des einzelnen entgegen, seinen Willen auf direktem Wege durchzusetzen. Und sowie die Armen ihrer Hilflosigkeit zu entrinnen begannen, war dieser Anspruch des einzelnen das erste, was sie hinzunehmen sich weigerten.

VII.

Und was hat unsere Literatur mit der naturwissenschaftlichen Revolution angefangen, die rings um uns im Gange ist? Ich habe dieses Thema in meinem Vortrag schon angeschnitten, aber es gäbe noch unendlich viel darüber zu sagen. Vermutlich wird in den nächsten Jahren eine Art Bestandsaufnahme durchgeführt werden. Ich persönlich bin nur froh, wenn ich diesen Teil der Kontroverse stärker ins Licht rücken kann. Ich möchte ein oder zwei Dinge sagen, um zu zeigen, wie ich im Augenblick denke; sollte ich dann das Gefühl haben, etwas Nützliches hinzufügen zu können, so werde ich zu gegebener Zeit darauf zurückkommen.

Zunächst etwas, das nicht unmittelbar dazugehört. Zufällig ist Dostojewskij der Romanschriftsteller, dessen Werke ich am besten kenne. Als ich zwanzig war, erschienen mir die ›Brüder Karamasow‹ als der bei weitem großartigste Roman, der je geschrieben worden ist, und ich hielt den Verfasser für den glänzendsten aller Romanschriftsteller. Allmählich modifizierte sich meine Begeisterung; als ich älter wurde, fand ich, daß Tolstoi mir mehr bedeutete. Aber Dostojewskij gehört bis auf den heutigen Tag zu den Schriftstellern, die ich am meisten bewundere: außer Tolstoi scheint es mir nur noch zwei oder drei andere zu geben, die neben ihm bestehen können.

Dieses Bekenntnis eines persönlichen Geschmacks ist nicht so fehl am Platze, wie es scheinen könnte. Dostojewskij ist unter den großen Schriftstellern derjenige, dessen soziale Einstellung sich zwar nicht in seinen Romanen, wo er keine eindeutige Haltung einnimmt, aber im ›Tagebuch eines Schriftstellers‹ ganz klar widerspiegelt, das er in den Jahren 1876–1880 allmonatlich veröffentlichte, als er – ein Fünfziger – sich dem Gipfel seines Ruhmes näherte. In dem ›Tagebuch‹, das ein Einmann-Unternehmen war, beantwortete er Herzensprobleme der Leser (sein Rat war fast immer praktisch und klug), widmete aber den größeren Raum politischer Propaganda, einer leidenschaftlichen und zunehmend eindeutigen Kundgabe seines eigenen Aktionsprogramms.

Das ist selbst nach neunzig Jahren noch ziemlich erschreckend. Er war entschiedener Antisemit; er betete um Krieg; er war jederzeit gegen jederlei Emanzipation; er war ein fanatischer Parteigänger der Autokratie und ein gleicherweise fanatischer Gegner jeder Verbesserung im Leben des gemeinen Mannes (mit der Begründung, diese Leute liebten ihre Leiden und würden durch sie geadelt). Er war tatsächlich extrem reaktionär; andere Schriftsteller haben seither diese Einstellung angestrebt, doch besaß keiner seine Dynamik und seine psychologische Differenziertheit. Hier erscheint der Hinweis notwendig, daß seine Stimme nicht etwa ungehört verhallte: er war kein Lawrence, der seine Ermahnungen – die zum Teil ähnlich beklagenswert waren[23] – ins Leere hinausschleuderte. Dostojewskij lebte in der Gesellschaft; sein ›Tagebuch‹ hatte Einfluß und wirkte als Stimme der Ultrakonservativen, denen er selbst insgeheim als eine Art psychologischer Berater diente.

Ich habe also keine soziale Vorstellung mit ihm gemeinsam. Wäre ich sein Zeitgenosse gewesen, so hätte er versucht, mich ins Gefängnis zu bringen. Und dennoch weiß ich, daß er ein

[23] In ›The Rainbow‹, Kap. 12, findet sich ein typisches Beispiel: »Haß stieg in Ursula auf. Wenn sie könnte, würde sie die Maschine zertrümmern. Ihre Seele dürstete danach, die große Maschine zu zertrümmern. Könnte sie die Grube zerstören und alle Männer von Wiggiston arbeitslos machen, sie täte es. Sollen sie doch hungern und lieber in der Erde nach Wurzeln graben, als diesem Moloch dienen.« Das sind klar ausgesprochene Ansichten eines Maschinenstürmers: man beachte das »sie«. Sie, die anderen, werden aufgefordert, das Opfer zu bringen und den Preis zu bezahlen. Wenn dagegen Dostojewskij Unternehmungen im Sinne der Maschinenstürmer empfohlen hätte, so wäre er nicht bei ziellosen Ermahnungen stehengeblieben: er hätte einen Aktionsplan aufgestellt, mit dessen Hilfe die Maschinen zerstört werden könnten.

guter Schriftsteller ist, und dieses Wissen ist nicht nur mit distanzierter Bewunderung verbunden, sondern mit viel wärmeren Gefühlen. Dasselbe empfinden Russen unserer Zeit. Sie reagieren ganz ähnlich wie ich. Mit der Zeit vergibt die Nachwelt, wenn ein Schriftsteller nur groß genug ist.[24] Niemand könnte Dostojewskij einen liebenswerten Charakter nennen, und er hat ganz entschieden Schaden angerichtet. Aber vergleichen Sie ihn mit dem großherzigen und freimütigen Tschernyschewskij, der über die Zukunft und die Welt genau umgekehrt dachte wie Dostojewskij, und dessen Voraussicht, wie sich gezeigt hat, der Wahrheit näher kam. Der gute Wille und die soziale Leidenschaft Tschernyschewskijs haben zwar sein Gedächtnis frisch erhalten, aber die Nachwelt kümmert sich nicht um falsche oder bösartige Entscheidungen, und so sind nicht seine, sondern Dostojewskijs Bücher noch lebendig. ›Was tun?‹ oder ›Die Brüder Karamasow‹ – die Nachwelt wird, sofern sie die Lebensgeschichten der beiden Verfasser überhaupt kennt, mit einem bitteren, widerstrebenden und sarkastischen Lächeln wählen, was sie wählen muß.

So wird es immer bleiben. Menschen ohne Organ für das Wesen der Wandlung, mit einer Aversion gegen die naturwissenschaftliche Revolution, die uns soziale Veränderungen auferlegen wird, wie sie keiner von uns vorhersehen kann, denken, sprechen und hoffen oft, als würden alle literarischen Urteile für immer unter demselben Gesichtspunkt getroffen, der heute in London oder New York gilt; als hätten wir eine Art soziales Plateau erreicht, auf dem sich der literarisch Gebildete endgültig niederlassen könnte. Das ist natürlich absurd. Die soziale Grundsubstanz wird sich ändern, die Erziehung wird sich ändern, sehr viel rascher, als sie sich in der Zeit zwischen der ›Edinburgh Review‹ und der ›Partisan Review‹ geändert hat; die Urteile werden sich ändern. Aber es ist nicht notwendig, bis an die äußerste Grenze der Subjektivität zu gehen. Bedeutende Schriftsteller sind imstande, die Erfindung neuer Kategorien zu überleben, sie widerstehen dem Einfluß von Ideologien einschließlich – vor allem – ihrer eigenen. Beim Lesen reicht unsere Phantasie weiter als unser Glauben. Wenn wir geistige Reservate konstruieren, um auszusperren, was nicht passen will, machen

[24] W. H. Auden (übrigens einer der wenigen Dichter in den letzten hundert Jahren, der eine naturwissenschaftliche Ausbildung hatte) hat es in ›In Memory of Yeats‹ besser ausgedrückt.

wir uns selber minderwertiger.[25] Aus der Zahl der Zeitgenossen, die ich bewundere, könnte ich Bernard Malamud, Robert Graves, William Golding nennen: es wäre ein mühsames Unterfangen, diese drei in irgendeine Ordnung oder eine Ideologie einzupassen, sei sie literarisch oder nicht, der ich mich irgendwie verbunden fühlen könnte. So werden auch in einer zukünftigen Gesellschaft, die ganz anders sein wird als die unsere, manche von den großen literarischen Namen unserer Zeit weiterhin verehrt werden. Das gilt auch für die bedeutenden Begabungen innerhalb der »Bewegung«, deren früher und exzentrischer Vorläufer Dostojewskij war, und die sich als die Literatur der westlichen Avantgarde bis in die jüngste Gegenwart gehalten hat.

Die Schriftsteller, die dieser Bewegung angehörten, werden heute oft »Modernisten« oder »Moderne« genannt; diese Bezeichnungen mögen ein wenig seltsam klingen für eine Schule, die schon ziemlich früh im neunzehnten Jahrhundert einsetzte und von der es kaum noch aktive Vertreter gibt; aber literarische Bezeichnungen sind nun einmal etwas Merkwürdiges, und wenn sie uns in diesem Falle nicht behagen, brauchen wir nur an die Gepflogenheiten der bildenden Kunst, an New Collage oder Art Nouveau zu denken. Jedenfalls wissen wir alle, was gemeint ist, und über eine Reihe repräsentativer Namen gäbe es wohl kaum Streit: Laforgue, Henry James, Dujardin, Dorothy Richardson, T. S. Eliot, Yeats, Pound, Hulme, Joyce, Lawrence, Sologub, Andrej Belyj,[26] Virginia Woolf, Wyndham Lewis, Gide, Musil, Kafka, Benn, Valéry, Faulkner und Beckett.

Je nach Geschmack und entsprechend der Grundeinstellung zu den Begleiterscheinungen des Modernismus kann man Namen hinzufügen oder streichen,[27] So würde Lukács, der bei weitem mächtigste Gegner des Modernismus, Thomas Mann nicht dazuzählen, während Trilling, ein überzeugter Fürsprecher dieser Richtung, ihn bestimmt dazurechnen würde. Und so weiter.

Wir würden doch wohl so ziemlich alle darin übereinstim-

[25] Minderwertiger und auch ärmer.

[26] In Rußland hat es nach dem Tode Tschechows (1904) bis zur Revolution und auch noch einige Zeit danach eine starke Strömung modernistischer Literatur gegeben. Wenn die Russen heute manchmal sagen, sie hätten das alles schon hinter sich und hielten nicht viel davon, so ist das nicht aus der Luft gegriffen.

[27] Edith Sitwell antwortete auf die Frage, ob sie unter die Modernisten einzureihen sei oder nicht, welche Lösung man auch wähle, sie halte sie jedenfalls für falsch.

men, daß die modernistische Bewegung, wenn auch nicht alle, so doch die Mehrzahl der großen Namen der westlichen Literatur über einen langen Zeitraum hin umfaßt. Wir wären ferner sicherlich darin einer Meinung, daß einzelne Werke einzelner Schriftsteller aus eigener Kraft bestehen, und daß die bedeutendsten Schöpfungen der Modernisten wie die Dostojewskijs über einer Unterströmung von Auseinandersetzungen innerhalb einer in Wandlung begriffenen Kultur schwimmen. Doch über die Bedeutung dieser Bewegung in sozialer Hinsicht (das heißt in bezug auf ihren sozialen Ursprung und ihre Auswirkung auf die Gesellschaft), über ihre Bedeutung im Hier und Jetzt unserer gespaltenen Kultur, und über ihren Einfluß auf die Zukunft gehen die Meinungen zu weit auseinander, als daß man darüber hinwegsehen könnte, zumal dieser Zustand vielleicht noch anhalten wird, wenn die meisten von uns schon nicht mehr leben.

Neulich sind drei interessante Texte erschienen: Lionel Trillings ›The Modern Element in Modern Literature‹[28], Stephen Spenders ›The Struggle of the Modern‹,[29] Georg Lukács' ›The Meaning of Contemporary Realism‹.[30] Das erste, was dabei überrascht, ist, daß sie, wenn sie von Modernismus und moderner Literatur sprechen, offensichtlich ein und diesselbe Sache meinen. Sie werten sie unterschiedlich und ihre formale Analyse ist unterschiedlich, aber davon abgesehen ist das wesentliche Phänomen, zu dem sie Stellung nehmen, bei allen das gleiche.

Die Gegenüberstellung von Lukács und Trilling ist aufschlußreich. Beide sind kluge Leute, klug in ungefähr derselben Art. Beide treten an die Literaturkritik ganz bewußt mit dem Rüstzeug einer Reihe von nichtliterarischen Disziplinen heran: Lukács stützt sich auf die Philosophie und die Nationalökonomie, Trilling auf die Freudsche Psychologie. Bei beiden hat man

[28] Partisan Review Anthology 1962. Es sei erwähnt, daß Trillings Aufsatz über ›The Two Cultures‹ (Commentary, Juni 1959) mich verblüfft hat. Nichts ist langweiliger, als wenn ein Autor behauptet, er werde falsch verstanden. Gewöhnlich ist er selbst daran schuld. Aber ich hätte ganz gern erklärt, daß Trilling mir Ansichten über die Literatur unterschoben hat, die ich nicht geäußert hatte und die ich auch gar nicht habe, und daß er diese Ansichten angreift, indem er selber Meinungen äußert, die nicht dem entsprechen, was er vorher und nachher geschrieben hat und die auch nicht dem zu entsprechen scheinen, was er selbst eigentlich denkt. Martin Green hat angemessener, beredter und ruhiger geantwortet als ich selbst es hätte tun können: Essays in Criticism. Winter 1963.

[29] Stephen Spender, The Struggle of the Modern. London 1962.

[30] Georg Lukács, Wider den mißverstandenen Realismus. Hamburg 1958.

oft den Eindruck, daß sie keine Empiriker sind: wenn sie empirisch vorgehen wollen, neigen sie zu Übertreibungen. Was den Modernismus betrifft, so ist Lukács mit Maßen und in höflicher Form dagegen, Trilling mit Hingabe dafür. In einer langen fundierten Analyse des Modernismus sieht Lukács dessen Charakteristikum darin, daß er die erzählerische Objektivität ablehnt: Auflösung der Persönlichkeit; Geschichtslosigkeit; statische Betrachtungsweise der menschlichen Situation (womit er vor allem das meint, was ich als soziale Situation bezeichnet habe). Trillings Ansichten sind den meisten von uns bekannt. In seinem letzten Essay findet sich eine unmißverständliche Stelle:

»Der Autor des Zauberbergs hat einmal gesagt, sein gesamtes Werk könne als ein Versuch verstanden werden, sich aus der Mittelklasse zu lösen, und mit diesen Worten kann man freilich die Absicht der gesamten modernen Literatur umschreiben ... das Ende ist nicht Lösung von der Mittelklasse, sondern Herauslösung aus der Gesellschaft überhaupt. Ich wage zu behaupten, daß die Vorstellung, sich selbst bis zum Punkte der Selbstzerstörung zu verlieren, sich selbst der Erfahrung ohne Rücksicht auf die eigene Person oder auf Moralität auszuliefern, sich gänzlich aus den sozialen Banden zu lösen, ein »Element« darstellt, das irgendwo im Geiste eines jeden modernen Menschen vorhanden ist, der an etwas zu denken wagt, was Arnold in seiner nüchternen viktorianischen Art als ›Fülle geistiger Perfektion‹ bezeichnet hat.«

Wenn man diese gut durchdachten, tief empfundenen und oft bewegenden Aufsätze einen nach dem anderen liest, das heißt, wenn man sowohl Lukács als auch Trilling liest, dann hat man das merkwürdige Gefühl eines déjà vu. Weisen nicht beide Einsichten, die so verschieden aussehen, auf ein und dasselbe Phänomen? Der eine billigt, der andere mißbilligt, und dennoch besteht eine Verbindung. Vielleicht könnten sich die beiden nicht über die sozialen Ursachen des Modernismus einigen; doch beide sind zu scharfe Denker, als daß sie sie für unkompliziert halten könnten. Wie Harry Levin dargelegt hat[31], sind die sozialen Ursprünge des klassischen Realismus des 19. Jahrhunderts komplizierter, als wir gemeinhin annehmen.

Lukács und Trilling schildern beide, was vorgegangen ist.

[31] Harry Levin, The Gates of Horn. Oxford 1963.

Blickt man etwas tiefer, so decken sich diese Schilderungen in vielen Punkten. Trillings »Lösung von der Gesellschaft« setzt ja schließlich ein statisches Bild von der Gesellschaft voraus. Es ist die ins Extrem getriebene romantische Vorstellung vom Künstler. Und die romantische Vorstellung vom Künstler gewinnt nur dann ihre volle Bedeutung, wenn ein von jedem Wandel, auch von der naturwissenschaftlichen Revolution, unberührtes soziales Polster vorhanden ist, auf das man sich zurückziehen kann. Eine solche Einstellung, ein solcher Wunsch, kann dazu führen, daß man die ursprüngliche Zweiteilung umkehrt und die persönliche Lage mit Optimismus, die soziale Lage mit Pessimismus betrachtet. Trilling natürlich würde das nicht tun – dafür ist er ein viel zu ernsthafter Mensch. Aber es ist eine Versuchung, die typisch ist für den Teil der modernistischen Literatur, der den übelsten Geist atmet.

Hier muß ich selbst eine Frage stellen. Es ist keine rhetorische Frage, und ich kenne die Antwort nicht. Es wäre mir eine Beruhigung, wenn ich sie kennte. Die Frage lautet: Wie weit ist es möglich, die Hoffnungen der naturwissenschaftlichen Revolution zu teilen, die bescheidenen, mühsamen Hoffnungen zum Wohle anderer, und gleichzeitig sich uneingeschränkt an einer solchen Literatur zu beteiligen, wie sie eben definiert worden ist?

VIII.

Schließlich und endlich hieß es von meinem ersten Vortrag, er berücksichtige die Politik nicht. Auf den ersten Blick scheint das merkwürdig, denn ich habe in Romanen wie auch in Aufsätzen mehr als die meisten meiner Zeitgenossen über Politik geschrieben, und zwar vor allem über Politik hinter geschlossenen Türen (das heißt darüber, wie Entscheidungen in Machtgruppen wirklich zustandekommen und wie ganz anders sie eigentlich fallen sollten). In Wirklichkeit allerdings ist diese Art Kritik nicht so seltsam wie es aussieht, denn diejenigen, die sie geäußert haben, meinen etwas ganz anderes als ihre Worte genau genommen besagen. Sie geben nämlich dem Begriff Politik einen viel engeren Sinn, als die Mehrzahl von uns gutheißen kann, und darin liegt meiner Ansicht nach eine ungeheure Gefahr. Sie meinen, um es grob herauszusagen, mit »Politik« den Kalten Krieg. Ihre Kritik will in Wirklichkeit sagen, ich hätte den Vortrag nicht auf den Kalten Krieg abgestimmt, wie er im Jahre 1959 geführt wurde, oder, noch schlimmer, ich sähe im Kalten Krieg nicht das absolut wichtigste Anliegen unserer und aller kommenden Zeiten.

Natürlich ist das richtig. Weder 1959 noch während langer Jahre vorher war ich dieser Ansicht. Mir schien, daß alle Symptome im humanen, im wirtschaftlichen, vor allem aber im technischen Bereich in die andere Richtung wiesen. Wußte man nur ein wenig in militärtechnischen Dingen Bescheid, so lag es, seltsam genug, nahe, nicht nur die Gefahren deutlicher zu sehen, sondern auch die Möglichkeit einer Hoffnung, denn es war ziemlich klar, daß die Sprunghaftigkeit in der Entwicklung der Militärtechnik unmöglich lange ohne Einfluß auf den Kalten Krieg bleiben konnte. Das war die Politik, die für meine öffentlich vorgetragenen Formulierungen den Grundton abgab; diese Art Politik lag mir am Herzen, und auf dieser Basis kam ich zu Urteilen, die von denen meiner Kritiker grundverschieden waren. Nicht alle meine Urteile waren richtig: das Tempo der chinesischen Industrialisierung habe ich in meiner »Rede Lecture« stark überschätzt. Aber was die wichtigeren betrifft, so sehe ich heute, nachdem einige Zeit vergangen ist und wir gewisse Vermutungen nachprüfen können, keine Veranlassung, sie abzuändern.

Damit komme ich zum wichtigsten Punkt meiner Ausführungen. Lassen Sie mich noch einmal versuchen, mich verständlich zu machen. Es ist gefährlich, zwei Kulturen zu haben, die sich nicht miteinander verständigen können oder wollen. In einer Zeit, in der die Naturwissenschaften weitgehend über unser Schicksal – das heißt darüber, ob wir leben oder sterben werden – entscheiden, ist das in einem sehr konkreten Sinne gefährlich. Naturwissenschaftler können schlechten Rat geben[32], und Leute, die Entscheidungen treffen, können nicht wissen, ob der Rat gut oder schlecht ist. Andererseits vermitteln die Naturwissenschaftler in einer gespaltenen Kultur nur ihnen zugängliche Kenntnisse gewisser Möglichkeiten. Alles das kompliziert die politischen Vorgänge und macht sie in mancher Hinsicht zu gefährlich, als daß wir es längere Zeit hinnehmen dürften, wenn wir einerseits Katastrophen vermeiden und andererseits eine klar umreißbare soziale Hoffnung erfüllen wollen.

[32] Ich habe dieses Problem in ›Science and Government‹ und im Anhang dazu (beides New American Library 1962) untersucht.

Und dazu fühlen wir uns von unserem Gewissen und unserem guten Willen aufgerufen.

Gegenwärtig lassen wir, halbgebildet wie wir sind, alles schleifen; wir strengen uns an, Botschaften zu vernehmen, die offenbar von großer Bedeutung sind, aber es ist, als lauschten wir einer fremden Sprache, von der wir nur ein paar Worte verstehen. Manchmal, vielleicht auch oft, verwandelt oder formt die Logik der angewandten Wissenschaften den eigentlichen politischen Prozeß. So war es im Zusammenhang mit den Atomtests, wo wir das – heutzutage recht seltene – Glück hatten, einen Triumph der menschlichen Vernunft zu erleben. Vielleicht wäre es zu diesem Triumph schon eher gekommen, wenn unsere Gebildeten die Logik der angewandten Wissenschaften ebenso beherrscht hätten wie die Logik der Sprache. Immerhin – wir wollen unsere Triumphe nicht verkleinern. Es muß ja nicht immer zum Schlimmsten kommen, wie ein Freund im Sommer 1940 zu mir sagte. Ich glaube allmählich, daß wir den schlimmsten Gefahren, mit denen uns die Naturwissenschaften konfrontiert haben, entgehen, oder daß wir ihnen ausweichen werden. Hätte ich meinen Vortrag heute zu schreiben, so spräche wohl immer noch Sorge daraus, aber weniger Angst.

Den Gefahren der angewandten Wissenschaften entgehen – das ist das eine. Das andere ist: das einfache und offenkundige Gute zu tun, das die angewandten Wissenschaften uns ermöglichen; das ist schwerer und erfordert höhere menschliche Qualitäten, aber es wird uns alle auf die Dauer reicher machen. Wir werden Energie, Selbsterkenntnis und neue Fertigkeiten brauchen, und wir werden in der offenen Politik wie auch in der »Politik hinter verschlossenen Türen« zu neuen Grundvorstellungen kommen müssen.

In meinem ersten Vortrag wie auch jetzt habe ich nur einen kleinen Sektor der Gesamtlage herausgegriffen: ich habe in erster Linie zu den Erziehern und zu denen, die erzogen werden, über Dinge gesprochen, die wir alle verstehen und die in unserer Reichweite liegen. Änderungen im Bildungswesen werden allein unsere Probleme noch nicht lösen, aber ohne solche Änderungen werden wir noch nicht einmal erkennen, wo die Probleme liegen.

Änderungen im Erziehungswesen werden keine Wunder wirken. Die Spaltung unserer Kultur macht uns schwerfälliger, als wir es zu sein brauchten; wir können die wechselseitige Verständigung bis zu einem gewissen Grade bessern, aber, wie ich schon sagte, wir werden keine Männer und Frauen heranbilden, die von unserer Welt soviel verstehen, wie Piero della Francesca oder Pascal oder Goethe von ihrer Welt verstanden. Doch wenn wir Glück haben, können wir einen hohen Prozentsatz unserer begabten Köpfe so ausbilden, daß ihnen die Vorstellungswelt der Geisteswissenschaften wie auch der Naturwissenschaften nicht fremd bleibt, daß sie darüber hinaus die angewandten Wissenschaften schätzen, und daß sie um die heilbaren Leiden der Mehrzahl ihrer Mitmenschen wie auch um jene Verantwortung wissen, der sich niemand entziehen kann, wenn er sie erst einmal erkannt hat.

Michael Yudkin
Die ›Rede Lecture‹ von Sir Charles Snow

Nachdem Snow für seinen Vortrag auf den Titel ›Die zwei Kulturen‹ verfallen war, hätte man gehofft, er würde auch noch erläutern, was er unter einer »Kultur« versteht. Offenbar will er nicht sagen, daß die Angehörigen jenes Teils der Menschheit, den er in eine kulturell bestimmte Gruppe zusammenfaßt, gleichsam von selber ein gemeinsames Interesse und wechselseitiges Verständnis für ihre Tätigkeit aufbringen. Ebensowenig sollen wir vermutlich das Wort »Kultur« so verstehen, als bezeichne es einen Komplex gemeinsamer Voraussetzungen. Sir Charles selber entschuldigt sich halb und halb für seinen Mangel an Präzision, befaßt sich merkwürdigerweise jedoch mehr mit der Zahl »zwei« als mit dem Begriff der »Kultur«.

»Ich bin von Leuten angegriffen worden, die – ohne selbst Naturwissenschaftler zu sein – starke praktische Interessen vertreten. Sie sind der Ansicht, ich hätte allzusehr vereinfacht, und wenn man schon diese Begriffe verwende, so müsse zumindest von drei Kulturen die Rede sein ... J. H. Plumb, Allan Bullock und manche der mit mir befreundeten amerikanischen Soziologen haben erklärt, sie weigerten sich, mit Leuten in ein und denselben kulturellen Käfig gesperrt zu werden, mit denen sie noch nicht einmal begraben sein möchten.«

Indem Sir Charles diese Kritik zurückweist, weicht er zugleich die Bedeutung des Begriffs »traditionelle Kultur« auf, den er der »szientifischen Kultur« permanent entgegensetzt. Das Wesen der »traditionellen Kultur« wird dadurch ziemlich mysteriös: anfänglich Reservat literarischer Intellektueller, wird sie bald zum Gesamtbereich nicht-szientifischer intellektueller Tätigkeit erklärt. Diese Unbestimmtheit führt unvermeidlich zur Konfusion – besonders enttäuschend an einem Schriftsteller, der offensichtlich so dringlich mit dem Problem befaßt ist.

Das Dementi J. H. Plumbs, Allan Bullocks und Sir Charles' amerikanischer Soziologen-Freunde bildet nicht den einzigen Einwand, den man gegen den Begriff der zwei Kulturen erheben kann. Indem er die Spaltung innerhalb unserer Kultur derart vereinfacht, impliziert Sir Charles (vermutlich unabsichtlich), daß die Kommunikation innerhalb der beiden unterschiedenen Bereiche sich auf einem ausreichend hohen Niveau vollziehe. Anders gesagt: indem er seine Aufmerksamkeit auf die Kluft zwischen szientifischer und nicht-szientifischer geistiger Anstrengung konzentriert, übersieht er die vielfachen Spaltungen innerhalb jeder »Kultur«. Snow bekennt Erstaunen über die Entdeckung, daß der durchschnittliche Graduierte der Naturwissenschaften Dickens nicht lesen kann; hat er aber untersucht, wie viele Graduierte, sagen wir, der Rechtswissenschaft oder Volkswirtschaft in genau derselben Lage sind? [...]

Trifft es zu, daß Angehörige der »traditionellen Kultur«, die nicht speziell Literatur, Musik oder Kunst studieren, trotzdem durch den Kontakt mit diesen Künsten sich innerlich bereichern? Betrachten sie nicht etwa, wie die Naturwissenschaftler, Kunstwerke als für ihren Interessenbereich irrelevant? Leider gibt es Dutzende von Kulturen im Sinne von Sir Charles' Begriffsverwendung, mag auch die Kluft zwischen dem Naturwissenschaftler und dem Nicht-Naturwissenschaftler wahrscheinlich am tiefsten sein.

Sir Charles' Argumentation geht in drei Stufen vor sich: erstens konstatiert er ein gegenseitiges Versagen des Kontakts und Verständnisses zwischen Naturwissenschaftlern und Nicht-Naturwissenschaftlern; zweitens, daß dieses Versagen zumindest unselig, wahrscheinlich sogar gefährlich sei; schließlich behauptet er, daß es eine Möglichkeit gebe, Wege zur Überbrückung dieser Verständniskluft zu finden, und fordert, jegliche mögliche Anstrengung zu unternehmen, um den Riß zu schließen.

Die erste These kann ernsthaft nicht bezweifelt werden; sollen Naturwissenschaftler und Nicht-Naturwissenschaftler wechselseitig ihre Tätigkeit verstehen, wird eine ungeheure Erweiterung des Intellekts erforderlich, zumal die nötige Anstrengung noch ständig wächst. Der Gedanke, daß diese Situation allgemein zu bedauern sei, ist kaum bezweifelt worden; die Schlußfolgerung der Argumentation – daß es möglich sei, die intellektuellen Relationen entscheidend zu verbessern – ist es, die sich der schwerwiegendsten Kritik ausgesetzt sieht.

Sir Charles operiert mit einigen Beispielen gegenseitigen Nichtbegreifens. Seiner Erfahrung nach finden viele Naturwissenschaftler Dickens unverständlich, während fast alle von der »traditionellen Kultur« Gebildeten unfähig sind, Beschleunigung oder Masse zu definieren. Diese Art Vergleich wird oft gezogen; er ist von zweifelhaftem Nutzen und oft irreführend, weil er eine Äquivalenz zwischen dem Erleben eines Kunstwerks und einer naturwissenschaftlichen Erkenntnis impliziert. Dickens zu lesen, Mozart zu hören oder einen Tizian zu betrachten, kann ein lohnendes Erlebnis an sich sein. Dagegen herauszufinden, was unter Beschleunigung verstanden wird, heißt, sich ein Stück faktischer Information aneignen, die keinen Wert an sich besitzt. Wenn Sir Charles für den Nicht-Naturwissenschaftler die Erwerbung naturwissenschaftlicher Kenntnisse für wünschenswert hält, so ist das bedauerlich. Wertvoll wäre ein Verständnis des Prozesses und der Methode naturwissenschaftlichen Denkens; denn es ist das Wesen naturwissenschaftlichen Urteilens, die beständige Ausübung einer besonderen Art kritischen Denkens, was die szientifische Kultur charakterisiert, wodurch naturwissenschaftliche Arbeit zu einer lohnenden intellektuellen Tätigkeit wird, worin übrigens auch ein gewisser Wert der Naturwissenschaften als eines disziplinierten Studiums für den Nicht-Naturwissenschaftler begründet läge.

Wenn die Kluft zwischen Künstler und Naturwissenschaftler überhaupt überbrückbar ist, dann wäre – nach Sir Charles – eine Reduktion der Spezialisierung im Schulunterricht ein möglicher Weg, diese Brücke zu schlagen [...] Nun, auf jeden Fall muß es möglich sein, die Intensität der Spezialisierung für Naturwissenschaftler zu reduzieren. Warum soll, wer Naturwissenschaften studiert, nicht Shakespeare und Dickens lesen, Homer und Vergil? Warum sollte er nicht in der Geschichte von Musik, Kunst und Architektur unterrichtet werden? Denn es liegt in der Natur zumindest eines Teils der in Europa vorhandenen Kunst, daß für ihr Verständnis keine spezialisierte Ausbildung erforderlich ist. Die Naturwissenschaftler wären sicherlich imstande, die von Sir Charles gemeinte Spaltung zu überbrücken.

Diese Brücke aber kann nur eine Einbahnstraße sein. Für den Nicht-Naturwissenschaftler basiert das Verständnis der Naturwissenschaften nicht auf der Erwerbung naturwissenschaftlicher Kenntnisse, sondern auf Gepflogenheiten naturwissenschaftlicher Denkweise und Methode. Gleichgültig, in wie vielen naturwissenschaftlichen Fächern jemand als Kind unterrichtet wird, wie viele Vorlesungen er über naturwissenschaftliche Methodik hört oder wieviel er von Bacon oder Descartes, von Hume oder Mill liest, – er wird das Wesen der naturwissenschaftlichen Methoden nie verstehen, bevor er nicht mindestens einen naturwissenschaftlichen Kursus für nichtgraduierte Studenten gelesen hat. Und selbst ein solches intensives Studium eines Zweiges der Naturwissenschaften wäre weit weniger sinnvoll als ein Stück naturwissenschaftlicher Forschung. Denn eine echte naturwissenschaftliche Ausbildung beruht im eigenen Folgern aus experimentellen Daten, in der Aufstellung von Hypothesen und der Planung von Experimenten. [...]

Wenn der Umfang des Wissens so unermeßlich ist, daß sogar Naturwissenschaftler, die auf demselben Gebiet arbeiten, Forschungen eines anderen, die bereits publiziert sind, ahnungslos wiederholen können, – welche Hoffnung auf einen Gedankenaustausch über den Abgrund zwischen Naturwissenschaftlern und Nicht-Naturwissenschaftlern hinweg vermag Sir Charles da aufrechtzuerhalten? Das Äußerste, das man erwarten könnte, wäre, daß die Ausbildung der Kinder – werden sie nun später Naturwissenschaftler oder nicht – eine Bewußtmachung der höchsten Leistungen unserer literarischen und künstlerischen Kultur mit einschließt. Der umgekehrte Weg: eine brauchbare naturwissenschaftliche Ausbildung für Nicht-Naturwissenschaftler ist aus den Gründen, die ich oben umrissen habe, kein praktisch sinnvolles Ziel.

Trotzdem ist die Tatsache, daß der Student der schönen Künste nicht auch in naturwissenschaftlichen Methoden ausgebildet werden kann, nicht ganz so katastrophal, wie Sir Charles sich das vorstellt. Letztlich gibt es nur zwei mögliche Zwecke der Ausbildung: im Verfolg des einen, ganz und gar praktischen, wird gelehrt, was für das Leben in einer Gemeinschaft notwendig ist; der andere ist weniger konkret: dem Studenten soll geholfen werden, sich zu einer umgänglicheren oder einsichtsvolleren oder sympathischeren Persönlichkeit zu entwickeln. Da ich jetzt selber zu so unpräzisen Begriffen abgeschweift bin, wie ich sie bei Sir Charles Snow kritisiert habe, muß ich eine Erklärung anfügen. Selbst wenn es keine generelle Übereinstimmung geben sollte über die Bedeutung von Begriffen wie Sympathie oder künstlerische Wahrnehmung, so dürfte doch im wesentlichen Übereinstimmung herrschen über das Vorhandensein von Qualitäten der Persönlichkeit, die zu fördern und zu entwickeln gut und nützlich ist. Eine davon ist, schlicht gesagt, die Fähigkeit, befriedigende Beziehungen zu anderen Menschen zu unterhalten. Eine zweite meint Sinn und Verständnis für die Kunst; eine dritte das Training der intellektuellen Potenz durch die Strenge solcher Studien wie Grammatik oder Logik. Was in eine Liste solcher Qualitäten nicht miteinbegriffen werden sollte – was folglich keine bildende Funktion hat –, ist eine Vermehrung bloßer Kenntnisse ohne Rücksicht auf ihren Zweck.

Man kann daher eine beachtliche Liste von Gründen aufstellen, warum das Studium der Literatur, der Geschichte oder der Kunst innerhalb eines allgemeinen Studienplans wünschenswert ist. Man sieht aber auch die Notwendigkeit ein, jedem, der Naturwissenschaftler werden will, Elementarunterricht in Naturwissenschaft zu erteilen. Da man jedoch bei Kindern noch nicht weiß, ob sie später eine Laufbahn innerhalb der Naturwissenschaften einschlagen, sollte naturwissenschaftlicher Elementarunterricht möglichst allen Kindern zuteil werden. Indessen ist es müßig, den Mangel an naturwissenschaftlichen Kenntnissen bei Spezialisten aus anderen Gebieten zu beklagen. Das Verständnis der Bedeutung von »Masse« oder »Beschleunigung« kann dem Studenten der klassischen Literatur von keinerlei praktischem Nutzen sein, so wenig wie es von jener subtileren Wirkung auf seine Persönlichkeit wäre, die es im übrigen noch rechtfertigen könnte. Es wäre, streng gesprochen, nutzloses Wissen. [...]

Wie aber kann Sir Charles dann glauben, daß der Künstler sein Werk durch die Assimilation der Naturwissenschaften als Teil seiner geistigen Erfahrung zu verbessern vermag? Schriftsteller, zum Beispiel, sind daran gewöhnt, in ihrem Werk personale Beziehungen zu untersuchen; sie machen Gebrauch von ihrer Erfahrung mit Menschen und ihrer Einsicht in die Wechselwirkung von Geist und Charakter. Könnte der Begriff des sich ausdehnenden Universums dem Romanschriftsteller oder dem Dramatiker helfen, seine mitfühlende Erkenntnis menschlicher Wesen zu vertiefen? Oder meint Sir Charles, daß ein Dichter, der die Wirkung der Bedrohung moderner Kriegführung auf das Verhalten seiner Zeitgenossen untersucht, ein besseres Gedicht verfassen wird, wenn er den Mechanismus der Wasserstoffbombe kennt?

Eine ähnliche Einstellung zeigt sich, wenn Snow den Mangel an Kommunikation zwischen den »zwei Kulturen« beklagt. Die Klage selber ist an sich nicht ungewöhnlich; aber es ist seltsam, bei einem erfolgreichen Romancier auf eine derart beschränkte Vorstellung von Kommunikation zu stoßen. Sir Charles besteht darauf, daß ein Student der Literatur sich mit den Naturwissenschaften vertraut machen sollte und daß ein Naturwissenschaftler Dickens lesen sollte; gern würde man fragen, auf welche

Weise Sir Charles in einem solchen Austausch von Kenntnissen eine Förderung der Kommunikation erblickt. Heißt Kommunikation, daß sich zwei hohe Dons bei ihrer Konversation an der College-Tafel verständigen können? War das die Vorstellung von Kommunikation, die Tolstoi oder D. H. Lawrence hatten? Ganz sicher meint sie etwas Feineres und Empfindsameres, ein tiefes und echt persönliches Verständnis. [...]

Trotzdem wäre es ungerecht, Sir Charles allein auf Grund seines Vortrags einer entpersönlichten, naturwissenschaftlichen Auffassung der Kommunikation zu zeihen. Aber eine erstaunlich ähnliche Auffassung wird in seinen Romanen sichtbar – und der Roman ist sicherlich die Form, worin der Kommunikation, den Beziehungen von Menschen und ihren Emotionen, aufs Feinfühligste nachgespürt werden sollte. Der neueste Roman Snows, ›The Affair‹, exemplifiziert seine Methode. Das ganze Werk stellt die Erzählung einer Situation dar, in der die Charaktere nicht als Individuen, sondern als Typen dargestellt sind, so, als wären sie maskiert für eine Pantomime. Jeder Typ erhält bei seinem Auftreten ein oder zwei Paragraphen Beschreibung oder Biographie zugeteilt, so daß es möglich wird, seine Rolle in der Handlung vorauszusagen. Keiner entwickelt sich über die am Anfang festgesetzten Grenzen hinaus. Durch die ganze, hoch stilisierte Erzählung hindurch zeigt der Autor ein klinisches, akademisches Interesse an der Handlung des »Dramas«. In dem ganzen Buch findet man keine Durchleuchtung *persönlicher* Kommunikation.

Wenn Kommunikation für Sir Charles eine abstrakte, unpersönliche Angelegenheit ist, dann ist Bildung ein abstraktes, quantitativ bestimmtes und gleichermaßen unpersönliches Geschäft. Die Unterscheidung zwischen Wissen und Entwicklung der Persönlichkeit scheint er nicht zu treffen. Er scheint sich nie zu fragen: wozu dient das Wissen? Für ihn ist ein gebildeter Mensch einer, der eine Menge weiß, und ein noch gebildeterer einer, der noch mehr weiß. Das Erwerben von Kenntnissen ist offenbar Selbstzweck, oder, wie er in anderem Zusammenhang sagt: »Eine Tatsache ist eine Tatsache ist eine Tatsache.« [...]

Eine weitere Untersuchung von Sir Charles' Vortrag zeigt, daß das Problem der zwei Kulturen nicht eigentlich in seinem Denken vorherrscht. Nachdem er der ernsten Frage, die im Titel seines Vortrags angedeutet ist, seine Reverenz erwiesen hat, befaßt er sich aufs angelegentlichste mit einem anderen Thema, und zwar mit einem Problem, das – würde man es auf eine Weise lösen, wie Sir Charles sie vorschlägt – die Kluft zwischen den »zwei Kulturen« zu überbrücken noch mehr erschweren dürfte als bisher.

Man kann kaum eine Zeitung aufschlagen, ohne auf den Appell eines Politikers, eines Industriellen oder eines Universitätslehrers zu stoßen, der zahlreichere Naturwissenschaftler, größere Geldsummen für technische Forschungen oder eine Expansion der Universität fordert. Dieses Feldgeschrei zu verstärken, ist Sir Charles im letzten Teil seines Vortrages bemüht. Zwar, um gerecht zu sein: seine Motive müssen von dem üblicheren materialistischen Druck unterschieden werden, an den wir uns inzwischen gewöhnt haben. Sir Charles schreckt uns nicht mit der Behauptung, Großbritannien bleibe im Wettrennen der Raumforschung zurück; er treibt uns nicht in die Besorgnis hinein, daß wir auf Grund des Versäumnisses, Atomwaffen zu produzieren, an Prestige verlieren könnten; er bedrängt nicht einmal die Studenten der »traditionellen Kultur«, zur Naturwissenschaft überzuwechseln, um so zu helfen, unsere zivilisatorischen Werte gegen den Vormarsch des Kommunismus zu verteidigen. Seine Motive sind großzügiger; er fordert von uns, daß wir die enorme Investierung an Menschen und Kapital aufbringen, die nötig ist, um die unterentwickelten Länder außerhalb Europas zu industrialisieren und ihre Bevölkerung vor dem Verhungern zu retten.

Es wäre zynisch, solch eine zwingende und altruistische Forderung mit einem bloßen Witzwort abzutun. [...] Immerhin würde man Sir Charles gern fragen, zu welchem Zweck er sie im Kontext einer Diskussion der »zwei Kulturen« erhebt, weil das die Feststellung aufzwingt, daß er die Unvereinbarkeit seiner beiden Ziele erkennen muß. Er muß wissen, daß Naturwissenschaftler ebenso technisch kompetent wie fähig sind, »weiterzugeben, was sie wissen, ehrliche technische Arbeit zu leisten«, ob sie nun Dickens kennen oder nicht. Ihm muß ferner bewußt sein, daß für keine Regierung, die unter einem Mangel an Technikern leidet, der Luxus in Betracht kommen wird, einen Techniker, den man in zwei Jahren hinreichend ausbilden kann, noch weitere fünf Jahre lang umfassender außerhalb seines Fachs zu unterrichten. Mehr noch, Sir Charles muß die ganz und gar nicht altruistischen Gründe kennen, die unsere Regierenden genötigt haben, nach den naturwissenschaftlichen und technischen Arbeitskräften zu verlangen, durch die unser Land mächtig und angesehen werden soll. Es besteht die Gefahr, daß sein Aufruf den Anschein erweckt, als füge er zu dem fast unwiderstehlichen Gewicht der Forderungen noch mehr hinzu; als billige er, daß man Kinder mehr als Material betrachtet, das zur Erfüllung politischer Maßnahmen dienen muß, denn als Menschen, die aus ihrer Bildung Nutzen ziehen sollen.

Es wäre lehrreich gewesen, von Sir Charles zu erfahren, wie diese starke Nachfrage nach Naturwissenschaftlern zu befriedigen sei. Kann es irgendeinen Weg geben, der nichts zu tun hat mit der Abziehung begabter Kinder von den Studien der »traditionellen Kultur«, die die eine Hälfte Snows ja doch so hochschätzt? Den Anfang dieser Entwicklung sehen wir in der Erleichterung der Immatrikulationsbedingungen für Naturwissenschaftler in Oxford und Cambridge und in der Gründung neuer Universitäten und Hochschulen mit einem außerordentlich hohen Prozentsatz von Studenten der Naturwissenschaften. Wenn Sir Charles die fehlende Einsicht der Naturwissenschaftler in die »traditionelle Kultur« bekümmert, warum erhebt er dann nicht Einspruch gegen solche Methoden, die ihren intellektuellen Horizont verengen? Die beiden von Sir Charles erstrebten Ziele – mehr Naturwissenschaftler *und* eine im allgemeinen umfassendere Bildung – lassen sich anscheinend in keiner vorhersehbaren Entwicklung unserer Erziehungspolitik miteinander in Einklang bringen. Statt dessen wird sein Vortrag mit Erfolg denjenigen Vorschub leisten, die die Anzahl der Graduierten in den Naturwissenschaften vergrößern wollen und sich nicht im mindesten um deren allgemeinere Bildungserfordernisse sorgen.

Die Gefahr besteht, daß das Problem der »zwei Kulturen« allmählich verschwindet. Die Kluft zwischen ihnen wird sich nicht schließen, keine modernen Leonardos werden erscheinen, keine Wissenschaftler sich der Literatur verschreiben. Statt dessen werden wir die Atrophie der traditionellen Kultur erleben und ihre schrittweise Annexion durch die szientifische – keine Annexion von Territorien, sondern von Menschen. In kurzem mag nur eine einzige Kultur übrigbleiben.

Frank R. Leavis
Zwei Kulturen?
Die »Bedeutung« von C. P. Snow

Snow ist ein Verhängnis. Er ist ein Verhängnis, da er, wiewohl der Beachtung nicht wert, für eine weite Öffentlichkeit beidseits des Atlantik zu einem hervorragenden Geist und Weisen geworden ist. Seine Bedeutung liegt darin, daß man ihn anerkannt hat, oder vielleicht sollte man besser sagen »erschaffen hat«: er wurde als intellektuelle Autorität durch jene kulturellen Gegebenheiten erschaffen, die sich in seiner Anerkennung manifestierten. Wirklich erlesene Geister sind natürlich ihrer Zeit verhaftet; sie sprechen zutiefst auf ihre besonderen Spannungen und Ansprüche an: eben darum vermögen sie wahrhaft erleuchtend und voraussichtig zu sein und die Welt positiv und schöpferisch zu beeinflussen. Snows Verhältnis zu seiner Zeit ist anders; nicht durch Einsicht ist es gekennzeichnet und durch geistige Energie, sondern durch Blindheit, Unreflektiertheit und Automatie. Er weiß nicht, was er meint, und weiß nicht, daß er's nicht weiß. Darauf läuft sein rauschhaftes Gefühl der Sendung, der öffentlichen Aufgabe, der Inspiration hinaus. Nicht eine Forderung, die er zu äußern glaubt, sondern die Forderung, die er *ist,* erheischt unsre Aufmerksamkeit. [...]

Snows intellektuelle Nullität stellt die einzige Schwierigkeit dar, die sich ergeben mag, wenn man sich mit seinen panoptischen Scheinweisheiten, der Präsentation seiner These abgibt: ein Kopf, mit dem man sich auseinandersetzen könnte, den gibt es hier nicht; wir haben es da mit etwas anderem zu tun. Nehmen wir nur den entscheidenden Begriff »Kultur«, ohne den und ohne das, was er für Snow leistet – worauf dieser rechnet –, er seine Sehertiefe und sein Sendungsgehabe los wäre. Wie er ihn gebraucht, zeigt uns (wenn ich mir dieses, glaube ich, angemessene Paradoxon erlauben darf) seine intellektuelle Nullität im klarsten Licht; so werden wir unmißverständlich mit dem Fehlen eben jenes Denkens konfrontiert, das allein Fragen zu stellen vermag (was nicht heißt, daß es auch die Antwort wüßte). Welcher Art ganz allgemein seine Stellung und sein Anspruch auf Autorität sind, ist wohlbekannt: es existieren zwei Kulturen, zwischen denen es keine Kommunikation gibt und die einander gleichgültig sind; es ist erforderlich, sie zusammenzubringen, und da ist C. P. Snow, dessen Position in der Geschichte darin besteht, beider inne zu sein, so daß wir in ihm das Muster der erwünschten und notwendigen Vereinigung besitzen.

Snow ist natürlich ein – nein, das kann ich nicht sagen; er ist es nicht: Snow hält sich für einen Romancier. Unter diesem Aspekt möchte ich nichts über ihn ausführen. Aber eines muß ich doch sagen: Der weitverbreitete Glaube, er sei ein bedeutender Romancier (und daß er weitverbreitet sein soll, ist bezeichnend für die Umstände, die ihn hervorbrachten), hat sicher seinen Teil an dem Erfolg, mit dem er es fertiggebracht hat, als Denker anerkannt zu werden. [...] Als Romancier ist er nicht vorhanden, fängt nicht einmal an, vorhanden zu sein. Man kann nicht von ihm sagen, er wisse, was ein Roman ist. Die Nichtigkeit tritt auf jeder Seite seiner Werke zutage – ist stets gegenwärtig, nach welchem Aspekt des Romans man auch sucht. [...] Snow sagt einem, was man sich unter dem vorstellen soll, was er tut, aber er kann nicht mehr geben, als daß er es sagt. Wenn sich seine Helden verlieben sollen, wird einem das gesagt, aber er kann nicht zeigen, wie es geschieht. Dialoge mehr als genug wollen einen der Romankunst versichern, aber nie waren Dialoge plumper; unmöglich, sie sich gesprochen vorzustellen. Und Snow hat keine Ahnung, wie er Charakterzüge im Gespräch sichtbar machen soll. In seinen Kapitelüberschriften kündigt er die Themen und Entwicklungen an, um das Folgende in seiner Bedeutung gebührend vorzubereiten, aber was dann folgt, steigert die Wirkung der Ankündigung um nichts, und im fertigen Buch findet man weder etwas Bedeutendes noch Dramatik – oder Leben. [...]

Selbst wenn er ein verdächtiges Forschungsunternehmen in den Mittelpunkt der Handlung stellt, wie in diesem schwachen Übungsstück ›The Affair‹, bringt er nicht mehr zustande als ein ganz unfähiger Verfertiger von Krimis fertigbrächte; der Roman wird nicht in entsprechendem Maße intellektuell interessant; Naturwissenschaft ist ein bares Wort, die Berufenheit, sie zu behandeln, bloß postuliert. Um so wie Snow das fragliche Forschungsunternehmen abzuhandeln, dazu bedarf es weder eines brillanten Forschers noch überhaupt eines Naturwissenschaftlers welcher Art auch immer. [...] Daß er wirklich Naturwissenschaftler *war*, daß die Naturwissenschaft ihm jemals innerlich wesentlich gewesen ist, davon spürt man in seinen Werken nichts.

Und ich muß nun hinzufügen, daß auch in dem Vortrag ›Die zwei Kulturen und die wissenschaftliche Revolution‹ nichts davon zu spüren ist. Die Naturwissenschaft kommt darin bloß vor als etwas, worauf äußerlich Bezug genommen wird; sie äußert sich in einer Zurschaustellung von Kenntnissen. An Vorzügen, die man einer naturwissenschaftlichen Schulung zuschreiben könnte, gibt es hier nichts. Nach dem Inhaltlichen zu schließen, müßte der Vortrag von jemandem konzipiert und geschrieben worden sein, der nicht in den Genuß einer geistigen Ausbildung irgendeiner Art gelangt ist. Ich wollte das gerade an Snows Umgang mit dem Begriff »Kultur« veranschaulichen – einem für seine Zwecke so wichtigen Begriff. Um seine Behauptung, die Naturwissenschaftler hätten »ihre eigene Kultur«, zu bekräftigen, erzählt er uns: »In dieser Kultur gibt es viele Auseinandersetzungen, die gewöhnlich in härteren Formen und fast stets auf einer höheren begrifflichen Ebene vor sich gehen als Auseinandersetzungen unter Vertretern der literarischen Kultur.« Aber die Darlegungen Snows in der Rede Lecture stehen begrifflich auf einer unendlich *tieferen* Stufe als ich, ein Vertreter der literarischen Kultur, es je in einer von mir geleiteten Diskussion zuließe, von einem Schüleraufsatz nicht zu reden. [. . .]

Man achte darauf, mit welch erhabener, komischer und erschreckender Leichtigkeit (denn dieser Weise ist schließlich einer von Cambridge) Snow ohne jedes Gefühl dafür, daß sich da etwas ändert, von seiner »literarischen Kultur« in die »traditionelle Kultur« hinübergleitet. Dieses Glanzstück an unschuldiger Ahnungslosigkeit ist schon auffallend und bedeutend genug, wenn er über die gegenwärtige Lage redet. Aber wenn er mit der gleichen Leichtigkeit die sachliche Gleichsetzung in die Vergangenheit überträgt – »die traditionelle Kultur«, so erzählt er uns im Hinblick auf die Industrielle Revolution, »bemerkte sie nicht; oder wenn sie sie bemerkte, gefiel ihr nicht, was sie sah« –, gewinnt das eine so verhängnisvolle Bedeutung, daß es kaum zu glauben ist. Aber Snow, das müssen wir uns wieder vor Augen führen, *ist* erschreckend in seiner Geltung als repräsentative Gestalt. Er versteht nichts von Geschichte. Er äußert sich darüber mit dem gleichen uneingeschränkten Selbstvertrauen wie über die Literatur (die französische, russische, amerikanische genau wie die englische), aber beide sind ihm gleichermaßen unbekannt. Er hat keine Ahnung von den kulturellen Veränderungen, die seine »literarische Kultur« hervorgebracht hat und die es ermöglicht haben, daß er den Status eines hervorragenden Intellektuellen genießt, durch das Wissen bestärkt, daß seine Rede Lecture in den Primen ernsthaft studiert wird und er (mit praktischen Konsequenzen) eine Autorität auf dem Gebiet der höheren Schulbildung ist – Dinge, die die wirkliche, die lebendige »traditionelle Kultur« (denn es gibt eine Realität, die diesem Ausdruck entspricht) heute so wenig billigen kann wie sie sie im neunzehnten Jahrhundert hätte voraussehen können. [...]

Wenn die Rede Lecture irgendeinen Wert für den Gebrauch in Schulen – oder Universitäten – hat, dann als Dokument zur Untersuchung des Klischees. Man hält das Klischee gemeinhin für eine Sache des Stils. Aber Stil ist eine Art sich auszudrücken; und eine Art sich auszudrücken, die dem Klischee verfällt, sagt uns etwas Negatives über den Wert des ausgedrückten Gedankens. »Die Geschichte kennt keine Gnade gegenüber dem Mißerfolg«: Snow äußert sich fortwährend in solchen Sätzen – wenn man da überhaupt von sinnvollen Sätzen reden kann. Wir sagen »Klischee« dafür – obwohl Snow den bestimmten Eindruck hat, einen Gedanken auszudrücken –, weil der Gedanke, sobald man ihn auch nur einen Augenblick ins Auge faßt, sich als bloßes Phantom erweist, und Snows Wahn beruht auf dem Umstand, daß er *nicht* denkt, sondern sich träge (wiewohl mit einem Gefühl kraftvollen Tuns) und ungefähr zu erinnern sucht, wo und wie er solche Wendungen hat brauchen hören (oder sehen). Sie besitzen für ihn – da er zu etwas gehört, was er »Kultur« nennt – einen Kurswert, der unabhängig ist von jeglichem ursprünglichen, d.h. wirklichen Denken. Es würde ihn erstaunen, wenn man ihm sagte, daß es Klischees sind.

Er wäre noch erstaunter zu hören, daß es ein Klischee ist, wenn er das Besondere an seinen Naturwissenschaftlern mit folgenden Worten charakterisiert: »Sie haben die Zukunft im Blut.« Er fühlt deutlich, daß in dieser Sprechweise etwas eigentümlich Kerniges steckt, das seiner Weisheit den Anstrich genialer Überlegenheit verleiht. Aber es ist ein fundamentales Klischee – ein Klischee, das Snows Ansprüchen abträglicher ist als jenes, das ich zuerst erwähnte, denn es kommt vom Ausgangspunkt ab, schaltet stillschweigend das Problem aus, dessen Erörterung die *raison d'être* der Rede Lecture dargestellt hätte, wäre Snow der Beschäftigung damit – und des entsprechenden intellektuellen Aufwands –, die er ja propagiert, fähig gewesen.

Eine Wendung wie »Sie haben die Zukunft im Blut« (und

Snow wiederholt sie) läßt sich nicht als bedeutungsvoller Satz ausdeuten, sie hat in diesem Sinne keine Bedeutung. Sie entspringt unmittelbar der kulturellen Welt, zu der Snow gehört, und verzeichnet unkritisch (daher hat sie für ihn solche Durchschlagskraft) ihre Anmaßungen und Attitüden und Unkenntnisse. Diese Welt, wollte ich eben sagen, ist die Welt seiner »szientifischen Kultur«, aber genauso gut hätte ich sagen können, es sei die Welt des ›New Statesman‹, des ›Guardian‹ und der Sonntagszeitungen. Snow reitet auf einer sich voranwälzenden Woge von Klischees: dieses animierende Getragenwerden hält er für das Denken eines Inspirierten, einer Autorität.

Er erreicht die erwünschte Überzeugungskraft und die tatsächliche weite Bedeutung des »Sie haben die Zukunft im Blut« dadurch (und nur dadurch), daß er antithetisch von den Vertretern der »traditionellen Kultur« sagt: »Sie sind geborene Maschinenstürmer.« Das lastet er *allen* an, und er läßt keinen Zweifel, daß er die Schöpfer der englischen Literatur im 19. Jahrhundert und im 20. einschließt. Das Ergebnis: Wer darauf beharrt, man müsse die Zukunft des Menschen auch unter andern Aspekten – Vorausdenken, Aktivität, Vorsorge – betrachten, wer also Probleme kommen sieht, die sich nicht mit Begriffen wie Produktivität, materieller Lebensstandard, hygienischer und technischer Fortschritt erfassen lassen, der ist ein Maschinenstürmer. Wo Snow steht, ist – ungeachtet des ganzen Mischmaschs von Klischees und sentimentalen Banalitäten – *unzweideutig*.

Das ist vielleicht eine komische Position für einen, der sich stets für einen bedeutenden Romancier hält. Aber nun muß ich noch einmal und entschieden nachdrücklicher sagen, daß Snow nicht nur nicht die Anfangsgründe des Romanschreibens beherrscht: er hat auch nicht den blassesten Schimmer, was schöpferische Literatur ist oder worin ihre Wichtigkeit besteht. Diese bedeutsame Wahrheit geht einem – belustigend, aber endgültig – auf, wenn er es sich zu Beginn angelegen sein läßt, uns einzuprägen, daß er als schöpferischer Schriftsteller menschlich (soll ich sagen: ?) bestens qualifiziert ist, daß er geradezu emphatisch eine Seele *hat*. »Der Einzelne unter uns«, so erzählt er uns, »ist in einer tragischen Situation«, und zur Erläuterung dieser Behauptung fügt er hinzu: »Wir sterben allein.« Einmal sagt er: »Wir leben allein«, aber im allgemeinen – denn er drückt sich da redundant aus – zieht er es vor, das Sterben zu betonen: das ist erhabener. Bei den Naturwissenschaftlern sei – wie er nachdrücklich geltend macht – eine Überlegenheit festzustellen: sie, so sagt er, »sehen keinen Grund, warum allein deshalb, weil die Lage des Einzelnen tragisch ist, das auch für die soziale Lage gelten soll«. Was ihn selber angeht, so sagt er mit tragischem Stoizismus: »Wir sterben allein: zugegeben«, aber – und das ist seine Botschaft, der Gipfel seiner Weisheit – »es gibt eine soziale Hoffnung.«

Das sagt er noch ein paarmal, kommt aber zu keiner weiteren Erklärung. Es fällt ihm nicht ein, daß dies nötig sein könnte, so lächerlich – wie jeder Denkfähige sehen kann – diese Antithese auch sein mag. Was *ist* das für eine »soziale Lage«, die nichts mit der des Einzelnen zu tun hat? Was ist die »soziale Hoffnung«, die die unausweichlich tragische Lage eines jeden Einzelnen übersteigt, sie ihn vergessen läßt oder für ihn belanglos macht? Wo, wenn nicht beim Einzelnen, soll sein, was man sich erhofft – doch wohl eine *nicht*-tragische Lage? Oder soll unser Leben darin bestehen, für andere ein Glück zu erhoffen, über dessen Erreichbarkeit für uns selbst (»Marmelade«, so sagt Snow später dafür – wir sterben allein, aber zuvor können wir Marmelade bekommen) wir uns keinen Täuschungen hingeben? Snows geschraubte Phrasen bieten uns ein genaues und überaus treffendes Beispiel für das, was ich »fundamentales Klischee« nannte. Plump übernimmt er – und zwar als wäre es von selbstverständlicher, simpler, einleuchtender Klarheit – die bezeichnende und verheerende Verwirrung der Zivilisation, der er Belehrung anbietet.

Dieser Verwirrung sind alle schöpferischen Schriftsteller stillschweigend feind. Der größte englische Schriftsteller unsres Jahrhunderts setzte sich ausgiebig damit auseinander – immer wieder, in den verschiedensten Weisen, und gab uns an die Hand, was man als ihre klassische Darstellung ansehen darf. Aber als Snow, um seine Vertrautheit mit der modernen Literatur zur Schau zu stellen, die Schriftsteller aufzählt, auf die es ankommt, läßt er Lawrence aus (dafür offeriert er uns Wyndham Lewis, den rohen und langweiligen Wyndham Lewis). Lawrence aber, mit all seinen Kräften auf Wesen und Entwicklung der westlichen Zivilisation konzentriert, ging mit der Einsicht des Genies jene Verwirrung an, die ich bezeichnend nannte. Er diagnostiziert sie in seinem bedeutendsten Roman, in ›Women in Love‹, und zwar begrifflich wie mit den poetischen Mitteln des großen Schriftstellers. In der Absicht, seinen Leitsatz »nichts ist wichtig denn das Leben« für das, was man quintessentielle Darstellung der gegenwärtigen Welt nennen könnte, zu verdeutlichen, insistiert er auf der Wahrheit, daß nur im lebendigen Einzelnen Leben gegenwärtig sei und das Leben der Einzelnen nicht zusammengefaßt, gleichgesetzt oder irgendwie quantitativ behandelt werden könne. [. . .]

Snow aber mahnt uns, unser Leben als Einzelne hintanzustellen, statt dessen auf die »soziale Hoffnung« hinzuleben, und predigt uns als Weg zum Heil die für unsre Zeit charakteristische Manier, nicht dort leben zu wollen, wo man ist. Das Wort »leben« kann natürlich vielerlei Werte haben, wie uns große Romanciers und Dichter wissen lassen. Snow hütet sich wohl, sich ein morbides Bewußtsein seiner individuellen Tragödie zu erlauben, er erfreut sich eines persönlichen Lebens, so vermute ich, das ihm eine beträchtliche Befriedigung gewährt – denn er ist ein Weiser, zu Hause in den »Korridoren der Macht«, ein Mitglied des Athenäums, ein großer Mann in den Sonntagszeitungen, ein großer Romancier, einer, der junge Romanciers und (vielleicht) akademische Karrieren macht. Schwerlich kann er für die Myriaden derer, für die er großzügig die »soziale Hoffnung« bereithält, ein Leben so voller Befriedigung und Bedeutung vorsehen oder erwarten. Vor allem aber muß betont werden, wie armselig all das ist, was Snow angeblich Befriedigung gewährt – wie armselig also seine eigenen Richtvorstellungen, sein Sinn für das Bedeutende sind; und wenn man diese Armseligkeit betrachtet, stellt man fest, daß man in ihr eigentlich Snows unangemessenes Verständnis dessen vor Augen hat, was der Mensch ist und wessen er bedarf.

Angesichts der Literatur wird die gewaltige Bedeutung seiner Unbedarftheit deutlich. Diese Bedeutung wird (im Verhältnis zu dem, was er sich anmaßt) noch vernichtender für ihn durch die Überzeugtheit, mit der er sich selber als Autorität in der Literatur der Gegenwart wie der Vergangenheit hinstellt. Es war keine Übertreibung, als ich sagte, er wisse nicht, was Literatur ist. Jeder Ausspruch aus seinem Munde darüber – und es sind viele – bestätigt diese Erkenntnis. Um seine Vorstellung von dem wichtigen Zusammenhang zwischen Kunst und Leben, zwischen Schriftsteller und moderner Welt zu erläutern, erzählt er uns, daß die Russen (er weiß alles über die russische Literatur) »so bereit sind, sich in der Kunst mit den Produktionsvorgängen auseinanderzusetzen, wie Balzac das mit dem Handwerk getan hat«. Aber für jene, die sich mit den Problemen beschäftigen, mit denen uns Snow ganz ohne Absicht konfrontiert, ist die Literatur von unmittelbarer und entscheidender Bedeutung, weil es Schriftsteller gibt, die fragen, die in der Kunst leben und *uns* leben lassen; und das sind Problemstellungen, die zu sehen Snows Einsicht nicht zulangte, ausgenommen vielleicht in Form ererbter tiefsinniger Weisheiten, vor denen man ab und zu den Hut ziehen sollte (das wird durch sein »tragisch« und sein »Wir sterben allein« noch bestärkt – was natürlich allerübelster Journalismus ist). Wozu – wozu letztlich? Wonach richten die Menschen letztlich ihr Leben aus? Diese Fragen sind in und von jenem schöpferischen Antrieb, der bei Joseph Conrad und Lawrence große Kunst hervorbringt (um zwei sehr verschiedene Romanciers unsres Jahrhunderts zu nennen, die, so schließt man, Snow nicht berührt haben).

Nehmen Sie zur Illustration nur Conrads ›The Shadow Line‹ und beachten Sie – ja, alles natürlich, aber beachten Sie vor allem die packende Darstellung der inneren Reaktion des jungen Kapitäns, als er zum ersten Mal die Augen auf sein Schiff, sein erstes Kommando richtet. Unendlich komplexer ist das drängende, schöpferische Erkunden, wie es in den Fragen zum Ausdruck kommt, in ›Women in Love‹, dieser umfassenden und leidenschaftlich engagierten Untersuchung der gegenwärtigen Zivilisation. Natürlich kann es auf solche Fragen keine Antworten im gewöhnlichen Sinn des Wortes geben, und der Effekt im Hinblick auf die erschöpfende, letzte Antwort ist immer so unterschiedlich wie bei Conrad und Lawrence, oder bei sonst zwei großen Schriftstellern. Aber dem Leben unter den zivilisatorischen Verhältnissen einer Zeit ohne ein derartiges schöpferisches Fragen, und ohne dessen Einwirkung auf die allgemeine Sensibilität, fehlt leicht eine Dimension: es ermangelt leicht der Tiefe – der Tiefe, vor der es sich nicht schon stillschweigend durch die Gewohnheit, ihrer nicht zu achten, sichert (deshalb erlegt uns Snow auf, in der Dimension der »sozialen Hoffnung« zu leben). Wir setzen uns in Beziehung zur großen Literatur und entdecken so, was wir wirklich glauben. Wozu – wozu letztlich? Wonach richten die Menschen letztlich ihr Leben aus? – diese Fragen wirken und künden in jenem Bereich, den ich nur religiöse Tiefe des Denkens und Fühlens nennen kann.

Es ist bezeichnend für Snow, daß in seinen Augen »glauben« offenbar ein ganz einfaches Wort ist. »Statistisch gesehen«, sagt er, »finden sich vermutlich unter den Naturwissenschaftlern etwas mehr Ungläubige – im religiösen Sinne – als unter den übrigen Intellektuellen.« Es gibt Gläubige und Ungläubige; wir alle wissen, was »im religiösen Sinne« heißt; und alles, was für dieses Adjektiv von Belang ist, ist gesagt. Snow fährt sogleich fort: »Statistisch gesehen steht die Mehrzahl der Naturwissenschaftler politisch links.« Die Naivität ist vollkommen; eine Naivität, die von der verhängnisvollen Ignoranz nicht zu unterscheiden ist. Eben diese Ignoranz erscheint als historische Ignoranz in seiner Darstellung der Industriellen Revolution und ihrer Folgen im 19. Jahrhundert. Sie äußert sich als bestürzendes Vertrauen zur Simplifikation – bestürzend wegen der darin enthaltenen Verdrehungen und Verfälschungen und der Rolle, die sie in jener über die Zukunft des Menschen reflektierenden Lebensweisheit spielt, in der Snows Rede Lecture als Klassiker anzusehen ist. Mit edler Verachtung verfügt er über eine völlig frei erfundene Gegenmeinung zu seinem plumpen Wellsianismus und sagt (und *das* ist seine Geschichte – seine Logik): »Schließlich sind die Armen noch in jedem Land, in dem ihnen die Gelegenheit geboten wurde, in seltener Einmütigkeit so schnell vom Dorf in die Fabriken abgewandert, wie sie dort nur unterkommen konnten.« Das ist natürlich bloß eine fühllose, in ihrer Verantwortungslosigkeit verknöcherte Behauptung. Aber sie ist wesentlich für die Snowsche Weisheit. Weist man darauf hin, daß die tatsächliche Geschichte – wenn man die ganze Problematik des Menschen gebührend in Rechnung stellt – unvergleichbar und in grundlegender Weise komplexer war, dann ist man für Snow als »geborener Maschinenstürmer« erledigt. Damit sind für ihn Dickens und Ruskin erledigt, ohne daß er sonst etwas Bedeutendes an ihnen sähe, und überhaupt alle Schriftsteller, die ihn zu Lawrence führen. Doch – um mich auf die nichtschöpferischen Schriftsteller zu beschränken, gegen die das hier Bestrittene am leichtesten vorgebracht werden kann – es war Ruskin, der die Unterscheidung zwischen Wohlstand und Wohlsein in Umlauf gebracht hat, die über Morris und die britische Sozialistenbewegung zum Wohlfahrtsstaat hinführt.

Aber für Ruskin konnten »Wohlsein« oder »Wohlfahrt« nicht als Fragen bloß des materiellen Lebensstandards aufgefaßt werden, mit den Vorzügen der Technik und der wissenschaftlichen Hygiene. Und hier haben wir die Kluft – die Kluft, die den Abgrund unter Snows Ignoranz darstellt – zwischen Snow und nicht nur Ruskin, sondern den großen Schriftstellern des Jahrhunderts vor Snow: sie existieren für ihn nicht, genausowenig die Zivilisation. [...]

Man verstehe mich nicht falsch. Ich predige nicht, man solle die vom Fortschritt der Technik bestimmte, immer schneller werdende Entwicklung der äußeren Zivilisation (ich hoffe, der Ausdruck erklärt sich von selbst zur Genüge) untergraben oder umkehren. Auch wollte ich nicht die Annahme nahelegen, Snow habe Unrecht, wenn er Verbesserungen im naturwissenschaftlichen Unterricht befürwortet (ich habe den Verdacht, daß er da nicht sonderlich originell ist). Was ich aber *sage*, ist, daß sich allein damit zu befassen nicht ausreicht – in verhängnisvollem Maße nicht ausreicht. Snow selbst ist der Beweis dafür, dieses Produkt der ersten kulturellen Folgeerscheinungen jenes raschen Wechsels, den er aufs äußerste beschleunigt und sich die ganze Welt assimilieren sehen möchte, um so (davon ist er fest überzeugt) der ganzen Menschheit Heil und dauernde Glückseligkeit zu bringen, vorausgesetzt, wir sind weitsichtig genug zu erkennen, daß keiner von uns sich auf die Dauer ohne Überfluß an Marmelade zufriedengeben wird.

Es muß allerdings anerkannt werden, daß er *nicht* »Heil« oder »Glückseligkeit« sagt, sondern »Marmelade«. Und wenn »Marmelade« (was der Fall ist) für jenen Wohlstand und jene Muße steht, deren sich unsre wohlhabende Arbeiterklasse erfreut, dann hat Snow den wichtigen Umstand nicht bemerkt, daß die Glückseligkeit, die sie bezeichnet, von einem im vollen Sinn humanen Geist nicht als Gegenstand glücklicher Betrachtung angesehen werden kann. Ebensowenig fühlen sich ihre Nutznießer davon zufriedengestellt. [...] Und das beschwört für mich jene umfassende Vision herauf, die für viele von uns Snows »soziale Hoffnung« so wenig berauschend macht – die Vision dessen, was uns morgen droht und heute in Amerika Wirklichkeit ist: die Energie, der Triumph der Technik, der hohe Lebensstandard und die Verarmung des Lebens – die menschliche Leere; Leere und Langeweile, die nach Alkohol gieren – nach Alkohol der einen oder der andern Art. Wer will behaupten, daß das durchschnittliche Mitglied einer modernen Gesellschaft in höherem Maße Mensch ist, lebendiger ist als ein Buschmann, ein indischer Bauer oder ein Angehöriger eines jener mühsam überlebenden primitiven Völker mit ihren wundervollen Künsten, Fertigkeiten und ihrer vitalen Intelligenz.

Aber ich will nun – was die ganze Zeit schon meine Absicht war – (denn ich bin kein Maschinenstürmer) einen entschieden positiven Ton anschlagen: das Voranschreiten von Naturwissenschaft und Technik bedeutet für den Menschen eine Zukunft so raschen Wandels, so beispielloser Prüfungen und Anforderungen, so augenblicklicher und in ihren Folgen schwer zu überblickender Entscheidungen, vielleicht Nicht-Entscheidungen, daß die Menschheit – das steht wohl außer Zweifel – im vollen einsichtigen Besitz ihrer ganzen Menschlichkeit sein muß (und »Besitz« bedeutet hier nicht fragloses Eigentümerrecht an dem, was *uns* gehört – unser Eigentum –, sondern eine fundamentale, lebendige Aufgeschlossenheit dem gegenüber, das sich, selbst unmeßbar, ins Weite öffnet und dem wir uns zugehörig wissen). Ich wollte absichtlich nicht sagen, die Menschheit benötige all ihre überkommene Weisheit; das könnte eine Art Konservativismus nahelegen, der, soweit es nach mir geht, zu bekämpfen ist. Was wir brauchen und auch weiterhin nicht minder brauchen werden, ist etwas, dem die Lebenskraft des tiefsten vitalen Instinkts eignet; als Intelligenz eine Kraft, die – verwurzelt, erfahrungsmächtig und im höchsten Maß human – auf die neuen Anforderungen der Zeit schöpferisch zu antworten vermag; etwas, das Snows beiden Kulturen fremd ist.

Seine Unbedarftheit kommt zum Vorschein, wenn er uns (glaubt er) nahebringt, daß seine Art, die Universitätsreform anzugehen, die gesamte Bildungsaufgabe in Betracht ziehe, und uns dabei erzählt, wie erschütternd es sei, daß Gebildete offenbar nicht imstande seien, den Shakespeare der Naturwissenschaft zu würdigen. Er ist einfach nicht darauf gekommen, daß den hervorragendsten Kopf unter den Naturwissenschaftlern (etwa Rutherford) einen Shakespeare zu nennen, nichts als eine billige journalistische Entgleisung ist. Und um das, was er meint, noch zu verstärken, berichtet er uns von der Unfähigkeit seiner Freunde, den Zweiten Hauptsatz der Thermodynamik zu beschreiben, und sagt dazu: »Und doch bedeutete meine Frage auf naturwissenschaftlichem Gebiet etwa dasselbe wie: ›*Haben Sie ein Werk von Shakespeare gelesen?*‹« Zu dieser Frage *gibt* es kein naturwissenschaftliches Gegenstück; Gleichsetzungen zwischen so ungleichartigen Bereichen sind ohne Bedeutung – was nicht heißt, die Dreistigkeit, mit der der Neo-Wellsianismus sie vornimmt, habe nicht *seine* Bedeutung. [...]

Es gibt jedoch eine grundlegende Leistung des Menschen, die auf Zusammenarbeit beruht, ein allem zugrunde liegendes Werk des menschlichen Geistes (und mehr als des Geistes), ohne das das Gebäude der Naturwissenschaften nicht so triumphal hätte errichtet werden können: nämlich die Welt, die der Mensch geschaffen hat, die Sprache eingeschlossen. Auf dieser Tat können wir uns nicht ausruhen als auf etwas, das in der

Vergangenheit vollbracht wurde. Sie lebt fort in der lebendigen schöpferischen Antwort auf den Wandel in der Gegenwart. Ich habe die Sprache erwähnt, weil ich im Bereich der Literatur am leichtesten klarmachen kann, was ich meine, und auch um der Antwort willen, die Snows Pläne über die Universität zu fordern scheinen. Gerade im Studium der Literatur, vor allem der Literatur der eigenen Sprache, gelangt man dazu, Wesen und Vorrang des »dritten Bereichs« (wie ich es ganz unphilosophisch im Gespräch mit meinen Schülern nenne) zu erkennen, den Bereich nämlich des weder bloß Privaten und Persönlichen noch des Öffentlichen in dem Sinn, daß man es ins Laboratorium bringen oder mit dem Finger darauf zeigen könnte. Auf ein Gedicht kann man nicht mit dem Finger zeigen, es ist »da« nur in der re-kreativen Antwort des Geistes des Einzelnen auf die schwarzen Zeichen auf dem Papier. Aber – so muß man glauben – es ist etwas, worin sich die Geister begegnen können. Der Prozeß, in dem dieser Glaube gerechtfertigt wird, geht mit hinreichender Deutlichkeit aus einer Darlegung des Wesens der Kritik hervor. Ein Urteil ist persönlich oder es ist nichts; man kann nicht das eines andern übernehmen. Ein Urteil ist notwendig von der Form: »So ist es, nicht wahr?« Diese Frage ist eine Aufforderung zu bestätigen, daß die Sache so *ist;* das ist stets mitverstanden, obwohl man bezeichnenderweise eine Antwort von der Form »ja, aber –« erwartet, wobei das »aber« für nähere Kennzeichnungen, Vorbehalte oder Berichtigungen steht. Hier haben wir ein Diagramm jenes Prozesses schöpferischer Zusammenarbeit, in dem es gelingt, das Gedicht als etwas »außerhalb« Bestehendes zu etablieren, so daß es in einer in bestimmter Hinsicht öffentlichen Welt allen zugänglich ist. Er vermittelt uns auch, was eigentlich die Existenz der englischen Literatur bedeutet, diese lebendige Ganzheit, die nur in der lebendigen Gegenwart leben kann, in der schöpferischen Antwort Einzelner, die in gemeinsamer Arbeit erneuern und verewigen, woran sie teilhaben – eine kulturelle Gemeinschaft, ein kulturelles Bewußtsein. Mehr noch, er vermittelt uns ganz allgemein das Wesen dessen, was ich den »dritten Bereich« genannt habe, zu dem alles gehört, was uns zu Menschen macht.

Vielleicht brauche ich nichts weiter zu sagen, um meiner Überzeugung Nachdruck zu verleihen, daß wir um unserer Menschlichkeit – unseres Menschseins, einer menschlichen Zukunft willen mit einsichtiger Entschlossenheit und mit festem Glauben alles tun müssen, was wir können, um in der Gegenwart die Fülle des Lebens – und Leben ist Wachstum – der uns überlieferten Kultur zu wahren. Gleich Snow schaue ich auf die Universität. Anders als er bin ich bemüht, sie wirklich zu einer Universität zu machen, zu etwas, das mehr ist als eine Ansammlung spezialisierter Departments – zu einem Mittelpunkt des menschlichen Bewußtseins: der Wahrnehmung, des Urteils und der Verantwortung. Und vielleicht habe ich damit hinlänglich angezeigt, mit welchen Grundsätzen ich es rechtfertigen würde, daß ich den Mittelpunkt einer Universität in einer lebendigen English School sehe. Ich brauche nun nicht weiter auszuführen, was ich damit meine, ich will nur noch sagen, daß der Feind das Akademische ist und daß das Akademische besiegt werden *kann,* wie wir es, indem wir zwanzig Jahre lang ›Scrutiny‹ herausbrachten, bewiesen haben. Wir waren Cambridge und wußten es – das wesentliche Cambridge trotz Cambridge: das ist die Essenz dessen, was mir am Herzen liegt. Snow kommt mit dem, was er »traditionelle Kultur« nennt, besser zu Rande als ich. Um uns mit seiner akademischen Strenge zu beeindrucken, erzählt er uns von jenem alten Master-of-Jesus, der über die sonntags in Cambridge einlaufenden Züge sagte: »Dem lieben Gott mißfällt das so wie mir.« Aber zur Sache: *dies* war, wie ich mich entsinne, genau die Einstellung der akademischen Mächte, als ich vor dreißig Jahren ein bahnbrechendes Buch über moderne Dichtung schrieb, das Eliot zur Schlüsselfigur machte und eine neue Landkarte vorschlug, und wiederum, als ich Lawrence als großen Schriftsteller herausbrachte.

Es wird, glaube ich, allgemein angenommen, daß die Arbeit in den naturwissenschaftlichen Departments in enger Berührung mit der experimentell-schöpferischen Front vor sich gehen muß. Gleicherweise gibt es für die Universitätsanglistik eine schöpferische Front, mit der sie ihrer Aufgabe und ihrem Wesen nach in engster Verbindung stehen muß. Ich denke nicht an die beliebte Vorstellung, die rechte Qualifikation für einen Lehrenden bestehe darin, Dichter zu sein – oder ein geschäftlich erfolgreicher Romancier. Ich denke wiederum an das, was ›Scrutiny‹ vertrat – und vertritt: an die schöpferische Arbeit, die es an der intellektuell-schöpferischen Grenzlinie vollbrachte, indem es die Aufgabe der Kritik wahrnahm. Ich brauche hier nicht zu versuchen, weiter auszuführen, in welcher Weise eine solche Schule an der Universität einen Mittelpunkt des Bewußtseins (und des Gewissens) für unsere Zivilisation erzeugen würde. Ich möchte nur nachdrücklich darauf hinweisen, daß Cambridge durchaus ein Ort werden kann, an dem die Kultur der Sonntagszeitungen nicht als Repräsentant des Besten gilt, was in unseren Tagen gedacht und gewußt wird. [...] In einem solchen Cambridge wäre die Aufmerksamkeit, die ich einem Snow gezollt habe, nicht nötig.

Lionel Trilling
Naturwissenschaft, Literatur und Kultur
Eine Stellungnahme zur Leavis-Snow-Kontroverse

Man kann hinsichtlich des Tons, den Leavis Sir Charles gegenüber anschlägt, kaum geteilter Meinung sein. Es ist ein böser, ein unzulässiger Ton. Er ist in einem persönlichen Sinne schlecht, weil er grausam ist – er will offenbar verletzen. Er ist auch intellektuell unangebracht, weil Leavis auf diese Weise die Aufmerksamkeit (einschließlich der eigenen) von der Sache ablenkt, die er zu erhellen sucht. Die Doktrin der »Zwei Kulturen« ist bedeutsam, und Leavis verdunkelt ihre eigentliche Aussage, wenn er Dinge wie Sir Charles' Talente als Romanschriftsteller, seine Klubmitgliedschaft, seine Selbsteinschätzung, seine weltlichen Erfolge und sein Verhältnis zur weltlichen Macht in die Debatte wirft. [...]

Literatur ist für Leavis, was Matthew Arnold sie genannt hat, »die Kritik des Lebens« – er kann sie nur so verstehen. In all seiner Einfachheit und zugleich latenten Kompliziertheit hat er sich Arnolds Ausspruch zu eigen gemacht und daraus seine Kraft gewonnen.

Wenn nun Leavis jetzt als Antwort auf ›Die zwei Kulturen‹ mit besonderer Intensität das Wort ergreift, müssen wir ihm Gerechtigkeit widerfahren lassen, indem wir anerkennen, daß die Rede Lecture all das auf eine extreme Art und Weise verneint, was er bisher über die Literatur geglaubt hat – sie ist tatsächlich nichts weniger als eine Anklage gegen die Literatur aus sozialen und moralischen Gründen. Sie stellt die Literatur, insbesondere wenn sie offen eine Kritik des Lebens ist, als eine Gefahr für die Wohlfahrt der Nation dar. [...]

Der Vortrag ›Die zwei Kulturen‹ beginnt mit einer objektiven Beschreibung des Mangels an Gedankenaustausch zwischen Naturwissenschaftlern und Literaten. [...] Die Unparteilichkeit, mit der Sir Charles anfangs die Kluft zwischen den zwei »Kulturen« beschreibt, hält nicht lange an. Zu Anfang sagt er uns, daß Naturwissenschaftler und Literaten gleichermaßen schuldig an der Spaltung seien – sie sind durch »eine Kluft gegenseitigen Nichtverstehens« getrennt, durch verzerrte Vorstellungen voneinander, die Abneigung und Feindlichkeit hervorrufen. Fährt Sir Charles aber mit seinem Vortrag fort, wird ersichtlich, daß die Naturwissenschaftler, obwohl von einer gewissen Ungeschliffenheit und Beschränktheit, im allgemeinen auf der richtigen Seite stehen. [...] Sie sind frei von rassischen Vorurteilen, lieben die Gleichheit, sie sind kooperativ. Und an der Spitze ihrer Tugenden, wie Sir Charles sie beschreibt, rangiert die Tatsache, daß sie »die Zukunft im Blut haben«.

Tatsächlich stellt es sich heraus, daß es die Zukunft ist und nicht die bloße Unkenntnis der gegenseitigen beruflichen Belange, die die Trennung zwischen der szientifischen und der literarischen Kultur bewirkt. Naturwissenschaftler haben die Zukunft im Blut. Literaten dagegen nicht. Ganz im Gegenteil – »wenn die Naturwissenschaftler die Zukunft im Blut haben, dann reagiert die überkommene Kultur darauf mit dem Wunsch, es gäbe gar keine Zukunft.« Die Zukunft, welche die Naturwissenschaftler im Blut haben, wird als eine ausschließlich positive Zukunft verstanden; sie ähnelt der Geschichte der Marxisten, die immer den Sieg der Gerechten zeigt, niemals den Bericht einer Niederlage. In der Tat, auch nur daran zu denken, daß die Zukunft schlimm sein könnte, wird als moralisches Delikt betrachtet – in einer Anmerkung zu dem eben zitierten Satz spricht Sir Charles von George Orwells ›1984‹ als »dem stärkst möglichen Wunsch, daß Zukunft nicht existieren sollte«.

Es ist schwierig, die Implikationen dieser überraschenden Bemerkung anzuerkennen und sie Sir Charles zuzuschreiben. Wie wir uns erinnern, ist Orwells Roman eine Vision vom künftigen Zustand der Welt, gesetzt den Fall, die gegenwärtigen autoritären Tendenzen würden sich, sozusagen logisch, in der Zukunft fortentwickeln; der springende Punkt dabei ist, daß diese extreme Entwicklung durchaus im Bereich des Möglichen liegt. In Orwells Darstellung einer absoluten Tyrannei spielen die Naturwissenschaften eine Rolle, und ein polemischer proszientifischer Parteigänger könnte darin den bösartigen Ausfall eines Literaten gegen die Naturwissenschaften erblicken. Viel wahrscheinlicher aber ist, daß Orwell, indem er die Naturwissenschaften als ein Werkzeug der Unterdrückung auffaßte, im Grunde sagen wollte, daß auch die Naturwissenschaften, wie alles, was potentiell gut ist (wie auch die Literatur), für die Zwecke der Tyrannei mißbraucht werden können. Orwell war ein Mann, der auf Grund von schmerzlicher Erfahrung versuchte, die Wahrheit über die Politik zu sagen, sogar über seine eigene. Ich glaube, daß er sein Engagement für den Sozialismus nie aufgegeben hat, aber er lehnte ab – soweit er es vermeiden konnte –, sich täuschen zu lassen; es lag in seiner Reichweite, sich vorzustellen, daß sogar eine idealistische Politik, vielleicht vor allem eine idealistische Politik, pervertiert werden kann. Von einem solchen Mann zu sagen, er wünsche, daß die Zukunft – die vermutlich gute Zukunft – nicht existiere, ist dasselbe, wie wenn man von der Intelligenz schlechthin behauptet, sie wünsche, daß es keine Zukunft geben möge.

Nachdem er die literarische Kultur oder, wie er sie manchmal nennt, »die überkommene Kultur«, in ihrer Feindlichkeit der Zukunft gegenüber charakterisiert hat, behauptet Sir Charles, diese traditionelle Kultur dirigiere »die westliche Welt in einem Ausmaß, das durch das Auftreten der naturwissenschaftlichen Kultur erstaunlich wenig geschmälert wird«.

Dies ist eine irritierende Behauptung. Wie können wir sie überhaupt verstehen? Daß die westliche Welt von einem traditionellen Agens geleitet wird, leuchtet ein. Auch daß dieses Agens für bestimmte Erklärungszwecke als eine gewisse Geisteshaltung beschrieben werden kann, als eine allgemeine Tendenz des Denkens und Fühlens, welche, da sie alles durchdringt, schwer zu definieren ist, und daß dieses Phänomen »eine Kultur« genannt werden soll. Für Sir Charles aber sind die Wörter »überkommen« (»traditional«) und »literarisch« austauschbar; und daß diese Kultur, wie wir sie übereinstimmend nennen, *literarisch* sei, daß sie in demselben Verhältnis zu wirklichen Literaten und ihren Büchern stehe wie die sogenannte »szientifische Kultur« zu Naturwissenschaftlern und ihrer Arbeit in Laboratorien, ist wahrhaftig ein beunruhigender Gedanke. Die Aktionen von Parlamenten und Kongressen und Kabinetten bei der Lenkung von Staatsaffären, die Unterhandlungen der Botschaften, die Bewegungen von Heeren und Flotten, die Gründung von kolossalen naturwissenschaftlichen Projekten für die Erfindung von Waffen und die Einrichtung von Fabriken, um sie zu produzieren, die Versprechen an die Staatsbürger und die Entscheidungen der Wahlberechtigten an den Wahlorten – alle diese Dinge, so wird uns suggeriert, stehen unter der Obhut der literarischen Kultur. Was hat das zu bedeuten?

Natürlich kann man sagen, daß die Literatur einen gewissen Anteil an der Führung der westlichen Welt hat, einen Anteil, der begrenzt, aber vielleicht nicht ganz unwichtig ist. Vergleichen wir beispielsweise das industrielle England von heute mit seinem Zustand im frühen neunzehnten Jahrhundert, so steht fest, daß die gegenwärtigen Verhältnisse, obwohl in humanem

Betracht keineswegs so, wie Menschen guten Willens es sich wünschen könnten, doch weit besser sind, als in der Frühzeit der Industriellen Revolution. Fragen wir uns weiter, welche Kräfte die Verbesserung hervorgebracht haben, konstatieren wir, daß eine davon die Literatur war. Gewisse Literaten haben »die Frage der Verhältnisse in England« in einer leidenschaftlichen und wirkungsvollen Weise aufgeworfen; ihre Namen sind noch immer denkwürdig – Coleridge, Carlyle, Mill (ich betrachte ihn als Literaten; er war sicherlich ein guter Literaturkritiker), Dickens, Ruskin, Arnold, William Morris. Sie übten ihre Wirkung nur auf je einzelne aus, aber die einzelnen, mit denen sie in Berührung kamen, waren zahlreich, und was sie sagten, machte es den Leuten immer schwerer, gegen das sie umgebende Elend gleichgültig zu bleiben, oder gegen den Niedergang des nationalen Lebens, in dem sie sich zunehmend einbegriffen fühlten. Diese Literaten haben wesentlich, manche würden sogar sagen, entscheidend geholfen, eine Veränderung der Situation zu bewirken. Wenn auch keine Führungsrolle, so ist es doch ein bestimmender Einfluß, den die Literatur im modernen Zeitalter oftmals anstrebt und zuweilen ausübt.

Nach Sir Charles' Meinung aber verdient dieser richtungweisende Einfluß der Literaten des 19. Jahrhunderts kein Lob. Im Gegenteil, seine Beschreibung ihres Wirkens bildet nur ein weiteres Argument in der Anklage der literarischen Kultur. Von ihrer Einstellung zur industriellen Revolution sagt er: »Trotzdem begriff die Intelligenz fast nirgends, was vorging. Die Schriftsteller jedenfalls bestimmt nicht. [...] Es fällt schwer, einen Schriftsteller von Rang zu nennen, dessen Mitgefühl und Vorstellungskraft so weit reichten, daß er die gräßlichen Hinterhöfe, die rauchenden Schlote, den inneren Preis sah, und doch zugleich auch die Aussichten, die sich für das Leben der Armen eröffneten.«

Das ist alles andere als wahr. Kein großer englischer Schriftsteller des 19. Jahrhunderts hat sich wieder abgewandt, nachdem ihm die Industrielle Revolution zum Bewußtsein gekommen war. Hier ist nicht der Ort, alle die Übelstände aufzuzählen, mit denen sich diejenigen abfanden, die die Welt und das eigene Gewissen mit dem Gedanken an die »Aussichten« trösteten, »die sich für das Leben der Armen eröffneten«. Es genügt zu sagen, daß es Elend im Übermaß gab, von einer brutalen und erschreckenden Art, die mit Phrasen wie »die gräßlichen Hinterhöfe, die rauchenden Schlote, der innere Preis«

auch nicht hinreichend angedeutet ist. (Auschwitz, da es erwähnt wurde, kann als Produkt der Zustände in den Fabriken und Bergwerken in der Frühzeit der Industriellen Revolution betrachtet werden.) Wenn die Schriftsteller »davor zurückschauderten«, dann nicht aus jungfräulichem Ekel vor Maschinen und Ruß; wenn sie den »Aufschrei des Abscheus« ausstießen, dann aus moralischer Entrüstung über das, was Männer aus Männern gemacht hatten und aus Frauen und kleinen Kindern. Ihre Empfindungen glichen denjenigen, denen Karl Marx in seinem Kapitel über den Arbeitstag Ausdruck gab oder die die Fabrikinspekteure in Blaubüchern äußerten, – jene bemerkenswerten Männer der Mittelklasse, deren Überwindung ihrer Klassengefühle Marx an einer bewegenden Stelle im ›Kapital‹ rühmt und bewundert.

Ich habe Matthew Arnold unter jenen Schriftstellern erwähnt, die dazu beitrugen, die alten Zustände der Industriellen Revolution mehr und mehr unmöglich zu machen. Gleich vielen seiner Mitstreiter in diesem Unterfangen trug er sich mit gewissen »Lieblingsideen«; sie alle fanden das moderne Leben häßlich und ermüdend und in irgendeiner Weise falsch, und sie schätzten gewisse Werte, die zweifellos traditionell, oft geradezu archaisch sind.[1] Arnolds spezifischer Rang als Literaturkritiker beruht jedoch auf dem ausgeprägten Feingefühl seiner Reaktion auf die moderne Situation. Er verstand zutiefst, was Hegel der Welt gesagt hat, daß die Französische Revolution einen absoluten Wandel im Zustand der Menschheit bedeutete. Zum ersten Male in der Geschichte, sagte Hegel, war Vernunft – oder Idee oder Theorie oder Einbildungskraft – für das menschliche Schicksal ausschlaggebend geworden. Arnolds Hauptanliegen in ›Literature and Science‹ war die Bejahung der Französischen Revolution; er sprach im Namen der Erleuchtung und Verfeinerung jener Vernunft, durch die der Mensch die Umstände seiner eigenen Existenz gestalten könne. Das ist der ganze Sinn seiner berühmten These: »Literatur ist die Kritik des Lebens.«

Diese These hatte es oft schwer, vielleicht weil manchen das Wort Kritik zu eng und starr schien und sie gern geglaubt hätten, daß das Leben eher zu feiern denn zu kritisieren sei. Trotz-

[1] Emerson verdient die Geringschätzung Sir Charles' in dieser Hinsicht nicht. Er riet den amerikanischen Gelehrten, auf das Wirkliche und Moderne positiv zu reagieren; auch neigte er zu fast allzu rückhaltloser Freude an neuen Formen menschlicher Energie und Erfindungsgabe. Was Thoreau angeht, so lag er nicht mit Fabriken, sondern mit Farmen – und Familien im Streit.

dem, meine ich, wird man immer seltener darüber streiten. Was Literatur uns auch im übrigen bedeuten mag, heutzutage muß sie immer auch Kritik des Lebens sein.

Offenbar ist es jedoch gerade die kritische Funktion der Literatur, die Sir Charles beunruhigt. Das mag der Grund sein, weshalb er, dessen ungeachtet, was er über die Notwendigkeit uns zu bilden sagt, keinen einzigen wesentlichen Vorschlag zum Bildungsproblem macht. Wenn wir nach dem Zweck der modernen Bildung fragen, wird uns die Antwort sicherlich von Arnolds Formulierung suggeriert, zusammen mit dem anderen Satz, in dem er die besondere Funktion der Kritik definiert: »das Objekt zu sehen, wie es wirklich ist.« Sooft wir ein Unternehmen im Bildungsbereich beurteilen wollen, wird der Inhalt dieser zwei Sätze uns als Kriterium dienen: wir fordern, daß Erziehung die Mittel für eine Kritik des Lebens liefert und den Studenten lehrt, sich zu bemühen, das Objekt zu sehen, wie es wirklich ist. Doch wenn Sir Charles von der Notwendigkeit spricht, das »bestehende Schema« aufzugeben und ein richtiges Bildungssystem anzustreben, bezieht er sich auf keinen derartigen Bewertungsmaßstab. Obwohl es aussieht, als wäre er der geeignetste Mensch der Welt, um vernünftig über die szientifische Ausbildung von Studenten zu sprechen, die keine Naturwissenschaftler werden wollen, sagt er tatsächlich zu diesem Thema nur, daß die Unkenntnis des Zweiten Hauptsatzes der Thermodynamik ebenso schwerwiegend wie die Unkenntnis Shakespeares sei, oder daß das Yang-Li-Experiment der Columbia allgemeines Gesprächsthema an den Tafeln in den Colleges hätte sein sollen.

Er macht auch keinen Vorschlag für die Ausbildung des Naturwissenschaftlers, abgesehen von den Naturwissenschaften natürlich. Er spricht von der Notwendigkeit, daß Naturwissenschaftler »nicht nur wissenschaftlich, sondern auch allgemeinmenschlich gebildet sein« müssen, aber er sagt nicht, wie das geschehen soll. Naturwissenschaftler (aber allmählich beginnt man sich zu fragen, ob sie wirklich Naturwissenschaftler sind und nicht nur fortgeschrittene Techniker und Ingenieure) sollen an den Fragen der Menschheit entscheidend beteiligt sein; aber nirgends deutet Sir Charles an, daß sie in diesem Falle mit schwierigen Problemen konfrontiert werden würden, daß daher ihre Ausbildung das Studium von Büchern miteinschließen sollte. Diese müssen nicht »literarisch« oder »traditionell« sein: es könnten zeitgenössische Werke über Geschichte, Soziologie,

Anthropologie, Psychologie, Philosophie sein; sie würden die schwierigen Fragen aufwerfen und die tragische Komplexität der menschlichen Verhältnisse zeigen und somit nahelegen, daß es nicht immer leicht ist, das Objekt zu sehen, wie es wirklich ist.

Nun, es ist nicht undenkbar, daß eine Berufsgruppe von hohem intellektuellem Rang, vor allem wenn sie große Verantwortung trägt, lernen sollte, ihre eigenen Fragen zu stellen und darüber hinaus ihr eigenes Ethos zu schaffen, vielleicht ein sehr hohes. Aber Sir Charles scheint mehr zu verlangen, als das Recht der Naturwissenschaftler, ihren eigenen Weg zu gehen. Was er für die Naturwissenschaftler zu fordern scheint, ist das Recht, ihren eigenen Weg zu gehen, *ohne daß man ihnen Fragen stellt.* Die Kultur der Literatur, nachdem sie ihr Schlimmstes geleistet hat, muß nun abgelöst werden und darf nie die Rolle der loyalen Opposition übernehmen. Wie anders können wir Sir Charles' Verachtung für die Verantwortungslosigkeit des literarischen Geistes verstehen, seine merkwürdige Darstellung der literarischen Kultur als Lenkerin der westlichen Welt, das heißt, als verantwortlich für all die Regellosigkeiten, Dummheiten und Verbrechen der westlichen Welt, für die Etablierung des »bestehenden Schemas«, das jetzt aufgegeben werden muß, wenn der Westen überleben oder wenigstens keinen steilen Abstieg erleiden soll? Es ist klar, daß die literarische Kultur das Recht verwirkt hat, Fragen zu stellen.

Niemand würde in Charles Snow einen Mann vermuten, der die Rechte der freien Kritik einschränken will. Die Richtung, die er in den ›Zwei Kulturen‹ einschlägt, ist in dieser Hinsicht so weit von seinem eigentlichen Wesen entfernt, daß wir nur annehmen können, er meine es nicht so, jedenfalls nicht in der Überspitztheit der Formulierung. Es wäre auch möglich, daß er unter dem Einfluß irgendeiner großen vorgefaßten Idee argumentiert, von deren Wert er so gänzlich überzeugt ist, daß er sie sogar in einer Weise zu bestätigen sucht, die ihn selbst bestürzen würde, beherrschte diese vorgefaßte Idee nicht sein ganzes Denken. Und das, meine ich, ist der Fall. Ich glaube, daß die Position der ›Zwei Kulturen‹ aus Sir Charles' Engagiertheit erklärt werden muß (nichts anderes in bezug auf ihn ist so bekannt geworden), aus seinem Eintreten für ein gutes und notwendiges Ziel, die Sicherung des Friedens, in anderen Worten: für den Ausgleich der Differenzen zwischen dem Westen und der Sowjetunion. Ein Ziel, das, für sich betrachtet, Sir Charles nur Anerkennung bringen kann; dennoch scheint seiner Verwirklichung eine seltsame, verzweifelte Methode impliziert.

Denn die wahre Botschaft der ›Zwei Kulturen‹ ist, daß eine Verständigung zwischen dem Westen und der Sowjetunion über die Kultur der Naturwissenschaftler erreicht werden könnte, die künstliche nationale und ideologische Unterschiede übergreift. Basis der Übereinstimmung wäre die gemeinsame Erkenntnis der Naturwissenschaftler von der Notwendigkeit einer Annäherung, um die Möglichkeiten der szientifischen Revolution den Unterprivilegierten aller Nationen verfügbar zu machen. Das Band zwischen Naturwissenschaftlern, ist, wie Sir Charles uns gesagt hat, virtuell biologisch: sie alle haben die Zukunft im Blut. Die Naturwissenschaften bringen Menschen zusammen trotz aller Hindernisse. [...] Im gleichen Maße, in dem die Naturwissenschaften die Menschen auf natürliche Weise vereinigen, hält die Literatur sie auseinander. Und die Naturwissenschaftler der ganzen Welt können diese nützliche Einheit nicht schaffen, bevor wir im Westen das bestehende Schema unserer traditionellen Kultur, der literarischen Kultur, nicht aufgeben, die in ihrer selbstzufriedenen Akzeptierung von Tragik nur an sich selber denkt, die menschlichem Leiden gegenüber nicht nur gleichgültig ist, sondern sogar willens, es zu verursachen, und die rüde und impertinente Fragen über die Gegenwart und sogar die Zukunft stellt.

Dies ist ein Gesichtspunkt, der vermutlich in verzweifelten Zeiten einen Anschein von Vernunft haben muß. In verzweifelten Zeiten scheint es immer vernünftig, etwas oder jemanden über Bord zu werfen, vorzugsweise Jona oder Arion, den Propheten oder den Dichter. G. S. Fraser zum Beispiel scheint zu verstehen, was Sir Charles will, und er ist recht bereit, sich ihm anzuschließen, und ziemlich empfänglich für die Idee, daß die Erlangung des Friedens gewisse feindselige Urteile über Literatur erforderlich machen könnte. »Es ist unwichtig«, schreibt er in einer Leavis-Rezension im ›Listener‹, »ob wir das wahre Cambridge innerhalb des realen Cambridge retten ...; was wir retten wollen, ist unsere reale menschliche Welt mit all ihren Unzulänglichkeiten. Das wird nicht durch Anglistik an Universitäten erreicht; Männer wie Snow, in Rußland wie auch in Amerika zu Hause, die auf simple, grobschlächtige Weise versuchen, diese zwei grobschlächtigen, simplen Riesen einander verstehen zu lehren, mögen sich letztlich als größere Wohltäter erweisen als Dr. Leavis.«

Nein, die Welt wird sicher nicht durch Anglistik an Universitäten gerettet, so wenig freilich wie durch irgendeine andere literarische Aktion. Es ist schwer zu sagen, was die Welt retten wird, vermutlich nicht nur irgend etwas einzelnes. Auf keinen Fall aber wird es durch das Ableugnen ihrer Realitäten geschehen. Eine dieser Realitäten ist die Politik. Und es muß von den ›Zwei Kulturen‹ gesagt werden, daß sie den stärkstmöglichen Wunsch ausdrücken, die Politik außer acht zu lassen. Nationale Politik wird darin einmal erwähnt und als Bremsklotz für die Tätigkeit der Naturwissenschaftler bezeichnet, als der hindernde Umstand, unter dem sie arbeiten müssen. Doch der Gesichtspunkt wird nicht entwickelt, so daß der Eindruck entsteht, es handle sich nicht etwa um eine Diskrepanz zwischen den Fähigkeiten und guten Absichten der Naturwissenschaftler und der Trägheit oder dem bösen Willen der Regierungen, sondern zwischen der guten Kultur der Naturwissenschaften und der schlechten Kultur der Literatur.

In diesem Verleugnen der Wirklichkeit der Politik stimmt Sir Charles mit den heutigen Intellektuellen überein – wir alle wünschen uns, es gäbe keine Politik, wir alle möchten, daß Hegels Wort absolut und unmittelbar wahr wäre; wir träumen davon, daß die Vernunft die Führung der Welt an sich reißt –, und zwar bald. Ohne Zweifel eine wohltätige Möglichkeit, aber unser ungeduldiges Verlangen danach ist gefährlich, wenn sie uns verleitet, die Wirklichkeit der Politik in der Gegenwart zu verleugnen. Während wir, veranlaßt durch Sir Charles, die relativen Vorzüge naturwissenschaftlicher Philosophen-Könige vor literarischen Philosophen-Königen diskutieren, lebt die Politik ihr eigenes autonomes Leben weiter, dessen einer Aspekt ihr massiver Widerstand gegen die Vernunft ist. Was springt heraus, wenn man den Widerstand gegen die Vernunft anders darstellt, als er ist, indem man in den fragwürdigen Begriffen von zwei entgegengesetzten »Kulturen« denkt?

Natürlich ist es eine Tatsache, daß die Politik letztlich nicht autonom ist. Ihr Widerstand gegen die Vernunft kann so massiv sein, daß wir versucht sind, ihn als absolut zu sehen; in schlechten Zeiten begreifen wir Politik als bloße Macht. Doch darf man nicht sagen – wenigstens nicht, solange sich die Politik in irgendeinem Grade auf Ideen stützt – daß sie niemals für Vernunft empfänglich wäre, die sich als Meinung ausdrückt, sondern nur, daß sie in gewissen Nationen und zu gewissen Zeiten weniger dafür empfänglich ist, als in anderen Nationen und zu anderen Zeiten. Auch ist sie nirgends und zu keiner Zeit vor moralischem Urteil sicher, sei dies nun wirksam oder nicht. Geben wir aber wie ›Die zwei Kulturen‹ vor, daß die Politik gar nicht existiert, kann sie auch nicht das Objekt moralischen Urteils sein. Sprechen wir der Literatur alle Autorität ab, wie es in den ›Zwei Kulturen‹ geschieht, gehen wir so weit zu behaupten, daß die große traditionelle Vermittlerin moralischen Bewußtseins selber unmoralisch ist, dann wird moralisches Urteilen an sich zweifelhaft, ausgenommen den einzigen Fall, wo es für richtig erklärt, die Segnungen der Naturwissenschaften den Unterprivilegierten der ganzen Welt zu bringen. Kurz, Sir Charles, indem er das Verständnis zwischen dem Westen und der Sowjetunion zu fördern sucht, scheint zu meinen, daß dieses Verständnis sich verwirklichen wird, wenn wir begreifen, daß die Politik keinem Urteil unterliegt (weil sie nicht wirklich existiert), und daß sie nicht beurteilt werden sollte (weil der traditionelle Vertreter des Urteils verantwortungslos ist).

Ich betrachte ›Die zwei Kulturen‹ als ein Buch, das tatsächlich weitreichende Irrtümer enthält. Daß Leavis' Kritik an ihm mißlang, liegt meiner Meinung nach daran, daß er sich nicht mit den Irrtümern in ihrem vollen Umfang, sondern mit unwesentlichen Dingen abgibt. [...] Ein Beispiel der Unzulänglichkeit seiner Kritik an den ›Zwei Kulturen‹ ist seine Reaktion auf das, was Sir Charles im Einklang mit einem berühmten Naturwissenschaftler über die politische Haltung der großen Schriftsteller der Moderne sagt. Was er konstatiert, vorausgesetzt wir halten kurz vor der Erwähnung von Auschwitz an – was eine äußerst wichtige Modifikation bedeutet –, enthält sicherlich einen Deut Wahrheit. Zu den kulturellen Seltsamkeiten der ersten drei Jahrzehnte des zwanzigsten Jahrhunderts gehört, daß zwar die gebildeten Leute, die Leser von Büchern, dazu neigten, in ihrem Denken immer liberaler und radikaler zu werden, daß es jedoch keine literarische Persönlichkeit ersten (obwohl viele zweiten) Ranges gibt, die in ihrem Werk liberale oder radikale Ideen verwendet oder ihnen Glauben schenkt. Ich vermerkte diesen Umstand in einem Aufsatz von 1946. »Unsere gebildete Klasse«, sagte ich, »verfügt über ein rasches, wenn auch gemäßigtes Mißtrauen gegen das Gewinnmotiv, über Glauben an den Fortschritt, an die Wissenschaft, soziale Gesetzgebung, Planung und internationale Zusammenarbeit, vielleicht besonders da, wo Rußland zur Debatte steht. Dieser Glaube macht denen, die an ihm festhalten, große Ehre. Es ist jedoch bezeichnend, wenn nicht für unseren Glauben, so doch für die Art, in der wir an ihm festhalten, daß kein einziger Schriftsteller von Rang hervorgetreten ist, um diese Ideen und die damit verbundenen Empfindungen in einem großen literarischen Wurf abzuhandeln. Wenn wir jene Autoren nennen, die sowohl von der seriösen Kritik wie eben jener Klasse gebildeter Leute, von der wir sprechen, als die hervorragenden Gestalten unserer Zeit betrachtet werden, dann erkennen wir, daß die liberalen Ideen diesen Schriftstellern bestenfalls gleichgültig waren. Proust, Joyce, Lawrence, Yeats, Mann (als Romancier), Kafka, Rilke, Gide (auch als Romancier) – sie alle haben ihre eigene Liebe für die Gerechtigkeit und das positive Leben; aber in keinem einzigen von ihnen nimmt sie die Form einer Liebe zu Ideen und Emotionen an, welche die liberale Demokratie, wie unsere gebildete Klasse sie kennt, für achtenswert erklärt hat.« Man kann noch hinzufügen, daß einige große Schriftsteller in ihrem Werk konservativen und sogar reaktionären Ideen Glauben geschenkt oder Ausdruck gegeben haben, und daß einige in ihrem Privatleben eine entschiedene Gleichgültigkeit gegen alle politischen Fragen beibehielten, ja sie sogar verachteten. Kein Leser dürfte weder aus den Werken noch beim Tischgespräch eines modernen literarischen Genies politische Einsicht gewinnen; aber manche Leser (von schwachem Geist) könnten auf eine schiefe politische Bahn geraten.

Werden diese Autoren vor Gericht gestellt, dann verteidigt nicht jeder ihrer Fürsprecher, wie Sir Charles behauptet, etwas, das sich nicht verteidigen läßt. Die Verteidigung kann auf ehrliche und einfache Art geführt werden. Zu ihr gehört es nicht, zu behaupten, die Literatur sei von Natur aus oder nach ihrer Definition unschuldig. Sie dünkt uns mächtig genug für die Vermutung, daß sie Schaden anrichten kann. Aber der gedankenbildende Einfluß der Literatur ist keineswegs immer so direkt, wie manchmal aus polemischen Gründen behauptet wird. Der Bestürzung Sir Charles' und des berühmten Naturwissenschaftlers über die reaktionären Tendenzen der modernen literarischen Genies steht die (nüchterne) Tatsache gegenüber, daß die englischen Dichter, die ihr Handwerk von Yeats und Eliot oder sogar von Pound gelernt haben, bemerkenswerterweise keinerlei Sympathie für die sozialen Ideen und Einstellungen ihrer poetischen Meister bezeigten.

Jeder, der an einer Universität Literatur lehrt, wird den Umstand vermerkt haben, daß junge Leute von radikaler sozialer und politischer Anschauung prinzipiell nie von entgegengesetzten Meinungen oder der entschiedenen Gleichgültigkeit der großen modernen Schriftsteller beunruhigt werden. Und zwar nicht, weil die Jungen den Schriftsteller von der Beschäftigung mit den ernsten Problemen des Lebens ausnehmen, oder weil sie ihn nur durch einen ästhetischen Nebel sehen. Sondern weil sie – ganz ohne Belehrung – wissen, daß sie, mit den Worten von D. H. Lawrence, der Erzählung und nicht dem Erzähler glauben sollen. Sie fühlen die Erzählung immer auf der Seite ihrer eigenen großzügigen Impulse. Sie wissen, wenn die Zukunft überhaupt in irgend jemandes Blut ist, dann im Blut des literarischen Genies, weil es die Gegenwart und die Vergangenheit im Blut hat. Sie wissen: wenn ein literarisches Werk als wahres Kunstwerk existent ist, hat es zugleich Wert als Kritik des Lebens; wie immer es sich ausdrückt, es sagt aus über Qualitäten, die das Leben haben sollte, Qualitäten, die es zwar nicht hat, aber haben sollte. Ich glaube, sie fühlen, daß es für ein bedeutendes literarisches Werk schlechterdings unmöglich ist, *nicht* nach größerer Kraft und Reinheit des Lebens zu verlangen und durch die Übermittlung des eigenen Bewußtseins diese Qualitäten zu erzeugen. Stoßen sie beim Erleben eines solchen Werkes auf ein Wort der Geringschätzung einer Idee, die sie mit politischer Tugend verbinden, so begreifen sie rasch, daß nicht die Idee in ihrer Idealgestalt verächtlich gemacht wird, sondern die Idee, wie sie in unwahrem Gewand bei bestimmten Personen auftritt. Ich habe den Studenten noch nie getroffen, der – einer altruistischen Politik verpflichtet – auf Grund der Abneigung, die Stephen Daedalus gegen politischen Idealismus hegt, sich ihm entfremdet fühlen würde. Ebensowenig habe ich einen Studenten aus unterprivilegierten Verhältnissen getroffen, dem der Zugang zu Yeats versperrt wäre, nur weil dieser etwa Händler kritisiert, oder auf Grund irgendeines anderen seiner zahllosen Snobismen.

Gegenüber den antisozialen Äußerungen vieler moderner Schriftsteller gibt es nur eine mögliche Einstellung, nämlich zu überlegen, ob ihre Äußerungen antisozialer Gefühle wirklich nichts als Schwachsinn sind. Es ist eine Tatsache, ob sie einem zusagt oder nicht, daß eines der charakteristischen kulturellen Unternehmen unserer Zeit die Befragung der Gesellschaft selbst gewesen ist, nicht ihrer speziellen Formen und Aspekte, sondern ihres innersten Wesens. Bis zu diesem extremen Punkt erstreckt sich heute die »Kritik des Lebens«. Von den Möglichkeiten, sich mit diesem Phänomen zu befassen, sind Sir Charles' Entsetzen und Bestürzung vielleicht die ungeeignetsten. Weit besser scheint mir das Bestreben, zu verstehen, was diese leidenschaftliche Feindschaft gegen die Gesellschaft impliziert, zu fragen, ob sie ein zureichendes Symptom für den Untergang des Westens ist, oder nicht vielmehr ein kritischer Akt von seiten des Westens oder der Gesellschaft selbst; eine Anstrengung der Gesellschaft, selbst herauszufinden, was in ihr nur scheinbar gut ist; das Bemühen, die Essenz des Lebens von neuem zu verstehen, das sie zu hegen hat. Ich möchte die Antwort nicht vorwegnehmen, aber ich bin sicher, diese Fragen führen auf den richtigen Weg, sich diesem Phänomen zu nähern.

Das ist allerdings nicht Leavis' Weg, ungeachtet seiner Behauptung, daß das Universitätsstudium der Literatur seine Position an der »intellektuell-kulturellen Front« beziehen muß. Von den zwei D. H. Lawrences, dem einen, der vom sozialgesinnten neunzehnten Jahrhundert herstammt und die soziale Idee in gewisser Weise bejahte, und dem anderen, für den die Bedingung der Rettung die totale Verneinung der Gesellschaft ist, fühlt sich Leavis nur mit dem ersten wohl. Denn sein Engagement an der intellektuell-kulturellen Front ist zwar aufrichtig, aber überwiegend theoretisch; bekanntlich bringt er nur für wenige moderne Schriftsteller Sympathie auf und kann sie daher nicht mit Überzeugung gegen Sir Charles' Charakteristik verteidigen. Walter Allen hat in einem Aufsatz in der ›New York Times Book Review‹ über »die Bereiche der Übereinstimmung« zwischen Leavis und Sir Charles berichtet. »Man könnte erwarten [...], daß Snow mit Leavis' Betonung der allumfassenden Wichtigkeit des moralischen Zentrums in der Literatur übereinstimmen würde«, sagt Allen. »Beide haben das Experiment in der Literatur angegriffen. Keiner von den beiden ist, grob gesagt, Flaubert- und Joyce-Liebhaber.« Der Ähnlichkeiten sind noch mehr. Im Hinblick auf ihren gesellschaftlichen Hintergrund stehen die beiden Männer einander nicht fern, wenigstens für das ungebildete amerikanische Auge. Beide stammen aus der einen oder anderen Schicht des provinziellen Mittelstandes, und, wie immer auch die Unterschiede in den materiellen Vorteilen des einen oder anderen beschaffen sein mochten, keiner von beiden wurde unter der Voraussetzung bequemer Privilegien erzogen. Aus dieser Herkunft ist ihnen vermutlich ihr starker Sinn für die Bedeutsamkeit der unmittelbaren Gegenwart erwachsen, die Achtung vor jedem, der erfüllt, was sie an Pflichten auferlegt, die Hochschätzung häuslich-familiärer Empfindungen sowie eine spontane Abneigung gegen alles Frivole und bloß Elegante. Keiner von beiden ist, wie gesagt, auch nur im mindesten empfänglich für existentielle oder subversive Tendenzen im modernen Denken oder in der modernen Literatur. [...]

Als ich das einzige andere Mal über Leavis schrieb, bemerkte ich, daß Cromwells Revolution in England eigentlich nie zu einem Ende gekommen und Leavis einer der führenden Colonels der Rundköpfe sei. Seine idealen Leser sind Leute, die sich ernsthaft für Literatur interessieren; ihretwegen führt er Krieg gegen eine kulturell-soziale Klasse, die, wenn sie sich mit Literatur befaßt, ihre Vorliebe für die Qualitäten der Anmut, Leichtigkeit und Ironie offen eingesteht und eine manifeste Aufrichtigkeit und Ernsthaftigkeit mißbilligt. »Für eine kultivierte Nation«, sagt Edward Gibbon, »ist Dichtung Amüsement der Phantasie, keine Leidenschaft der Seele.« Leavis hat während seiner ganzen Laufbahn gegen alles angekämpft, was Gibbon unter einer »kultivierten Nation« versteht und unter einer kultivierten Klasse verstehen könnte. Bloomsbury war sein charakteristischer Widersacher. Jetzt aber geht er in Charles Snow einen Gegner an, der ein ebensolcher Rundkopf wie er selber ist, genau so ernsthaft und *eifernd*.

Leavis ist für diese Auseinandersetzung ungeeignet. Es ist keine adäquate Antwort auf die massive Zielsetzung der ›Zwei Kulturen‹, wenn Leavis den kulturellen Idealen Sir Charles' seine eigenen entgegensetzt; auch nicht, wenn er versucht, Sir Charles' Ideen hauptsächlich dadurch zu diskreditieren, daß er sie als vulgär oder veraltert, als Ideen à la Wells darstellt; noch auch, wenn er anstelle von Sir Charles' Vision einer durch den Einfluß der Naturwissenschaften glücklicheren Zukunft den Charme der primitiven Völker »mit ihren wundervollen Künsten und Fertigkeiten und ihrer vitalen Intelligenz« offeriert. [...] Wenn wir nach dem Grund für die Unzulänglichkeit der Leavis'schen Erwiderung suchen, werden wir vermutlich entdecken, daß es der gleiche ist, aus dem Sir Charles als erster so gänzlich im Irrtum war: beide Männer legen zu viel Gewicht auf die Idee der *Kultur* als einer Kategorie des Denkens.

Der Kulturbegriff ist eine Idee von großer Anziehungskraft und nicht zu bezweifelnder Nützlichkeit. Wir können sagen, er resultiere aus der Annahme, daß alle menschlichen Ausdrucksformen oder Kunstprodukte beträchtliche Tendenzen im Leben sozialer Gruppen oder Untergruppen bezeichnen, und daß das, was kennzeichnend ist, auch ursächlich ist, – alle kulturellen Fakten haben ihre Konsequenzen. In kulturellen Begriffen zu denken heißt, menschliche Äußerungen nicht nur in ihrer manifesten Existenz und eingestandenen Absicht zu betrachten, sondern auch, ihr sozusagen geheimes Leben, die Wünsche und Impulse zu erkennen, die hinter der sichtbaren Formulierung liegen. Unsere Urteile, denken wir in der Kategorie der Kultur, basieren in hohem Maße auf dem Stil einer Äußerung, weil wir glauben, der Stil werde anzeigen oder verraten, was verschwiegen bleiben soll. Der ästhetische Modus ist der Idee der Kultur inhärent; unsere Urteile über soziale Gruppen werden wahrscheinlich primär auf ästhetischer Basis gefällt, ganz gleich, ob uns, was wir deren Lebensstil nennen, gefällt oder nicht; selbst wenn wir Moralprinzipien bewerten, ist das Kriterium, auf Grund dessen wir zwischen zwei Sittenlehren von, sagen wir, gleicher Strenge oder gleicher Laxheit wählen, nach aller Wahrscheinlichkeit ein ästhetisches.

Der Begriff der Kultur gibt denen, die ihn anwenden, ein Gefühl der Befreiung ihres Denkens, weil sie sich weniger mit Abstraktionen und bloßen Objekten und mehr mit der bedeutungsvollen Wirklichkeit menschlichen Fühlens befassen, das die menschliche Gemeinschaft formt und beeinflußt, das die Qualitäten menschlicher Existenz hervorbringt und anzeigt. Nicht zuletzt unter den Attraktionen der kulturellen Denkweise rangieren die sie begleitenden Leidenschaften. Weil sie voraussetzt, daß schlechterdings alles entweder ursächlich oder kennzeichnend für das Ganze des kulturellen Lebens ist, schlägt sie uns jene Intensität moralischen Empfindens vor, die es uns angemessen scheinen läßt, daß bei jeder kulturellen Tat alles, was am Leben gut ist, auf dem Spiel steht. Ein Fall von Mittelmäßigkeit oder Mißerfolg in Kunst oder Denken ist nicht nur eben das, sondern zugleich eine Sünde, die es verdient als solche behandelt zu werden. Diese Leidenschaften wirken belebend; sie haben einen Anstrich von Heroismus.

Wenn wir nach den Umständen fragen, welche die kulturelle Denkweise so verfügbar und so autoritativ werden ließen, wie sie heute ist, müssen wir uns auf Marx und Freud beziehen, auf die allgemeine Bewegung des Existentialismus, auf all das, was die modernen Richtungen über den Sinn der Zufälligkeiten des Lebens andeuten. Aus all dem lernen wir, daß das einzige, was diskutierbar ist, und was der Mühe wert ist, diskutiert zu werden, Vorliebe oder Geschmack ist. Die Rede Lecture und die Richmond Lecture illustrieren die Nützlichkeit, die der Kulturgedanke erreichen kann, indem er die alten Klassengewißheiten erschüttert, um neue gesellschaftliche Gruppen auf der Basis des Geschmacks zu bilden. All das verleiht dem kulturellen Denken tatsächlich eine beträchtliche Autorität. Doch manchmal fragen wir uns, ob es reiner Zufall ist, daß ein so starker Impuls, unser Lebensgefühl und unsere intellektuelle Lebensführung primär auf Fragen des Geschmacks zu gründen, sich in einem Zeitalter entwickelt hat, das von der Reklame beherrscht wird, – jener erstaunlichen und schrecklichen Kunst, die uns lehrt, daß wir unser wahres Wesen bezeichnen und verwirklichen, wenn wir nur den richtigen Stil wählen. In unseren trüberen Momenten möchten wir versucht sein, zu fragen, ob es einen echten Unterschied zwischen einem Menschen gibt, für den seine Engagiertheit in Moral, Politik, Literatur oder Stadtplanung bestimmend ist, und einem anderen, der sich durch das Tragen faltenloser Hosen auszeichnet.

Wir können wahrscheinlich der kulturellen Denkweise ebensowenig entfliehen wie der Kultur selber. Doch wir müssen vielleicht lernen, sie etwas nüchterner zu betrachten, um der Achtung willen, die wir vor dem intellektuellen Leben haben, und zum Zwecke der Ermöglichung rationaler Diskussion. Sir Charles faßt eine neue und sehr mächtige soziale Klasse ins Auge, die auf einem Lebensstil basiert, den er einem bestimmten Beruf zuschreibt, im Gegensatz zum Lebensstil eines anderen Berufs. Anschließend leugnet er sowohl die Realität der Politik als auch die Möglichkeit, sie an Hand moralischer Normen zu beurteilen. Leavis antwortet ihm mit solcher Leidenschaft persönlicher Verachtung, daß das Hauptproblem verdunkelt wird. Zwar enthält seine Replik einen Kern von Wahrheit, aber so verstellt und verdeckt von der Rechtfertigung des von ihm erwählten Lebensstils, daß sie mehr wie ein Vorurteil wirkt. Auch die Teilnehmer an der ›Spectator‹-Diskussion exerzieren ihre Vorliebe für Lebensstile und schließen sich der jeweils passenden Partei an. In solchen Momenten sehnt sich unser deprimiertes Gemüt danach, Trost und Mut in der Idee des Geistes zu finden, jener Gabe, deren uralte Macht unsere Verpflichtung gegenüber der Idee der Kultur verneint. Uns Menschen von heute kann der Geist ja gar nicht anders als ein armes, graues Ding erscheinen, hat er doch immer versucht, sich von Leidenschaften freizuhalten (wenn auch nicht von Gefühlen, sagt Spinoza, und erklärt den Unterschied) und von den Bedingungen von Zeit und Raum. Dennoch ist es heilsam für uns, über ihn nachzudenken, ungeachtet seiner grauen Haare, wegen des strahlenden Glaubens, der einst an ihn geknüpft war: daß er die Gabe sei, die weder Berufen noch gesellschaftlichen Klassen oder kulturellen Gruppen, sondern der Menschheit gehört; und daß es dem Menschen möglich und angemessen sei, zu lernen, ihn richtig zu verwenden: als Mittel, sich miteinander zu verständigen.

Auf diesem Glauben beruhte die Frühzeit der Naturwissenschaften; er verlieh den Männern, die zu ihm standen, denkwürdigen Charakter. Sir Charles erwähnt Faraday unter jenen Naturwissenschaftlern, die die gesellschaftlichen Klassenschranken überschritten, um die »szientifische Kultur« Englands zu formen. Das stimmt nur insoweit, als es mit der Tatsache vereinbart werden kann, daß Faraday sich die Idee einer »szientifischen Kultur« nicht hätte träumen lassen und gänzlich davon abgestoßen worden wäre. Man erzählt von ihm, daß er es ablehnte, sich einen *Physiker* nennen zu lassen; ihm gefiel diese neue Bezeichnung keineswegs, weil sie zu speziell und ungewöhnlich war, und er bestand auf der alten, *Philosoph,* in ihrer allgemeinen, umfassenden Bedeutung. Es ist anzunehmen, daß er damit sagen wollte, er habe nicht die beschränkenden Bedingungen seiner Klasse überschritten, nur um sich den Einschränkungen des Berufs zu unterwerfen. Die Idee des Geistes, die den Buchbinderlehrling gelehrt hatte, das heroische Unterfangen des Selbstunterrichts auf sich zu nehmen, lehrte auch den großen Naturwissenschaftler, sich außerhalb der spezialisierten Interessen zu halten, die Gruppen ihren Mitgliedern vorschreiben. Jede persönliche Episode in Tyndalls klassischem Bericht über seinen Meister, ›Faraday as a Researcher‹, gibt deutlich zu verstehen, daß Faraday versucht hat, in dem schönen, aber verlorengegangenen Sinne des Wortes, ein *unbeteiligter* Mensch zu sein. Der Glaube an die Kraft des Geistes gab ihm die Gewißheit, daß er sein wahres Sein nicht als Vertreter irgendeines Berufes oder irgendeiner Klasse verwirklichte, sondern – in den Worten eines Dichters seiner Zeit – als »Mensch, der mit Menschen spricht«.

Niemand braucht jetzt daran erinnert zu werden, was der Idee des Geistes an Übertreibung und Entstellung widerfahren kann. Die Literatur des 19. Jahrhunderts ist nie müde geworden, gerade diesen Sachverhalt darzustellen, nämlich die Ermattung und Verödung einer Gesinnung zu beklagen, die aus einem Bündnis mit dem Geist entspringt, die Impuls, Willen, Wunsch und Neigung ausschließt. Sicherlich war es eine Befreiung, daß uns dies bewußt gemacht wurde, so daß man beginnen konnte, jene Besonderheiten von Impuls und Willen, von Wunsch und Neigung, die Individuen und Gruppen unterscheiden, ernsthaft in Betracht zu ziehen, eben das anzuwenden, was ich die kulturelle Denkweise genannt habe. Wir halten es für selbstverständlich, daß sie wie jede andere Denkart ihre spezifischen Gefahren hat; trotzdem hat man Grund, überrascht zu sein und zu bedauern, daß es gerade Sir Charles Snow und Leavis sind, die gemeinschaftlich bewiesen haben, bis zu welchen Exzessen und Verzerrungen das kulturelle Denken führen kann.

Martin Green
Alter und neuer Humanismus

Verständlicherweise finden wir unter Naturwissenschaftlern und nicht in der literarischen Intelligenz einen älteren Humanismus noch am Leben (vorausgesetzt, daß wir nur die beweglichsten Geister beider Disziplinen in Betracht ziehen). So schreibt etwa J. Robert Oppenheimer in ›Science and the Common Understanding‹: »Wir müssen von unserem Gegenstand sprechen ... als Menschen bemüht um das Verständnis dessen, was andere Menschen getan, gedacht und entdeckt haben, durch Analogie, Beschreibung und einen Akt des Vertrauens und des Glaubens. So lauschen die Menschen den Erzählungen von Soldaten, die von einem unvergleichlich entbehrungsreichen und heldenhaften Feldzug zurückkehren, oder von Bezwingern der Himalaya-Gipfel, oder sie hören die Berichte von schwerster Krankheit oder von der Vereinigung eines Mystikers mit seinem Gott.«

Hier erkennen wir die alte Tafel menschlicher Erfahrung von heroischen Typen: der Forscher (von den Gipfeln des Himalaya), der Mystiker, der Soldat, alle in malerischer Tracht und Haltung, eingraviert auf gehämmertem, cremefarbigem Papier. [...] Sprache (im Sinne eines allgemeinen gebildeten Stils) ändert und entwickelt sich nach eigenen, autonomen Gesetzen, und gewisse Redeweisen, welche einst von hochintelligenten Menschen gebraucht wurden, tragen heute einen Makel, der die sprachbewußt Wählerischen abstößt. Naturwissenschaftler, die nicht von Berufs wegen Experten im Umgang mit der Sprache des (nichtfachlich-)allgemeinen Redens sind, verfehlen oft diese Warnzeichen und gebrauchen veraltete Formeln, deren allgemeine Bedeutung sich verrät und trügerisch ihr wirkliches Verständnis verstellt.

Ein Mann der Kunst oder zumindest ein Mann der Literatur würde beim ersten Satz einer solchen Passage merken, daß seine Sprache seine Gedanken verfälscht hat, daß die humanistischen Attitüden, die er übernommen, die Sprachgebärden, die er gebraucht hat, das längst überholte Kennzeichen einer Geisteshaltung sind, die sich auf ihr Altenteil zurückgezogen hat. Deshalb liegt es in der Verantwortung der literarischen Intelligenz, die Wunde der »zwei Kulturen« zu heilen – denn die Sprache der

Diskussion ist ihre Sache. Aber welche humanistische Einstellung *kann* sie annehmen? [...]

Die Physik spielt in der modernen Naturwissenschaft die gleiche Rolle wie der Roman in der Literatur. Die Namen in der Naturwissenschaft, die man neben Proust, Kafka, Dostojewskij stellen könnte, sind Einstein, Rutherford, Heisenberg, Schrödinger usw.; Wellenmechanik, Quantenmechanik, Relativitätstheorie, Atomtheorie usw. Damit ist nicht gesagt, daß Astronomie, Chemie und Biologie in unserer Zeit unwichtig gewesen sind, sondern daß (bis vor zehn Jahren[1]) die glänzendsten Ergebnisse in der Physik erzielt worden sind; diese haben den modernen Begriff der Naturwissenschaft für alle, außer für Spezialisten anderer Wissenschaftszweige geschaffen. Das gleiche könnte von der Lyrik und dem Drama im Vergleich mit dem Roman gesagt werden; beide sind an der Entfaltung gehindert worden, sind untergeordnet, zum Teil nur in der Einschätzung des Publikums, zum Teil aber auch in Wirklichkeit. Die Hauptcharakteristika des so entstandenen Begriffs sind das Verschwinden der Substanz, die Vorherrschaft der Mathematik, die Unverständlichkeit der Naturwissenschaft für Nicht-Naturwissenschaftler und die Entfesselung fürchterlicher Kräfte.

Die moderne Physik präsentiert sich als die äußerste Errungenschaft des unpersönlichen Wissenschaftstypus, und somit als der extreme Gegensatz zur modernen Literatur. Bei der Erforschung der Materie in Bewegung hat die objektive, mathematisierte, experimentierende Methode in der Naturwissenschaft ihre ersten Triumphe errungen, und seither ist die Physik der Schauplatz der logischen und unwiderlegbaren Erfolge gewesen – während dreier Jahrhunderte, in denen der abendländische Geist mehr und mehr unter ihren Einfluß kam. Diese gesellschaftliche Vorherrschaft des unpersönlichen Wissenschaftstypus war mitverantwortlich für den Umschwung der Literatur ins extrem Persönliche. Die Verbindung wird klar in Dostojewskijs grundlegenden ›Aufzeichnungen aus dem Untergrund‹. Aus Protest gegen die Forderungen von Naturwissenschaft, Fortschritt, Logik, gesellschaftlicher Planung usw. verkündet Dostojewskij die Autonomie der irrationalen, nichtmoralischen, wesentlich geistigen und vor allem *freien* Natur des Menschen. Die Verbindung von industrieller und naturwissenschaftlicher Revolution rief in England die Tradition einer Kul-

[1] Das englische Original erschien 1964. Anm. d. Hrsg.

turkritik hervor, die – obwohl vielleicht die größte intellektuelle Leistung dieses Landes – in einer lähmend defensiven Haltung verharrte und literarische, kulturelle und persönliche Werte in einen scharfen Gegensatz zu Naturwissenschaft und modernem Leben überhaupt setzte. Aber obwohl diese Literatur und diese Naturwissenschaft untereinander so gegensätzlich wie nur möglich sind, sind sie doch beide dem gebildeten Durchschnittsmenschen gleich unzugänglich und beide humanistischer Behandlung gegenüber gleich widerborstig.

Die moderne Physik ist ebenso exklusiv wie die moderne Literatur. Ihre Konsequenzen sind schrecklich bedeutsam für die Gesellschaft, doch ihre Absichten keineswegs, und der Physiker arbeitet in einer Enklave, die von der übrigen Welt durch ihre ungeheuren Maschinen, ihre hochqualifizierten Menschen, ihre gesellschaftliche Stellung, vor allem aber durch die Abstraktheit von Sprache und Denken isoliert ist. Diese Isolierung ist ein gut Teil auffallender als im letzten Jahrhundert und bei weitem auffallender, als es jetzt etwa in der Geschichtswissenschaft der Fall ist.

Die von der modernen Naturwissenschaft entfesselten schrecklichen Kräfte der Zerstörung bedrohen den Humanismus; sie lassen uns nämlich an der Möglichkeit verzweifeln, solche Dinge jemals so scharf und umfassend zu verstehen und zu besprechen, daß unsere Furcht und Abkehr sich mildert und der Verzicht auf jegliches Verstehen ein Ende findet. Aber der Antihumanismus der Naturwissenschaften liegt genau besehen mehr in der Schwierigkeit ihrer Sprache und Methoden und darin, daß die Naturwissenschaftler ihre eigene intellektuelle Isolierung akzeptieren. Diejenigen, die der Gesellschaft gegenüber ein Verantwortungsgefühl besitzen, versuchen zwar, ihre Tätigkeit zu erklären, doch gewöhnlich tun sie dies nur gegenüber dem Mann auf der Straße. Ein Humanismus aber könnte nur durch einen erfolgreichen Gedankenaustausch mit ihren Kollegen in anderen Disziplinen geschaffen werden. [...]

Die Ideen der modernen Physik und des modernen Romans sind von einer Schönheit, einer Reinheit und einer Gefährlichkeit, die die ganze Einbildungskraft derer beanspruchen kann, die sich mit ihnen auseinandersetzen. Sie sind in sich selbst schwer zu begreifen und ebenso schwer sind sie mit einer anderen Art von Erfahrung in Beziehung zu bringen. Mit unserem schlaffen, kraftlos gewordenen Humanismus konfrontiert, haben sie sich so zerstörerisch wie Radium erwiesen. Die Einbildungskraft unserer ganzen Generation ist darauf abgestimmt, nur auf reine, schwierige und gefährliche Wahrheiten zu antworten. [...]

Wir brauchen einen neuen Humanismus, um zu zeigen, wie man wissen kann, was Rutherford und Eliot wußten, und wie man nicht trotz, sondern wegen dieses Wissens in vollem Maße ein Mitbürger in unserer Welt werden kann. Wir müssen das Tabu der Nichtmitteilbarkeit brechen, das auf dieses Wissen gelegt worden ist, und wir müssen lernen, dieses Wissen denjenigen zu vermitteln, die eine entsprechende wenn auch verschiedenartige intellektuelle Erfahrung besitzen. Der Glaube, ein Nicht-Naturwissenschaftler könne kein tiefergehendes Verständnis der Naturwissenschaften erlangen, muß als Irrtum, als Symptom der Krankheit selbst zerstört werden. Die Schwierigkeiten sind natürlich groß, müssen jedoch nicht unlösbar sein. Das Problem ist nämlich nicht, ein gewisses Maß an Kenntnissen oder selbst Einsichten zu erlangen, sondern ein gewisses Maß an wirklicher geistiger Anstrengung einzusetzen.

Wichtig ist *unsere* Aktivität, die Art, wie wir auf unserem winzigen Teilgebiet der Physik oder der Chemie tätig werden; wichtig ist nicht, wie tiefgehend unsere Kenntnis der Naturwissenschaft ist, sondern wie weitgehend wir uns engagieren. Was wir brauchen, ist intellektuelles Engagement, erfinderische Anteilnahme auf dem gleichen Niveau des Intellekts und der Einbildungskraft, das wir auf unserem eigenen Gebiet besitzen – wenn auch neun Zehntel des Stoffes in gutem Glauben akzeptiert werden müssen. Ein guter Lehrer der Naturwissenschaften kann das in einem Jahr zuwege bringen, auch wenn er buchstäblich ab ovo anfängt, ebenso wie ein guter Lehrer der Literatur. [...]

Solch ein Humanismus hätte uns keine Erklärung, geschweige denn eine Lösung für die Probleme und Spannungen des modernen Lebens anzubieten. Er könnte uns aber einen Weg aufzeigen, sie zu untersuchen und zu besprechen, auf dem sich alle intelligenten Menschen treffen könnten; es entstände so eine Harmonie der wirkenden Kräfte, innerhalb derer wir wissen könnten, was wir wissen müssen, und vor Hysterie, Zynismus und Passivität bewahrt würden. Das würde den großen Universitäten eine Bedeutung verleihen, die sie sonst zu ihrem großen Unheil entbehren müßten. [...]

Ich bemerkte während der ersten vier Jahre meines Studiums, daß ich die Gewohnheit hatte, den Begriff »Gartenvorort« (garden suburb) als eine abschätzige Bezeichnung zu benutzen. »Rupert Brookes Gartenvorort-Lyrik« zum Beispiel, oder »eine Unschuld, die eher einen Einschlag von Gartenvorort als vom Garten Eden zu haben scheint«. [...] Mich bedrückte nun die Frage, was ich denn mit diesem Ausdruck wohl meinte. Ich war nie in einer Gartenvorstadt gewesen. Ich hatte Welwyn Garden City vom Zug aus gesehen, aber offenbar hatte ich gar nicht diesen oder irgendeinen anderen bestimmten Ort im Auge. Ich dachte an etwas wie die ganz allgemeine Vorstellung und das Musterbild davon. Aber warum benutzte ich es dann im pejorativen Sinn? Im großen ganzen liefen meine politischen Ansichten auf eine Bejahung des Ideals der Gartenstädte hinaus; diese erschienen als durchaus ehrenwerte Lösungen ernster Probleme. Zweifellos waren sie nicht die perfekte Lösung, aber da ich so wenig über sie wußte, war ich nicht in der Lage, sachkundig differenzierende Kritik an ihnen zu üben (und ich tat es auch nicht). Meine wohlerwogene und durchdachte Meinung hätte sein müssen, daß sie alles in allem eine gute Einrichtung waren, auf jeden Fall zu respektieren; ich tat aber ganz so, als handele es sich um eine von Natur aus absurde, verachtenswerte Angelegenheit.

Bis zu einem gewissen Grade tat ich das, weil es apart war und in der Konversation seinen Effekt nicht verfehlte. Diese Erklärung reicht aber nicht aus, denn in mancher Beziehung dachte und fühlte ich wirklich so, wie ich es ausdrückte, ohne daß ich mir dessen völlig bewußt war, schon gar nicht in meinen politischen und gesellschaftlichen Überlegungen. Vielmehr war dies das Resultat, ein indirektes Resultat von sehr ernsten und wesentlichen Beweggründen. Das heißt, der Ausdruck verlor seine Spitze und Schärfe nicht, wenn ich ihn direkt untersuchte. Seine Schärfe und Spitze waren unzerstörbar auf Grund ernsthafter, aber verborgener Empfindungen, und diese Empfindungen stammten natürlich aus der Literatur.

Von einem literarischen Gesichtspunkt aus sind Gartenstädte von vornherein komisch. Kann man sich ein Gedicht vorstellen, in dem dieser Begriff, außer in satirischem Sinne, gebraucht wird? Kann man sich einen ernstzunehmenden Roman vorstellen, der den Begriff auf eine andere Weise behandelt, oder irgend jemanden von Eliot bis Lawrence, der sich auf ihn voller Achtung bezieht? Sogar George Orwell, der Schriftsteller mit dem größten politischen Verantwortungsgefühl, brachte das nicht fertig. Aus diesen Gründen sprach ich instinktiv von Gartenvorstädten als von lächerlichen Einrichtungen, in denen das Leben notwendigerweise geziert, engherzig, weichlich, verkrampft und unwirklich sein müsse. Gleichzeitig aber dachte ich über sie nach und setzte mich dafür ein, als für eine kühne konstruktive Idee, die in den richtigen Händen manche der Probleme einer hochindustrialisierten Gesellschaft lösen könne.

Diese Inkonsequenz war natürlich nur typisch für ein Dutzend anderer Fälle. Es fiel mir schwer, politische Reden und Pamphlete zu lesen, da soviel in deren Sprache mir tot oder schwülstig erschien; allzu selten fand ich darin jene Art von innerer Gewähr der eigenen Ehrlichkeit und Gewissenhaftigkeit, auf die zu achten ich gelernt hatte. Mir kamen die meisten Erklärungen über soziale Ziele, die meisten Beschreibungen sozialer Ideen peinlich dünn und nicht überzeugend vor – sie waren keine guten Darstellungen des Lebens, weil soviel an entscheidenden Details, soviel an Komplexität[2] weggelassen war. Ich fand die meisten Berichte über den Mechanismus der politischen Führung (auf lokaler oder nationaler Ebene), die Verfahrensweise von Ausschüssen, Wahlen oder Jurys irrelevant – wofür? Für das, was wirklich zählte, was eigentliches Leben war, nicht nur für mich, sondern für jeden, dem dieser Mechanismus dienen sollte. Es machte mich ungeduldig, ihn mit Gefühlsaufwand und Erregung beschrieben zu hören. Zugleich erkannte ich jedoch, daß diese Ungeduld ungerechtfertigt, unverantwortlich und destruktiv war; ich konnte sie aber nicht loswerden. Aber es handelte sich nicht nur um mich, und nicht einfach um Ungeduld; diese wurde gespeist von der Kost, die ich so reichlich auf anderen Wegen empfing: durch meine literarische Bildung. Ich konnte aber nicht verstehen, warum das so sein sollte.

Man kann die gleiche Problematik im aktuellen Streit über die ›Zwei Kulturen‹ beobachten. C. P. Snow behauptete in seiner Rede Lecture, literarisch Geschulte neigten dazu, über Dinge wie Gartenvorstädte und den in ihnen verkörperten praktischen sozialen Idealismus die Nase zu rümpfen. F. R. Leavis vertritt dagegen in seiner Richmond Lecture die Überzeugung, daß das Studium der Literatur einen dazu führe, mit dem tiefsten Verständnis auf soziale Probleme zu reagieren.

[2] Komplexität ist eine der Kenn- und Kampflosungen der literarischen Kultur. Wir halten die meisten anderen Leute für naiv, vor allem diejenigen, die Formen gesellschaftlicher Aktion vorschlagen. Zu oft ist das nur der Ausdruck der Erbitterung über unsere eigene unfähige Passivität.

Dies erschien mir als ein Paradoxon, da ich neben anderen Dingen auch literarische Gewandtheit und literarische Sensibilität für gesellschaftlich nützlich hielt. Niemand hält T. S. Eliot oder D. H. Lawrence für Musterdemokraten oder glaubt, daß ›The Waste Land‹ oder ›Women in Love‹ von rechtem Bürgersinn handeln. Aber beide handeln von der Gewalt, mit der die moderne Zivilisation auf die vortrefflichsten, scharfsinnigsten, intelligentesten und ernstesten Geister einwirkt, die in sie verstrickt sind.

Es handelt sich jedoch hier um höchst komplizierte Kunstwerke. Wir müssen wohl etwas einfacher beginnen und unsere Begriffe definieren. Literarische Sensibilität ist ein Komplex von Begabungen für und Reaktionsweisen auf geschriebene Sprache, ein Komplex, der weder nur praktisch, noch speziell politisch, ökonomisch usw. ausgerichtet ist. »Nur praktisch« heißt, daß man liest oder zuhört, um Informationen zu erlangen, die einen in die Lage versetzen, einer einfachen Tätigkeit nachzugehen. [...]

Gewohnheiten ändern sich; literarische Gewohnheiten ändern sich mit der Literatur der Zeit, und literarische Sensibilität ist heute ein anderer Begriff als im 19. Jahrhundert. Sie ist dasselbe, weil sie dieselbe Art von Begabung ist; sie ist aber nicht dasselbe, weil sich ihre Gepflogenheiten geändert haben. Ihre Blickrichtung und ihre Reaktionen haben sich sehr verschoben. In der Lyrik suchen und schätzen wir nicht mehr die Honigsüße, wie es die Viktorianer taten. In der Prosa suchen und schätzen wir nicht mehr wie jene die große tränenreiche Rühr-Szene.

Worauf richtete die moderne Sensibilität dagegen ihr Augenmerk? Auf den Gebrauch von Mythos und Symbol, auf Gewalt und Unüblichkeit des Ausdrucks, sexuelle Deutlichkeit, Ironie des Tones, Zorn, Rebellion gegen konventionelle Haltungen, unverblümte Darstellung des Häßlichen, Dunkelheit des Stils und Unbekümmertheit der Meinung. Das alles kann man bei den großen Gestalten der modernen Literatur feststellen: bei Lawrence, Dostojewskij, Proust und Joyce.

Zwei Dinge charakterisieren diese Schriftsteller und unterscheiden sie von denen der Vergangenheit. Erstens sind sie nicht »literarisch«. Wenn man sie wirklich liest, kann man nicht über sie sprechen wie über Ornamente eines angenehmen Lebens. Man sollte nicht unbedingt über Jane Austen in dieser Weise sprechen, aber möglich ist es. Unmöglich jedoch ist es bei Dostojewskij. Man sollte nicht über Fielding sprechen als über eine literarische Erweiterung des eigenen Club-Lebens, aber möglich ist es. Es geht aber auf keinen Fall bei Lawrence, denn diese modernen Schriftsteller sind in der Tat antihumanistisch. Sie üben grausame Kritik an allen gesellschaftlichen Bindungen, an allen Verpflichtungen, die Menschen eingehen, um sich aus ihrer eigenen Vereinsamung zu befreien oder um ein Gemeinschaftsgefühl zu schaffen. Sie machen diese gesellschaftlichen Bindungen lächerlich. Proust und Lawrence, so verschieden sie sonst sind, gleichen sich in dieser Beziehung. Damit ist nicht gesagt, daß Jane Austen und Fielding gesellschaftliche Bindungen propagiert hätten. Sie übten im Gegenteil scharfe Kritik, aber sie waren nicht grundsätzlich antihumanistisch eingestellt.

Der zweite Punkt ist der, daß diese Schriftsteller die Frage untersuchen, wie ein menschliches Wesen mit einer unbedingten Leidenschaft leben kann – was Jane Austen und Fielding als unpassend empfunden hätten, da man im 18. Jahrhundert nicht voraussetzte, daß ein Schriftsteller gleichzeitig ein Verkünder persönlicher Freiheit sei. Genau das aber waren Dostojewskij, Kafka, Lawrence, und konsequenterweise ist das ganze Studium der Literatur heute davon durchdrungen. Sowohl der Kritiker ist es, als auch der Schriftsteller. Leavis zum Beispiel sagt in seiner Attacke gegen Snow: »Wir setzen uns in Beziehung zur großen Literatur und entdecken so, was wir wirklich glauben. Wozu – wozu letztlich? Wonach richten die Menschen letztlich ihr Leben aus? – Diese Fragen wirken und künden in jenem Bereich, den ich nur religiöse Tiefe des Denkens und Fühlens nennen kann.«

Leavis' Angriff auf die Massenzivilisation und vieles in seinen besten kritischen Arbeiten gemahnt an Kierkegaards religiöse Lehre, nicht nur in seiner Zielsetzung, sondern auch in seinen Argumenten, noch mehr in seinem Temperament. [...]

Das sind also die zwei Punkte, moderne Literatur und moderne literarische Sensibilität betreffend, die in diesem Zusammenhang relevant sind: der antigesellschaftliche Charakter und die religiöse Tendenz. Daraus resultieren die leidenschaftliche, fast metaphysische Sittlichkeit, der Zorn und die Ironie, das Mißtrauen dem materiellen Fortschritt gegenüber, das Aufbegehren gegen alle konventionellen Regeln, das Mißtrauen gegenüber der menschlichen Natur selbst in ihren höher organisierten Verkörperungen. [...]

Als Individuum entspricht ein Mensch allgemeinen Gesetzen,

als Person ist er einzigartig. Als Individuum gehört er zu einer Gruppe, die durch blaue Augen, zu einer anderen, die durch braunes Haar, zu einer weiteren, die durch schwarz eingefaßte Brillen gekennzeichnet ist, etc. Wenn man ihn aber als Person betrachtet, sieht man in seinem Gesicht eine Verbindung von Merkmalen und Ausdrucksqualitäten, die man sonst nirgends wiederfindet, und die ganz ihm selbst gehört. Es dürfte nun klar geworden sein, in welchem Sinne sich Literatur mit der Person befaßt, und Nicht-Literatur – das Steuerformular oder der Reisepaß – mit dem Individuum. Nicht als ob ein Roman sich nicht auch mit Individuen beschäftigen könnte; doch in seinem Zentrum werden immer Personen stehen.

Aber wir müssen einen Schritt weitergehen. Was macht ein Gesicht so einmalig? Es ist nicht nur die Kombination so vieler Kategorien, die es unwahrscheinlich macht, daß man jemanden mit genau derselben Proportion, Farbe und Hautart findet; man wäre dennoch offensichtlich eine andere Person. Die Einmaligkeit einer Person liegt in ihrer Entscheidungsfreiheit. Sie trifft die Wahl für sich selbst, wann und wie sie reagiert; sie ist auch dann noch einzigartig, wenn sie sich dafür entscheidet, etwas genauso zu tun wie irgend jemand anderes, denn sie hat eben eine Wahl getroffen.

Da Literatur immer, ihrem Wesen nach, sich mit Personen beschäftigt und Persönlichkeit wesentlich eine Sache der Freiheit ist, ist der moderne Roman literarischer als alles Vorhergegangene – denn er ist von Freiheit in diesem Sinne besessen. Alles was einer Person in Lawrences Romanen geschieht, resultiert aus deren Verlangen, Verantwortlichkeit und Persönlichkeit. Ihre physische und zufällige Individualität ist fast auf ein Nichts zusammengeschrumpft. George Eliot und Tolstoi hatten eine Menge über persönliche Freiheit zu sagen, aber Dostojewskij und Lawrence haben erschöpfend darüber gesprochen. Das ist der Schlüssel zur modernen Literatur und modernen Sensibilität. Leavis spricht in seiner Polemik gegen Snow von »der Wahrheit, daß nur im lebendigen Einzelnen Leben gegenwärtig ist und das Leben der Einzelnen nicht zusammengefaßt, gleichgesetzt oder irgendwie quantitativ behandelt werden kann«. Und an anderer Stelle heißt es: »Was ist die ›soziale Hoffnung‹, die die unausweichlich tragische Lage eines jeden Einzelnen übersteigt, sie ihn vergessen läßt oder für ihn belanglos macht? Wo, wenn nicht beim Einzelnen, soll sein, was man sich erhofft?« Wieder denken wir an Kierkegaard. Literaturkritik und spirituelle Prophetie sind heute zwei Äste desselben Baumes.

Literarische Bildung sollte einem deshalb auch immer die Augen über die Personen öffnen, die in gesellschaftliche oder politische Ereignisse verstrickt sind, wie sie auch statistisch vertreten sein mögen. Man sollte instinktiv anderer Seinsarten gewahr werden, auch wenn diese ein soziales Problem bedeuten – OAS oder jugendliche Kriminelle, Geisteskranke, Alte, Faschisten oder Mau-Mau. Und wenn man in der Frage der persönlichen Freiheit empfindlich ist, ist man auch skeptisch gegenüber politischen und ökonomischen Abhilfen. Man erwartet keine Dankbarkeit, wenn Menschen endlich das Wahlrecht oder die Lohnerhöhung zugestanden wird, die sie lange gefordert haben; man erwartet nicht, daß sie nun glücklich oder voller Liebe für einen sind. Sie sind Persönlichkeiten. Zehntausend verschiedene Faktoren beeinflussen ihre Reaktionen, und vor allem sind sie frei. Sie können ihre Reaktion frei bestimmen. Das bedeutet, daß man seine Gegner versteht, was zwar das politische Leben kompliziert, aber auch bereichert. Das ist sicherlich der gewichtigste Beitrag der modernen literarischen Sensibilität zum sozialen Denken.

Aus diesen Gründen fühlt sich gerade heute ein literarisch Gebildeter nicht auf die Literatur beschränkt. Er hält sich für den Protagonisten des intellektuellen Lebens gerade auf jener höchsten Stufe, wo es mit Moral und Einbildungskraft gleichzusetzen ist, jener Art des Denkens, die dem Pulsschlag des Lebens am nächsten ist, im Individuum und in seiner Gesellschaft als Ganzem. Wie kann es dann einen Gegensatz zwischen dieser Bildung und jeder Art von sozialer Verantwortlichkeit geben? [...]

Wir alle kennen natürlich Menschen mit wirklichem literarischem Geschmack und von hoher Intelligenz, die keinerlei soziales Verantwortungsgefühl besitzen. Oft scheint ihre soziale Verantwortungslosigkeit geradezu mit ihrer literarischen Sensibilität zu korrespondieren. Zumindest scheint die unzureichende Art ihres Verhaltens als Mitglieder einer Gesellschaft mit ihrer ausgeprägten Begabung für die Literatur zu tun zu haben.

Es gibt zum Beispiel jene, die zu empfindsam sind, um mit den gröberen Seiten des Lebens fertig zu werden. Diese Gruppe schließt Menschen ein, die wir alle respektieren müssen, Menschen mit bemerkenswertem Talent und mit zumindest ebenso großem Lebensernst, wie wir selbst ihn besitzen – nehmen wir als Beispiel Virginia Woolf. Wir müssen, das ist wohl klar, solche Menschen ebenso respektieren wie ihr Ungenügen gegenüber der Welt; und ich glaube, wir müssen eine Verbindung ziehen zwischen diesem Ungenügen und ihrem Talent als Schriftsteller. Man kann natürlich dieses Ungenügen gegenüber so vielen Aspekten des Lebens nicht bewundern, aber kann man leugnen, daß dies in einem gewissen Sinne literarisch zu nennen ist? Daß sehr viele Schriftsteller, intelligente Leser und der literarische Teil der eigenen Person tatsächlich in ähnlicher Weise geschwächt sind? Dieser Teil von uns ist der Überzeugung, daß das ganze Leben von den gleichen Werten beherrscht werden sollte, die auch die Literatur beherrschen, und daß alle Erfahrung von jener Instanz kontrolliert werden sollte, die auch das Material des Künstlers kontrolliert. Wir fühlen das, aber natürlich mißtrauen wir diesem Gefühl, weisen es zurecht und widersprechen ihm.

Dann gibt es jene Menschen, bei denen sich die Sensibilität in einer herausfordernden Trotzhaltung gesellschaftlich manifestiert. Dafür können etwa Oscar Wilde, Tennessee Williams und Truman Capote als klassische Beispiele bezeichnet werden. Es mag zu paradox erscheinen, dieser Gruppe ein höheres gesellschaftliches Verantwortungsgefühl zuzusprechen als der vorhin gekennzeichneten, aber man kann immerhin feststellen, daß die Tatsache ihrer Zugehörigkeit zur Gesellschaft sie dazu veranlaßt, etwas zu tun. Sie installieren eine Geste der Selbstbehauptung, die für andere zaghaftere Leute eine Befreiung bedeutet.

Dennoch sind diese Trotzigen in bezug auf neun Zehntel des sozialen Lebens gewöhnlich verantwortungslos, oft sogar destruktiv. Ihre einzige tapfere Geste, im Namen der persönlichen Freiheit, läßt ihren generellen Narzißmus erst recht deutlich werden. Die ernsteren unter den außenseiterischen Schriftstellern diskutieren, in ihrem eigenen Idiom, die entscheidenden sozialen Probleme, zum Beispiel Yeats oder Norman Mailer oder Faulkner. Für Ökonomen oder Soziologen ist es schwer, ihre eigene Materie wiederzuerkennen, wenn sie durch die Hände dieser Schriftsteller gegangen ist; aber es besteht kein Zweifel, daß letztere von ihrem Blickwinkel aus wesentliche Wahrheiten an den Tag bringen. Jedoch werden ihre nützlichen Einsichten im allgemeinen mit vielem erkauft, was keineswegs nützlich, sondern vielmehr irreführend, oft sogar schädlich ist.

Dann gibt es diejenigen, die eine verständlichere Sprache benutzen, wenn es um soziale Probleme geht, die sich aber nur in extremen Positionen wohlfühlen. Das geläufigste Beispiel ist James Baldwin; daneben sind Sartre und Camus zu nennen, alles Schriftsteller, die ihre gesellschaftliche Verantwortung ernstnehmen, die sich sogar politisch betätigen, aber immer auf der Grundlage ihrer leidenschaftlich marxistischen, existentialistischen oder auf einem anderen Extrem beruhenden Einstellung. Ihre Grundsätze schließen zu oft die Opferung einer Hälfte der Gesellschaftsstruktur ein, vor allem der literarisch-persönlichen Hälfte, und schmecken beharrlich nach intellektueller Virtuosität und emotioneller Hysterie.

In England ist jener Typus des konservativen Intellektuellen verbreiteter, wie ihn T. S. Eliot oder Evelyn Waugh verkörpern. Im Ausland stellen Thomas Mann und Dostojewskij dasselbe Phänomen dar. Diese Haltung entspringt einer tiefen Einsicht in die Ursprünge des Bösen im Individuum und der gestörten Ordnung in der Gesellschaft, einer ebenso tiefen Überzeugung von der Notwendigkeit von Stabilität und Ordnung um beinahe jeden Preis und einer tiefen Skepsis gegenüber sozialen und ökonomischen Reformen. Hier haben wir auch eine Art sozialer Verantwortlichkeit und eine der typischen politischen Einstellungen der literarischen Intelligenz. Wir müssen sie respektieren, aber wir können wohl kaum davon begeistert sein. Wir können uns des Gefühls nicht erwehren, daß die intellektuelle Treue zu sich selbst und moralisches Gewicht von diesen Autoren zu teuer erkauft sind, zu oft um den Preis ihrer besseren Gefühle und ihrer freieren Einsicht.

Eine letzte Art der Behandlung gesellschaftlicher Probleme ist deren Transponierung in Allegorien persönlicher Erfahrung. Das große Beispiel dafür ist D. H. Lawrence, oder auch Conrad mit einem Roman wie ›Nostromo‹, in dem politische Parteien, die Außenpolitik, Parteiprogramme usw. so weit vereinfacht werden, daß sie sich in Persönlichkeiten, Stimmungen oder im seelischen Zustand einer Person ausdrücken. Wenn man dies einmal tut, wenn man, sagen wir, die Politik der konservativen Partei in einer konservativen Haltung, einem konservativen Temperament, einer Art, auf die Umwelt zu reagieren, sich ausdrücken läßt, dann ist es leicht, Politik mit literarischen Begriffen zu diskutieren. Natürlich ist die konservative Partei eine Gruppe konservativer Menschen. Aber sie ist auch eine politische Wesenheit und muß als solche verstanden werden – und das sogar in erster Linie. Soweit man Politik als eine direkte

Transponierung persönlicher Stimmungen und Intuitionen in politische Grundsätze und Gesetze behandeln kann, sind Lawrence und Conrad brillant. Aber auf diese Art kann man nicht einmal halbwegs zu einem Politikverständnis kommen. Ihre Behandlung gesellschaftlicher Probleme ist zutiefst unbefriedigend (und gleiches gilt für all die anderen Autoren). Aber muß denn literarische Sensibilität, die soviel an sozialer Einsicht zu versprechen scheint, unbedingt mit Unreife, ausweichender Haltung und Unfähigkeit der einen oder anderen Art einhergehen? Wir können uns letzten Endes nicht damit zufrieden geben, die Beweiskraft so vieler Beispiele bloß als Resultat einer individuellen Temperamentsnote aufzufassen.

Der Gedankengang, dem wir vorher folgten und der in die entgegengesetzte Richtung zu führen schien, bezog sich natürlich auf ein radikal eingeengtes gesellschaftliches Interesse. Die sozial-erzieherische Tätigkeit von Leavis-Schülern machte vor wirklich politischen Streitfragen halt, hielt sich frei von institutionellen Fragen und beschränkte sich selbst auf die Verteidigung kultureller Werte (vor allem der im Bereich des Ästhetischen oder Pseudo-Ästhetischen angesiedelten) gegen den Druck der modernen Zivilisation, von Pseudowissenschaft, Kommerzialisierung und Massenproduktion. Ähnlich sieht auch die Tätigkeit eines Teils der Anglisten aus; wir können sie bewundern, während wir sie in einem gewissen Sinne für abnorm halten. Wir dürfen sie sicher nicht als typisch literarisch auffassen, wenn wir sie gegenüber dem Verhalten nicht nur anderer Akademiker, sondern mehr noch von Schriftstellern abwägen, eingeschlossen gerade diejenigen Schriftsteller, die von diesen Lehrern am meisten bewundert werden.

So müssen wir nach einer Erklärung, irgendeiner Vorstellung Umschau halten, die das, was wir von außen am Verhalten der Schriftsteller beobachtet haben, mit dem verbindet, was wir mehr deduzierend aus unserer Lektüre erschlossen haben. Warum können wir uns, trotz unserer Überlegungen, nicht an der literarischen Intelligenz orientieren, soweit es soziale Einsicht betrifft? Warum müssen wir in der Tat unsere literarische Sensibilität kontrollieren, ausgleichen und ihr zuwiderhandeln, wenn es um gesellschaftliche Probleme geht?

Die Antwort darauf scheint mir zu sein, daß ein menschliches Wesen in der Gesellschaft nicht völlig als eine Person anzusehen ist. Die literarische Geisteshaltung, die so wunderbar befähigt ist, Personen zu würdigen, kann auch Individuen behandeln, solange es nicht zu viele sind, aber sie ist sehr schlecht dafür ausgerüstet, mit Gruppen umzugehen. Natürlich ist das eine Simplifizierung. Ein Romancier kann eine Gruppe, eine Menschenmenge oder eine Institution *darstellen*, er kann sie in sein Gemälde miteinbeziehen – aber nur als Hintergrund. In dem Augenblick, da eine Gruppe als Gruppe zu handeln beginnt, da ihre einzelnen Mitglieder aufhören, Personen zu sein, in dem Augenblick hat ein Romancier die Grenze seiner Möglichkeiten erreicht, an der er nicht stehenbleiben kann, sondern von wo er auf sein eigentliches Gebiet zurückkehren muß: die Einwirkung von Personen aufeinander.[3]

Aber die Gesellschaft besteht nicht in erster Linie aus Personen, freien Wesen, die ihr eigenes Schicksal in weitem Maße durch freie Entscheidungen auf dem Gebiet persönlicher Beziehungen bestimmen. Sie besteht aus Individuen und vor allem aus Gruppen (auch das ist vielleicht eine Vereinfachung). Wir bleiben Personen auch in unseren gesellschaftlichen Bindungen. Daraus ergibt sich viel an Komplexität und noch mehr an Interesse. Aber niemand muß daran erinnert werden. Woran man aber vielleicht erinnert werden sollte – wenigstens ich mußte daran erinnert werden – ist, daß es ebenso eine Simplifizierung und Verfälschung bedeutet, wenn man sagt, die Gesellschaft bestehe aus Personen. Das klingt plausibler; so hört man es gewöhnlich von literarisch Geschulten, vielleicht von allen literarisch Gebildeten überhaupt; wir nehmen nämlich an, daß »Person« all das einschließt, was »Individuum« beinhaltet, und noch mehr. Aber sicherlich werden die unpersönlichen, äußerlichen und zufälligen Aspekte eines menschlichen Wesens, die durch sein Gruppenleben bestimmten Tatsachen durch die Vorstellung einer »Person« ausgeschlossen, vermindert oder zumindest abfällig bewertet. Zum Beispiel die Tatsache, daß man ständig bis zu einem gewissen Grade in Kategorien denkt und handelt: als Engländer, als Schullehrer, als Einberufener, als Steuerzahler, daß das Denken und Handeln in diesen Bahnen, wenn auch strenggenommen nicht persönlich, so doch wichtig für einen selber ist, einem Schwierigkeiten macht und als werthaft empfunden wird.

[3] Ich spreche vom modernen seriösen Roman. Wenn Snows Romane so viele Menschen ästhetisch beleidigen – und wenn Leavis darauf beharrt, Snow wisse nicht, was ein Roman ist, und habe noch nicht einmal damit begonnen, ein Romancier zu sein –, liegt das nicht großenteils daran, daß sie von Institutionen und von Menschen als deren Mitgliedern handeln?

In seiner Auseinandersetzung mit Snow zitiert Leavis aus ›Women in Love‹: »Ich wünsche, daß jedermann seinen Anteil an den Gütern der Welt hat, damit ich von seiner Zudringlichkeit befreit werde und ihm sagen kann: – ›Nun hast du, was du wolltest – du hast deinen gerechten Anteil an den Dingen der Welt bekommen. Nimm dich jetzt zusammen, du Großmaul, und belästige mich nicht länger.‹ –« Das ist in der Tat eine typisch literarische Ansicht. Ihr gehört durchaus meine Sympathie – zu viel Sympathie –, aber ich komme nicht darum herum, daß diese Ansicht der Politik, der Wirtschaft zu wenig Würde zugesteht. Alles Erregende und aller Reichtum des Lebens sind hier personalisiert; die Gesellschaft ist zu einer unbedeutenden und mechanischen Funktion herabgewürdigt.

Aus diesem Grund klingen die meisten Erklärungen literarischer Intellektueller zu gesellschaftlichen Problemen nach Protest. Wenn man sich die Gesellschaft als aus Personen bestehend vorstellt, ist soziales Denken sinnlos, nicht nur, weil falsche Kategorien angewandt werden, sondern weil *niemand* sich 100000 oder 1000000 Personen vorstellen kann. Das Wesentliche einer Person ist ihre Einmaligkeit, ihre Nicht-Kategorisierbarkeit – darauf hat Leavis bestanden.

Wir alle, sogar die literarischsten Köpfe betrachten natürlich Menschen als Individuen und in Kategorien. Aber wenn wir literarisch beeinflußt sind, interessieren sie uns weniger; wir denken weniger intensiv über sie nach und können auch die Beschäftigung anderer Leute damit nicht sehr ernst nehmen, denn eine Person, die völlig in einer Kategorie aufgeht, ist nicht interessant, nicht ganz lebendig. Wenn sie gar als Mitglieder einer Gruppe völlig integriert sind, verlieren wir unser Interesse noch mehr. Sie haben all die Freiheit und Personalität verloren, die uns fesselte, und wenn sie als Resultat ihrer Gruppenzugehörigkeit eine neue Art von Einfluß und Tätigkeit erlangen – eine Art von umgekehrter Freiheit –, beobachten wir das beunruhigt und mit Mißtrauen. Daher rührt der Mangel an Erfahrung und der hysterische Ton, den wir in literarischen Erörterungen über gesellschaftliche Probleme finden.

Und nun zurück zu meinem Ausgangspunkt, meiner Einstellung als junger Student zu Gartenvorstädten. Diese Haltung, deren Ton ich ganz instinktiv aus meiner Lektüre übernommen hatte, verrät Unduldsamkeit und Abneigung gegenüber sozialen und politischen Vorstellungen. Sie verrät Gleichgültigkeit gegenüber der Tatsache und Abneigung gegenüber der Vorstellung eines Gartenvororts. Diese Abneigung und Gleichgültigkeit, diese Unduldsamkeit und Respektlosigkeit waren, wie ich schon sagte, gänzlich unbewußt. Sie standen im Widerspruch zu den Vorstellungen meines Bewußtseins. Woraus resultierten sie? Aus meiner immer stärker werdenden Überzeugung vom Primat der Person und von der Bedeutungslosigkeit der weniger persönlich determinierten Teile eines menschlichen Wesens. Keine freie, reiche Persönlichkeit hat jemals ihr Seelenheil in einem Gartenvorort gefunden, und von einem literarischen Gesichtspunkt aus ist solches Seelenheil das einzige, was Aufregung verdient. Was der Gartenvorort als gutes Leben anbietet, ist in dieser Hinsicht belanglos, geradezu absurd. Mein Spott war das Produkt meiner erfolgreichen literarischen Ausbildung.

J. Robert Oppenheimer
Über Wissenschaft und Kultur

Wir leben in einer ungewöhnlichen Welt, gekennzeichnet durch sehr große und unwiderrufliche Wandlungen, die sich innerhalb der Zeitspanne eines Menschenlebens abspielen. Wir leben in einem Zeitalter, in dem sich unsere Kenntnisse und unser Verständnis der Welt der Natur mit beispielloser Geschwindigkeit ausdehnen und vertiefen, und in dem die Probleme der Anwendung dieses Wissens auf die Bedürfnisse und Hoffnungen der Menschheit neu sind und nur wenig von der Geschichte der Vergangenheit erhellt werden.

Es ist immer in traditionellen Gesellschaften die große Aufgabe der Kultur gewesen, alles ziemlich beständig, ruhig und unveränderlich zu erhalten. Es ist die Aufgabe der Tradition gewesen, eine Epoche in die andere zu assimilieren, eine Episode in die andere, sogar ein Jahr in das andere. Es ist die Aufgabe der Kultur gewesen, Sinn zur Erscheinung zu bringen, indem sie auf die beständigen oder wiederkehrenden Züge des menschlichen Lebens hindeutete, die man in ruhigeren Tagen als die ewigen Wahrheiten bezeichnete.

In den primitivsten Gesellschaften ist tatsächlich, wenn man den Anthropologen glaubt, die hauptsächliche Funktion des Rituals, der Religion, der Kultur, den Wechsel fast aufzuhalten. Sie sollen dem gesellschaftlichen Organismus das verschaffen, was das Leben in solch einer magischen Weise den lebenden Organismen verschafft, eine Art von Homöostase, eine Fähigkeit, unversehrt zu bleiben und nur sehr wenig auf die augenscheinlichen Erschütterungen und Veränderungen in der umgebenden Welt zu reagieren.

Heutzutage haben Kultur und Tradition einen sehr andersartigen intellektuellen und gesellschaftlichen Zweck übernommen. Heute ist es gerade die hauptsächliche Aufgabe der lebenswichtigsten und lebenskräftigsten Traditionen, die Mittel für einen schnellen Wechsel bereitzustellen. Viele Dinge wirken hier zusammen, um diese Veränderung im menschlichen Leben hervorzubringen; das entscheidende unter ihnen ist aber wahrscheinlich die Wissenschaft selbst. Ich werde dieses Wort im allerweitesten mir bekannten Sinne anwenden, und die Naturwissenschaften, die Geschichtswissenschaften und alle jene

Dinge, worüber Menschen objektiv miteinander reden können, einbeziehen. Ich werde nicht ständig die Unterscheidung wiederholen, welche die Wissenschaft auf der einen Seite als ein Bestreben, die Welt zu erforschen und zu verstehen, definiert und auf der anderen die Wissenschaft mit ihren Anwendungen in der Technologie als ein Bestreben betrachtet, etwas Nützliches mit den so erworbenen Kenntnissen zu tun. Eine gewisse Vorsicht ist aber geboten, weil wir mehr als nur einer Art von Übersimplifizierung verfallen, wenn wir unseres das wissenschaftliche Zeitalter nennen. Wenn wir heute von den Wissenschaften reden, denken wir wahrscheinlich an den Biologen mit seinem Mikroskop oder den Physiker mit seinem Zyklotron; aber ganz sicher wird sehr vieles, was jetzt nicht Gegenstand erfolgreicher Forschung ist, es später werden. Ich vermute, wir bearbeiten heute nur einen kleinen Teil des Terrains, das in einem Jahrhundert für die Wissenschaften ganz selbstverständlich sein wird. Ich denke an die enorm rapide Entwicklung in vielen Fachgebieten der Biologie und an die Tatsache, die zwar verhängnisvoll aber auch hoffnungsträchtig ist, daß der Mensch ein Teil der Natur und der Forschung in hohem Maße zugänglich ist.

Die Ursache für diesen großen Umschwung von einer sich langsam bewegenden, beinahe statischen Welt zu der Welt, in der wir leben, ist der kumulative Charakter, die Festigkeit, die Gegebenheit dessen, was wir über die Natur erfahren haben. Es stimmt, daß dies aufgehoben wird, wenn man in andere Erfahrungsbereiche hinübergeht. Das, was im Maßstab von Zoll und Zentimeter wahr ist, ist vielleicht im Maßstab von einer Milliarde Lichtjahren nicht wahr; es stimmt vielleicht im Maßstab von einem hundert Milliardstel eines Zentimeters auch nicht; aber es bleibt dort wahr, wo es bewiesen worden ist. Es ist festgestellt. Alles, was herausgefunden wird, wird also dem schon Erkannten hinzugefügt, bereichert es und bedarf keiner Wiederholung. Dieser im wesentlichen kumulative unumstößliche Charakter des Erlernens von Wissensstoff ist das Charakteristikum der Wissenschaften. Das heißt, daß die Wissenschaften in der Geschichte der Menschheit Wandlungen bewirken, die weder hinweggewünscht noch rückgängig gemacht werden können. Ich möchte dazu zwei ganz verschiedene Beispiele geben. Es wird viel über die Abschaffung von Atombomben geredet. Ich höre das sehr gerne; aber wir dürfen uns nicht täuschen. Die Welt wird nie wieder wie früher sein, ganz gleich, was wir mit den

Atombomben machen, weil das Wissen über ihre Herstellung nie ausgelöscht werden kann. Es existiert; und alle unsere Vorkehrungen für das Leben in einem neuen Zeitalter müssen sein allgegenwärtiges tatsächliches Bestehen berücksichtigen, und die Tatsache, daß man das nie ändern kann. Ein anderes Beispiel: Wir können uns nie wieder über die Mittelpunktposition und die Wichtigkeit des von uns bewohnten Planeten täuschen, da wir jetzt wissen, wo die Erde im Sonnensystem ihre Bahn hat, daß es Hunderte von Milliarden Sonnen in unserem Milchstraßensystem gibt und daß Hunderte von Milliarden Galaxien mit den großen Fernrohren der Welt erreichbar sind. Wir können nie wieder die Würde des menschlichen Lebens aus der besonderen Beschaffenheit des Ortes in Raum und Zeit herleiten, den der Mensch zufälligerweise bewohnt.

Dies sind unwiderrufliche Änderungen; so kommt es, daß der kumulative Charakter des Wissens ein Paradigma für etwas liefert, was unter anderen Aspekten sehr viel fraglicher ist: nämlich die Idee des menschlichen Fortschritts. Man kann nicht daran zweifeln, daß die Wachstumsrichtung in den Wissenschaften Fortschritt bedeutet. Dies gilt in zweierlei Hinsicht: einmal für die Kenntnis von Tatsachen, das Verständnis der Natur, zum anderen für die Kenntnis von Fertigkeiten, die Technik und das Wissen, wie man etwas macht. Wenn man das auf die Situation des Menschen anwendet und sich beklagt, daß wir zwar große Fortschritte in der Automatisierung, der Computer-Technik und der Raumforschung machen, aber keinen vergleichbaren moralischen Fortschritt, dann ist das ein völliges Mißverstehen des Unterschieds zwischen den zwei Arten von Fortschritt. Ich bin nicht der Meinung, daß moralische Fortschritte unmöglich sind; sie sind aber keineswegs automatisch. Moralische Rückschritte sind, wie wir gerade in der jüngsten Vergangenheit gesehen haben, ebenso möglich. Wissenschaftliche Rückschritte aber sind mit der fortgesetzten Ausübung der Wissenschaften unvereinbar. [...]

Alle Wissenschaften entstehen aus gesundem Menschenverstand, aus Wißbegierde, Beobachtung und Überlegung. Man beginnt damit, daß man seine Beobachtungen und seine Worte verfeinert und die Dinge über die Abläufe des alltäglichen Lebens hinaus erforscht und weitertreibt. Bei dieser Neuerung gibt es Überraschungen; man revidiert seine Betrachtungsweise der Dinge, um sich den Überraschungen anzupassen; dann wird die alte Denkart so beschwerlich und unangemessen, daß man die Notwendigkeit einer großen Änderung einsieht, und dann erneuert man seine Denkart über diesen Teil der Natur. Durch all das lernt man zu erklären, was man getan hat, was man herausgefunden hat, und geduldig zu sein und auf andere zu warten, um zu sehen, ob sie dieselben Feststellungen machen, und um das normalerweise überwältigend starke Element der Zweideutigkeit in der menschlichen Sprache bis auf den Punkt zu verringern, wo es nichts mehr ausmacht. Wir leben durch das Zweideutige, durch das Nicht-Entscheiden von Fragen, weil sie nicht entschieden werden müssen, die Andeutung von mehr als einer Sache, weil ihre Mitgegenwart im Bewußtsein vielleicht eine Quelle von Schönheit sein könnte. Wenn wir über Wissenschaft reden, können wir so zweideutig sein wie immer, bis wir zum Kern der Sache kommen. Dann erklären wir einem Kollegen genau, was wir gemacht haben, in Begriffen, die ihm verständlich sind, weil er geschult worden ist, sie zu verstehen. Wir beschreiben ihm ganz genau, was wir festgestellt haben und wie wir es gemacht haben. Wenn er uns nicht versteht, dann besuchen wir ihn und helfen ihm; und wenn er uns immer noch nicht versteht, gehen wir zurück nach Hause und machen es noch einmal. Auf diese Dinge gründet sich die Festigkeit und Zuverlässigkeit der Wissenschaft.

Wie geht das nun vor sich? Beim Erforschen der verschiedenen Gebiete der Natur arbeitet man mit verschiedenen Instrumenten, erforscht verschiedene Gegenstände, und man erhält einen Zweig von dem, was früher gemeinsames Gespräch, Sache des gesunden Menschenverstands gewesen war. Jeder Zweig bringt neue Instrumente hervor, sowie Ideen und passende Wörter, um jenen Teil der Welt der Natur zu beschreiben. Diese baumartige Gliederung, die aus dem gemeinsamen Stamm der allgemeinen ursprünglichen Erfahrung der Menschheit erwächst, hat Zweige, die nicht mehr mit derselben Frage verbunden sind, oder mit denselben Wörtern und Methoden. Die Einheit der Wissenschaften, abgesehen von der Tatsache, daß alles seinen gemeinsamen Ursprung im täglichen Leben der Menschen hat, ist weder eine Einheit der Abstammung eines Teiles von einem anderen, noch des Auffindens einer Identität zwischen einem Teil und einem anderen. [...] Die Einheit besteht aus zwei Dingen: zunächst, und immer auffallender, aus einem völligen Fehlen von Unvereinbarkeit. Daher können wir das Leben mit Begriffen wie Zweck, Anpassungsfähigkeit und Funktion beschreiben, finden aber keine lebenden Wesen, die den Gesetzen der Physik und Chemie ein Schnippchen schlagen. Wir finden eine gänzliche Übereinstimmung und werden sie, denke ich, auch weiterhin finden; und zwischen den verschiedenen Fächern, sogar bei so weit voneinander entfernten wie Genetik und Topologie, finden wir manchmal eine starke wechselseitige Relevanz. Sie erhellen sich gegenseitig; sie haben etwas miteinander zu tun; die allergrößten Ereignisse in den Wissenschaften geschehen oft, wenn es sich herausstellt, daß zwei verschiedene Entdeckungen, die in verschiedenen Bereichen gemacht wurden, so viel Gemeinsames haben, daß sie Beispielfälle einer noch größeren Entdeckung sind.

Das ist kein Bild einer geordneten Aufstellung von Tatsachen, worin jede Tatsache irgendwie aus einer fundamentaleren folgt. Es ist eher das Bild von etwas Lebendigem: einem Baum, der etwas tut, was Bäume normalerweise nicht tun, der gelegentlich seine Zweige zusammenwachsen und dann in einem großen Netzwerk auseinandergehen läßt.

Die Kenntnisse, welche auf diese außerordentliche Weise vermehrt werden, sind ihrer Natur nach und unvermeidlich sehr spezialisiert. Für den Physiker, den Astronomen, den Mikrobiologen, den Mathematiker sind sie jeweils verschieden. Es gibt zwar Zusammenhänge: es existiert diese oft wichtige wechselseitige Relevanz. Aber sogar in der Physik, wo wir sehr schwer kämpfen, um zu vermeiden, daß die verschiedenen Teile unseres Faches auseinanderfallen (so daß ein Kollege sich auf dies versteht und ein anderer auf jenes, und sie nicht miteinander reden), gelingt uns dies nicht ganz, trotz eines leidenschaftlichen Drangs nach Einheit. Die Traditionen der Wissenschaften sind spezialisierte Traditionen; darin liegt ihre Stärke. Es macht ihre Stärke aus, daß sie die Wörter, die Maschinerie, die Begriffe und die Theorien gebrauchen, die ihren Gegenständen angemessen sind; sie sind nicht dadurch belastet, daß sie versuchen müssen, sich anderen Dingen anzupassen. Die spezialisierten Traditionen sind es, die der wissenschaftlichen Erfahrung ihren enormen Antrieb und ihre Kraft verleihen. Sie sind es aber auch, die die Probleme des Unterrichtens und der Erklärung der Wissenschaften verursachen. Wenn wir irgendein sehr bedeutendes allgemeingültiges Ergebnis erreichen, das einen großen Teil der natürlichen Welt erhellt, so tut es das kraft seiner Allgemeingültigkeit im logischen Sinne, kraft seines Vermögens, eine große Summe von Erfahrung in seinen Begriffen zu umfassen. In seiner Terminologie ist es extrem spezialisiert, beinahe unverständlich, außer für diejenigen, die auf diesem Gebiet gearbeitet haben. Die wichtigen Gesetze der heutigen Physik, die nicht alles erklären (sonst hätten wir keine Beschäftigung mehr), die aber beinahe allem zugrunde liegen, was jemals in der gewöhnlichen menschlichen Erfahrung von der physikalischen Welt wahrgenommen wird, können nicht in Ausdrükken formuliert werden, die man ohne eine lange Zeit sorgfältiger Schulung angemessen definieren kann. Für andere Fächer trifft das auf vergleichbare Weise zu.

Daher haben sich in diesen Spezialisierungsprozessen die professionellen Gemeinschaften in den verschiedenen Wissenschaften gebildet. Sie sind sehr vertraut miteinander, arbeiten eng zusammen und kennen einander in der ganzen Welt. Es versetzt sie immer in Aufregung – manchmal eifersüchtige, gewöhnlich aber freudige –, wenn ein Mitglied der Gemeinschaft eine Entdeckung macht. Ich vermute, zum Beispiel, daß das Fach, das wir heute Psychologie nennen, sich eines Tages in viele Gebiete aufspalten wird, die von vielen verschiedenen spezialisierten Gemeinschaften bearbeitet werden, welche alle in ihrem je eigenen Fach auf ihre je eigene Art miteinander reden werden.

Diese spezialisierten Gemeinschaften oder Gilden werden zum bewegenden Erlebnis für diejenigen, die daran teilnehmen. Es hat viele Versuchungen gegeben, sie als Analogien für andere menschliche Bereiche hinzustellen. Eine vieldiskutierte ist diese: »Wenn Physiker in Ländern mit verschiedener Kultur, verschiedener Politik, verschiedener Religion, sogar in Ländern, die einander politisch offenbar feindlich gegenüberstehen, zusammenarbeiten können, könnte man dann nicht auf diese Weise die Welt harmonisieren?«

Die spezialisierenden Gewohnheiten der Naturwissenschaften sind durch die Eigenheiten der Universitäten zu einem gewissen Grade auf andere Gebiete übertragen worden, auf die Philosophie und auf die Künste. Es gibt eine technische Philosophie, d.h. eine Philosophie als Handwerk, eine Philosophie für Philosophen, und es gibt eine Kunst für die Künstler und Kritiker. Meiner Meinung nach sind diese Unternehmungen, trotz ihres Wertes für die Verfeinerung der professionellen Techniken, Ausdruck tiefer Mißdeutungen, ja sogar abgründiger Verkehrungen der wahren Aufgaben von Philosophie und Kunst, da diese sich den allgemeinen und gemeinsamen menschlichen Problemen zuwenden sollten. Nicht um jedermann anzusprechen, sondern jemanden: nicht aber Spezialisten.

Es ist klar, daß erhebliche Probleme der Kommunikation vor einem auftauchen, wenn man in dieser Situation Leuten etwas erklären will. Hier liegt eine immense Aufgabe der Lehre auf allen Stufen, in jedem Sinne des Wortes, ohne Ende.

Es ist oft behauptet worden, daß die großen Entdeckungen in den Wissenschaften, wenn sie in das Leben von Einzelmenschen hineinwirken, deren Haltung gegenüber ihrer Stellung im Leben, ihre Ansichten und Philosophie beeinflussen. Gewiß liegt ein Körnchen Wahrheit darin.[1]

Wenn wissenschaftliche Entdeckungen eine rechte Wirkung auf menschliches Denken und die Kultur haben sollen, dann müssen sie verständlich sein. Das ist sehr wahrscheinlich nur im Anfangsstadium einer Wissenschaft der Fall, wenn sie Dinge behandelt, die nicht sehr weit von der gewöhnlichen Erfahrung entfernt sind. Einige der großen Entdeckungen dieses Jahrhunderts laufen unter den Begriffen »Relativität« und »Unsicherheit«, und wenn wir diese Wörter hören, denken wir vielleicht: »So habe ich mich heute morgen gefühlt: ich war relativ verwirrt und ganz unsicher« – darin findet sich aber überhaupt keine Vorstellung von den technischen Kernfragen oder Lehren, die diese großen Entdeckungen enthalten.

Ich glaube, daß der Grund, warum Darwins Hypothese einen so machtvollen Eindruck machte, zum Teil darin liegt, daß sie sich sehr leicht in den Begriffen des täglichen Lebens ausdrükken ließ. In einer solchen Sprache können wir über die heutigen Entdeckungen der Biologie nicht sprechen; wir können uns auch nicht auf Dinge beziehen, die wir alle erlebt haben.

Deswegen glaube ich, daß die große Wirkung der Wissenschaften in ihrer Anregung und Bereicherung des philosophischen Lebens und der kulturellen Interessen sich notwendigerweise jeweils auf die ziemlich frühen Stadien in der Entwicklung einer Wissenschaft beschränkt. Eine weitere Einschränkung muß noch hinzugefügt werden. Entdeckungen werden nur dann tatsächlich Widerhall finden und das menschliche Denken umgestalten, wenn sie irgendeiner Hoffnung Nahrung geben, irgendeinem Bedürfnis entsprechen, das schon in der

[1] Die gewöhnlich angegebenen Beispiele schließen Newton und Darwin ein. Newton ist kein sehr gutes Beispiel, denn wenn wir genauer zusehen, fällt uns die Tatsache auf, daß im Sinne der Aufklärung, im Sinn der Verbindung des Glaubens an wissenschaftlichen Fortschritt und menschliche Vernunft mit einem Glauben an politischen Fortschritt und die Säkularisierung menschlichen Lebens, Newton kein Newtonianer war. Seine Nachfolger waren es.

Gesellschaft vorgegeben ist. Ich glaube, daß die wahren Quellen der Aufklärung, ein wenig gespeist durch die wissenschaftlichen Ereignisse der Zeit, aus der Wiederentdeckung der klassischen Werke entsprangen, der klassischen Theorie der Politik, vielleicht vor allem der Stoiker. Das Verlangen des achtzehnten Jahrhunderts nach dem Glauben an die Macht der Vernunft, der Wunsch, sich von der Autorität freizumachen, zu säkularisieren, sich eine optimistische Auffassung über den Zustand der Menschheit zu bilden – all das bemächtigte sich Newtons und seiner Entdeckungen als einer Veranschaulichung von etwas, woran man schon zutiefst glaubte, weit entfernt von dem Gesetz der Gravitation und den Gesetzen der Bewegung. Das Verlangen, mit dem das neunzehnte Jahrhundert sich auf Darwin stürzte, hatte sehr viel mit dem zunehmenden Bewußtsein der Geschichtlichkeit und des Wechsels zu tun, mit dem tiefen Wunsch, den Menschen natürlich zu machen, ihn in die Welt der Natur einzureihen, welcher lange vor Darwin existiert hatte und kraft dessen nun dieser willkommen war. Ich habe ein Beispiel in diesem Jahrhundert erlebt, als der große dänische Physiker Niels Bohr bei der Entwicklung der Quantentheorie vor dreißig Jahren diesen merkwürdigen Zug darin entdeckte: sie ermöglicht uns, ein Atomsystem zu beschreiben, nur viel unvollständiger, als wir Objekte von großem Ausmaß beschreiben können. Wir haben eine gewisse Wahl hinsichtlich der Merkmale des Atomsystems, die wir untersuchen und messen wollen, und derjenigen, die wir auslassen wollen; wir haben aber nicht die Wahl, sie alle zu erforschen. Diese Sachlage, die wir alle anerkennen, stützte für Bohr seine lang vertretene Ansicht der menschlichen Beschaffenheit: daß es einander gegenseitig ausschließende Arten gibt, unsere Worte, unsere geistigen Kräfte und unsere Seelen zu gebrauchen, von denen uns jede offensteht, die aber nicht miteinander verbunden werden können. Diese Arten sind so verschieden wie zum Beispiel das Sichanschicken zum Handeln und das Sicheinlassen auf eine introspektive Suche nach den Gründen dieses Tuns. Mir scheint, daß diese Entdeckung noch nicht in das allgemeine kulturelle Leben eingedrungen ist. Ich wünschte, sie wäre es; sie ist ein gutes Beispiel für etwas, das relevant wäre, wenn es nur verstanden werden könnte.

Einstein hat einmal gesagt, daß eine physikalische Theorie nicht von den Tatsachen der Natur bestimmt, sondern eine freie Erfindung des menschlichen Geistes sei. Das wirft die Frage auf, wie notwendig der Inhalt der Wissenschaften ist – inwiefern ist er etwas, das nicht zu finden wir frei sind –, inwiefern ist er etwas, das anders sein könnte? Das ist natürlich von Bedeutung für die Frage, wie wir die Wörter »Objektivität« und »Wahrheit« gebrauchen dürfen. Wenn wir etwas finden, »erfinden« wir es oder »entdecken« wir es?

Der Sachverhalt ist natürlich genauso, wie man es vermuten würde. Wir sind natürlich frei in unserer Tradition und unseren Praktiken – und in einem viel begrenzteren Ausmaß auch individuell –, die Entscheidung zu treffen, wo und wie wir die Natur betrachten, welche Fragen wir an sie stellen, mit welchen Instrumenten und zu welchem Zweck. Aber wir sind nicht im geringsten frei, das zu bestimmen, was wir finden. Der Mensch muß natürlich frei sein, die Idee von Masse zu erfinden, wie Newton es getan hat und wie sie verfeinert und neu definiert worden ist; aber seitdem wir das gemacht haben, haben wir nicht die Freiheit gehabt, festzustellen, daß die Masse des Licht-Quants oder des Neutrinos etwas anderes ist als Null. Wir sind frei im Anfangsstadium von etwas. Wir sind frei hinsichtlich der Art, wie wir es tun wollen; aber dann formt der Felsen des Weltseins diese Freiheit mit einer determinierten Antwort. Darum scheinen ontologische Auslegungen des Wortes »objektiv« so nutzlos, und darum gebrauchen wir das Wort, um die Klarheit zu beschreiben, den Mangel an Zweideutigkeit und die Wirksamkeit der Art und Weise, in der wir einander erklären können, was wir entdeckt haben.

Daher dürften in den Wissenschaften totale Aussagen, die das Wort »alles« ohne nähere Bestimmungen enthalten, kaum jemals vorkommen. Bei jeder Untersuchung und Erweiterung des Wissens sind wir in eine Handlung verwickelt; bei jeder Handlung in eine Wahl und bei jeder Wahl in einen Verlust, den Verlust dessen, was wir nicht getan haben. Wir finden das in den einfachsten Situationen vor. Wir finden es im Wahrnehmungsvermögen, wo die Möglichkeit wahrzunehmen gebunden ist an die Ignorierung vieler Dinge, die gleichzeitig vor sich gehen. Wir finden es auch in der Sprache, wo die Möglichkeit verstehbaren Sprechens nur gegeben ist, wenn man vieles in der Luft, unter den Tonwellen oder ganz allgemein in der Umgebung Vorhandene nicht beachtet. Sinnerfülltheit ist nur dadurch zu erreichen, daß man Dinge außer acht läßt. Wir finden es in der Idee der Komplementarität, und hier in einer scharf bestimmten Form als Anerkenntnis, daß der Versuch, eine bestimmte Art von Beobachtung an einem Atomsystem zu machen, andere ausschließt. Wir haben die Freiheit der Wahl, aber wir können der Tatsache nicht aus dem Wege gehen, daß eines zu tun bedeutet, anderes zu lassen.

In praktischen Begriffen heißt das natürlich, daß unser Wissen begrenzt und nie allumfassend ist. Es gibt immer vieles, das wir uns entgehen lassen müssen, vieles, dessen wir nicht gewahr sein können, weil schon der Akt des Lernens selbst, des Ordnens, des Findens von Einheit und Bedeutung, schon das Vermögen über Dinge zu sprechen, die Auslassung von vielem bedeutet.

Stellen Sie die Frage: »Hätte eine andere Zivilisation, deren Leben sich auf einem anderen Planeten abspielt, wo Leben in einer sehr ähnlichen Form wie bei uns möglich ist, dieselbe Physik?« Wir haben keine Ahnung, ob sie dieselbe Physik hätte oder nicht. Wir könnten über ganz verschiedene Fragen sprechen. Das heißt, daß unsere Welt eine offene Welt ohne Ende ist. Ich hatte in Kalifornien einen Sanskritisten zum Freund, der spottend zu sagen pflegte, daß, wenn die Wissenschaften zu etwas nütze wären, es heute viel leichter sein müßte, ein gebildeter Mann zu sein, als es vor einer Generation der Fall war. So konnte er nur sprechen, weil er die Welt für abgeschlossen hielt.

Die Dinge, die uns veranlassen, einen Fragenkomplex zu wählen, einen Zweig der Forschung einem anderen vorzuziehen, sind tief in wissenschaftlichen Traditionen eingebettet. In entwickelten Wissenschaften hat jeder nur ein begrenztes Vermögen der Freiheit, sie zu formen oder zu ändern; aber sie sind nicht gänzlich durch die Ergebnisse der Wissenschaft determiniert. Sie haben hauptsächlich einen ästhetischen Charakter. Die Wörter, die wir gebrauchen: Einfachheit, Eleganz, Schönheit zeigen, daß wir nicht nur nach weiterem Wissen tasten, sondern nach Wissen, das Ordnung, Harmonie und Bindung an die Vergangenheit enthält. Wie alle armen Leute wollen wir etwas Neues finden, aber nicht etwas, das zu neu ist. Wenn uns das mißglückt, entstehen daraus die großen Entdeckungen.

Alle diese Themen – der Ursprung der Wissenschaften, ihre Form des Wachstums, ihre verzweigte, netzförmige Struktur, ihre zunehmende Entfremdung von dem allgemeinen Verständnis des Menschen, ihre Freiheit, der Charakter ihrer Objektivität und ihre Offenheit – sind relevant für die Beziehungen zwischen Wissenschaft und Kultur. Ich glaube, daß sie viel robuster, intimer und fruchtbarer sein könnten und sollten, als sie heute sind.

Ich denke hier nicht an das populäre Thema der »Massenkultur«. Wenn man dieses zur Sprache bringt, so scheint mir, daß man kritisch, aber vor allem menschlich sein muß; man darf kein Snob sein; man muß eher tolerant und beinahe liebevoll sein. Es ist ein neues Problem; man kann nicht erwarten, es mit den Methoden des perikleischen Athen zu lösen. Bei den Problemen der Massenkultur und vor allem der Massenmedien geht es nicht in erster Linie um die Frage des Fehlens von Vortrefflichem. Der bescheiden lebende Arbeiter in Europa oder Amerika hat wahrscheinlich die Möglichkeit, an bessere Musik und an mehr gute Musik, mehr gute Kunst und gutes Schrifttum heranzukommen, als seine Vorgänger es jemals konnten. Es scheint eher, als gingen die guten Dinge in einem Strom von schlechten Dingen verloren, als sei der Pegel des Lärmens so hoch, daß einige der Bedingungen für das Verständnis des Vorzüglichen nicht gegeben sind. Man ißt nicht gut, außer wenn man hungrig ist. Eine gewisse Frugalität gehört zur besten Küche, und etwas von dieser Art fehlt den Massenmedien. Aber das ist jetzt nicht mein Problem.

Ich denke vielmehr ganz vage an das, was wir die Gemeinschaft der Intellektuellen nennen können: Künstler, Philosophen, Staatsmänner, Lehrer, Menschen vielfältigster Professionen, Propheten, Wissenschaftler. Das ist eine offene Gruppe ohne scharfe Trennungslinien zwischen denjenigen, die sich zu ihr rechnen. Es ist eine wachsende Fraktion aus allen Völkern. In ihren Händen liegt die große Aufgabe, unser Wissen und Können zu erweitern, zu bewahren und weiterzugeben, und in der Tat auch unser Verständnis der Wechselbeziehungen, Prioritäten, Verpflichtungen und Gebote, die den Menschen helfen, sich mit ihren Freuden, Versuchungen, Sorgen, ihrer Endlichkeit und ihrer Schönheit zu befassen. Manches davon hat, wie weithin die Wissenschaften, mit Wahrheitsbedingungen zu tun, mit Sätzen wie: »Wenn Sie das und das tun, werden Sie dieses und jenes sehen.« Diese sind objektiv und können geprüft und nochmals nachgeprüft werden. Obwohl es immer ratsam ist, von Zeit zu Zeit Zweifel zu haben, gibt es Mittel, die Zweifel zu beheben. So ist es in den Wissenschaften.

In dieser Gemeinschaft gibt es andere Aussagen, die eher »ein Thema betonen« als eine Tatsache erklären. Es können Aussagen über Verbundenheit oder Verwandtschaft oder Wichtigkeit sein, oder auf die eine oder die andere Art Feststellungen einer Verpflichtung. Für sie ist das Wort »Gewißheit«, das in den Naturwissenschaften als eine selbstverständliche Norm angewandt wird, nicht sehr angebracht – Tiefe, Festigkeit, Universalität, vielleicht weiteres – aber Gewißheit, die sich wirklich auf Verifikation bezieht, ist nicht das wesentliche Kriterium für den Großteil der Arbeit eines Philosophen, Malers, Dichters oder Bühnenschriftstellers. Denn diese sind in dem von mir umrissenen Sinne nicht objektiv. Doch jede wahre Gemeinschaft, jede Gesellschaft, die dieses Namens würdig ist, muß ein Gemeinschaftselement besitzen, das gemeinsam, öffentlich, relevant und bedeutungsvoll für den Menschen ist, nicht notwendigerweise für jedermann, aber sicherlich nicht nur für Spezialisten.

Es hat mich sehr mit Sorge erfüllt, daß wir in dieser Welt mit ihrem ständigen Wechsel und wissenschaftlichem Wachstum so weithin die Fähigkeit verloren haben, miteinander zu sprechen und unsere gemeinsame Kultur und unser gegenseitiges Verständnis zu verstärken und zu bereichern. So kommt es, daß der öffentliche Sektor unseres Lebens, das, was wir gemeinsam innehaben und vertreten, gelitten hat, wie es bei der Illumination der Künste, der Vertiefung von Gerechtigkeit und Tugend und der veredelnden Kraft unserer kulturellen Gemeinsprache der Fall ist. Unser Menschsein ist dadurch verkümmert. In der Geschichte der Menschheit haben die spezialisierten Traditionen noch nie so geblüht wie heute. Wir haben unser privates Schönes. Aber in jenen hohen Tätigkeitsbereichen, wo des Menschen Stärke und Einsicht sich aus der Vortrefflichkeit des öffentlich-allgemeinen Zustands ergibt, sind wir verarmt. Wir hungern nach Vornehmheit, den seltenen Worten und Taten, die Einfachheit und Wahrheit harmonisch vereinen. In diesem Mangel sehe ich eine gewisse Verbindung mit den großen ungelösten öffentlichen Problemen – Überleben, Freiheit, Brüderlichkeit.

In diesem Mangel sehe ich die Verantwortung, die der Gemeinschaft der Intellektuellen gegenüber der Geschichte und unseren Mitmenschen zukommt: eine Verantwortung, die eine notwendige Vorbedingung für die Erneuerung menschlicher Institutionen ist, so wie diese heute erneuert werden müssen, damit Frieden herrschen kann und damit sie jene ethischen Verpflichtungen umfassender wahrzunehmen vermögen, ohne welche wir nicht wirklich als Menschen leben können.

Das mag für die Gemeinschaft der Intellektuellen eine viel größere Anstrengung bedeuten als in der Vergangenheit. Die Gemeinschaft wird wachsen; ich meine aber auch, daß die Güte und der Wert dessen, was wir tun, wachsen müßten. Ich glaube tatsächlich, daß durch den wachsenden Reichtum der Welt und die Möglichkeit, daß dieser immerhin nicht gänzlich für die Gründung neuer Komitees verbraucht wird, es wirklich echte Muße geben kann und daß es eine hohe Verpflichtung angesichts dieser Muße sein wird, das Gespräch und das Verständnis zwischen den Mitgliedern unserer Gemeinschaft wiederherzustellen.

Währenddessen meine ich, müssen wir alle unsere Kompetenz in den eigenen Berufen aufrechterhalten, um in dem, womit wir vertraut sind, unsere Meisterschaft zu bewahren. Dies ist in der Tat unser einziges Fundament in der Redlichkeit. Wir müssen auch anderen und komplementären Lebenshaltungen offen gegenüberstehen, ohne uns von ihnen einschüchtern zu lassen oder sie zu verachten (wie es heute so viele mit den Naturwissenschaften und den mathematischen Wissenschaften tun). Um einen Anfang zu machen, müssen wir erneut lernen, ohne Verachtung und mit großer Geduld miteinander zu reden und einander zuzuhören.

Aldous Huxley
Rose und Nachtigall

Snow oder Leavis? Die gelinde Überschätzung der Naturwissenschaften in den ›Zwei Kulturen‹ oder, heftig und grob, die moralistische, literaturkritische Unduldsamkeit des Richmond-Vortrags?

Gäbe es keine andere Wahl, wir wären wahrhaftig übel dran. Zum Glück aber gibt es Mittelwege, gibt es einen realistischeren Zugang zu dem Thema, als ihn jeder der beiden Vorkämpfer einschlug. Und die beiden Vorkämpfer sind, so wollen wir uns erinnern, nicht die einzigen Kombattanten im Feld; sie sind bloß die in diesem Augenblick bekanntesten. Das Feld hat eine lange Reihe von Streitern für die eine oder die andere Sache gekannt und auch eine lange Aufeinanderfolge von ernsten Kompromißlern, welche eifrig versuchten, einen fruchtbaren Frieden oder zumindest eine nicht allzu feindselige Symbiose zwischen den gegnerischen Kräften auszuhandeln. [...]

Im folgenden will ich versuchen, dieses vieldiskutierte Thema in konkreteren als den von Oppenheimer und Trilling, von Leavis, Snow und den viktorianischen Initiatoren[1] der großen Debatte angewendeten Begriffen zu behandeln. Was ist die Funktion der Literatur, was ihre Psychologie, was das Wesen literarischer Sprache? Und wie unterscheiden sich ihre Funktion, Psychologie und Sprache von der Funktion, Psychologie und Sprache der Naturwissenschaft? Was war in der Vergangenheit die Beziehung zwischen Literatur und Naturwissenschaft? Was ist sie heute? Was könnte sie in Zukunft sein? Was mit der Naturwissenschaft des 20. Jahrhunderts anzufangen, würde, künstlerisch gesprochen, einem Dichter oder Schriftsteller des 20. Jahrhunderts von Nutzen sein? Dies sind die Fragen, die ich zu beantworten trachten werde.

Alle unsre Erlebnisse sind streng privat; aber einige Erlebnisse sind weniger privat als andre. Sie sind weniger privat in dem Sinn, daß unter gleichen Bedingungen die meisten normalen

[1] Huxley spielt hier auf die Debatte zwischen dem berühmten Biologen und Freund Darwins, Thomas Huxley (seinem Großvater), und dem Schriftsteller Matthew Arnold (seinem Großonkel) an, in der am Ausgang des 19. Jahrhunderts der Streit um die zwei Kulturen einen damals repräsentativen Ausdruck fand. Anm. d. Hrsg.

Menschen ähnliche Erlebnisse haben und daher die mündlichen oder schriftlichen Berichte über solche Erlebnisse gewiß auf so ziemlich dieselbe Weise auslegen werden.

Von den mehr privaten unsrer Erlebnisse kann das nicht behauptet werden. Zum Beispiel werden die visuellen, akustischen und olfaktorischen Erlebnisse einer Gruppe von Leuten, welche dem Brand eines Hauses zusehen, wahrscheinlich einander ähnlich sein. Einander ähnlich werden auch die intellektuellen Erlebnisse derjenigen Angehörigen der Gruppe sein, die sich die Mühe nehmen, logisch über die Ursachen grade dieses Brands nachzudenken, und zwar im Licht landläufigen Wissens über Verbrennung im allgemeinen. Mit andern Worten, Sinneseindrücke und die Vorgänge rationalen Denkens sind Erlebnisse, welche nicht allzu privat sind, um ein gemeinsames Anteilhaben an ihnen auszuschließen. Betrachten wir nun aber die emotionalen Erlebnisse unsrer Brandbeobachter. Der eine der zur Gruppe Gehörigen wird vielleicht sexuelle Erregung fühlen, ein andrer ästhetisches Wohlgefallen, ein dritter Entsetzen und noch ein andrer etwa menschliches Mitgefühl oder unmenschliche und boshafte Schadenfreude. Solche Erlebnisse sind, das ist klar, grundverschieden voneinander. In dieser Hinsicht sind sie privater als Sinneserfahrungen und die intellektuellen Erlebnisse logischen Denkens.

In dem vorliegenden Zusammenhang läßt sich Naturwissenschaft definieren als ein Verfahren zur Untersuchung, Ordnung und Mitteilung der mehr öffentlichen menschlichen Erlebnisse. Auch die Literatur behandelt, allerdings weniger systematisch, solche öffentliche Erlebnisse. Ihre Hauptbeschäftigung jedoch betrifft die mehr privaten Erlebnisse des Menschen und die Wechselwirkungen zwischen den privaten Welten empfindender, ihrer selbst bewußter Individuen und dem öffentlichen Universum der »objektiven Realität«, der Logik, der sozialen Konventionen und der jeweils verfügbaren angesammelten Kenntnisse. Der Naturwissenschaftler betrachtet seine eignen mehr öffentlichen Erlebnisse und die berichteten andrer Personen; er formuliert sie in Begriffen irgendeiner Sprache, einer aus Wörtern bestehenden oder einer mathematischen, welche den Angehörigen seiner Kulturgruppe gemein ist; setzt diese Begriffe in einem logisch zusammenhängenden System miteinander in Beziehung; sieht sich dann in der Welt der Natur nach »operationalen Definitionen« um und versucht, durch Beobachtung und Experiment zu beweisen, daß seine logischen Schlußfolgerungen gewissen Aspekten von Ereignissen entsprechen, welche sich »dort draußen« vollziehen.

Auf seine Weise ist auch der literarische Künstler ein Beobachter, Ordner und Mitteiler seiner eignen und andrer Menschen mehr öffentlichen Erlebnisse von Ereignissen, welche sich in den Welten der Natur, der Kultur und der Sprache vollziehen. In gewisser Hinsicht bilden solche Erlebnisse das Rohmaterial vieler Zweige der Naturwissenschaft. Sie sind auch das Rohmaterial vieler Gedichte, vieler Dramen, Romane und Essays. Während aber der Wissenschaftler die von seinen eignen und andrer Menschen mehr privaten Erlebnissen enthüllten Welten möglichst unbeachtet läßt, beschränkt sich der literarische Künstler nie für lange auf das, was bloß öffentlich ist. Für ihn ist die äußere Wirklichkeit beständig auf die innere Welt privaten Erlebens bezogen; mit andern teilbare Logik geht in mit niemand teilbares Fühlen über, unbezähmbare Individualität durchbricht immerzu die Kruste kultureller Gewohnheit. Überdies ist die Art und Weise, wie der literarische Künstler seinen Gegenstand behandelt, sehr verschieden davon, wie derselbe Gegenstand vom Naturwissenschaftler behandelt wird. Dieser untersucht eine Anzahl besondrer Fälle, vermerkt alle Ähnlichkeiten und Gleichartigkeiten und abstrahiert aus diesen eine Verallgemeinerung, in deren Licht (nachdem sie an den beobachteten Tatsachen geprüft worden ist) alle andern analogen Fälle verstanden und behandelt werden können. Seine oberste Sorge gilt nicht der Konkretheit irgendeines einzigartigen Ereignisses, sondern den abstrahierten Verallgemeinerungen, in deren Begriffen alle Ereignisse einer bestimmten Kategorie »einen Sinn ergeben«. Der literarische Künstler geht an Erlebnisse – sogar an Erlebnisse der mehr öffentlichen Art – ganz anders heran. Wiederholbare Versuche und die Abstraktion gebrauchsfähiger Verallgemeinerungen aus der Erfahrung sind nicht seine Sache. Seine Methode besteht darin, sich auf einen Individualfall zu konzentrieren, so angespannt in ihn hineinzusehen, daß er endlich fähig ist, ihn glatt zu durchschauen. Jede konkrete Besonderheit, ob öffentlich oder privat, ist für ihn ein Fenster, das sich aufs Allgemeine öffnet. ›König Lear‹, ›Hamlet‹, ›Macbeth‹ – drei grausige Anekdoten über höchst individualisierte Menschen in außergewöhnlichen Lebenslagen. Aber durch diese Berichte über einzigartige und äußerst unwahrscheinliche Ereignisse, welche sich gleichzeitig in den Welten privaten und öffentlichen Erlebens abspielten, sah Shakespeare hindurch – und machte es auf wunderbare Weise uns möglich hindurchzusehen – auf erleuchtende Wahrheit auf jeder Ebene, von der theatralischen bis zur kosmischen, von der politischen bis zur sentimentalen und physiologischen, von der allzu wohlbekannt menschlichen bis zur unerkennbar göttlichen.

Die Naturwissenschaften begannen Fortschritte zu machen, als die Forscher ihre Aufmerksamkeit von Qualitäten auf Quantitäten verlegten, von der äußeren Erscheinung der als Ganzheiten wahrgenommenen Dinge auf ihre feinen Strukturen; von den dem Bewußtsein durch die Sinne dargebotenen Phänomenen auf ihre unsichtbaren und ungreifbaren Bestandteile, deren Vorhandensein nur durch den analytischen Verstand erschlossen werden konnte. Die Naturwissenschaften sind »nomothetisch«; sie suchen erklärende Gesetze aufzustellen, und diese Gesetze sind höchst nützlich und erhellend, wenn sie Beziehungen zwischen Unsichtbarem und Ungreifbarem, welches den Erscheinungen zugrunde liegt, betreffen. All dieses Unsichtbare und Ungreifbare läßt sich nicht beschreiben, denn es ist nicht Gegenstand unmittelbarer Erfahrung; es ist nur bekannt durch Schlüsse aus unmittelbaren Erfahrungen auf der Ebene gewöhnlicher Erscheinung. Die Literatur ist nicht »nomothetisch« sondern »idiographisch«; sie befaßt sich nicht mit Regelmäßigkeiten und erklärenden Gesetzen, sondern mit Beschreibungen von Erscheinungen und von erkennbaren Eigenschaften als Ganzheiten wahrgenommener Objekte, mit Urteilen, Vergleichen und Unterscheidungen, mit »Innenlandschaften« *(inscapes)* und Wesenheiten und schließlich mit der »Istigkeit« der Dinge, dem beim Denken Nichtgedachten, dem zeitlosen Sosein in einer Unendlichkeit unaufhörlichen Vergehns und unaufhörlicher Erneuerung. [...]

Es gibt in jeder Sprache einen schlecht und recht brauchbaren Wortschatz für das Ausdrücken und Mitteilen der privaten Erlebnisse des Einzelmenschen. Jeder der Sprache Mächtige kann sagen: »Ich fürchte mich« oder »Wie schön!« Und wer die Worte hört, wird eine rohe, aber für die meisten praktischen Zwecke genügend lebhafte Vorstellung davon haben, wovon die Rede ist. Schlechte Literatur (schlecht, soll das heißen, auf der privaten Ebene – denn als Quasiwissenschaft und in bezug auf das mehr öffentliche Erleben des Menschen mag sie ganz gut sein), schlechte Literatur also geht kaum über das »Wie schön!« und »Ich fürchte mich« durchschnittlicher Alltagsrede hinaus. In guter Literatur – gut, soll das heißen, auf der privaten Ebene – weichen die stumpfen Ungenauigkeiten konventioneller Sprache den subtileren und eindringlicheren Ausdrucksformen. Der Ehrgeiz des literarischen Künstlers ist es, vom Unaussprechlichen zu sprechen, in Wörtern das mitzuteilen, zu dessen Übermittlung Wörter nie bestimmt waren. Denn alle Wörter sind Abstraktionen und stehen für solche Aspekte einer gegebenen Klasse von Erlebnissen, die erkennbar einander gleich sind. Diejenigen Elemente der Erfahrung, die, einzigartig abweichend, anders als durchschnittlich sind, bleiben außerhalb des Pferchs gemeinsamer Sprache. Aber es sind grade diese Elemente mehr privater Erlebnisse des Menschen, die der literarische Künstler mitzuteilen trachtet. Für diesen Zweck ist die gewöhnliche Sprache unzulänglich. Jeder literarische Künstler muß darum irgendeine Art ungewöhnlicher Sprache erfinden oder erborgen, welche fähig ist, zumindest teilweise diejenigen Erlebnisse auszudrücken, die zu vermitteln dem Wortschatz und der Grammatik gewöhnlicher Sprache so offenkundig nicht gelingt. »Donner un sens plus aux mots de la tribu« – das ist die Aufgabe, der sich jeder ernsthafte Schriftsteller stets gegenübersieht; denn nur durch ungewöhnliche Kombination gereinigter Wörter können unsre privateren Erlebnisse in all ihrer Subtilität, vielseitigen Fülle und unwiederholbaren Einzigartigkeit gewissermaßen symbolistisch neugeschaffen und so öffentlich und mitteilbar gemacht werden. [...]

Als ein Medium literarischer Aussage ist die gewöhnliche Sprache unzulänglich. Sie ist nicht weniger unzulänglich als ein Medium wissenschaftlicher Aussage. Wie der Literat findet auch der Wissenschaftler es notwendig, »den Wörtern seines Stamms einen reineren Sinn zu geben«. Aber die Reinheit wissenschaftlicher ist nicht dieselbe wie die literarischer Sprache. Der Wissenschaftler ist bestrebt, jeweils nur eins zu sagen und es unzweideutig und mit der größtmöglichen Klarheit zu sagen. Um das zu erreichen, vereinfacht und jargonisiert er. Mit andern Worten, er gebraucht den Wortschatz und die Grammatik gemeinsamer Sprache auf eine solche Weise, daß jeder Ausdruck und jeder Satz nur auf eine einzige Weise auslegbar ist; und wenn der Wortschatz und die Grammatik gemeinsamer Sprache zu ungenau für seine Zwecke sind, erfindet er eine neue, eine Fachsprache oder einen solchen Jargon eigens dazu, die eingeschränkten Bedeutungen auszudrücken, mit welchen er berufsmäßig befaßt ist. In vollkommener Reinheit hört die wissenschaftliche Sprache auf, eine Sache der Wörter zu sein, und verwandelt sich in Mathematik.

Der literarische Künstler reinigt die Sprache seines Stamms auf eine grundverschiedene Weise. Das Bestreben des Wissenschaftlers ist, wie wir gesehen haben, jeweils nur eins und nur dieses eine zu sagen. Das ist ganz entschieden nicht das Bestreben des literarischen Künstlers. Das menschliche Leben wird gleichzeitig auf vielen Ebenen gelebt und hat viele Bedeutungen. Die Literatur ist ein Mittel, um die mannigfaltigen Tatsachen zu berichten und ihre verschiedenen Bedeutungen auszudrücken. Wenn der literarische Künstler es unternimmt, den Wörtern seines Stamms einen reineren Sinn zu geben, tut er das mit dem ausdrücklichen Zweck, eine Sprache zu schaffen, die fähig ist, nicht die einzige Bedeutung in einer bestimmten Wissenschaft zu vermitteln, sondern die vielfache Bedeutung menschlichen Erlebens auf dessen höchst privater ebenso wie auf dessen mehr öffentlicher Ebene. Er reinigt oder läutert nicht mittels Vertiefens und Erweiterns, mittels Bereicherns durch anspielende Harmonien, durch Obertöne der Assoziation und Untertöne klangvoller Magie.

Was ist eine Rose? Eine Narzisse? Eine Lilie? Eine Gruppe von Antworten auf diese Fragen läßt sich in den stark gereinigten Sprachen der Biochemie, der Zellenlehre und der Genetik geben. »Eine besondere Form der Ribonukleinsäure (genannt Überbringer-RNS) bringt die genetische Botschaft vom Gen, welches sich im Zellkern befindet, zu dem umgebenden Zytoplasma, wo viele der Proteine synthetisiert werden.« Und so weiter in endlosen faszinierenden Einzelheiten. Eine Rose ist eine Rose, ist eine Rose, ist RNS, DNS, polypeptide Ketten von Aminosäuren ...

Und hier, auf einer beträchtlich niedereren Stufe wissenschaftlicher Reinigung, die gewohnheitsmäßigen botanischen Antworten auf unsre Fragen, wie ein Konversationslexikon sie unter den Stichwörtern »Rose« und »Narzisse« bietet. »Die Fruchtblätter der Rose sind in der rezeptakulären Röhre verborgen, und in der Regel ragen aus ihrem Mund nur die Narben hervor ... Durch wiederholte radiale und tangentiale Verzweigung wird eine riesige Zahl von Staubgefäßen erzeugt ... Unter natürlichen Verhältnissen sondern Rosenblüten keinen Honig ab; die Anziehung für Insekten wird durch Farbe und Duft und durch reichliche Pollen als Nahrung besorgt ... Hundsrosengelee wird aus den reifen Hagebutten der Rosa canina gemacht. Es wird nur bei der Erzeugung von Pillen verwendet.« Was Narcissus pseudonarcissus betrifft, so »sind die Blüten groß, gelb, duftend und ein wenig hängend, mit einem in sechs Lappen tief gespaltenen Perianth und einem zentralen glockenförmigen, an seinem Rand gekräuselten Nektarium ... Die Staubgefäße sind kürzer als der Kelch, die Staubbeutel länglich und konvergierend; der Fruchtknoten ist kugelig und hat drei Furchen ... Die Zwiebeln sind groß und orbikular; ebenso wie den Blüten werden ihnen emetische Eigenschaften zugeschrieben.«

Das primäre Interesse des literarischen Künstlers gilt nicht Zellen oder Genen oder chemischen Verbindungen, nicht der Orbikularität von Zwiebeln oder der Zahl von Staubgefäßen, nicht einmal der Pillenerzeugung oder dem Absud pflanzlicher Brechmittel. Er befaßt sich mit seinen eignen und andrer Leute mehr privaten Erlebnissen in bezug auf Blumen und mit den vielfältigen Bedeutungen, die er in ihnen findet. Er ist ein Mensch, und Menschen müssen sich ihren Lebensunterhalt im Schweiß ihres Angesichts verdienen; also betrachtet er die seligen Lilien, welche nicht arbeiten und auch nicht spinnen. Er ist oft niedergeschlagen von zuviel oder gelangweilt durch zuwenig Denken. Aber – dem Himmel sei Dank! – die Erinnerung an Narzissen wirft ihr jähes Licht auf jenes innere Auge, das die Seligkeit der Einsamkeit ist. »Wie könnt' ein Dichter denn nicht fröhlich sein«, aber, ach, diese wackern Blumen, »die kommen, bevor's die Schwalbe wagt, und sich in Schönheit auf dem Märzwind wiegen« – wie schnell verblühen sie! Der Dichter weint, sie so bald hinweghasten zu sehen; weint über die entfliehende Zeit und den herannahenden Tod und den Verlust derer, die er liebt. »Et rose elle a vescu ce que vivent les roses, L'espace d'un matin.« Und da gibt es auch den irregeleiteten Idealisten, der über »la metempsychose des lys en roses« weint. Da gibt es den schamlosen Sinnenmenschen, der in Gedanken an »la mousse où le bouton de rose brille« schwelgt. Und den religiösen Kontemplativen, der abwechselnd getröstet und trostlos ist, dessen verdorrendes Herz in einem Augenblick der Trockenheit »unter die Erde geht, wie Blumen scheiden«, wenn ihre Blütezeit vorbei ist, um »mit ihrer Mutterwurzel dort zu hausen« oder, wenn man die andre Art gereinigter Sprache vorzieht, mit ihrer orbikularen Zwiebel. Aber manchmal schwären Lilien, so daß diese faulenden Symbole der Jungfräulichkeit schlechter als Unkraut zu riechen beginnen. Manchmal ist es die Rose, die krank ist; denn »der nicht sichtbare Wurm entdeckte dein Bett von Freudenrot, und sein heimliches Lieben bringt dir den Tod«. Wunderbarerweise aber finden wir manchmal, wenn die Pforten der Wahrnehmung gereinigt worden sind, daß wir, wie Blake, den Himmel in einer Wiesenblume sehen und Unendlichkeit auf der flachen Hand halten. Manchmal, müde der Zeit, bricht die Sonnenblume aus dem dunkeln Tennysonschen Garten aus, wo sie so schwer über ihrem eignen Grab hängt, und kommt, bei Blake, zu neuem, apokalyptischem Leben in jener goldnen Ewigkeit, »wo des Wanderers Reise zu End'«. Sehr hübsch! bemerkt dazu der Botaniker und belehrt uns unbeirrt weiter, daß »zur Gattung Helianthus ungefähr fünfzig Arten gehören, zumeist in Nordamerika einheimische, und einige in Peru und Chile gefunden werden. In Teilen von England«, fügt er hinzu, »werden Hunderte von Pflanzen ihrer Samen wegen auf Abwässerschlick gezogen.« [...]

Öffentlich und privat. Objektiv und subjektiv. Die Welt der Begriffe und der dicht bevölkerte Abgrund unmittelbarer Erfahrung. Die vereinfachte, jargonisierte Reinheit wissenschaftlicher Abhandlung und die magische, vielsinnige Reinheit der Literatur. In dieser zweiten Hälfte des 20. Jahrhunderts, wie sollten da »die zwei Kulturen« der Dichotomie Snows miteinander in Beziehung stehn? [...]

Ich bin nicht berufen, noch auch ist es in diesem Zusammenhang nötig, eine umfassende »Geschichte der naturwissenschaftlichen Bezugnahme in der Literatur« zu schreiben. Unser Hauptaugenmerk gilt nicht der Vergangenheit, sondern der Gegenwart und der unmittelbaren Zukunft. Ob es uns paßt oder nicht, ist das unsre das Zeitalter der Naturwissenschaft. Was vermag da also ein Dichter oder Schriftsteller zu tun? Und was müßte er als gewissenhafter literarischer Künstler und verantwortungsbewußter Staatsbürger tun?

Als erstes und wichtigstes muß er nach seinen besten Kräften die Aufgaben erfüllen, für die seine Begabungen ihn auf einzigartige Weise befähigen – nämlich, in reineren Wörtern als denen des Stamms seine eignen und andrer Leute mehr privaten Erlebnisse wiederzugeben; diese Erlebnisse auf eine menschlich befriedigende Weise zu öffentlichen Erlebnissen in den Welten natürlicher Tatsachen, sprachlicher Symbole und kultureller Konventionen in Beziehung zu setzen; und mit der Arbeit vorwärtszukommen, das Beste aus all den Welten zu machen, in welchen zu leben und zu sterben, wahrzunehmen, zu fühlen und zu denken den Menschen vorbestimmt ist. Die Literatur gibt dem Leben eine Form, hilft uns, zu wissen, wo wir stehn, wie wir fühlen und was das Wesentliche an der ganzen unsäglich kuriosen Sache ist. Unsre unmittelbaren Erfahrungen erreichen uns sozusagen durch das brechende Medium der Art von Kunst, die uns gefällt. Wenn diese Kunst albern oder trivial oder überemphatisch ist, werden unsre Erlebnisse vulgarisiert und korrumpiert sein. Nebst unrealistischer Philosophie und frommem Aberglauben ist auch schlechte Literatur ein Verbrechen gegen die menschliche Gesellschaft.

Schizophrene leben fast ausschließlich in der Welt privaten Erlebens; für geistesgesunde Menschen aber ist ihre private Welt immer Gegenstand ihres auf eine Anzahl öffentlicher Welten bezogenen Erlebens oder zumindest Denkens. Weite Gebiete dieses öffentlichen Bereichs wurden von Wissenschaftlern auf jeder Begriffsebene, von der subatomischen bis zur biologischen und psychologischen, vermessen und systematisch beschrieben. In welche Beziehung sollte sich der literarische Künstler zu diesem wissenschaftlichen Bereich setzen?

Die Vorbedingung einer jeden fruchtbaren Beziehung zwischen Literatur und Naturwissenschaft sind Kenntnisse. Der Schriftsteller, dessen Hauptanliegen geläuterte Wörter und die mehr privaten der menschlichen Erfahrungen sind, muß etwas von den Tätigkeiten derjenigen kennenlernen, die es sich zur Aufgabe machen, die mehr öffentlichen Erfahrungen des Menschen zu analysieren und die Ergebnisse in Begriffssystemen zu koordinieren, welche in gereinigten Wörtern einer andern Art beschrieben werden – den Wörtern genauer Definition und logischen Diskurses. Dem Nichtspezialisten ist ein gründliches und ins einzelne gehendes Wissen in irgendeinem Zweig der Naturwissenschaften nicht möglich. Es ist auch unnötig. Nötig ist für den literarisch Tätigen nur eine allgemeine Kenntnis der Naturwissenschaften, ein Überblick darüber, was auf den verschiedenen Gebieten naturwissenschaftlicher Forschung erreicht worden ist, und dazu Verständnis für die Philosophie der Naturwissenschaft und Aufgeschlossenheit dafür, auf wie vielerlei Art wissenschaftliche Information und wissenschaftliche Denkweisen belangvoll sind für individuelles Erleben und die Probleme sozialer Beziehungen, für Religion und Politik, für die Ethik und eine haltbare Lebensphilosophie. Und zwischen den »zwei Kulturen«, das versteht sich von selbst, muß das Kennenlernen und Verstehn in beiden Richtungen erfolgen – von der Naturwissenschaft zur Literatur ebenso wie von der Literatur zur

Naturwissenschaft. [...] Die Wissenschaft baut manchmal neue Brücken zwischen bisher für getrennt und heterogen gehaltenen Welten des logischen Denkens und der Erfahrung. Aber die Wissenschaft reißt auch alte Brücken ein und öffnet Klüfte zwischen Welten, welche herkömmlich verbunden waren. Blake und Keats verabscheuten, wie wir gesehen haben, Sir Isaac Newton, weil er die alten Verbindungen zwischen den Sternen und den himmlischen Heerscharen zerschnitten hatte, zwischen dem Regenbogen und der Götterbotin Iris und sogar dem Regenbogen und der Arche Noah, dem Regenbogen und Jehova – die Verbindungen zerschnitten und so die Welt des Menschen entpoetisiert und des Sinns beraubt hatte. In einem Zeitalter der Naturwissenschaft aber kann die Welt nicht mehr für eine Gruppe von Symbolen angesehen werden, welche Dinge außerhalb der Welt versinnbildlichen. Alles Vergängliche ist *nicht* ein Gleichnis. Die Welt ist im innersten Wesen poetisch, und was sie bedeutet, ist einfach sie selbst. Ihre Bedeutsamkeit besteht in dem ungeheuern Geheimnis ihres Daseins und in unserm Gewahrsein dieses Daseins. Wordsworths »etwas noch viel tiefer Einverwobenes, das weilt im Licht des Sonnenuntergangs ... und in des Menschen Seele«, ist ein tieferes und dauerhafteres Fundament, um darauf ein Leben und eine lebenstärkende Kunst aufzubauen, als irgendeine überlieferte Mythologie.

Aber die Mythen sind noch immer da, sprechen noch immer etwas im Gemüt des Menschen an – etwas sich allerdings beträchtlich mehr Verschiebendes, beträchtlich weniger tief Einverwobenes als das große namenlose Etwas in dem Gedicht von Wordsworth, aber dennoch psychologisch Wichtiges. Der heutige Dichter oder Schriftsteller sieht sich, sobald er darangeht, über die Natur zu schreiben, einem fesselnden Problem gegenüber – dem Problem, innerhalb eines einzigen Kunstwerks die alten, geliebten, ihm von den Mythenmachern früherer Zeiten überlieferten Rohstoffe mit den neuen Entdeckungen und Hypothesen der Naturwissenschaftler seiner eignen Zeit, welche nun auf ihn einströmen, in Einklang zu bringen.

Wir wollen dieses Problem einmal an einem besondern Fall betrachten. Was sollte in dieser zweiten Hälfte des 20. Jahrhunderts ein Dichter, der in englischer Sprache schreibt, mit Nachtigallen anfangen? Vor allem ist dazu zu bemerken, daß das Bespritzen englischer Einfassungshecken mit chemischen Unkrautvertilgern den größten Teil ihrer Bevölkerung von vielerlei Raupen vernichtet hat, mit dem Ergebnis, daß raupenfressende

Nachtigallen (zusammen mit raupenfressenden Kuckucken und diesen Ex-Raupen, den Schmetterlingen) nun Seltenheiten in einem Land geworden sind, wo sie einst das weitestverbreitete aller poetischen Rohmaterialien gewesen sind.

Hier haben wir Stoff für einen reichverzweigten Essay, für ein zugleich lyrisches und besinnliches Gedicht, ein langes Kapitel eines Romans in Proustscher Manier. Dank der Wissenschaft und Technologie besitzen wir nun chemische Spritzmittel, welche das Unkraut unter und neben Hecken vertilgen. Die Spritzmittel werden angewendet, das Unkraut wird pünktlich vertilgt – und damit auch die biologische Basis einer langen Tradition poetischen Gefühls und poetischen Ausdrucks. Die Menschen müssen handeln, aber sie sollten nie vergessen, daß sie unfähig sind, die ferneren Folgen ihrer Handlungen vorauszusehen. Kein Unkraut, keine Raupen. Keine Raupen, keine »Philomel mit Melodey«, kein »klagend Anthem« oder »Bezaubern magischer Fenster« (John Keats). Unsre Welt ist ein Ort, wo niemand je etwas für nichts bekommt, wo auf fast jedem Gebiet jeder Gewinn bezahlt werden muß, entweder sogleich und auf einmal oder mit einer unbestimmt langen Reihe von Raten.

Chemische Spritzmittel sind nicht der einzige Beitrag der Naturwissenschaft zum literarischen Nachtigallenproblem. Dank den Vogelbeobachtern und den das Verhalten der Tiere Erforschenden wissen wir nun viel mehr über den Gesang der Nachtigall, als in der Vergangenheit bekannt war. Das »unsterbliche Vöglein« (gefährdet ununsterblich, wie unsre jüngsten Erfahrungen mit Unkrautvertilgern erwiesen haben) singt noch immer, wo die Raupen noch genügend reichlich vorhanden sind, seinen alten, wie eh und je rührenden Gesang. Im Dunkeln lauschen wir,

> Während du deine Seele ausströmst so,
> In solch Ekstase[2]

lauschen im Mondlicht, während

> Ausbrüche schwellend sich durchs Laub her drängen.
> Und wieder – hörst du's?
> Ewige Leidenschaft!
> Ewiger Schmerz!

[2] John Keats, aus ›Ode to a Nightingale‹.

Und indes wir lauschen, fallen uns die alten Mythen wieder ein:

Gewahrst du wiederum
Im Mondlicht hier auf Englands Gras den dräuend
Unfreundlichen Palast in Thrakiens Wildnis
Und liest du wiederum,
Brennenden Auges und mit heißen Wangen,
Klar eingewebt, der stummen Schwester Schande?[3]

Oder es kann von der alten griechischen Gruselgeschichte aus Verbrechen, Sexualskandal und wunderbarem Eingreifen höherer Mächte der lauschende Dichter seine Aufmerksamkeit auf eine andre geliebte Überlieferung verlegen. Und da hört er

Vielleicht denselben Sang, der einen Pfad
Ins Herz der heimwehkranken Ruth gefunden,
Als sie in Tränen stand im fremden Korn.[4]

Ein Jahrhundert nach Keats und ein halbes Jahrhundert nach Matthew Arnold machte T. S. Eliot von demselben traditionellen Rohmaterial englischen poetischen Gefühls und poetischen Ausdrucks Gebrauch. Er schrieb über Philomele, von dem barbarischen König

So roh geschändet; doch die Nachtigall
Dort füllt mit unverletzlich süßer Stimme
Die ganze Wüste, und sie schluchzt noch immer –
Und immerzu verfolgt die Welt sie noch –
»Gluck, gluck!« für schmutzige Ohren.[5]

Und wie eingefleischt, wie angeboren schmutzig diese Ohren sind! Sweeneys Ohren, Mrs. Porters Ohren, Rachels, *née* Rabinowitsch, Ohren. Die Nachtigallen, mittlerweile,

[3] Matthew Arnold, aus ›Philomela‹.

[4] Keats, aus ›Ode to a Nightingale‹.

[5] T. S. Eliot, aus ›The Waste Land‹. Die im Englischen übliche Wiedergabe des Nachtigallenschlags durch *»jug, jug«* hat hier (für eine »schmutzige Phantasie«) Assoziationen mit Trinken und Sexuellem. *Jug* (Krug) klingt an das Geräusch des Trinkens *(cluck, cluck)* an, ist Abkürzung für Joan und Judith und wurde verallgemeinernd ehemals auf eine Mätresse angewendet, dies auch als »Teil fürs Ganze«, entsprechend den Wörtern, welche Gefäße bezeichnen, in vielen Sprachen stets beigelegten Bedeutung. Ferner heißt *jug* »Kittchen«. Von alledem läßt sich im Deutschen leider nur der Bezug aufs Trinken andeuten durch das für den Nachtigallenschlag neben »tju, tju« gebräuchliche »Gluck, gluck«.

Die Nachtigallen singen nah
Im Klosterhof des Sacré-Cœur
Und sangen schon in jenem Wald,
Als Agamemnons Schrei sie schreckte
Und ihr getropfter Losungsbrei
Das blutgestärkte Grabhemd fleckte.[6]

Wir sind wieder zurück bei den uralten Geschichten von Verbrechen und Sexualskandal und übernatürlichem Eingreifen. In Eliots Nachtigallen-Strophen sind die einzigen Neuheiten die Schmutzigkeit der lauschenden Ohren und die Nähe des Klosters vom Sacré-Cœur. Agamemnon und der König von Daulis; Sweeney und die selige Marguerite-Marie Alacoque, heutige Verwahrlosung, uralte Barbarei und barocke Religiosität – mit diesen mythologischen Obertönen, diesen kulturellen Harmonien und satirischen Untertönen gelangt der Gesang des unsterblichen Vögleins zu einem großen zeitgenössischen Dichter. Die Lektüre von ›Das wüste Land‹ und ›Sweeney unter den Nachtigallen‹ würde einen nie vermuten lassen, daß T. S. Eliot ein Zeitgenosse der Tierpsychologen L. Howard und Konrad Lorenz ist. Wenn er von Philomele spricht, spricht er von ihr, wie Matthew Arnold und Keats von ihr sprachen – als einem Geschöpf mit menschlichen Gefühlen, das sein Lied innerhalb eines bloß kulturellen Beziehungsrahmens singt. In den zwanziger Jahren des 20. Jahrhunderts, als Eliot diese Gedichte schrieb, waren die Gründe dafür, daß Vögel singen, endlich klar begriffen worden. Howard und seine ethologischen Fachkollegen hatten entdeckt, was Philomeles Ergüsse anzeigen, was sie bezwecken. Der Mensch ist das Maß aller Dinge. Wie wahr – für uns! Aber für Nachtigallen ist das Maß des Nachtigallenuniversums eben die Nachtigall; das Maß einer Tigerwelt ist für Tiger einfach der Tiger. Daß die Ethologen imstande waren, diese Wahrheit zu erkennen und demgemäß zu handeln, stellt einen der größeren Triumphe der wissenschaftlichen Methode dar. Philomele, so ergibt sich, ist nicht Philomele, sondern ihr Gemahl. Und wenn das Nachtigallenmännchen singt, singt es nicht im Schmerz, nicht aus Liebesleidenschaft, nicht in Ekstase, sondern einfach, um andern Nachtigallenmännchen kundzutun, daß es ein Territorium abgesteckt hat und bereit ist, es gegen alle, die da kommen mögen, zu verteidigen. Und was

[6] Aus ›Sweeney Among the Nightingales‹.

veranlaßt den männlichen Vogel, zur Nachtzeit zu singen? Eine Leidenschaft für den Mond? Eine Baudelairesche Liebe für Dunkelheit? Durchaus nicht. Wenn er mit Unterbrechungen die Nacht hindurch singt, geschieht das, weil er, wie alle Angehörigen seiner Spezies, die Art von Verdauungssystem besitzt, die ihn jede vier oder fünf Stunden im Lauf der vierundzwanzig zwingt, Futter zu sich zu nehmen. Während dieser Zeiten der Nahrungsaufnahme warnt er zwischen einer Raupe und der nächsten seine Rivalen (tju, tju, tju) davor, in sein Privatrevier einzudringen.

Wenn die Eier ausgebrütet sind und territorialer Patriotismus nicht mehr notwendig ist, macht eine veränderte Drüsenfunktion im Innern des Körpers des Nachtigallenmännchens allem Singen ein Ende. Ewiger Schmerz und ewige Leidenschaft, die unschändbare Stimme und die ekstatischen Ergüsse verstummen zu einem nur gelegentlich von einem heisern Krächzen unterbrochenen Schweigen.

Für den Dichter oder Schriftsteller des 20. Jahrhunderts ist diese neue Information über ein von der Tradition geheiligtes Stück poetischen Rohmaterials selber ein Stück potentiellen poetischen Rohmaterials. Es unbeachtet zu lassen, wäre ein Akt literarischer Feigheit. Die neuen Tatsachen über Nachtigallen sind eine Herausforderung, vor der zurückzuweichen Verzagtheit wäre. Und was für eine Herausforderung! Die Wörter des Stamms und des Lehrbuchs müßten zu einer vieldeutigen Sprache geläutert werden, welche fähig wäre, die Wahrheit über Nachtigallen, wie sie in ihrer Welt von Raupen, endokrinen Drüsen und territorialer Besitzgier existieren, auszudrücken und gleichzeitig die Wahrheit über die Menschen, die dem Sang der Nachtigall lauschen. Es ist eine seltsam komplexe Wahrheit über Geschöpfe, welche an den unsterblichen Vogel in streng ornithologischen Begriffen denken können und gleichzeitig (trotz Ornithologie, trotz der unausrottbaren Schmutzigkeit ihrer Ohren) überwältigt sind von der magischen Schönheit dieses klagenden Anthems, wie es so »über die nahen Wiesen, über den stillen Bach« verklingt, – Wahrheit über Geschöpfe, welche ganz genau wissen, daß alles Vergängliche *nicht* ein Gleichnis oder Symbol für etwas andres ist, welche aber mit einem Teil ihres Geistes zurückzudenken lieben an Philomele und die greuliche Geschichte von Verbrechen und verbrecherischer Vergeltung, von inzestuöser Schändung und rächendem Mord. Es ist letztlich eine Wahrheit über Geschöpfe, in deren Geist, viel tiefer einverwoben als irgendeine wissenschaftliche Hypothese oder sogar irgendein archetypischer Mythos, jenes Etwas liegt, dessen Aufenthalt überall ist, das wesentliche Sosein der Welt, welches gleichzeitig immanent und transzendent ist – »hier innen« als das tiefste und unaussprechlichste aller privaten Erlebnisse und gleichzeitig »dort draußen« als der geistige Aspekt des materiellen Universums, als das in den kosmischen Geist auftauchende System einer Unendlichkeit von Systemen, welche unaufhörlich zugrunde gehen und unaufhörlich sich erneuern.

Hilde Domin

Eine Kultur oder keine Kultur

Der Zwei-Kulturen-Streit als Scheinkonflikt

Meinem Beitrag, der nicht eigens für dieses Buch geschrieben, sondern wegen seiner parallelen Problemstellung aus meinem Band ›Wozu Lyrik heute. Dichtung und Leser in der gesteuerten Gesellschaft‹ mit kleinen Änderungen übernommen wurde, möchte ich zur Ergänzung und Verdeutlichung einige Thesen zum Thema voranstellen.

1. In einer sich automatisierenden Gesellschaft, einer »push button society«, ist es mindestens so wichtig, die Verantwortung derer, die »auf die Knöpfe drücken«, zu schärfen, wie es wichtig war zu wissen, welcher Strom welche Kontakte auslöst, wenn einer auf einen Knopf drückt. Wer drückt auf den zweiten, dritten, zehnten Knopf, und fällt vielleicht Abel nach Knopf x um? Auf jeden Fall, was passiert am Ende der Reihe, an deren Anfang du auf den Knopf drückst: diese Frage muß akut gehalten werden. Das Alibi kann nicht darin bestehen, daß jeder brav auf seinen Knopf drückt, gleichgültig ob er nun weiß, wie der Impuls sich weiterleitet, oder ob er im Technischen soviel weiß wie ein Affe, der auf einen Knopf drückt. Wünschenswert wäre, er wüßte mehr als der Affe. Aber angesichts der Arbeitsteilung, die wir nicht rückgängig machen können, wollen wir es den Naturwissenschaftlern überlassen, dafür zu sorgen, daß die Knöpfe funktionieren. Im Technischen immer besser funktionieren. Und wir wollen dafür sorgen, daß sie im Sozialen und im Menschlichen richtig funktionieren, daß sie nicht mißbraucht werden. Das ist unser aller Aufgabe. Und besonders die der Schreibenden, die den Menschen als Menschen »akut« halten, um es einmal so zu nennen.

2. Von vergleichbarer Relevanz wie die Frage nach dem technischen Funktionieren der Computer ist die Frage, wer sie herstellt. In einer Gesellschaft von Studenten sprachen wir über die Möglichkeit des Gebrauchs und Mißbrauchs der Apparatur. »Wichtig wäre zu wissen, wer die Computer herstellt«, sagte sofort eine auf Fragen des Produktionsprozesses gedrillte Studentin. Diese Frage, interessant wie sie für die Produktionsordnung sein mag, ist eine untergeordnete neben der, wer die Com-

puter gebraucht oder mißbraucht. Wer z.B. bestimmt, wer »auf Knöpfe drücken« darf, wer sie programmiert und wie.

3. Die Erregbarkeit der Menschen, die die »Knöpfe« kontrollieren, ihre Menschlichkeit muß erhalten bleiben. Ganz wie ihre Ratio. Menschsein ist keine Freizeitangelegenheit. Deswegen ist Kunst, die den Menschen im Menschen aktiviert – das »Du« im »Rollenmenschen« – keine Freizeitangelegenheit, sondern etwas Zentrales. Denn »wenn der Mensch erst wirklich zu dem *manipulandum* wird, für das er sich hält, dann [...] treten wir ein in ein Zeitalter, in dem es nicht ›wahr‹ noch ›unwahr‹ mehr gibt: in einen Schlaf oder Alptraum, aus dem nichts uns aufweckt.«[1]

4. Undiskutiert soll bleiben, wie groß der Prozentsatz der Schreibenden (Lyriker inbegriffen) war, die mit dem Rücken zur Zukunft und oft schon mit dem Rücken zur Gegenwart gelebt haben. Also »böse« waren, in Snows politischer Wertung. Die Snowsche These ist, trotz Brecht, Sartre, Camus, trotz der entschieden fortschrittlichen Haltung der Mehrzahl der Nachkriegsautoren nicht ohne weiteres zu entkräften. Aber ganz abgesehen davon, daß nicht jeder Konservatismus nach Auschwitz geführt hat, und daß nicht auch der oder jener Fortschrittseifer zu Scheußlichkeiten geführt hätte, ist die ganze These nur noch historisch interessant: als Bilanz des Gewesenen. Für den, der ernst macht mit der Hinwendung zur Zukunft, oder der auch nur ernst macht mit der Gegenwart, ist die Snowsche Alternative hinfällig. Denn die Umstrukturierung der Gesellschaft, in der wir uns gegenwärtig befinden, spürbar befinden, bringt eine Umakzentuierung unseres gesamten Tuns, unserer gesamten Begriffe notwendigerweise mit sich. In der synchronischen Gesellschaft (der Gesellschaft von Vorder-, Neben-, Hintermännern) wird eo ipso fortschrittlich, Zukunft gewährleistend im Sinne einer *konkreten Utopie,* was in der früheren, diachronischen Gesellschaft Abkehr, also »konservative Utopie« war. Die Funktionen unseres Handelns bekommen andere Vorzeichen. Ebenso die Kunst. Ebenso das, was unter Freiheit zu verstehen wäre, ein Begriff, der sich dauernd umakzentuiert (s.u.).

5. Die Sprache wird auch weiterhin das Vehikel der Mitteilung bleiben, wenn der Mensch nicht nur auf Signale gedrillt sein soll wie der Pawlowsche Hund. Die Sprache aber ist in

[1] Maurice Merleau-Ponty, L'oeil et l'esprit. Paris 1964, S. 12.

einem dauernden Abschleifungsprozeß begriffen. Durch die Dichter wird Sprache geschärft und immer neu zum Ergreifen der Wirklichkeit befähigt, zum immer neuen Selbstverständnis des Menschen in der sich wandelnden Wirklichkeit. Ohne geschärfte und genaue Sprache ist keinerlei gesellschaftliche Kontrolle und Selbstkontrolle möglich.

6. Es ist zu fordern, daß Schreibende und Geisteswissenschaftler das Bild der Welt, das die Naturwissenschaften erobert haben, sich jeweils zu eigen machen. Überhaupt, sich möglichst viel »Wirklichkeit«, also Welt, zu eigen machen. (Mit »Bild der Welt« ist nicht die Einzelkenntnis der technischen Apparatur gemeint, sondern das Gesamtkonzept.) – Und umgekehrt, daß die Naturwissenschaftler nicht zu Banausen werden.

7. Die Arbeitsteilung aufheben oder rückgängig machen zu wollen im Zeitalter zunehmender Spezialisierung, wäre ein reaktionäres Unternehmen.

8. Der Gesichtspunkt der »besseren Welt« kann nicht nach der »Nützlichkeit«, also der unmittelbaren (und berechenbaren) »Verwendbarkeit« entschieden werden. Alles, worauf es im Leben ankommt, ist unnütz und unverzichtbar zugleich: die Liebe (Kinder bekommt man auch ohne sie), die Kunst, die Freude, die Trauer usw.

9. Fatal sind die Abstraktionen, die sich über die Wirklichkeit legen, sie ins Einlinige umfälschen: die Ideologien (keineswegs nur die politischen). Unablässige Relativierung des eigenen Standorts ist hier die Therapie (s. u.).

10. Schlimm wäre es, wenn aus dieser Sammlung von Aufsätzen neue Ideologien entsprängen: ein Arsenal neuer Schlagworte, die man sich in der Bundesrepublik gegenseitig um die Ohren hiebe. Der hier aufgezeigte Riß sollte zugleich die Kräfte zu seiner Überwindung mobilisieren, je bewußter er gemacht wird, um so mehr. Sonst wird dieses Buch nur zu neuem Freund-Feind-Denken und zu einer weiteren Verfälschung unserer von Tag zu Tag mehr verzerrten Wirklichkeit führen. – Entweder wir haben, mit Snow zu reden, alle »die Zukunft im Blut« oder es wird diese Zukunft auch für die Naturwissenschaftler nicht geben. Die Kultur ist *eine,* der »Two Cultures Conflict« ein Scheinkonflikt. Eher als zwei Kulturen werden wir gar keine haben. Es ist möglich.

Die Lyrik als einer der Garanten von Zukunft

Lyrik als Widerstand gegen Neutralisierung
Der Mut zur Identität

Der Mensch ist kein Gegenstand unter Gegenständen. Kein Baustein, der sich beliebig verwenden läßt. Hier haben wir, ganz konkret, die Bedrohung, die »keiner auf sich bezieht«: die Verdinglichung. Es ist eine ihrer vielen Formen. Der Mensch muß sich weigern, »Vorauskonformist« zu sein auf dem Wege seiner Verwandlung in den Apparat. Das Wort »neutral« hat keine Anwendung im Humanen. Und am wenigsten in der Kunst. Und schon gar nicht in der Lyrik. Lyrik ist das Anti-Neutrale schlechthin.

Den »Mut seiner Erfahrungen« zu haben, ohne den es Lyrik nicht gibt, ist, gegen den Trend zu gehen, nicht zu sein wie jeder: nicht verwechselbar, nicht berechenbar und daher nicht »verwendbar«, eben lebendig. (Lebendig und neutral sind Begriffe, die einander ausschließen.) Und zu »rufen«, vox clamans zu sein, Stimme, die die andern aufruft, am Leben zu bleiben, Stimme, die sie verletzt und verletzbar erhält. Damit sie Partei ergreifen, wo neutral zu sein Unmenschlichkeit ist. Dazu müssen sie vor allem sie selber sein, sonst ist nichts da, an das appelliert werden könnte und das Widerstand leistet. Oder Hilfe leistet. Täglich »sterben« die Menschen und gehen einher als Puppen ihrer selbst. Jeder Lebende erfährt es, zumindest in den hochindustrialisierten Ländern, daß heute schon die Halb- und Dreiviertelstoten die Mehrheit sind. Die Zeitungen sind voll von Berichten darüber. Der »Halbtote« ist der programmgerecht funktionierende Mensch, der nur noch auf Störung seines Konsums reagiert. »Lebend« ist, wer nicht erträgt, daß sein Weltbild zerstört wird. (»Nur innerhalb der Wahrhaftigkeit kann ich vergnügt und ruhig sein.« Dieser Satz Peter Hilles[2] umschreibt ungefähr, was hier gemeint ist.)

Die Halbtoten sind kein mögliches Gegenüber für die Kunst. Nicht für Lyrik und für gar keine Kunst. Es würde die Erfahrung fehlen, die in Kunst kondensiert und virulent gemacht und

[2] Peter Hille sagte: »nur innerhalb der Wahrheit«, ich habe das skeptischer formuliert. Zitiert nach Günter Bruno Fuchs, Blätter eines Hof-Poeten & andere Gedichte. München 1967: *Widmung an Johannes Bobrowski:* »Der Präsident / wird vereidigt auf einen Satz von Peter Hille ... Es kommt zu einer / Schweigeminute.«

auf ein allerhöchstes Potential gebracht wird, das das eigene Potential der Menschen erhöht. Was der Lyriker sagen würde, falls einer überlebte, wäre dann verurteilt, Partikuläres mitzuteilen, nicht mehr Gültiges. Denn es würde für niemanden mehr verbindlich sein. Sicher ist, daß die großen »Muster« allen Lebens sich zu Schemen zu entleeren drohen, in denen sich die Figuren wie Marionetten zusammenfinden. (Ein Teil der überkommenen »Muster« wird infolge der veränderten Lebensumstände zwangsläufig obsolet.) Es würde dann aber nicht nur die Kunst an ein Ende kommen, es würde der Mensch als Mensch nicht weiterexistieren, eine aussterbende Art wie die Riesenfarne, die wir in den Gewächshäusern noch anstaunen dürfen.

Daher ist der Lyriker heute, in einer sich schematisierenden Gesellschaft, durch seine bloße Existenz schon »Sand in den Rädern« (Eich). Er ist »Unruhe« (Grass), er kann gar nichts anderes sein. Außer er lüge die Wirklichkeit um, in andern Worten: er sei gar kein Künstler, sondern ein Lieferant von Dekorationen. Er, der sich nicht drücken kann wie jeder Dritte, in eine »falsche Wirklichkeit«, ist der Zeitgenosse par excellence. (Heute leben heißt nicht ohne weiteres schon »Zeitgenosse« sein. Zeitgenosse sein ist eine Bewußtseinsfrage.) Daraus ergibt sich zwangsläufig, daß der Lyriker, der den Menschen hinführt zu sich selbst, ihn nicht etwa wegführt in ein Abseits, sondern hin zu seiner ihm aufgegebenen Wirklichkeit, daß er ihn hellhöriger macht für die Zeit, in der er lebt.

Am Umschlagspunkt von der diachronischen zur synchronischen Gesellschaft
Die dialektische Umkehr der Funktionen
Der neue Auftrag der Lyrik

Ganz offenbar ist es der Umschlagspunkt in eine anders strukturierte Lebensform, an dem wir uns befinden: von einer vorwiegend diachronischen in eine vorwiegend synchronische Gesellschaft, der den Lyriker – der doch »Dasselbe« tut, was er »immer« tat – zugleich mit einer neuen (umgekehrten) Aufgabe im sozialen Ganzen betraut und mit seiner Ausrottung bedroht, d.h. ihn automatisch in scharfen Gegensatz zum Trend der Entwicklung bringt und ihn zu einem Koordinatenpunkt menschlicher Resistenz macht, während eben dieser Trend immer weniger Raum für ihn läßt und auf seine Abschaffung hinwirkt. Eine äußerst heikle und fast aussichtslose Position – in der die Unvereinbarkeit zwischen Außen und Innen, die der Katalysator seines Schaffens ist, eine paradoxe Spannweite annimmt –, außer er gebe nach und gleiche sich an, was bedeutet, er verzichte auf sich und damit auf seine Existenz als Lyriker. Denn diese Existenz beruht auf dem schwebenden Ausgleich durch eine auf feinste Gewichte geeichte Innensteuerung. »Hinhören auf den stimmlosen Ton des Herzens«, wie es bei den Chinesen heißt.

Um es ganz klar zu machen: die diachronische Lebensform funktionierte auf Grund der überlieferten Verhaltensmodelle, auf Grund von »Fraglosigkeiten« (rückorientierter Innensteuerung), oberhalb derer ein Betätigungsraum für die Freiheit des Einzelnen blieb, und damit auch für die Kunst. Heute wird auf synchronischer Ebene gesteuert, durch ein System von Vordermännern, Nebenmännern, Hintermännern. Die traditionellen Imperative sind durch die sich einpendelnde Außensteuerung der Zweckverbände ersetzt, die im Augenblick noch durch ein kompliziertes Kommunikationssystem halb automatisch, morgen schon buchstäblich more geometrico durch Rechenmaschinen gesteuert werden, die, selber nach dem Modell des Menschen gebaut, den Menschen nach ihrem Modell umformen werden, bis er im Ernst einer Rechenmaschine gleicht. Also berechenbar und einsetzbar ist wie diese, unter Strafe seiner automatischen Eliminierung. Bei der Steuerung auf synchronischer Ebene bleibt weder der Rückhalt der überlieferten Vorbilder noch etwas wie jener marginale, sehr dehnbare Entscheidungsraum für den Einzelnen, Außensteuerung ist ihrer Natur nach totalitärer als eine diachronisch strukturierte Gesellschaft, bei der »Freiheit« ja auch nur oberhalb der durch die Jahrhunderte geheiligten Fraglosigkeiten sich frei machen konnte.

Wir hängen in einem Fadenkreuz: zwischen dem rückwärts in der Geschichte der Menschheit verankerten Tun – dem Irrationalen –, von dem Freiheit, das Rationale, sich abhebt. Und dem pseudorationalistischen Mitgehen mit Nebenmann und Vordermann auf einer Ebene plausibler Zwänge, innerhalb derer nun alles Nicht-»Geometrische« als Freiheit erscheint. Wir stehen also im Scharnier zweier sich kreuzender dialektischer Bewegungen. Jedes Tun – je nachdem, auf welchen der beiden Bewegungskontexte es bezogen wird – trägt ein jeweils umgekehrtes Vorzeichen. An welcher der »Schnüre« man zieht bei diesem Vexierspiel, das Ergebnis ist immer nur eine Verschiebung von Paradoxen. »Freiheit« ist von beiden Seiten relativierbar, erscheint als etwas Rationales im Hinblick auf traditionsbestimmte Verhaltensmodelle, und gleichzeitig als irrational in ihrer Verteidigung gegen die Durchschematisierung der Welt: auf jeden Fall aufs heikelste eingebunden in das Kräftespiel beider Zusammenhänge, in zwei einander durchkreuzende »Gesetze«. Auf eben dieser Kippe steht der Lyriker, Hand in Hand mit der mühsam atmenden Freiheit.

Er, der »immer das Gleiche« tut, befindet sich wie kein anderer in der Zwickmühle zweier rivalisierender dialektischer Prozesse, auf der Kippe zweier Gesellschaftsstrukturen, Ausschau haltend nach einer dritten. Daher steht er ganz von selbst am Kreuzpunkt zwischen der alten Ordnung und einer möglichen utopischen. Und daher kann der Lyriker heute nur Widerständler sein, ein Neinsager und kein »Preisender«, das Ja ist da als Potentialis seines Glaubens an die Fortdauer seines Menschseins, der der Glaube an die Fortdauer der Bereitschaft der andern und an die Fortdauer des befreienden Worts ist. Fast ein Glaube an »Wunder«. Ohne dies Ja, ohne die geheime Utopie seiner eigenen Möglichkeit, die die Möglichkeit der andern mit einschließt, könnte kein Wort eines Gedichts heute noch geschrieben werden. Und auch nicht gelesen. Lyrik ist also und auf jeden Fall ein tapferes Handwerk, eine Sache des »Trotzdem«, und damit eine Erziehung zur Wahrhaftigkeit, zur Angst (zur notwendigen Angst) und zur Freiheit von der Angst.

Insofern ist also auch heute der Lyriker, auch der »Neinsager«, in Wahrheit immer zugleich doch ein »Preisender«. Als sei Schwarz eine helle Farbe.

Lyrik als der »umgekehrte Antrieb«, der Antrieb nach innen (Gehlen), der auf die Stärkung des Einzelnen ausgerichtet ist – früher als »Flucht vor Wirklichkeit« oder auch als »konservative Utopie« (Mannheim) gekennzeichnet –, wird somit in einer Epoche synchronisierter Außensteuerung und Einpassung zur Voraussetzung eines Aufbaus menschlicher Gesellschaft überhaupt: also zu einer Vorbedingung aktiven Gestaltens menschlichen Miteinanders. Und das ganz unabhängig davon, welchen Inhalts das Gedicht ist, ob es politisch engagiert im engeren Sinne ist oder nur Seismograph der Zeit, also beunruhigend und zugleich doch bewußtseinssteigernd, Lebensimpuls steigernd. Es wird ohne weiteres zum Garant von Freiheit in diesem Sinne. Gegen die »Eindimensionalität« (Herbert Marcuse) eingepaßten und widerspruchslosen Funktionierens.

Das ist die dialektische Umkehr, bei der der Rückzug zur

Voraussetzung für den Vorstoß wird: die Abkehr vom Tun, Voraussetzung für Tun.

Lyrik, der dem Handeln abgewandte Antrieb, gewährleistet ein Zentrum der Innensteuerung, des Widerstands gegen Entmündigung. Wird also – oder kann – Wirklichkeit mittelbar verändert werden, durch Lyrik? Macht Lyrik die innere Stimme hörbar, die sich den Befehlen der Gleichschaltung widersetzt? Bewahrt sie die »Einmaligkeit« vor dem Verlust ihrer selbst?

Ist Lyrik folgenlos?
Das Paradox der Katharsis
Innensteuerung und Utopie

Skeptischer als Brecht (Lyrik soll die Wirklichkeit verändern), zuversichtlicher als Benn (Lyrik, Kunst, ist folgenlos), frage ich: Handelt es sich zumindest um ein Höherlegen der Schwelle der Manipulierbarkeit? Der Schwelle, hinter der der Mensch nicht mehr »etwas aus dem macht, was man aus ihm gemacht hat«, sondern etwas »aus sich machen läßt«?[3] Wie steht es um die Steigerung des Menschen zu seinen eigenen Möglichkeiten, als Voraussetzung einer menschlicheren Welt?

Um ehrlich zu sein, es steht schlecht, und also auch schlecht um unsere These: Hat etwa der Lyriker, hat der Lyrikleser zu denen gehört, die sich besonders bewähren, wenn die »Proben« kommen? Widersteht er den geheimen – oder durchaus nicht geheimen – *Verführern* diesseits und jenseits des Eisernen Vorhangs besser als die meisten? Wenn Lyrik den Menschen sich selbst zurückgibt, wenn sie ihn anhält zur Wahrhaftigkeit, müßten der Lyriker und sein Leser nicht verantwortungsfreudiger sein als andere?

Die hohe Identität mit sich selbst, die das Gedicht auslöst (beim Schreiben, beim Lesen), sagten wir, ist eine Identität auf Augenblicke. Punktuelle Ekstasen. Derartige Augenblicke tragen ihr Alibi in sich. Die Katharsis, diese Bereinigung zwischen Innen und Außen, zwischen Wirklichkeit und Gegenwirklichkeit, vollzieht sich in der »Sphäre der Entlastung« (Gehlen), ist als solche in der Tat »folgenlos«. Diese Sphäre ist aber nicht aufgehängt im Nichts und Nirgends, auch wenn es sich um »Zeitinseln« handelt, um »Punkte«. Die Instanz, die »innehält«

[3] »L'essentiel n'est pas ce qu'on a fait de l'homme, mais ce qu'il fait de ce qu'on fait de lui.« Jean Paul Sartre, in: L'Arc, Nr. 30, 1966, S. 95.

und sich zu sich beurlaubt, bringt sich selbst nicht als abstractum, sondern als concretum mit, und damit auch das Paket ihrer Erfahrungen, von denen sie sich gerade »entlastet«, indem sie sie in ihr Modellhaftes auflöst. Die Summe dieser das Ich intensivierenden Augenblicke, auch wenn jeder einzelne folgenlos ist, d.h. in sich verpufft (oder verpuffen würde), müßte eine »innere Linie« ergeben und rückwirken auf die »Instanz«, die sich dieser Steigerung ihres Bewußtseins von sich selbst und der Welt aussetzt. Also auf den Menschen, der mehr ist als der zufällige Treffpunkt von Reizen. Wie bei der Häufigkeit einer débauche, würde es im Prinzip von der Häufigkeit dieser Reinigung abhängen, wie sehr ein Mensch davon geprägt wird, und wie sehr er demnach bei sich selbst und »da ist«: für sich und die andern. Und um wievieles weniger »steuerbar«. Obwohl dies eine heikle und statistisch unbeweisbare Hypothese ist. Die »punktuelle Ekstase«, diese »sich kurzschließende Erfahrungskette«, ist sie ein ganz sich schließender Ring?

Was befreit, kann nicht wirken? Je befreiender, je erregender Kunst ist, um so folgenloser wäre sie? Der »Innehaltende« in diesem – auf jeden Fall »produktiven« – Augenblick des Innehaltens, seiner punktuellen Ekstase, ist »herausgetreten« aus Zeit und Aktivität. Obwohl er sich gerade der Wirklichkeit, der Essenz der Wirklichkeit seiner Erfahrung, zuwendet und in diesem Augenblick frei ist von jedem korrumpierenden »Interesse«, das Tun verhindert oder verbiegt. Doch ist dieser Augenblick der Freiheit kein Augenblick der Tat. Und nicht praktischer »Herstellung richtigeren Lebens«. Wiederum, das ist die Dialektik des Widerstands, bleibt im »Innehalten« als Freiheit virulent, was in der Anwendung um sich selbst gebracht würde. Aus diesem Zirkel kommen wir nicht heraus. Zumindest nicht in der Theorie.

Und doch wird aus dieser Sphäre der »Entlastung«, des vom Handeln abgewandten Antriebs heraus, immer erneut auf die Wirklichkeit zu gehalten, die, aus der abstrahiert und sublimiert worden ist, um des »es soll anders sein« willen, um des Traumbilds dieser Wirklichkeit, das sich täglich mehr entfernt. Dieser sich immer mehr erweiternde Riß zwischen der Realität und ihrer Möglichkeit erzeugt den Sprung und den Vorstoß, das Sich-nicht-Abfinden, Sich-nicht-Einpassen. Das immer neue Aufreißen des Gegensatzes zwischen dem, was ist, und dem, was sein sollte, zwischen Wirklichkeit und Gegenwirklichkeit (dem ou-topos, dem, was nicht »statt« hat, dem Traum). Immer erneut macht der Lyriker diesen Riß schmerzhaft virulent, für sich und die andern, realisiert ihn und überwindet ihn, auf einen Atemzug, im Gedicht. Und so bleibt aus all diesen Augenblikken höchster Identität und höchster Objektivierung vielleicht doch eine Art Residuum, eine potentielle Kontinuität im Lebendigen – Kontinuität der Diskontinuität – die »trägt« oder auch nicht trägt, je nachdem. Wenig, wie es ist, gehört es zum Besten, was wir haben. Zu dem, was den Menschen rettet, in seinem Menschsein, ihn befreit von den Zugriffen, gleichgültig, in welcher Gesellschaftsform er zu leben haben wird. Denn alles muß in den Menschen zurückverlegt werden, wenn überhaupt etwas »gerettet« werden soll, in dieser Krise der bisher versuchten Lebensmodelle.

Militante Selbstkontrolle
Sachlichkeit als Innensteuerung und Freiheit
Die »Entdämonisierung« des Kommunikationsapparats

Daß der gesellschaftliche Automatismus, in den wir hineingefüttert worden sind ohne unsern Willen, nur im Prinzip noch mit der Historie als »Kutsche« zu tun hat, aus der wir nach Max Weber nicht aussteigen können, und daß er schlechterdings ein Ärgernis ist, darüber kann niemand hinwegsehen. Er funktioniert zur Beschämung aller, und seine Nutznießer verleugnen ihn ganz wie die Geschädigten, niemand mag zugeben, daß seine Entscheidungsfreiheit unter Druck gestellt ist. Zumindest solange die alten Imperative, diese innere Stimme, entmachtet und bedrängt wie sie ist, nicht durch irgendwelche Mechanismen gänzlich ausgelöscht werden. Bis dahin wird man die Zwänge sich als eigene Entscheidungen maskieren oder allenfalls als Zufälle zu erleben bereit sein: als etwas Punktuelles, das jeweils jungfräulich zur Debatte steht, auch wo man weiß, daß es mehr oder weniger vorentschieden ist.

Die Rettung aus all diesen unleugbaren Ärgernissen, die weit ärgerlicher sind als das beschämendste Schlafzimmergeheimnis, kann nicht das Vertuschen sein, das Zudecken der fatalen Zusammenhänge mit dem Mantel gekränkten Selbstgefühls: das Leben in der »falschen Wirklichkeit«, mit zugekniffenen Augen. Jede Wirklichkeit, die aus dem besteht, was übrigbleibt, wenn man die kränkenden und »unannehmbaren« Zwangsläufigkeiten ausklammert, ist eine »falsche«, und wird von der »richtigen«, die sich verleugnen, aber leider nicht abschaffen läßt, früher oder später überführt. Kunst vor allem läßt sich nicht aus der falschen Wirklichkeit heraus machen. Kunst ist eine Sache des Muts: auch und gerade des Muts zum Bestehen gefährdeter Existenz.

Ebenso ist es mit der Freiheit. Unfreiheit läßt sich nicht zur Freiheit umlügen, der Zwang zum Selbstbetrug führt nur tiefer in Unfreiheit. Und also weg von Kunst und weg von Leben. »... was heute noch für Leben gilt und nur darüber täuscht, wie wenig Leben schon ist«, sagt Adorno[4] in einem seiner schönsten und »gelebtesten« Sätze.

Offenlassend, in tiefer Skepsis, ob eine andere Gesellschaftsordnung nicht unsere Unfreiheiten durch andere Unfreiheit ersetzen würde, wie es die gesamte bisherige Geschichte der Menschheit befürchten läßt, und ob die Utopie eines von Zwang und Zwangsläufigkeit befreiten Daseins nicht immer der ou-topos, der Nicht- und Nirgendsort sein wird, bleibt nichts als die täglich neue Definition des eigenen Standorts. Der Scheinwerfer der Aufklärung, nicht nur auf die andern und die andern Zeiten gerichtet, sondern mit vollem und kaltem Licht auf uns selbst: um das zu wissen, deutlich zu wissen, was niemand von sich wissen mag. Um uns selber, das was uns zustößt wie die Auswirkungen und Folgen unseres Tuns, in der Bedingtheit durch einen funktionierenden Mechanismus verstehen zu können. Nicht um uns dann in romantische Proteste über alles Verlorene zu stürzen, nicht um das Unabschaffbare abzuschaffen. Sondern um uns bewußter mit ihm einzurichten, um genau Kurs halten zu können, wo alles in Fahrt ist. In andern Worten, die Rettung, soweit etwas zu retten ist, bestünde in der Flucht nach vorne: in einer Programmierung der Apparatur, die die Gesellschaft uns in die Hände drückt, nach dem Kriterium der Sachlichkeit. *Sachlichkeit ist eine Vokabel der Freiheit.* In einem dauernden Aktivieren von Innensteuerung, das Außensteuerung von Hebel zu Hebel kontrolliert. In der Enthaltung von den Verführungen der Macht, die die Rückinformation über Vorder-, Hinter-, Nebenmänner vermittelt. Diese Enthaltung nannte ich »Askese in offener Klausur«: Verzicht auf die angebotenen Prämien. Rückinformation korrumpiert die Sachlichkeit, und also die Freiheit der Erstinformation und der Information überhaupt. Rückinformation macht den Menschen zum Teil der Maschinerie, paßt ihn ein und macht ihn funktio-

[4] Negative Dialektik, S. 258.

nieren wie ein Ding. Sie verengt den Raum, in dem Sachlichkeit die Sache ansieht und ihr nach ihrem eigenen Gesetz, dem der Sache, gerecht wird. Es geht um die »Freiheit im Gesetz«, für die jede Zeit neue Formeln finden muß und für die wir die unsere ganz offenbar noch nicht gefunden haben.

Diese Zone müssen wir verteidigen, jeder von uns, und unablässig: durch militante Selbstkontrolle, durch die immer erneute Analyse der Konditionen unserer Unfreiheit, nicht um uns »einzupeilen«, sondern um immer neu zu relativieren, wo wir stehen, in welchem Kräftefeld, und Distanz zu halten. Und um, in diesem erhöhten Wachzustand, innerhalb einer Gesamtentwicklung, auf die wir keinen Einfluß haben, den Raum zu schaffen, darin uns die Freiheit einer Antwort, der Bejahung und der Verneinung, bleibt. Eine genau umschriebene Freiheit, die nicht nur die Freiheit von Bestechung und Entmündigung, vom Gegängeltwerden ist, sondern die Freiheit zur Begegnung und zur musterhaften Begegnung, davon eine die Begegnung mit Kunst ist. In der Ausübung dieser Freiheit, und solange wir sie ausüben, besteht die Möglichkeit zu ihr. Wir schaffen sie, durch die tägliche und militante Entscheidung. Denn wir retten unsere Urteilsfähigkeit und die Schaffensmöglichkeit und die Möglichkeit der Kunst überhaupt, nur insoweit wir uns selber »retten«.

Die Freiheit, die in der Ausübung besteht, wirkt ihrerseits Freiheit fördernd, solange die Ausübung nicht innehält, und ändert das gesellschaftliche Kräfteverhältnis, in das sie eintritt.

Vielleicht war es immer so und ist heute nur durchsichtig geworden, vielleicht war es nicht ganz so, denn andere Epochen verfügten über feste soziale Gerüste. Heute aber ist es so in der funktionierenden und automatisch funktionierenden Gesellschaft, daß nur, was wirkt und sich bewegt, sich seinen Platz schafft, automatisch, während es sich bewegt. Es zirkelt sich seinen Sektor aus, geradezu magisch, durch Tun. Keine Nischen sind da wie Schneckenhäuser, die stehen bleiben, feste Strukturen, wo Tätigkeit aussetzt. Die ganze Landschaft besteht aus den Wirbeln der Tuenden, den kreisenden Luftgebäuden, wie die Materie aus Atomen. Es ist keine Wahl da, wer nicht mitlenkt, wird gelenkt, von den andern. Das Tun, das Freiheit ist, wenn es sich einmal seinen Platz schafft, hat diesen Platz und macht sich fühlbar wie jede andere Kraft. Und kann seinerseits die »Programme« bestimmen oder doch verändern. Denn die Maschinen wiederholen nur und sagen durch ungezählte Münder weiter, was wir hineinsagen, nichts anderes. Und informieren zurück über das, was die andern über das Gesagte sagen. Daher ist die Maschine so aufrichtig oder so verlogen wie die Menschen, die die Knöpfe drücken. Die naturwissenschaftlichen Fakten werden ja auch um der Sache willen in die Maschinen gefüttert, nicht um irgendwelcher Lustprämien willen noch zwecks Besorgung von Statussymbolen durch Ja-Sager. Und heraus kommt demgemäß dann auch die Sachinformation. Die Vielfalt der Daten führt keineswegs zur Gleichschaltung, sondern die Vielfalt bleibt Vielfalt.

Es liegt also an den Menschen, die die Knöpfe bedienen, wenn die Maschine im Gesellschaftlichen und z.B. im Literarischen so anders funktioniert. Die Geisteswissenschaften, die Kunst haben es schwerer. Die »Sache« der Naturwissenschaften ist nachprüfbar. Kunst ist nicht wißbar, sondern erkennbar. Daher fordert Sachlichkeit in Fragen der Kunst den Einsatz des Menschen, für das, was ihm nach bestem Wissen und Gewissen von Fall zu Fall erkennbar – nicht beweisbar – wird. Was aber wiederum nichts Subjektives und Imaginäres, sondern eine objektive Qualität ist, die sich jedoch nur unter ganz bestimmten Bedingungen zu »erkennen« gibt. Der Mensch selbst ist hier das Instrument, das reagiert und Qualität anzeigt, es gibt keine andere Waage. Dieses sein Reaktionsvermögen kann er bewußt auf Kunst von Qualität trainieren und in einem zünftigen Sinne erziehen, so daß er »Kriterium« sich sozusagen einverleibt als Teil seiner selbst. Dies Vermögen, dies einverleibte »Kriterium«[5], darf nicht von außen gestört werden. Die sich nicht verkapselnde – sozusagen unisolierte – Isolierung des Künstlers mit seinem Werk, des Kritikers und Gelehrten mit den Werken aller Zeiten, darin inbegriffen die gegenwärtigen und letzten, also die Leidenschaft für die Sache, die nicht schielen würde nach den Belohnungen für Anpassung, noch nach den »Strafen« für Abweichung, ergibt, heute wie immer, die Voraussetzung für ein sachgerechtes Urteil.

Wo es die Leidenschaft für die Sache ist, die die Knöpfe drückt und die Apparatur programmiert, wo Selbstkontrolle an den nächsten Hebeln sitzt und Kritik statt Einverständnis zum Begriff des »Funktionierens« würde: das heißt, wo die Meldung, die durch die großen Münder kommt, nicht am Neben-

[5] Über eine Neuprägung des Begriffs »Kriterium« als ein activum im Sinne des spanischen Sprachgebrauchs vgl. ›Wozu Lyrik heute‹, S. 58ff.

und am Vordermann, sondern in einem Dialog mit der Sache geprüft würde, da würde die Maschinerie zum Kommunikator eines vielverzweigten Gesprächs, statt zum Gleichschalter und zum Überwacher jeder eigenen und besonderen Stimme. Dann würde Urteil zustande kommen, auch was das Werk von heute, das in sich keine größeren Schwierigkeiten bietet für die Zeitgenossen als die Werke anderer Zeiten für die Mitlebenden, angeht. Und würde Urteil nicht dauernd auf die Probe gestellt und an oder auch über die Grenze des Selbstverrats getrieben. Dann wäre Kunst, was Kunst ist: ein Vorrat an Leben für alle.

Helmut Heissenbüttel
Die Schizophrenie des gesellschaftlichen Bewußtseins und ihre hypothetische Auflösung
Zu C. P. Snows ›Zwei Kulturen‹

C. P. Snows Ausgangspunkt ist eine Situation, die er empirisch und diagnostisch zu erfassen versucht. Er hat die Erfahrung gemacht, daß zwischen zwei Gruppen, deren Tätigkeit für das geistige und praktische Fortkommen der Gesellschaft von entscheidender Bedeutung ist, nämlich zwischen Naturwissenschaftlern und Literaten, kein Gespräch zustandekommt. Snow versucht in der Diagnose, den Wirkungsbereich dieser beiden Gruppen genereller zu bestimmen und rechnet zu den Naturwissenschaftlern auch die Auswerter der naturwissenschaftlichen Forschung, die Techniker, und in gewisser Hinsicht, soweit sie nämlich naturwissenschaftlich argumentieren, die Vertreter der sogenannten Humanwissenschaften, Soziologen, Anthropologen, Psychoanalytiker usw. Dem gegenüber stehen nicht nur Schriftsteller und literarisch Gebildete, sondern alle Vertreter und Anhänger einer Lebens- und Gesellschaftsauffassung, die künstlerische Medien für den Fortgang menschlicher Existenz als notwendig ansehen.

Nur in dieser vereinfachten Generalisierung wird deutlich, warum Snow von zwei Kulturen spricht. Aber bereits im Schema der Generalisierung, die, so allgemein genommen, überzeichnet scheint, stecken Fragen, die über den empirischen Ansatzpunkt Snows hinauszielen. Was Snow zunächst persönlich befremdet hat, ist zum Beispiel Ignoranz von Physikern gegenüber bestimmten Romanen oder Ignoranz von Romanschriftstellern oder -lesern gegenüber den wichtigsten Grundlagen der modernen Physik. Eine Ignoranz, die inzwischen in einer bestimmten Diskussion sich als Feindschaft der Eliten popularisiert. Sind es Gruppen, oder meinetwegen auch Eliten, die sich gegenüberstehen, oder sind es Kulturen, die nebeneinander existieren? Mir scheint die Klärung dieser Ausgangsstellung wichtig, weil erst dadurch erkennbar wird, was gefragt und was geantwortet werden kann. Wenn es sich um Gruppen handelt, so ist mit einer gewissen Wahrscheinlichkeit damit zu rechnen, daß die weiter fortschreitende Ausweitung der Sachgebiete und der Methoden von selbst zu Berührungspunkten führt, an denen die ursprüngliche Ignoranz korrigierbar wird. Diese Hoffnung äußert Snow am Schluß seines »Nachtrags«. Handelt es sich tatsächlich um zwei Kulturen, so besteht die Gefahr, daß diese grundsätzlichen Einstellungen zur menschlichen Realität sich ideologisch verhärten und zu Widersprüchen und Zwistigkeiten führen, die durchaus denen der scheinbar überwundenen Glaubenskämpfe ähneln könnten.

Man kann natürlich auf einen mehr theoretisch-hypothetischen Standpunkt zurückgehen und versuchen, die Fragen vom Ursprung der Prinzipien einer naturwissenschaftlichen beziehungsweise künstlerischen Weltauffassung her zu beantworten. Aber ist man nicht gerade dann wieder in Versuchung, nun an der Argumentation Snows selber vorbeizureden und die Offenheit und Vernünftigkeit seiner Überlegungen zu mißachten? Muß man nicht, wenn man nach einem Bezugspunkt sucht, der für beide Gruppen (beziehungsweise Kulturen) verbindlich sein kann, diesen Bezugspunkt innerhalb der Argumentation Snows, innerhalb seiner empirischen und diagnostischen Darstellung finden?

Zwar berührt Snow nur im Vorbeigehen den theologischen Standpunkt, »die Kirche läßt unüberwindbare Ignoranz gelten«, heißt es einmal, aber er geht doch an einer bestimmten Stelle auf Gegenargumente ein, die sich auf die angeblich destruktiven Auswirkungen der Industriellen Revolution berufen und die geistige Einheit der vorindustriellen Kultur dagegen stellen. Auch hier reagiert Snow empirisch. Er sagt: »Wichtig ist, daß die Leute, die die vorindustriellen Zustände rühmen, sich den Sozialhistorikern stellen. Dann erst gewinnen wir eine Basis akzeptierter Tatsachen. Man kann einen Mythus lehren, wenn aber der Mythus als Tatsache gesehen wird, und wenn die Tatsache widerlegt wird, dann wird der Mythus zur Lüge. Niemand kann eine Lüge lehren.«[1]

Damit verkennt Snow etwas, dessen Erkenntnis mir für die Diskussion des ganzen Fragenkomplexes außerordentlich wichtig erscheint. Für den, der die theologische Welterklärung akzeptiert, hat das theologische Argument von vornherein den größeren Wahrheitsanspruch. Theologische Argumente können nicht durch soziologische Tatsachen (durch den Hungertod Tausender, ja von Millionen Menschen oder durch die Folterung oder Verbrennung ganzer Katakomben von Ketzern) wi-

[1] C. P. Snow, Die Zwei Kulturen, siehe oben S. 83.

derlegt werden. Für den, der die theologische Welterklärung akzeptiert, gelten Fakten nichts vor der Einsicht, deren er sich teilhaftig meint. Wenn man ihn dem Material des Sozialhistorikers gegenüberstellt, wie Snow es fordert, kann er nur dann zugeben, daß es die von Snow gemeinte Lüge gibt, wenn er die Wirklichkeit des Mythus leugnet. Warum? Weil der Mythus und mit ihm die theologische Welterklärung vorauf bestimmt haben, worin die Wahrheit der Fakten besteht, ja was überhaupt Fakten sind. Der Erfahrungsbegriff, den Snow den Mythengläubigen entgegenhält, ist erst mit der Erfindung der neuzeitlichen Naturwissenschaft für den Wahrheitsbeweis brauchbar geworden.

Ich möchte damit betonen (und vielleicht sogar überbetonen), daß die theologische und mythologische Welterklärung, die Jahrtausende menschlicher Geschichte und Gesellschaftsentwicklung bestimmt hat, nicht etwas ist, das durch neue naturwissenschaftliche Forschung modifiziert werden kann (und deren Ergebnissen sie sich modifizierend zu beugen habe), sondern den Grundlagen dieser Naturwissenschaft entgegengesetzt ist. In dem Augenblick, in dem rückhaltlos Erfahrung und Erfahrungserweiterung durch statistisch und mathematisch bestimmte Forschungsmethoden immer erneut bestimmen, was richtig und falsch ist, immer erneut die Grenzen der erkennbaren Welt und die Möglichkeit des Erkennens innerhalb dieser erkennbaren Welt abstecken, wird die mythologische und theologische Vorbestimmung widerrufen; muß sie widerrufen werden, weil es keine Alternative der Modifikation oder des Kompromisses gibt. Die mythologische und theologische Welterklärung verfällt der historischen Relativität als Arbeitsmaterial für eine historische Erfahrungswissenschaft, und wenn diese den Anspruch der Philosophie erhebt, so kann sie das nur, wenn sie von der nur noch historisch relativierten Denkbarkeit des metaphysischen Gedankens ausgeht.

Was Snow irritierte und ihn zur Formulierung der »Zwei Kulturen« veranlaßt hat, ließe sich, von der historisch bedingten Unvereinbarkeit mythologisch-theologischer und naturwissenschaftlicher Welterklärung her gesehen, auch so ausdrücken, daß es in den verschiedenen Gruppen Personen gibt, die, mehr oder weniger deutlich, diese Konsequenz erkennen, aber ebenso andere, die die Restbestände mythologisch-theologischer Welterklärung weitertragen. Es wäre in jedem Beispiel, das Snow anführt, zu untersuchen, wie weit der Zitierte sich der

Tragweite des naturwissenschaftlichen Erfahrungsbegriffs bewußt ist und wie weit er unüberlegt, vor allem auf Gebieten, die ihn beruflich nicht interessieren, weiterredet, was er überliefert vorgefunden hat. Das gilt für Wissenschaftler wie für Angehörige einer künstlerischen Kulturüberzeugung. Snow gibt mit einem Kommentar von David Herbert Lawrence ein treffendes Beispiel. Die Erklärung, mit der Lawrence die Prügelei des Kapitäns rechtfertigt, ist purer Aberglaube, beruhend auf nicht zu Ende gedachten mythologischen Relikten. Dieser Aberglaube ist, wie faschistische Lehrsätze, deshalb so bösartig, weil er sich eines pseudonaturwissenschaftlichen Dekors bedient[2].

Nun ist ein Argument wie das von Lawrence leicht zu widerlegen und der Gegensatz, welcher aus diesem Argument ganz allgemein zwischen Literatur und Naturwissenschaft abzulesen wäre, damit zu erklären, daß offenbar bis in die Mitte des 20. Jahrhunderts Schriftsteller dazu neigen, mythologische Relikte den Denkmethoden der Naturwissenschaft vorzuziehen. Darüber könnte man hinweggehen, wenn in der literarischen Entwicklung eine eindeutige Gegentendenz zu erkennen wäre. Eine solche Feststellung läßt sich aber nicht einfach treffen. Vielmehr gibt es gerade hier zumindest zwei entscheidende Komplikationen.

Obwohl die Literatur seit dem Ende des 16. Jahrhunderts (ebenso wie alle anderen traditionellen Künste) einem bestimmten, wie Alexander Mitscherlich es genannt hat, Neugierverhalten gefolgt ist und sich damit, wie die Naturwissenschaften, in Widerspruch zur mythologisch-theologischen Vorbestimmung gesetzt hat, enthält doch bis heute der Begriff des Poetischen, von dem sich auch eine Literatur, die, wie die Snows, nicht den Anspruch erhebt, Dichtung zu sein, immer noch nicht loszulösen vermag, ein mythologisch-theologisches Relikt. Der Begriff der Kunst, des Künstlerischen, der Ästhetik ganz allgemein hat sich bis in die jüngste Zeit nicht von den Rückständen frei machen können, die ihm aus der Tradition der vorwissenschaftlichen Epochen anhaften. Auch die Industrielle Revolution hat daran zunächst nichts ändern können, ja eher eine weitverbreitete Reaktion à la D. H. Lawrence provoziert. Erst mit der Erfindung neuer Medien als einem Nebenprodukt der naturwissenschaftlichen Forschung scheint eine Änderung eingetreten zu sein, insofern die traditionellen Medien zweifellos ge-

[2] Siehe oben, S. 85 f.

zwungen sind, sich der neuen medialen Situation anzugleichen. In dieser Angleichung aber werden die letzten Reste des überlieferten Kunstbegriffs zersetzt. Die Vorstellung von der Rolle, die die Künste in der zukünftigen Situation einer durch Naturwissenschaft und deren technisch-industrielle Anwendung bestimmten Gesellschaft spielen könnten, muß erst neu durchdacht werden. Das steht noch so sehr im Anfang, daß man darüber kaum schon Hypothesen aufstellen kann.

Das ist die eine Komplikation. Auf der anderen Seite hat, wie Snow immer wieder betont, die wissenschaftliche Forschung einen Grad der Spezialisierung erreicht, der die Ergebnisse dieser Forschung nicht mehr zum allgemeinen Bildungsbesitz werden läßt. Zugleich werden aber die technisch-industriellen und die administrativen Anwendungen dieser Forschungsergebnisse für jeden immer mehr spürbar, oft in einem Maße, das den einzelnen sich hilflos ausgeliefert fühlen läßt. Gerade dieses Gefühl fand, weil es in der traditionellen ästhetischen Vorstellung unterzubringen ist, literarischen und künstlerischen Reflex. Eine ganze Phase der Künste im 20. Jahrhundert läßt sich in diesem Reflex definieren.

Ist das unabänderlich? Daß die spezialisierten Ergebnisse der heutigen Naturwissenschaften nicht mehr allgemeiner Bildungsbesitz werden können, liegt zum Teil an einem Bildungsbegriff, und einem davon abhängigen Erziehungswesen, der ebenso wie der traditionelle Kunstbegriff mit Relikten der mythologisch-theologischen Welterklärung durchsetzt ist. Auch hier machen sich Änderungen bemerkbar, auch hier sind vorerst nur Ansätze zu erkennen. Aber wäre mit der Neubestimmung des Kunst- und des Bildungsbegriffs, mit der Neuausrichtung der künstlerischen Praxis und des Erziehungswesens alles zu beheben, was Snow irritiert?

Es ist vielleicht sinnvoll, hier noch einmal an den Ausgangspunkt Snows zurückzukehren. Er hat die Erfahrung gemacht, daß Wissenschaftler, die er gut kennt, die kulturelle und künstlerische Seite der Gesellschaft, in der sie leben, nicht wahrnehmen oder gering schätzen. Er hat ebenso die Erfahrung gemacht, daß Schriftsteller und Künstler allgemein, die den Anspruch erheben, für die Gesellschaft, in der sie leben, zu sprechen, nichts von dem verstehen, was die gleichzeitigen Naturwissenschaften entdeckten, oder sogar deren Ergebnisse bewußt nicht zur Kenntnis nehmen. Er schließt daraus auf eine Art Schizophrenie des gesellschaftlichen Bewußtseins und sieht darin, gewiß mit Recht, erschreckende Gefahren vor allem im politischen Bereich. Seine Frage lautet: Ist diese Schizophrenie zu beheben? Seine erste Antwort besteht zunächst einmal in dem Versuch, sie diagnostizierend zu beschreiben und dadurch ins Bewußtsein zu bringen. Seine zweite Antwort beruft sich auf Aufklärung und Pädagogik.

Die Schizophrenie des gesellschaftlichen Bewußtseins beruht auf der Partikularisierung des Einzelbewußtseins. Alle Beispiele Snows sind dafür symptomatisch. Diese Partikularisierung, Vereinzelung, Exzentrizität des Einzelbewußtseins läßt sich zwar durch Aufklärung und Pädagogik mildern, auflockern, ausweiten, aber nicht beseitigen. Aufgehoben läßt sie sich denken nur in einem Zustand, in dem Partikularisierung des Bewußtseins nicht mehr möglich ist. Ist dieser Zustand tatsächlich denkbar? Ein Zustand, in dem auch das spezialisierteste Forschungsergebnis selbstverständlicher allgemeiner Bildungsbesitz und dessen Auswirkung in der Praxis selbstverständlich angenommene Erfahrung wäre? Läßt sich auf der anderen Seite eine Ästhetik und lassen sich Schriftsteller und Künstler denken, für die die Kenntnis und Verarbeitung sowohl der Forschungsergebnisse wie die Auswirkungen ihrer Anwendung in der Praxis notwendige und unumgängliche Voraussetzung sind?

Diese Fragen sind hypothetisch. Die Antwort darauf müßte ebenso hypothetisch lauten: ein solcher Zustand ist denkbar, wenn eine Theorie die unausweichlichen Bezüge herstellt. Diese Theorie wäre nicht so etwas wie eine zusätzliche philosophische Rechtfertigung, sondern der Schlüssel, der die Prinzipien und Methoden der wissenschaftlichen wie der medialen Erkenntnis als das gleiche Bestreben nach Orientierung auf einer gesellschaftlich, kulturell und schließlich auch politisch einheitlich gewordenen Erde zu erklären vermag. Das klingt abstrakt und ist vorerst nicht mehr als eine Maxime in hypothetischem Gewand. Man kann jedoch von hier einen Ansatz auch für den konkreten Fall, für die empirisch und diagnostisch erfaßten Symptome, die Snow vorstellt, finden, wenn man immer wieder neu das einzelne Beispiel der negativen Ausscheidung unterwirft und nach dem fragt, was diesem generellen Orientierungsstreben widerspricht und versucht, diesen Widerspruch auf Relikte mythologisch-theologischer Welterklärung hin zu destruieren.

Denn die »Zwei Kulturen« Snows entstammen zwar dem

gleichen Widerspruch gegen die mythologisch-theologische Welterklärung, haben aber in der Auseinandersetzung mit diesem Ursprung und in der Loslösung von ihm (beziehungsweise in der Assimilation seiner Relikte) verschiedene und vielfach nur phasenweise aufeinander beziehbare Entwicklungen durchlaufen. Die Spaltung, die heute empirisch und diagnostisch zu beobachten ist (und die Snow beunruhigt), kann zum Teil überwunden werden durch Aufarbeitung und Koordinierung der verschiedenartigen Entwicklung im Rahmen einer historischen Forschung, die die wahren Bezugsverhältnisse ins Bewußtsein bringen müßte. Notwendig bleiben aber dazu eine Theorie der Wissenschaften und eine neue Ästhetik, die beide auf der historischen Forschung aufbauen.

Gerade der neuen Ästhetik gebe ich persönlich großes Gewicht, weil in ihr die Möglichkeit besteht, den traditionellen Begriff des Schönen, der zum Beispiel in der deutschen literarischen Praxis seit Heinrich Heine fragwürdig geworden ist, endgültig fallen zu lassen (als ein theologisches Relikt) und die Theorie auf den Begriff des Materiellen auszurichten, der von seiner Definition her mit der Wissenschaftstheorie koordinierbar ist und außerdem die Übertragung von Methoden, die wissenschaftlich entwickelt worden sind, auf die künstlerische Praxis zuläßt. Im übrigen ist seit mindestens 50 Jahren der Versuch solcher Übertragungen in der künstlerischen Praxis zu beobachten.

Helmut Kreuzer
Literarische und szientifische Intelligenz

Snows sozialpolitische Entgegensetzung der »zwei Kulturen«, aus der sich seine Polemik gegen die literarischen Intellektuellen nährt, setzt die anthropologische Unterscheidung der individuellen von der sozialen Kondition des Menschen voraus. Er rühmt die szientifische »Kultur« dafür, daß sie aus dieser Differenz vorwiegend optimistische Konsequenzen ziehe; er tadelt die literarische dafür, daß sie zu pessimistischen Konsequenzen neige. Die unaufhebbare Vereinzelung und Endlichkeit des Menschen, manifestiert zum Beispiel im unteilbaren Tod (»jeder von uns stirbt allein«)[1] – das kennzeichnet für Snow die individuelle Kondition, die er deshalb eine tragische nennt, während ihm die soziale Kondition – zum Beispiel die Bedrohung durch Hunger, Krieg, Epidemien – veränderbar, verbesserbar und insofern untragisch erscheint. Die modernistische Literatur der ersten Jahrhunderthälfte sieht Snow in der »moralischen Falle«[2] des Pessimismus gefangen, der Falle genereller Resignation statt partieller, asozialen Verhaltens aus der Fixierung an das Unveränderbare, und dadurch disponiert zur schuldhaften Verbindung mit den »absurdesten Äußerungen unsozialen Empfindens«[3]. Snow meint hier den Faschismus[4], der ja in der Tat auch Dichter für sich einnahm, die sich nun einmal von Nichtdichtern kategorial nicht durch politische Unfehlbarkeit unterscheiden, sondern durch ihre Fähigkeit, im Ausdruck ihrer Erfahrungen und Anschauungen, auch der illusionären oder inhumanen und der klassen- oder zeitgebundenen, literarische Werke von ästhetischem Wert zu schaffen; diese entspringen als solche aus positiven menschlichen Kräften und können in ihrem Gestaltcharakter auch von denjenigen be-

[1] C. P. Snow, Die Zwei Kulturen, s. oben S. 23f.

[2] Ebd., S. 23.

[3] Ebd., S. 24.

[4] Der Houstoner Anglist und Erzähler George Williams hat 1966 in einem (antiszientifisch-pessimistischen) Vortrag über die »zwei Kulturen« (›The Man of Letters in a World of Science‹), dessen Manuskript mir durch die Freundlichkeit von Edward Dvoretzky zugänglich wurde, die Gegenthese vertreten: gerade die szientifische Kultur der Epoche (und ihre fortgeschrittene Entwicklung im vorhitlerischen Deutschland) sei kraft ihrer Negierung der Individualität ein Faktor in der Genese der Hitlerschen Macht und des Totalitarismus gewesen.

wundert werden, die die Ideologie des jeweiligen Autors nicht teilen. Sieht man genauer zu, ist das gesamte Spektrum der weltanschaulichen, sozialen und politischen Haltungen des 19. und 20. Jahrhunderts mit großen Autorennamen zu belegen. Man vergleiche nur für das letzte Jahrhundert das antizivilisatorisch-östliche Christentum Dostojewskijs mit dem sozialrevolutionären Atheismus Georg Büchners oder dem amerikanischen Demokratismus Walt Whitmans, den probürgerlichen Staatsbeamten Gottfried Keller mit dem antibürgerlichen Rentier Flaubert. Die politisch-weltanschaulichen Überzeugungen der Dichter bestimmen immerhin ihre Werke im Regelfall erkennbar mit, auch wenn die Rezeption großer Werke davon meist nicht entscheidend determiniert wird. Daß es demgegenüber keine christliche, deutsch-völkische oder sozialistische Physik gibt, trotz anderslautender Rhetorik, liegt bekanntlich am Charakter der Physik, nicht der Physiker, denen ihr Beruf, gleich den Poeten, erlaubt, ein Christ zu sein wie Compton, Kommunist wie Kapitza, Antikommunist wie Teller, Liberaler wie Einstein, Nationalsozialist wie Philipp Lenard. Die Unterscheidung Snows nach dem Verhältnis zur tragisch-individuellen und untragisch-sozialen Kondition erinnert den Germanisten denn auch weniger an sein Verhältnis zu anderen Fakultäten als etwa an die literarische Antithese Bertolt Brecht und Gottfried Benn.

Dichtung im Sinne Benns ist der authentische und schonungslose Ausdruck allerpersönlichster Erfahrungen, ihre radikale Verwandlung in *Form,* eine »Größe«, die nicht »verändern und wirken« will, »diese Größe will sein«[5]. »Ich meine mit Schönheit«, schreibt er 1929 in einer Kontroverse mit Johannes R. Becher und Egon Erwin Kisch, »[...] nicht jene wolkige, mulmige, ölige Irisierung, die über [...] den Wunschträumen hinsichtlich einer allgemein zugänglichen, international garantierten Behäbigkeit [...] der modernen Gesellschaft liegt – ich denke an eine härtere Schönheit. [...] Ich meine eine Schönheit, die sich mischt aus einem Gehirn, das sich selbst erlebte, und einem Gefühl, das sich selbst erlitt.«[6] Solange der Dichter, »eingebrochen unter acherontischen Schauern in das Abgründige des Individuellen«, dieses in die »Gesetzmäßigkeit« des Kunst-

[5] Gottfried Benn, Gesammelte Werke. Hg. v. D. Wellershoff, Bd. 4: Autobiographische und vermischte Schriften. Wiesbaden 1961, S. 222.
[6] Ebd., S. 207f.

werks hebt, kann es keine andere Moral für ihn geben als »die Wahrheit seines Stils und seiner Erkenntnis, denn alle ethischen Kategorien münden für den Dichter in die Kategorie der individuellen Vollendung«[7]. Der soziale Progreß in der Geschichte entzieht sich dieser Poetik. »Also heute leben die Arbeiter«, schreibt Benn in aggressiver Selbstverteidigung gegen die engagierte Literatur der Weimarer Republik, »wie die Reichen vor drei Jahrhunderten, und [...] in drei Jahrhunderten wird wieder das gleiche Verhältnis so sein und immer so fort [...] das alles ist doch schon gar nicht mehr individuell erlebbar, das ist doch ein funktioneller Prozeß der Tatsache der menschlichen Gesellschaft, das ist extrahuman, wie kann ich denn verpflichtet sein, mich einem Prozeß zuzuwenden, dessen ideologische Aufmachung ich als erkenntniswidrig empfinde und dessen menschlicher Ursprung weit vor mir und weit fort von mir aus eigenen Kräften seinen Lauf begann und seine Richtung nahm?«[8] Benn zieht die Konsequenz, die Snow an angelsächsischen Exempeln erkannt und der literarischen Intelligenz zum moralischen Vorwurf gemacht hat. Da die »tragische« Kondition des Menschen unaufhebbar ist, erscheinen ihm alle »materiellen Verbesserungen«[9] wesenlos, alles Veränderbare bloß akzidentell, ja scheinhaft, unwert jedenfalls der Aufmerksamkeit des Dichters. »So bist du und du wirst nie anders sein, so lebst du, so hast du gelebt und so wirst du immer leben. [...] Hier ist das Heute, nimm seinen Leib und iß und stirb.«[10] Benn ist damit kein Sonderfall; er repräsentiert *eine* der typischen Haltungen in der literarischen Moderne. Auch die Snow-Leavis-Debatte hat das bestätigt; Leavis selber akzeptiert Snows Unterscheidung nicht. Wenn die individuelle Kondition tragisch ist, so fragt er, wie kann dann eine soziale untragisch sein? Besteht nicht jede Gesellschaft nur aus Individuen? Beginnt die Kultur der Dichtung nicht deshalb dort, wo die Zivilisation der Technokraten endet? Stellt sie uns nicht die Fragen, auf die keine generelle Antwort möglich ist?

Eine Erwiderung darauf hat Bertolt Brecht 1955 vorweggenommen. Sie entspringt einer gegensätzlichen, aber literarisch ebenso typischen Haltung. »Für heutige Menschen sind Fragen

[7] Ebd., S. 221.
[8] Ebd., S. 219.
[9] Ebd., S. 217.
[10] Ebd., S. 219.

wertvoll, der Antworten wegen. Heutige Menschen interessieren sich für Zustände und Vorkommnisse, denen gegenüber sie etwas tun können. [...] Die heutige Welt ist dem heutigen Menschen nur beschreibbar, wenn sie als eine veränderbare Welt beschrieben wird.«[11] Das Theater, das diese Forderungen erfüllt, nannte Brecht 1949 »Theater des wissenschaftlichen Zeitalters«, geschaffen unter Benutzung wissenschaftlicher Erkenntnisse für »Kinder des wissenschaftlichen Zeitalters«, für Menschen nämlich mit einer produktiv kritischen Haltung, die gegenüber einem Fluß in der Regulierung des Flusses besteht, »gegenüber einem Obstbaum in der Okulierung des Obstbaums, gegenüber der Fortbewegung in der Konstruktion der Fahr- und Flugzeuge, gegenüber der Gesellschaft in der Umwälzung der Gesellschaft«[12]. Brecht behauptet eine natürliche Affinität zwischen proszientifischer, zivilisatorisch-sozialer Einstellung und literarischer Modernität. Die Flußbauer, Obstzüchter, Flugzeugkonstrukteure und Gesellschaftsumwälzer will er »unterhalten«, und zwar »in sinnlicher Weise und heiter«[13], mit der »Weisheit, welche von der Lösung der Probleme kommt, mit dem Zorn, in den das Mitleid mit den Unterdrückten nützlich sich verwandeln kann, mit dem Respekt vor der Respektierung des Menschlichen, das heißt Menschenfreundlichen, kurz mit all dem, was die Produzierenden ergötzt«[14]. »Die Überraschungen der logisch fortschreitenden oder springenden Entwicklung, der Unstabilität aller Zustände, der Witz des Widersprüchlichen usw., das sind Vergnügungen an der Lebendigkeit der Menschen, Dinge und Prozesse, und sie steigern die Lebenskunst sowie die Lebensfreudigkeit. Alle Künste tragen bei zur größten aller Künste, der Lebenskunst.«[15]

Wenn Brecht, wie ich meine, mit diesem Satz recht hat, dann bewahren auch die Werke großer Dichter des Faschismus – wie Hamsun oder Yeats – mit der künstlerischen zugleich eine humane Substanz ihrer Werke. Der bittere Streit um die Politik der Dichter entzündet sich dennoch immer wieder aufs neue, während die politischen Bindungen der szientifischen Intelligenz, abgesehen von gewissen Medizinern des »Dritten Rei-

[11] Bertolt Brecht, Schriften zum Theater. Über eine nicht-aristotelische Dramatik. Frankfurt a.M. 1957, S. 8.

[12] Ebd., S. 139.

[13] Ebd., S. 175.

[14] Ebd., S. 141.

[15] Ebd., S. 173.

ches«, kaum Emotionen aufreizen. Die englische Zeitschrift ›Spectator‹ machte am 30. 3. 1962 darauf aufmerksam: »Wenn ein Autor für die Nazis so gearbeitet hätte wie die Wissenschaftler, die die V 2 entwickelten, wäre er von einem alliierten Tribunal abgeurteilt worden; zumindest wäre er in große Schwierigkeiten geraten. Man hätte ihn gewiß nicht in eine hochdotierte und gewichtige Position in Amerika oder Rußland gebracht.«

Darin darf man nicht nur eine besondere Würdigung, sondern zugleich eine Entwürdigung der Wissenschaftler und Techniker sehen, die rein instrumental betrachtet wurden. Wie sie die militärischen Interessen von grundverschiedenen Systemen für ihre Forschungszwecke ausnutzen, so benutzen grundverschiedene Systeme die Forschungsinteressen für ihre jeweiligen militärischen Zwecke. Brechts Schauspiel ›Leben des Galilei‹ ist eine Apologie der Wissenschaft, aber zugleich auch die Kritik einer opportunistischen Verhaltensweise, in der Brecht die »Erbsünde« der modernen Naturwissenschaften sah. Nach der Zerstörung von Hiroshima sah Brecht (ob mit Recht, braucht hier nicht erörtert zu werden) in der Atombombe das »klassische Endprodukt« der »wissenschaftlichen Leistung« Galileis »und seines sozialen Versagens«[16], nämlich seiner Unterwerfung unter die Obrigkeit, gegen sein Gewissen und in einer Situation von besonderer Bedeutung. »Ich hatte als Wissenschaftler eine einzigartige Möglichkeit«, sagt sein Galilei am Schluß des Dramas. »In meiner Zeit erreichte die Astronomie die Marktplätze. Unter diesen ganz besonderen Umständen hätte die Standhaftigkeit eines Mannes große Erschütterungen hervorrufen können. Hätte ich widerstanden, hätten die Naturwissenschaftler etwas wie den hippokratischen Eid der Ärzte entwickeln können. [...] Wie es nun steht, ist das Höchste, was man erhoffen kann, ein Geschlecht erfinderischer Zwerge, die für alles gemietet werden können.«

Trotz so deutlicher Worte wurde das Stück nicht von allen im Sinne des Schreibers verstanden. »Es wäre eine große Schwäche des Werkes«, meint Brecht, »wenn die Physiker recht hätten, die mir – im Ton der Billigung – sagten, Galileis Widerruf seiner Lehre sei trotz einiger ›Schwankungen‹ als vernünftig dargestellt mit der Begründung, dieser Widerruf habe ihm ermög-

[16] Bertolt Brecht, Schriften zum Theater 4, 1933–1947. Frankfurt a.M. 1963, S. 205.

licht, seine wissenschaftlichen Arbeiten fortzuführen und der Nachwelt zu überliefern.«[17] Daß gerade Vertreter der szientifischen Intelligenz (bis heute) geneigt sind, das (in der Tat nicht eindeutige) Werk in dieser Weise zu deuten, ist an dem Werk Karl Steinbuchs ›Die informierte Gesellschaft‹, 1966, abzulesen: »Wir erleben mit [dem Brechtschen] Galilei [...], daß er – um weiterarbeiten zu können – auch seine Überzeugungen verleugnen können muß. Dieses Verhalten ergreift uns heute mehr als pathetisches Märtyrertum. Dieses ›Verhaltensmodell Galilei‹ begriffen zu haben, ist für einen überdurchschnittlichen Naturwissenschaftler oder Ingenieur wichtiger als ein bißchen mehr fachliches Detailwissen.«[18]

Brecht sieht in der Kluft zwischen Wissenschaft und Volk eine der sozialen Folgen des »Verhaltensmodells Galilei«, das heißt eines Spezialistentums, das wissenschaftliches Ethos verkrüpple, nämlich auf die Wissenschaftlichkeit und den Fortschritt der Wissenschaft beschränke, statt es auch auf deren geschichtliche Wirkungen und gesellschaftliche Anwendungen auszudehnen.

Dagegen ist doch wohl einzuwenden, daß die beste Standesmoral der Naturwissenschaftler die Spezialisierung der Professionen in einer arbeitsteiligen Gesellschaft nicht verhindert hätte (so wenig wie der hippokratische Eid der Ärzte) und daß die Entfremdung zwischen Physik und Volk sich allenfalls graduell, nicht aber prinzipiell von der Entfremdung anderer Professionen unterscheidet. Sie erscheint nicht einmal prinzipiell verschieden von den wechselseitigen Mißachtungen, Prestige-Rivalitäten und Kommunikationsschwierigkeiten zwischen einzelnen Untergruppen der naturwissenschaftlich-technischen Intelligenz.

Die Spezialisierung hat die Naturwissenschaften nicht behindert, wohl aber die Billigung, Würdigung und Förderung, welche Arbeit und Leistung der szientifischen Intelligenz durch die Gesellschaft, das heißt durch die Welt der Laien finden. Daß die exakten Naturwissenschaften sich stürmischer entwickelten, gleichzeitig aber mehr als alle anderen dem Verständnis des gebildeten Publikums sich entzogen, daß sie an objektiver Bedeutung für jedermann also zunahmen, während sie an subjek-

[17] Ebd., S. 204.

[18] Karl Steinbuch, Die informierte Gesellschaft. Geschichte und Zukunft der Nachrichtentechnik. Stuttgart 1960, S. 9.

tivem Interesse und auch an kultureller Würde für viele verloren, wurde zum Problem, das die Progression der bildungspolitischen Forderungen zugunsten von Naturwissenschaft und Technik ebenso mitbedingt wie die empfindlichen Reaktionen auf die Existenz einer antiszientifischen Literatur[19].

Dem Dichter aber brachte der Prozeß der Spezialisierung und Professionalisierung der kulturellen Tätigkeiten noch viel größere und komplexere Probleme[20]. Seit dem 18. Jahrhundert tendiert er zum Beruf des freien Schriftstellers. Der neue Dichtertyp präsentierte sein Werk nicht mehr als Produkt müßiger Nebenstunden, wie in der vorangegangenen höfischen Epoche, als die gefällige Frucht eines gesellig-gebildeten Talents, sondern als die autonome Schöpfung einer ganz für die Kunst bestimmten Individualität. Damit aber war das Schaffen unter den zerreißenden Doppelanspruch von Kunst und Markt, persönlichem und konventionellem Geschmack, idealem und realem Publikum gestellt. »Weißt Du die Wurzel alles meines Übels?« schreibt Hölderlin an seinen Bruder. »Ich möchte der Kunst leben, an der mein Herz hängt, und muß mich herumarbeiten unter den Menschen, daß ich oft so herzlich lebensmüde bin. [...] Wir leben in dem Dichterklima nicht.«[21]

Wie wenig sich am Selbstverständnis und am sozialen Dilemma des vermögenslosen Dichters bis heute geändert hat, bezeuge eine Äußerung des amerikanischen Dichters Gregory Corso aus den fünfziger Jahren unseres Jahrhunderts: »Der Dichter sollte Dichter sein, sonst nichts, weder Kritiker, noch Doktor oder Professor oder gar Politiker, oder was Sie sonst noch wollen. [...] Whitman war Dichter, und nur Dichter, und er sang vollkommen, schön und wahr, denn Dichtung war sein Leben [...], aber heute muß sich in Amerika, ach in der ganzen Welt, dieser traumlosen Welt, der Dichter mit der

[19] Vgl. Steinbuchs oben zitiertes Werk. Es behandelt auch die Kluft zwischen literarischer und szientifischer Intelligenz, unabhängig von Snow und speziell im Hinblick auf die »Mißachtung der Technik« in der Bundesrepublik (vgl. S. 27 bis 31). F. G. Jüngers antitechnische Einstellung in dem Essay ›Die Perfektion der Technik‹. Frankfurt a. M. 1946, erscheint Steinbuch »typisch und handlungsbestimmend für große Gruppen unserer Intelligenz« (S. 31).

[20] Vgl. zum folgenden auch H. J. Haferkorn, Der freie Schriftsteller. Archiv für Geschichte des Buchwesens XXXIII; H. Kreuzer, Die Boheme. Beiträge zu ihrer Beschreibung. Stuttgart 1968.

[21] Friedrich Hölderlin, Sämtliche Werke (Große Stuttgarter Ausgabe). Hg. v. Fr. Beißner, Bd. 6, S. 264.

Fabrik [...] mit dem Dasein überhaupt vermählen«, wenn er nicht »sterben oder im Gefängnis oder in der Irrenanstalt enden« will[22].

Gerade diejenigen Dichter, die theoretisch das Dichtertum absolut setzten, mit dem Dichter-Leben selbst identifizierten und zugleich praktisch die Möglichkeiten der arbeitsteiligen Gesellschaft für ein professionelles Dichtertum nutzten oder wenigstens gern genutzt hätten, gerade diese Dichter haben gleichzeitig die radikale ästhetisch-humanistische Kritik an der arbeitsteiligen Gesellschaft begründet und bis heute genährt. Die Scheltrede über die Deutschen in Hölderlins ›Hyperion‹ und Schillers Briefe ›Über die ästhetische Erziehung des Menschen‹ sind frühe Beispiele. »Wir sehen«, schreibt Schiller im 6. Brief, »nicht bloß einzelne Subjekte, sondern ganze Klassen von Menschen nur einen Teil ihrer Anlagen entfalten, während [...] die übrigen, wie bei verkrüppelten Gewächsen, kaum mit matter Spur angedeutet sind. [...] Wie viel also auch für das Ganze der Welt durch diese getrennte Ausbildung der menschlichen Kräfte gewonnen werden mag, so ist nicht zu leugnen, daß die Individuen, welche sie trifft, unter dem Fluch dieses Weltzweckes leiden.« Da die Spezialisierungstendenzen seiner Umwelt die ästhetisch-humane Norm einer umfassenden, harmonisch entfalteten Menschlichkeit notwendigerweise negierten und es für den Dichter immer schwieriger wurde, die abgesonderten Wirklichkeitsbereiche künstlerisch zu bemeistern, ohne sich selber dem Geist der Spaltung zu unterwerfen, glaubte Schiller beweisen zu können, »daß unser Denken und Treiben, unser bürgerliches, politisches, religiöses, wissenschaftliches Leben und Wirken wie die Prosa der Poesie entgegengesetzt ist. [...] Daher weiß ich für den poetischen Genius kein Heil, als daß er sich aus dem Gebiet der wirklichen Welt zurückzieht.«[23]

Der Rückzug wesentlicher Kunstrichtungen aus der »wirklichen Welt«, die Unangepaßtheit der Dichterprofession an die Produktionsverhältnisse und Erfolgsbedingungen der arbeitsteiligen Marktwirtschaft, die unbürgerlichen Verhaltensweisen und Schicksale, die damit verknüpft sind – das alles wirkte zu-

[22] Gregory Corso, Dichter und Gesellschaft in Amerika. In: Akzente. Zeitschr. für Dichtung 2/1958, S. 101f. Vgl. im selben Heft auch B. v. Wiese, Der Künstler und die moderne Gesellschaft.

[23] Schiller, Briefe. Hg. v. Fr. Jonas, Bd. 4, S. 313f.

sammen, um den bürgerlichen Stand (Novalis sagte: den »Nichtstand«) der Autoren dem übrigen Bürgertum, ihrem Publikum, suspekt zu machen »wie eine Art von Narren, wo nicht gar wie Halbverbrecher« (Goethe)[24]. Viele Dichter fühlten sich selbst, als soziale Existenzen, und zugleich die kulturelle Notwendigkeit der Kunst in Frage gestellt. »Der *Nutzen*«, schrieb im 2. Brief Schiller im Ton der Resignation, »ist das große Idol der Zeit, dem alle Kräfte fronen und alle Talente huldigen sollen. Auf dieser groben Wage hat das geistige Verdienst der Kunst kein Gewicht, und, aller Aufmunterung beraubt, verschwindet sie von dem lärmenden Markt des Jahrhunderts.« Von nun an geistert das Wort vom Ende der Kunst durch Künstlerbriefe, Romane und Ästhetiken des 19. und 20. Jahrhunderts. Indem sie dem Idol der Zeit nicht zu genügen vermag, verliert sie an Anziehungskraft für das sozial ehrgeizige Talent. (Er fühle sich, schrieb W. H. Auden, als Poet in der Gesellschaft von Naturwissenschaftlern wie ein schäbiger Vikar, der sich versehentlich in einen Salon voll von Herzögen verirrt hat[25].)

Naturwissenschaft und Technik genügen dagegen einem utilitaristischen Maßstab; ihre soziale Reputation wächst, auch wo ihre kulturelle umstritten ist, und mit ihr die öffentliche Förderung ihrer progressiven personellen Expansion. In dieser sieht der Biochemiker Michael Yudkin eine soziale Gefahr für die literarische Kultur: in der Abwerbung potentieller Begabungen der literarischen Intelligenz durch eine szientifische von immer schmälerer Bildung. »Die Gefahr besteht«, schrieb er in seiner Kritik an Snow, »daß das Problem der ›zwei Kulturen‹ allmählich verschwindet. Die Kluft zwischen ihnen wird sich nicht schließen, keine modernen Leonardos werden erscheinen, keine Wissenschaftler sich der Literatur verschreiben. Statt dessen werden wir die Atrophie der traditionellen Kultur erleben und ihre schrittweise Annexion durch die szientifische – keine Annexion von Territorien, sondern von Menschen. In kurzem mag nur eine einzige Kultur übrigbleiben.«[26]

Yudkins melancholische Prognose läßt zum Beispiel außer acht, daß die Literatur mit jedem Verlust an *bürgerlicher* At-

[24] Goethe, Briefe. Sophienausgabe Bd. 20, S. 27f.

[25] Vgl. W. H. Auden, The Dyer's Hand, 1963; zitiert im Motto bei Martin Green, Science and the Shabby Curate of Poetry. Essays about the two Cultures. London 1964.

[26] Siehe oben, S. 104.

traktivität an Interesse für die offenen oder heimlichen Gesellschaftsgegner und Gesellschaftsflüchtigen gewinnt, deren Anzahl in der Industriegesellschaft nicht gering ist und nach wie vor wächst.

Yudkin ist auch insofern zu korrigieren, als es die mathematisch, naturwissenschaftlich, technisch, medizinisch Geschulten durchaus gibt, die zur Literatur übergegangen sind. Musil war Ingenieur, Broch Mathematiker und Textilindustrieller, Norman Mailer Bautechniker, Schnitzler, Carossa, Döblin, Benn, Baroja, Duhamel, Aragon, Isherwood und hundert andere waren Ärzte, Max Frisch war Architekt wie R. A. Schröder; Ernst Jünger und Zuckmayer studierten zeitweilig Naturwissenschaften, T. S. Eliot, Max Bense, Arno Schmidt Mathematik, usf. Die Liste läßt sich ins Unabsehbare verlängern – auch mit jungen Autoren von heute: den Mathematikern Ulrich Krause und Helmut Mader, dem Chemiker Yüksel Pazarkaya usw. Snow selber gab seine Arbeit als Physiker in Cambridge auf, um Romane zu schreiben.

Wir sehen aber nun doch klarer, warum ein Teil der literarischen Intelligenz sich und die Humanität überhaupt von der szientifischen bedroht fühlt, warum ein Teil dieses Teils mit defensiver Aggressivität reagiert, mit einer antiprogressistischen Kulturkritik, die sich z. T. auch in negativen Utopien niederschlägt. Snow hat im Hinblick auf diese ein gegensätzliches Verhältnis zur Zukunft bei den beiden Intelligenzklassen konstatieren wollen. Die Naturwissenschaftler und Techniker hätten, wie er sich ausdrückt, »die Zukunft im Blut«, während Orwells ›1984‹ der maximale Wunsch sei, daß die Zukunft nicht existieren möge[27]. Snows Polemik differenziert auch hier nicht genug. Gerade die negativen Utopien sind selten von naturwissenschaftlichen Ignoranten geschrieben. H. G. Wells, der Autor der ›Time Machine‹, war Schüler des Biologen Th. H. Huxley, und dessen Enkel Aldous Huxley, der Autor von ›Brave New World‹, verfolgte mit nie erlahmender Neugier die Vorstöße der Wissenschaft. Wie es historischen und philosophischen Pessimismus unter Naturwissenschaftlern gibt, so auch in der literarischen Intelligenz das Bewußtsein, mit der Zukunft im Bunde zu sein. »Der Fortschritt hat alles für sich, vor allem die guten Federn«, schrieb Thomas Mann. »Wenn es scheint, daß

[27] Die Zwei Kulturen, oben S. 27; vgl. die originale Formulierung in der engl. Ausgabe.

die guten Federn die Zukunft für sich haben, so verhält es sich in Wirklichkeit so, daß vielmehr die Zukunft die guten Federn für sich hat.«[28] Übrigens sind ja die negativen Utopien im Regelfall weniger pessimistische Prognosen, die das Nichtsein dem Sein vorziehen, als eine Fiktionalisierung von Wachträumen der schweifenden Phantasie, ohne echte Voraussageabsicht, oder künstlerische Denkspiele, die schon aktuelle Tendenzen in einer fiktiven Zukunftswelt probeweise isolieren und maximalisieren, um auf die reale Gegenwart und für eine andersartige reale Zukunft zu wirken. Dennoch ist die Zukunftsperspektive als Kriterium nicht schlechterdings sinnlos. Niemand zweifelt in und außerhalb der szientifischen Intelligenz an der zukünftigen Macht und sozialen Expansion der Wissenschaft (allenfalls hält man ihre Selbstzerstörung für möglich), während innerhalb wie außerhalb der literarischen Intelligenz viele kulturhistorische Beobachter von einer Bedrohung der Literatur durch den ökonomischen, politischen und szientifisch-technischen Charakter der modernen Gesellschaft überzeugt sind. Ihre Überzeugung ist teils pessimistisch gefärbt, wie bei Michael Yudkin, teils optimistisch, wie bei dem Sozialhistoriker J. H. Plumb, der folgende Prognose stellt: »In der industriellen Welt von heute und morgen werden selbstverständlich, weil sie nämlich von Technikern abhängt, viele Männer im Besitz von Macht sein, die für künstlerische Werte blind und taub sind [»opaque«]. Das ist schade, aber irrelevant, gemessen an dem ungeheuren Gewinn an Glück und Sicherheit, den die moderne Welt dem Menschen gebracht hat.«[29]

Während Leavis den »ungeheuren Gewinn« bestritte, würde C. P. Snow seinem Freunde Plumb wohl entgegenhalten, daß kein Naturgesetz die Techniker jemals zu künstlerischer Unempfindlichkeit verurteilt hat (manche Bereiche der Technik sind schon heute Bereiche der angewandten Ästhetik), und daß sein Rezept, die Bildungsreform, beiden sozialen Gruppen die Denk-, Erlebnis- und Wissensvoraussetzungen für wechselseitiges sympathisierendes Interesse vermitteln könnte.

Snow sieht besonders die amerikanischen und russischen Bildungsinstitutionen diesem Ziel schon zustreben. Wie aber ist deren bisheriger Erfolg? Auch in Amerika ist die Koketterie mit technischem Unverstand und naturwissenschaftlicher Ignoranz

[28] Th. Mann, Betrachtungen eines Unpolitischen. Frankfurt a. M. 1956, S. 59.
[29] Encounter, August 1959, S. 69.

ein Element im literarischen wie im geisteswissenschaftlichen Milieu, und auf der szientifischen Seite fehlt es nicht an naiver Arroganz. Der Herausgeber des amerikanischen Magazins ›Science‹ zum Beispiel schreibt ganz ernsthaft, einem naturwissenschaftlich rigoros Geschulten bereiteten geisteswissenschaftliche Gegenstände keine größeren Schwierigkeiten als irgendein guter Roman[30] – so als könnte die naturwissenschaftliche Methode die Entwicklung des historischen Sinns oder der ästhetischen Erkenntnisfähigkeit ersetzen, die nun einmal Praxis voraussetzt, geduldigen und hingebenden Umgang mit historischen oder ästhetischen Objekten.

Es wäre unrealistisch, von Bildungsprogrammen zu verlangen, daß sie allein Tendenzen aufzuheben vermögen, die in den Lebensformen der arbeitsteilig-industriellen Gesellschaft, ihren geistigen, sozialen und politischen Spaltungen angelegt sind. Gottfried Benn hat ja naturwissenschaftliche Studien absolviert und ihnen die größte Bedeutung für seine Dichterexistenz beigemessen. »Wer nicht durch die naturwissenschaftliche Epoche hindurchgegangen war, konnte nie zu einem bedeutenden Urteil gelangen, konnte gar nicht mitreifen mit dem Jahrhundert –: Härte des Gedankens, Verantwortung im Urteil, Sicherheit im Unterscheiden von Zufälligem und Gesetzlichem, vor allem aber die tiefe Skepsis, die Stil schafft, das wuchs hier.«[31] Benns Hymnus auf die naturwissenschaftliche Dichterbildung hat ihn aber nicht gehindert, den Wissenschaftler als den »eigentliche(n) und prinzipielle(n) Gegenspieler des Dichters« aufzufassen[32]. Skepsis, Härte, Stil, Antiszientismus – das sind nicht gerade die Früchte, die Sir Charles von naturwissenschaftlicher Bildung erwartet.

Aber vielleicht ist es möglich, mit Hilfe spekulativer Konditionalsätze doch noch einen optimistischen Schluß zu finden. Wenn es nämlich richtig ist, wovon wir mit Snow ursprünglich ausgegangen sind, daß die Szientifische Revolution die Gesellschaft der ersten Industriellen Revolution durch Automation, Elektronik, atomare Energie von Grund auf verändern wird, dann ändern sich mit ihr auch individuelle und kollektive Reaktionen. Einige Änderungen sind schon eingetreten und registriert worden: »Im Augenblick, wo er [der

[30] Zitiert nach Williams (siehe Anm. 4).
[31] Gottfried Benn, Gesammelte Werke, Bd. 4, S. 28.
[32] Ebd., S. 215.

Wissenschaftler] als der absolute Spezialist sich vom Volk ganz und gar getrennt hat, sieht er sich, entsetzt, wieder als einen vom Volk, denn die Bedrohung gilt auch ihm selber; er hat zu fürchten für sein eigenes Leben, und er weiß am besten von allen, wie sehr. Seine Proteste, deren wir nicht wenige gehört haben, wenden sich nicht nur gegen die Anschläge auf seine Wissenschaft [...] sondern auch gegen die Bedrohung der Welt durch sein Wissen und gegen die eigene Bedrohung« (Brecht)[33].

Ein zweiter Punkt sind die Veränderungen im Verhältnis der Wissenschaften zueinander. Die progressive Spezialisierung der Wissenschaften schreitet fort und wird gleichzeitig durchscheinend für einen gegenläufigen Prozeß, der mit ihr wächst, ohne sie zu stören. Mit der Differenzierung der Wissenschaften sind auch ihre Ähnlichkeiten und ihre wechselseitigen Verzahnungen gewachsen. Spezialisierte Techniken erweisen sich vielseitig anwendbar; Bindestrich-Wissenschaften entwickeln sich in rascher Folge. Viele Forscher und Gelehrte sehen sich vor der Chance oder auch dem Zwang zu neuer Vielseitigkeit. Die Spezialwissenschaft der Kybernetik verbindet Technik und Psychologie, Natur- und Gesellschaftswissenschaften. Die Biologie verschmilzt mit Physik und Chemie, wird zur Biotechnik und schlägt, an einem entgegengesetzten Pol ihrer Ziele und Methoden, in der Verhaltensforschung, die nach Qualitäten fragt, Brücken zur Psychologie und Soziologie. Die Linguistik steht im Dialog mit der Automatentheorie wie der Poetik, der Philosophie und der Physiologie. Wertfreie und wertbezügliche, individualisierende und generalisierende, historische und strukturtheoretische Fragestellungen werden in ihr nebeneinander verfolgt und beginnen sich wechselseitig zu befruchten. Durch ihre Vermittlung wird auch schon die Literaturwissenschaft von dem Verflechtungsprozeß ergriffen, obwohl gerade in ihr – verständlicherweise – die Abwehrreaktion besonders stark ist. Überflüssig, weitere Beispiele aufzuzählen. Die scheinbar antinomische Scheidung von Natur- und Geisteswissenschaften wird sekundär gegenüber der Einheit und Verflochtenheit der Wissenschaft und reduziert sich auf eine begriffliche Trennung von Betrachtungsweisen, die in sehr verschiedenen em-

[33] Bertolt Brecht, Schriften zum Theater 4, S. 213.

pirischen Wissenschaften sinnvoll koexistieren können, statt als absolute Alternativen zu figurieren[34].

Eine der eingeschnürten Spezialdisziplinen, die Ästhetik, wurde seit dem 18. Jahrhundert gewöhnlich als ein enger Zweig der Philosophie betrachtet, der ohne praktischen Ehrgeiz eine Lehre vom Schönen zu gewinnen versuchte; andere sahen in ihr nur eine Teildisziplin der Psychologie. Heute hat die Ästhetik die Chance, sich zu einer Universalwissenschaft zu entwickeln, das ganze Spektrum der wissenschaftlichen Frageweisen, Methoden und Techniken für sich – und zugleich für die Gesellschaft – zu nutzen, aus einer rein reflexiven in eine lebensgestaltende, weltverändernde Wissenschaft überzugehen, ihren philosophischen Ursprung in einer humanisierenden Praxis zu aktivieren. Noch sind die traditionellen ästhetischen Institute vielfach ohne Kontakt zu den spezialistischen Theorien und Praktiken in den Kunstakademien, Architekturabteilungen, Industriebüros usw. (trotz Bauhaus und Ulm). Aber es ist vermutlich nur eine Frage der Zeit, bis eine reich gegliederte und doch zusammenhängende Ästhetik in Theorie und Praxis sich herausbildet und überall ihrer selbst bewußt wird, – eine Ästhetik der ersten Stufe, die sich auf Kleidung und Wohnung, auf Gebäude, Industrieformen, Arbeitsmilieus, Sprechen und Verhaltensweisen überhaupt bezieht, also auf Gegenstände und Vorgänge vorästhetischer Natur oder außerästhetischer Zwecksetzung, und eine Ästhetik der zweiten Stufe, die sich wie bisher auf die Künste bezieht, aus dem umfassenden Charakter der Gesamtästhetik aber neue Impulse für Theorie und Praxis gewinnt und auf die Künste (und Kunstwissenschaften) ausstrahlt[35].

Wenn die Automation neue materielle Mittel und zugleich neue Muße schafft, sollte es dann nicht möglich sein, daß diese Ästhetik einen großen Spielraum erhält und im Zusammenhang dieser Wandlungen auch Literatur und Gesellschaft in ein neues Verhältnis kommen? Vielleicht gibt es auch dafür schon Ansätze; vielleicht darf man als solchen die Entwicklung der russi-

34 Vgl. Mathematik und Dichtung. Versuche zur Frage einer exakten Literaturwissenschaft. Hg. v. H. Kreuzer und R. Gunzenhäuser, 1965, ^{3}1969. Die rasch wachsende Verflechtung sogar der Literaturwissenschaft dokumentiert darin die Bibliographie von W. Klein. Aus meiner Einführung in den Band übernehme ich einige Formulierungen.

35 Die Begriffe Ästhetik der ersten und der zweiten Stufe entnehme ich A. I. Burow, Das ästhetische Wesen der Kunst. Berlin 1958.

schen Poetik seit der Entstalinisierung betrachten. Hatte man bis dahin vielfach die Literatur als bloße Widerspiegelung gesellschaftlicher Verhältnisse aufgefaßt, als Abbildung einer Praxis, so setzt sich seither gegen beharrlichen Widerstand immer stärker die adäquatere Auffassung durch, daß die künstlerische Literatur selber eine souveräne Form der Praxis sei, die schöpferische Bewältigung sowohl formalen wie konfliktreichen gesellschaftlich-anthropologischen Materials in einer ästhetischen Gestalt, von der inspirierende Kräfte auf die Gesellschaft auszugehen vermögen. »Wir leben – ihr spiegelt Leben; wir bauen – ihr betrachtet« – auf diese Formel bringt ein sowjetischer Ästhetiker eine Tendenz zur Kunstverachtung in der szientifischen Intelligenz des Ostens[36]. Solcher Verachtung (von der sich übrigens bekannte Wissenschaftler, darunter Lew Landau, öffentlich distanziert haben[37]) beginnt die neue Ästhetik das Wasser abzugraben, zumal da sie Hand in Hand geht mit Veränderungen der sozialen Rolle und mit neuen künstlerischen Initiativen der Literatur. Diese Spiegeltheorie spielt im Westen eine geringere Rolle. Aber so manche Dokumente der westlichen Kontroverse zeugen nichtsdestoweniger von der gleichen Verachtung der Kunst um ihrer scheinbaren Rezeptivität, Passivität und Ohnmacht willen. »Kunstwerke sind phänomenal, historisch unwirksam, praktisch folgenlos. Das ist ihre Größe.«[38] Dieses Wort Gottfried Benns rechnet in provozierendem Stolz der Dichtung eben das als Ehre an, was ihr in den Augen so mancher Techniker zur Unehre gereicht. Das Diktum Benns hat eine relative historische Berechtigung, keine absolute. Falls und wenn die feindlichen Brüder, die in dieser Anschauung sich treffen, die zusammengehörigen Wechselverächter der literarischen und der szientifischen Intelligenz, einmal gemeinsam historisch geworden sein werden, zusammen mit der Gesellschaft, in der sie typisch sind; wenn nur noch ihre Werke geblieben sein werden, dienend dem Genuß einer Gesellschaft, die ihre Anschauungen nicht teilt, dann erst wird der Streit um die beiden »Kulturen« wirklich abgeschlossen sein und die Snow-Leavis-Kontroverse mit ihren internationalen Kettenreaktionen eine kulturhistorische Episode.

[36] Zit. nach E. Hinz, Die Geburt des neuen Menschen. Tendenzen in der modernen sowjetischen Literatur. In: antworten 15, Frankfurt a.M. 1966, S. 24.
[37] Zitate ebd., S. 32.
[38] Gottfried Benn, Gesammelte Werke, Bd. 4, S. 215.

Karl Steinbuch
›Zwei Kulturen‹: Ein engagierter Beitrag

Mit Sir Charles Snow hat der Verfasser einiges gemeinsam: Die Ausbildung zum Naturwissenschaftler, die Lust zur Schriftstellerei und die Sorge, daß aus dem Mißverständnis der »beiden Kulturen« Unerfreuliches entspringt. Trotz dieser Übereinstimmungen sieht er einige Tatbestände anders, vor allem deshalb, weil sie im deutschen Kulturraum anders als in England sind und sich in der Zeit seit der »Rede Lecture« (1959) einige neue Gesichtspunkte ergeben haben. Vor allem kommen einige Probleme auf uns zu, welche nur durch die gemeinsame Anstrengung der beiden Kulturen gemeistert werden können.

Die Auseinandersetzung um die »Zwei Kulturen« ist für unsere Gesellschaft mindestens ebenso bedeutungsvoll und aktuell wie für England und die USA. Daß sie bisher in unserem Lande kaum Beachtung fand, ist in gewissem Sinne typisch und soll später nochmals betrachtet werden. Auseinandersetzungen dieser Art sind in unserem Lande vorwiegend Sache der »literarischen Kultur« (in Snows Sprechweise), und es ist wenig üblich, daß hierzu Außenseiter gehört werden. Möglicherweise belebt dieses jedoch die Diskussion und rechtfertigt den vorliegenden engagierten Beitrag.

Vorab: Die Typisierung der »zwei Kulturen« ist eine Simplifikation, die feinere Nuancierungen unterdrückt. Dadurch setzt sich Snow mancher Kritik aus. Die Vermutung scheint jedoch unbegründet, daß Snow dies nicht wahrgenommen hat, er weist in seiner »Rede Lecture« mehrfach auf solche Nuancierungen hin. Ist diese Typisierung zwar eine Simplifikation, so ist sie doch eine sehr nützliche Simplifikation, da sie eine rasche Verständigung ermöglicht. Wo feinere Nuancierungen wichtig sind, muß man diese eben mit anderen Vokabeln kennzeichnen.

Die Simplifikation liegt schon in der Vorstellung, es handle sich hier um zwei personal trennbare Parteien, während es in Wirklichkeit eher zwei verschiedene Denkhaltungen sind, die mit der Berufszugehörigkeit wenig zu tun haben und beide manchmal an derselben Person beobachtbar sind.

Wenn man die Formulierungen Snows nicht *wörtlich*, sondern sinngemäß in die deutsche Umgangssprache übernimmt, so kommt man sicher nicht zur Unterscheidung »literarische

Kultur« und »wissenschaftliche Kultur«. Anstelle des Adjektivs »literarisch« stünde bei uns wohl »geisteswissenschaftlich« und man würde so Philosophie, Philologie und Historie, vielleicht auch Theologie und Jurisprudenz zusammenfassen. Daß die so erklärte »Geisteswissenschaft« bei uns als Wissenschaft angesprochen wird, sei vermerkt, ebenso die Tatsache, daß die so gekennzeichnete Kultur umgangssprachlich als die einzige Kultur in unserem Lande erscheint und Snows Vermutung, es gäbe eine naturwissenschaftliche Kultur, bereits als absonderlich angesehen wird. Dies verwunderte schon Justus von Liebig: »Wie sonderbar, daß der Ausdruck *Bildung* bei einem wahrhaft erleuchteten Volke sich nur auf Kenntniss (sic) der classischen Sprachen, Geschichte und Literatur erstreckt!« Deshalb ist zu fürchten, daß die Formulierung »zwei Kulturen« bei uns mißverstanden wird. H. Kreuzer umschifft diese Klippe geschickt, wenn er von literarischer und szientifischer »Intelligenz« spricht. Sicher hat Snow recht, wenn er meint, daß das Bildungswesen in Rußland den Notwendigkeiten der Gegenwart und der Zukunft besser angepaßt ist als das Bildungswesen in England (und wohl auch besser als das Bildungswesen in der Bundesrepublik Deutschland). Er hat aber hinsichtlich der grundsätzlichen Situation in den USA einen sehr wichtigen Tatbestand übersehen, nämlich die Wirkung des »Sputnik-Schocks«: In den USA waren bis etwa zum Jahre 1957 wenig grundsätzliche Vorzüge gegenüber England zu beobachten, nur hat die sehr pragmatisch denkende und technisch orientierte Gesellschaft der USA manche historisch begründeten Kennzeichen des europäischen Bildungswesens nicht übernommen. Der »Sputnik-Schock« der späten fünfziger Jahre hat die Situation in den USA sehr tiefgreifend verändert: Die frühere Vermutung, die USA seien technisch überlegen und militärisch unangreifbar, erwies sich als Irrtum, es zeigte sich, daß Rußland imstande ist, die USA lebensgefährlich zu bedrohen. Dieser Sputnik-Schock veränderte auch das Bildungswesen. Der stärkste Imperativ lautete plötzlich: Wir müssen lernen und forschen, um zu überleben! Viele kulturellen Tatbestände der USA können nur als derartige Reaktionen auf das Phänomen Rußland verstanden werden.

Snow hat sicher recht, wenn er sagt, daß die überkommene Kultur die westliche Welt beinahe unumschränkt beherrsche. Typisch für unser Land ist eine Äußerung von Bernhard Grzimek: » [...] haben [...] von den elf Kultusministern der westdeutschen Bundesrepublik, die über das Schicksal der Universitäten entscheiden, nur acht eine höhere Schule besucht und mit der Reifeprüfung abgeschlossen, und keiner ist während seines Studiums näher mit jenen Fächern in Berührung gekommen, die man als Naturwissenschaften zusammenzufassen pflegt. Es muß daher für sie sehr schwierig sein, sich ein klares Urteil über Sinn und Geist dieser so entscheidend gewordenen Wissensgebiete zu bilden.«[1]

Die Vorherrschaft der literarischen Kultur und das weitverbreitete Unverständnis der Verantwortlichen für die naturwissenschaftliche Kultur zeigt sich in unserem Lande besonders deutlich an unserem Schulsystem. Wer die internationale Entwicklung im naturwissenschaftlich-technischen Bereich aufmerksam verfolgt, der kann den in unserem Schulsystem erzogenen Kindern nur geringe Chancen zubilligen, in der zukünftigen internationalen Konkurrenz noch eine ernsthafte Rolle zu spielen. Einer unzureichenden Stundenzahl in Mathematik, Physik, Chemie und Biologie (bei denen die Soll-Stundenzahlen meist nicht verwirklicht und die Stunden oft von nicht hierzu ausgebildeten Lehrern gehalten werden) steht ein Übermaß an Historie und alten Sprachen gegenüber, deren Umfang in keinem »nicht unterentwickelten« Lande zu beobachten ist. Hiergegen gab es schon starke Proteste:

»Der Deutsche Verband technisch-wissenschaftlicher Vereine, der mit seinen Mitgliedsvereinen mehr als 150000 Ingenieure, Chemiker, Physiker, Architekten und Angehörige anderer Berufe in Wissenschaft und Wirtschaft vertritt, stellt zur gegenwärtigen Entwicklung des Gymnasialunterrichtes auf der Oberstufe fest:

1. Trotz vieler Warnungen und Bitten haben fast alle Kultusminister der Bundesländer die im September 1960 beschlossene Rahmenvereinbarung zur Ordnung des Unterrichts auf der Oberstufe der Gymnasien durch entsprechende Verordnungen in ihren Ländern in Kraft gesetzt.

2. Die Mehrzahl der Schüler erhält also seither in den letzten Klassen der Gymnasien keine ausreichende Einführung in das naturwissenschaftliche Denken. Das ist besonders schwerwiegend für die Schüler, die sich später nicht für einen naturwissenschaftlichen Beruf entscheiden und die daher bei ihren Studien ebenfalls nicht mit naturwissenschaftlichen Fragen in Berührung kommen.

[1] In: Kosmos, 1964, Heft 6, S. 269.

3. Im Gegensatz zu anderen Ländern wird damit unserer Jugend keine Möglichkeit geboten, den entscheidenden Einfluß von Naturwissenschaft und Technik auf alle Lebensbereiche zu erkennen. Das Verständnis der Gegenwart und die Mitarbeit an den Aufgaben der Zukunft wird ihr dadurch erschwert [...] Der Deutsche Verband technisch-wissenschaftlicher Vereine fordert daher von den Kultusministern der Länder eine Revision der Rahmenvereinbarung und der in den einzelnen Bundesländern hierzu erlassenen Verordnungen. Diese Revision muß den naturwissenschaftlichen Unterricht in allen Gymnasien bis zur Abschlußklasse ohne Abwählbarkeit ausreichend berücksichtigen.«

Genützt hat dieser wohlbegründete Protest bis heute nichts, »man« weiß es ja besser, und bis die Folgen dieser grauenhaften »Kulturpolitik« jedem einzelnen unmittelbar und kraß entgegentreten, bis dahin sind die Verantwortlichen für diese »Kulturpolitik« längst nicht mehr zur Verantwortung heranziehbar. Um es ganz pointiert zu formulieren: Die Vorherrschaft der literarischen Kultur in der Bildungspolitik unseres Landes zerstört die Existenzgrundlagen unserer Gesellschaft. Wie sagt doch Snow: »Die Geschichte kennt Versagern gegenüber kein Erbarmen!«[2]

Wenn Snow beklagt, daß die meisten Angehörigen der literarischen Intelligenz nicht wissen, was der zweite Hauptsatz der Thermodynamik aussagt, oder auch nicht, was Masse oder was Beschleunigung ist, so ist damit eigentlich nichts unmittelbar Katastrophales festgestellt, eher eine Art akademische Bildungslücke. Hier in unserem Lande wäre es leicht möglich, Politologen und Soziologen Grade der Ignoranz technischer Tatbestände nachzuweisen, die nicht mehr als akademische Bildungslücken gewertet werden können, sondern falsches Verständnis ihrer politischen und soziologischen Probleme bewirkt.

Eine Fernsehreportage: Auf dem Flughafen Frankfurt landet eine charmante ältere Dame. Ihr Herz ist voll, und sie erzählt den Reportern von all diesen unglaublich komplizierten technischen Geräten, die man in den USA zur Krankenpflege benutzt. Die Augen randvoll Erstaunen, schieres Erstaunen. Diese charmante Dame war eine Frau Ministerin und die letzte Instanz für medizinische Forschung und Technik in unserem Land.

Das für unser Land Typische (und von der englischen Situation stark Abweichende) dürfte darin liegen, daß die naturwissen-

[2] Eine ausführliche Behandlung der damit zusammenhängenden Probleme findet sich in meinem Buch ›Falsch programmiert‹. Stuttgart 1968.

schaftliche Kultur nicht bewußt wahrgenommen und artikuliert wird, und daß sie die Barriere unseres Kommunikationsbetriebes entweder überhaupt nicht oder erst nach Übersetzung in die Denkweise der literarischen Kultur überwindet. Und wenn sie diese Barriere überwunden hat, die Aufnahmebereitschaft der Menschen unserer Gesellschaft bereits blockiert vorfindet: Blockiert von anerzogenen Mechanismen, welche auf die »Schlüsselreize« der literarischen Kultur mit Zustimmung reagieren, auf die Informationen aus dem naturwissenschaftlichen Bereich aber mit Unverständnis oder auch mit der Überheblichkeit, welche sagt: *Die* können uns doch nichts bieten, wir sind viel anspruchsvoller, wir haben unseren Bedarf an Wahrem, Gutem und Schönem schon an anderer Stelle gedeckt und anderes interessiert uns nicht. Die naturwissenschaftliche Kultur hat in unserem Lande keine Chancen, solange unser Bildungswesen einseitig auf die Formierung solcher Scheuklappen-Reaktionen ausgerichtet ist. Hierzu gehört zum Beispiel, daß man in unserem Lande die Formulierung »naturwissenschaftliche Kultur« bereits als eine Art Provokation ansieht. Kennzeichnend für diese Situation ist die Tatsache, daß wir lange Zeit keine für den Nichtspezialisten lesbare wissenschaftliche Zeitschrift hohen Niveaus hatten. Welche lange und hervorragende Tradition haben dagegen solche Publikationen andernorts: Beispielsweise der ›Scientific American‹, der seit dem Jahre 1845 erscheint und den Laien schnell und korrekt informiert.

Kennzeichnend für unsere Situation ist auch die Behandlung technischer Tatbestände z.B. im Fernsehen. Wenn der Bildschirm Computer zeigt, dann ertönen unharmonische, unsympathische und mystische Mißklänge. Was soll diese Feindmarkierung? Die Produzenten dieses Unsinns, der keinerlei Informationswert besitzt, sollten sich bewußt werden, daß sie damit antitechnische Greuelpropaganda betreiben.

Kennzeichnend für unsere Situation ist auch die Interesselosigkeit vieler Naturwissenschaftler und Ingenieure gegenüber solcher Literatur wie F. G. Jüngers Buch ›Die Perfektion der Technik‹, bei welcher schwer zu entscheiden ist, ob die Ignoranz technischer Tatbestände größer als die Arroganz ihrer literarischen Behandlung ist, oder ob die Arroganz größer als die Ignoranz ist. Über Technik publizieren in unserem Lande vorwiegend Menschen, die keine Bewährung im technischen Bereich haben. Groteskes Symbol ist das Buch ›Technik im technischen Zeitalter‹[3], von dessen 20 Autoren mir keiner durch irgendeine technische Leistung bekannt ist. Angehörige der wissenschaftlich-technischen Intelligenz haben bei uns weder die Praxis, noch den Mut, aus ihren konkreten, hieb- und stichfesten Erfahrungen Konsequenzen zu ziehen und überlassen das Ziehen der – falschen oder richtigen – Konsequenzen Leuten, welche Erfahrung durch Eloquenz ersetzen. Wie oft kann man von Wissenschaftlern hohen Ranges unter vier Augen den Satz hören: »Aber das kann man doch nicht sagen!«

Man muß wohl Snow zustimmen, daß die »literarische Kultur« kaum einmal den Versuch macht, die wissenschaftlich-technische Revolution zu verstehen. Wie unbefriedigend ist beispielsweise Friedrich Dürrenmatts Schauspiel ›Die Physiker‹: Routine des Fachmannes! Wieviel eindrucksvoller war hingegen die Fernsehsendung ›Der Prozeß Oppenheimer‹ – diese beruhte allerdings vorwiegend auf Verhandlungsakten und weniger auf der Arbeit eines Schriftstellers. Ein anderes Beispiel: Heinz von Cramer versuchte, mit seinem Buch ›Leben wie im Paradies‹ die menschliche und gesellschaftliche Problematik um die Kybernetik darzustellen. Bei aller Sympathie zu seinem Bemühen: Es ist eine verbale Konstruktion *neben* der eigentlichen Problematik, sie trifft nicht. Hierzu eine andere Erfahrung: Einst hatte der Verfasser ein langes Gespräch mit einem russischen Schriftsteller, der an einem Buch über Kybernetik arbeitete. Dieser Schriftsteller versuchte in harter Arbeit, Grundlagen und Details der menschlichen und gesellschaftlichen Probleme rings um die Kybernetik zu erfassen und zu formulieren. Diese innere Bereitschaft von Angehörigen der literarischen Intelligenz, aktuelle und brisante Probleme der Naturwissenschaft und Technik aufzunehmen und zu gestalten, ist bei uns kaum zu beobachten. Daher die vielen mißlungenen Versuche, Innovationen in traditionelle Formulierungen einzusperren. Man nimmt aus Gedankenarmut in Kauf, daß das literarische Abbild dieser Innovationen gar kein Abbild, sondern ein Phantasieprodukt ist. Die Sprache ist verräterisch und manches Ergebnis unserer literarischen Kultur, das angeblich wissenschaftlich-technische Probleme behandelt, zeigt vorwiegend das gegenseitige Mißverständnis.

Ein Philologieprofessor hat viele Publikationen über Kybernetik studiert, Vorträge über dieses Thema besucht und mona-

[3] München 1965.

telang Quellenforschung betrieben, um schließlich in Aufsätzen und Vorträgen mit vielen Zitaten nachzuweisen, daß die griechische Urbedeutung des Wortes »Kybernetes« nicht »Lotse« (wie meist angenommen wird), sondern »Steuermann« ist. Er vermutete, hiermit einen wichtigen Beitrag zur Kybernetik geleistet zu haben. Kybernetiker schätzen diesen Beitrag nicht ganz so hoch ein und fragen erstaunt, ob diese (sachlich wahrscheinlich richtige) Nuancierung irgendeine Information enthält, welche die mehrmonatige Arbeit von Professor und Assistenten rechtfertigt. Dieses Beispiel zeigt besonders deutlich das gegenseitige Mißverstehen zwischen literarischer und naturwissenschaftlicher Intelligenz. Hier wird eine verbale, vordergründige Präzision erarbeitet, während die eigentlichen Denkhintergründe für eine sinnvolle Kommunikation weitgehend fehlen.

Sucht man nach Beispielen, wo naturwissenschaftlich-technische Tatbestände in erfreulicher Weise literarisch behandelt wurden, so stößt man fast immer auf Angehörige der szientifischen Intelligenz, die Lust zum Schreiben haben; viel seltener auf Angehörige der literarischen Intelligenz, welche sich die Mühe machten, etwas tiefer in die wissenschaftlich-technischen Probleme einzudringen.

Damit unsere Gesellschaft sich geistig mit der Zukunft auseinandersetzen kann, sollten wir eine hochwertige Zukunftsliteratur haben. Wir haben zwar eine Menge literarischer Erzeugnisse, die Teilaspekte der Zukunft behandeln, aber es fehlt eine vernünftige Synthese, also Literatur, die gleichzeitig folgende Eigenschaften besitzt:

> Hoffnungsfroh wie Bloch – aber nicht so unkonkret,
> konkret wie Orwell – aber nicht so pessimistisch,
> biologiebewußt wie Huxley – aber nicht so unpsychologisch,
> ökonomiebewußt wie Fourastié – aber nicht so einseitig,
> weitsichtig wie Fucks – aber nicht so vereinfachend, usw.

Wohl am nächsten kommt dem, was wir brauchen, das Buch von D. Gabor, ›Menschheit morgen‹[4], aber es ist literarisch etwas schwach, es fehlt der hinreißende Schwung des großen Schriftstellers, es ist mehr das Ergebnis langen und sorgfältigen Nachdenkens eines Naturwissenschaftlers höchsten Ranges als eines erfolgsgewohnten Bestseller-Literaten. Deshalb ist zu

[4] Bern, München 1965.

fürchten, daß dieses hochwertige Buch nicht die Wirkung haben wird, die es nach seinem sachlichen Gehalt eigentlich verdient.

An einer treffsicheren und wohlgebauten Sprache haben die Angehörigen der literarischen und die Angehörigen der naturwissenschaftlichen Intelligenz ihre Freude. Wie eindrucksvoll ist beispielsweise Tucholskys Suche nach dem einzigen präzisen Wort für die Bewegung der Birkenblätter im Wind, wo er weder mit »Flirren« noch mit »Flimmern« noch mit »Blattgeriesel« zufrieden ist. Hier empfindet der Naturwissenschaftler Kollegialität mit dem Literaten: Müht er sich nicht ebenso wie er selbst um eine exakte Beschreibung der Natur? Doch auch hier steht hinter der Gemeinsamkeit eine Unterschiedlichkeit: Naturwissenschaftler und Techniker sehen in der Sprache ein, nein, *das* wichtigste Mittel, um Informationen zwischen Menschen auszutauschen und halten es für sinnvoll, diese Sprache auf ihre Brauchbarkeit und Ökonomie hin zu prüfen. Wenn es sich beispielsweise zeigt, daß man dieselben Tatbestände in der englischen Sprache im Durchschnitt mit weniger Buchstaben mitteilen kann als in deutscher Sprache, so sehen Angehörige der naturwissenschaftlichen Intelligenz hierin einen Nachteil, der möglicherweise die Effizienz unserer Gesellschaft verringert. Ob er durch andere Vorzüge tatsächlich aufgewogen wird, erscheint ihnen zweifelhaft.

Es ist zu fürchten, daß der gegenwärtige Stand der Informationstheorie das Mißverständnis zwischen den beiden Kulturen noch vertieft. Nach der klassischen Informationstheorie sind die beiden Aussagen

Er ist sehr glaubwürdig
Er ist nicht glaubwürdig

äquivalent: Es sind in beiden Fällen 20 Buchstaben (ch = 1 Buchstabe). Unter Beachtung der statistischen Gegebenheiten der deutschen Sprache (bei der man einem Buchstaben etwa den Informationsgehalt von einem BIT zuordnen kann), entsprechen die beiden obigen Aussagen jeweils 20 BIT. Diese angebliche Äquivalenz verwundert jeden, der erstmals von ihr hört und veranlaßt ihn möglicherweise zu Vorurteilen, beispielsweise dem, zu sagen: Die naturwissenschaftliche Analyse der Sprache kann offensichtlich nichts anderes leisten, als Buchstaben abzuzählen und den Codierungsaufwand zu bestimmen. Das, was einen denkenden Menschen an der Sprache interessiert, also

Inhalt und Wert der Aussagen, das entzieht sich offensichtlich der naturwissenschaftlichen Methodik.

Vorurteile solcher Art wurden schon öfter publiziert. Sie sind aber in der Zukunft nicht mehr haltbar. Moderne Ansätze der Informationstheorie, vor allem im Zusammenhang mit dem Entwurf adaptiver und selbstorganisierender technischer Systeme beschäftigen sich gerade mit dem Wert der Information. Beispielsweise wird untersucht, wieviel eine Information ein System beim Problemlösen weiterführt. Diese Fragen sind komplizierter als die der klassischen Informationstheorie, sie sind aber auch grundsätzlich bedeutungsvoller. Vereinfachend: Die klassische Informationstheorie war im Zustand eines »Chemikers«, der nur zu wägen, aber nicht zu analysieren verstand. Die zukünftige Informationstheorie wird aber mehr als wägen können, sie wird Informationen semantisch definieren und bewerten.

Aber auch der Naturwissenschaftler wird möglicherweise zu der Informationstheorie und ihrer Geschichte einige Vorurteile ablegen müssen, beispielsweise die Ansicht: Wir Naturwissenschaftler haben die Information als quantifizierbaren Tatbestand erkannt, den Geisteswissenschaftlern gelang dieses in Jahrhunderten aber nicht, obwohl eigentlich alle Voraussetzungen gegeben waren! Diesen – etwas naiven – Vorwurf wird er angesichts der beinahe unüberwindlichen Schwierigkeiten bei der Anwendung naturwissenschaftlicher Methoden bei der Betrachtung nichttrivialer geistiger Vorgänge aufgeben. Möglicherweise wird er die Benutzung der natürlichen Sprache für diese Zwecke als gar nicht so »unoptimal« erkennen und viele seiner früheren Vorurteile reuevoll ablegen.

Daß die deutsche Intelligenz bisher weder von der Rede Lecture noch von der Richmond Lecture Notiz nahm, erweckt folgenden Verdacht: Unsere Gesellschaft lebt in dem Glauben, diese Probleme seien bei uns überwunden. Hiervon kann jedoch keine Rede sein! Diese Problematik ist bei uns deshalb noch nicht aufgebrochen, weil die Öffentlichkeit vom Übergewicht »geisteswissenschaftlichen Denkens« so sehr beherrscht wird, daß sie die Existenz naturwissenschaftlicher Kultur noch gar nicht wahrgenommen hat. Zweifellos ist dies eine Folge der in unserem Lande herrschenden Ideologie und der Tatsache, daß die naturwissenschaftliche Kultur hier in einem Zustande verharrt, der als »intellektuelle Domestikation« bezeichnet werden muß.

Selten tritt einmal ein Angehöriger der naturwissenschaftlichen Intelligenz aus dem Zustande dieser intellektuellen Domestikation heraus. Dem senilen und etwas verlogenen

> Bilde mir nicht ein, ich könnte was lehren,
> die Menschen zu bessern und zu bekehren.

tritt Konrad Lorenz entgegen mit dem vitalen

> ... ich bilde mir ein, ich könnte was lehren,
> die Menschen zu bessern und zu bekehren!

Solche Beispiele sind in unserem Lande leider selten.

Das Auseinanderklaffen der zwei Kulturen hat wohl positive und negative Seiten: Positiv ist sicher zu werten, daß durch die engagierte Auseinandersetzung von beiden Seiten hart und meist intelligent argumentiert wird und sich manche Einsicht zeigt, die bei scheinbarer allgemeiner Übereinstimmung unentdeckt bliebe. Deshalb ist es nicht wünschenswert, diese Auseinandersetzung mit einem faulen Waffenstillstand und wohlwollenden Phrasen zu beenden. Diese »zwei Kulturen« sind wohl das gesellschaftliche Pendant zu einem psychischen Tatbestand: Einerseits die subjektive Vorstellungs-, Wunsch- und Traumwelt, andererseits die Welt, die sich unseren Sinnen bietet. So wenig ein lebendiger Mensch eine dieser beiden psychischen Welten vernachlässigen kann, ohne Schaden zu nehmen, so wenig sollte die Gesellschaft versuchen, diese beiden Kulturbereiche »gleichzuschalten«: auch sie würde Schaden nehmen. Der Dialog dieser beiden ist wünschenswert, ja notwendig und die Aufhebung dieser beiden Positionen würde Verarmung bedeuten.

Trotzdem ist das Bedenken der Gemeinsamkeiten nützlich:

1. Die Methoden der literarischen und der szientifischen Intelligenz überschneiden sich bereits in der Gegenwart: Erinnern wir uns beispielsweise daran, daß die moderne Linguistik den Anschluß an die mathematische Disziplin der Sprachtheorie bereits gefunden hat (Es sei hier besonders auf das von H. Kreuzer und R. Gunzenhäuser herausgegebene Sammelwerk ›Mathematik und Dichtung‹, München 1965, ^{3}1969, verwiesen), ferner, daß manche Probleme der Ästhetik Gegenstand informationstheoretischer Untersuchungen sind, ferner, daß die Probleme der Didaktik mit den Verfahren der Automatentheorie behandelt werden usw.

2. Die literarische Kultur und die szientifische Kultur sind eigentlich für zwei ganz verschiedene Erlebnisbereiche zuständig und brauchten – richtig verstanden – gar keine Konflikte zu bewirken: Die literarische Kultur hat ihre Bedeutung dort, wo es um menschliches »Erleben« und »Erfülltsein« geht, die literarische Kultur hat es mit menschlicher Lust zu tun. Die szientifische Kultur ist zuständig für die Auseinandersetzung des Menschen mit der Außenwelt. Ihr Kriterium ist nicht die Lust, sondern der Erfolg. Solange diese Zuständigkeiten beachtet werden, könnten beide Kulturen friedlich nebeneinander existieren.

Konflikte entstehen dann, wenn beispielsweise die szientifische Kultur in Anspruch nimmt, menschliches Erfülltsein zu bewirken, was ihr (abgesehen vom subjektiven Glücksgefühl eines Entdeckers oder Erfinders) nicht gelingen kann, oder es entsteht ein Konflikt dann, wenn die literarische Kultur versucht, die Richtlinien für technische oder politische Handlungen zu bestimmen.

3. Für die Zukunft ist wohl folgendes zu bedenken: Voraussetzung der literarischen Kultur ist die Erhaltung der physischen Existenz und eines minimalen Wohlstandes der Gesellschaft. Wo die Eigenwilligkeit der literarischen Kultur die Existenzfähigkeit der Gesellschaft bedroht, bedroht sie auch ihre eigene Existenz, ja wahrscheinlich *in erster Linie* ihre eigene Existenz. In einer unterentwickelten, nicht konkurrenzfähigen Gesellschaft werden Angehörige der wissenschaftlich-technischen Intelligenz sich behaupten können, während die Angehörigen der literarischen Intelligenz in ihrer »Luxusfunktion« es viel schwerer haben.

Andererseits ist zu bedenken, daß in zukünftigen Gesellschaften, deren technische Qualifikation hierzu ausreicht, die Freizeit immer größeren Raum einnehmen wird und deshalb der Bedarf an menschlichem Erfülltsein, an menschlichen Erlebnissen immer größer wird und die literarische Kultur somit eine große Bedeutung haben wird.

Die Menschheit steht in naher Zukunft vor Aufgaben, deren Lösung stärkster gemeinsamer Anstrengungen der bisher oft verfeindeten zwei Kulturen bedarf: Wie kann im Zustande der perfekten Technik, der dichten Massengesellschaft und des weltweiten Hungers die politische Realität kultiviert werden? Wie kann bewirkt werden, daß unsere Städte nicht immer unwirtlicher werden, daß der Verkehr nicht in chaotische Formen ausartet, daß den hungernden Millionen mitmenschlich geholfen wird, daß die Massenkommunikationsmittel nicht zur Verführung und Verdummung der Menschen benutzt werden usw. Die Lösung dieser Aufgaben erfordert gleichzeitig wissenschaftlich-technischen Sachverstand und die Kunst menschlicher Kommunikation. Wenn hier die wissenschaftliche und die literarische Intelligenz nicht verständnisvoll zusammenarbeiten, dann ist die Lösung dieser Aufgaben unwahrscheinlich.

Man möchte die psychische Situation des Menschen in der zukünftigen, hochtechnisierten Welt vergleichen mit der eines Kindes vor einem ungeheuren Baukasten. In diesem Baukasten finden sich grauenhafte, unwirtliche Städte, chaotische Verkehrsverhältnisse, millionenfacher Hungertod, das Inferno des Atomkriegs, aber auch erstaunliche Möglichkeiten, das menschliche Leben lebenswert zu gestalten, intellektuelle Abenteuer, künstlerische Höhepunkte, religiöse Verinnerlichung und anderes mehr. Es kommt darauf an, daß dieses Kind seine Steine nicht unüberlegt nach alten Mustern setzt, sondern neue Muster sucht, ein neues Bewußtsein entwickelt, ein kritisches Bewußtsein. Man möchte ihm mit Bertolt Brecht zurufen:

> Wir bitten euch aber:
> Was nicht fremd ist, findet befremdlich!
> Was gewöhnlich ist, findet unerklärlich!
> Was da üblich ist, das soll euch erstaunen.
> Was die Regel ist, das erkennt als Mißbrauch
> Und wo ihr den Mißbrauch erkannt habt
> Da schafft Abhilfe!

Dieses kritische Bewußtsein finden wir in unserer Gesellschaft weder bei den Routiniers politischer Macht, noch bei unseren erfolgreichen Managern, nur selten an den Lehrstühlen der Weisheit und kaum in der Öffentlichkeit. Es ist die Sache weniger Außenseiter, dieses kritische Bewußtsein in Opposition zu den erfolgreichen und vielprämiierten Schlafmittelproduzenten wach zu erhalten. Vor dieser Aufgabe stehen Angehörige der literarischen und der wissenschaftlichen Intelligenz als Verbündete.

Hans Mohr

Wissenschaft und Bildung
Stellungnahme eines Naturwissenschaftlers zu den Thesen von C. P. Snow

Meine Position

Nach meinen Erfahrungen hat C. P. Snow recht, wenn er in der Rede Lecture behauptet, daß in der geistigen Welt der Gegenwart, insbesondere in der »westlichen Welt«, »two cultures« nebeneinander existieren. Hier die »traditional culture«, gekennzeichnet durch Literatur, Philosophie und Religion, durch die Pflege der Überlieferung und – um einen Satz von Walter Jens zu zitieren – durch die »nobel-anachronistische Rückwärtsschau des Geisteswissenschaftlers«. Und dort die »scientific culture«, gekennzeichnet in erster Linie durch die Theorien der Wissenschaft und durch die Entwicklung der physikalischen und der biologischen Technik.

Natürlich ist die reale Situation komplexer; man könnte auf beiden Seiten eine Reihe von Subkulturen unterscheiden. Zum Beispiel geben sich die »literary intellectuals« unserer Tage nicht immer traditionsbewußt. – Die von Snow skizzierte Konstellation kann jedoch nach meiner Auffassung auch für die deutschen Verhältnisse als ein brauchbares Modell angesehen werden. Damit will ich zum Ausdruck bringen, daß Snow in seinem Essay die reale Situation durch eine geschickte, zweckmäßige Vereinfachung einer sachlichen Behandlung zugänglich gemacht hat. Ich schlage also vor, das Modell von Snow – zwei mehr oder minder oppositionelle Kultursphären – zu akzeptieren. Beide Kultursphären machen Aussagen über die Welt und über den Menschen; Aussagen, die häufig miteinander unverträglich sind. Beide Kultursphären stellen häufig verschiedenartige normative Ansprüche an den Menschen. – Dies ist ein wesentlicher Grund für die permanente, allerdings meist latente Konfliktsituation in der geistigen Welt, ein wesentlicher Grund auch für die extreme Pluralistik der heutigen Gesellschaft und der heutigen Universität, deren Fakultäten häufig so weit auseinandergerückt sind, daß sie ein gemeinsames Gespräch nicht einmal mehr suchen.

Die Repräsentanten der beiden Kulturen begegnen sich bei uns heutzutage oft mit kühler Aversion. Offene Demonstrationen der Antipathie sind jedoch selten. Man begnügt sich meist damit, die andere Seite zu ignorieren. – In der Vergangenheit, vor allem unter dem Einfluß der idealistischen Philosophie des 19. Jahrhunderts, war die Feindseligkeit zuweilen weniger verhüllt. Vielleicht charakterisieren die folgenden Zeilen, die von Friedrich Nietzsche stammen und ›An die Jünger Darwins‹ gerichtet sind, die Haltung der »Traditionalisten« jener Tage gegenüber der mächtig sich entfaltenden Wissenschaft:

> Dieser braven Engeländer
> mittelmäßige Verständer
> nehmt ihr als »Philosophie«?
> Darwin neben Goethe setzen
> heißt: die Majestät verletzen –
> majestatem genii!

Diese Art von Polemik wirkt heutzutage anachronistisch. Viele von uns wissen, daß sich die hohe intellektuelle Leistung und die geistige Würde in beiden Kultursphären manifestieren kann; und einige von uns machen den Versuch, die Möglichkeiten einer positiven Wechselwirkung zwischen den beiden Kultursphären auszuschöpfen. Meist sind es Wissenschaftler, die diesen Versuch unternehmen; selten nur wird die Grenze zwischen den beiden Kulturen von der anderen Seite her ernsthaft überschritten.

In der Tat ist die Sinngebung des Daseins häufig auch beim modernen Wissenschaftler verbunden mit einer Hinwendung zur traditionellen Kultur. – Ich halte diese Neigung für gut. – Der wissenschaftlich erfahrene Mensch sollte die Chance nützen, in seiner personalen Existenz den Reichtum beider Kulturen zu vereinen, der »traditionellen Kultur«, aus der wir kommen, und der »wissenschaftlich-technischen Kultur«, in der wir leben.

Nicht der Gegensatz zwischen den beiden »Kulturen« sollte für die Haltung des wissenschaftlich erfahrenen Menschen maßgebend sein; in seiner Haltung sollte vielmehr zum Ausdruck kommen, daß die Bereitschaft und die Fähigkeit, in beiden Kulturen zu leben, den gebildeten Menschen unserer Zeit und unserer Zukunft charakterisieren.

Der Mensch der traditionellen Kultursphäre, vor allem der »literary intellectual«, verschließt sich indessen häufig dieser Einsicht. Zwar weiß oder ahnt er, daß er bezüglich seiner physischen Existenz in der modernen Welt auf die »wissenschaftlich-technische Kultur« permanent angewiesen ist; er weigert sich aber, die geistigen Konsequenzen der Wissenschaft in Betracht zu ziehen. Er will weder die Struktur der Wissenschaft begreifen noch über die Bedeutung der Wissenschaft reflektieren. Oft macht er kein Hehl aus seinem (anerzogenen) Desinteresse und aus seiner (ebenfalls anerzogenen) Geringschätzung.

Diese Haltung beruht auf einem Vorurteil. Die Struktur und die Zielsetzung unseres etablierten Bildungssystems sind geeignet, dieses Vorurteil zu perpetuieren. Da wir als Staat und Gesellschaft an diesem Vorurteil leiden, müssen wir unser Bildungssystem verändern. Das »Bildungsmonopol« der traditionellen Kultur ist in der heutigen Welt für den einzelnen und für die Gesellschaft ein Unglück. Ich werde in den folgenden Abschnitten den Versuch machen, diese Behauptung zu begründen.

Der Anspruch der Wissenschaft in der heutigen Welt
Vier Thesen

Welchen Anspruch erheben die Wissenschaften in der heutigen Welt? Welche allgemeine Bedeutung kommt ihren Theorien zu, und inwieweit ist auch der Mensch der traditionellen Kulturwelt genötigt, von den Theorien der Wissenschaft, die wir in ihrer geordneten Gesamtheit als das »Weltbild der Wissenschaft« bezeichnen können, Notiz zu nehmen?

1. Die Theorien der Wissenschaft bestimmen, ob es dem einzelnen gefällt oder nicht, das Weltbild unserer Zeit. Es gibt keine philosophische und auch keine ideologische Theorie der Welt, welche mit den Theorien der Wissenschaft auf die Dauer konkurrieren könnte. Dabei muß man beachten, daß die Auffassung von der realen Welt, die sich in den modernen Wissenschaften durchgesetzt hat, mit den Auffassungen früherer Zeiten kaum zu vergleichen ist. Die neue Auffassung verlangt eine Begrifflichkeit, die sich vielfach weit von der Anschaulichkeit der vorwissenschaftlichen Weltbegegnung entfernt.

2. Unsere reale Existenz basiert heutzutage fast ausschließlich auf den Theorien der Wissenschaft, genauer gesagt, auf der Manipulation der realen Welt im Rahmen der Technik. Ohne physikalische und biologische Technik – hierzu gehören alle wesentlichen Bereiche der modernen Medizin und der Agrikultur – würden die meisten von uns innerhalb kurzer Frist zugrunde gehen oder zumindest in Armut und Elend zurücksinken. Es ist

gut, wenn man sich in diesem Zusammenhang klarmacht, daß Wissenschaft und Technik in der Forschung heutzutage weithin eine Einheit bilden. Ohne einen komplizierten technischen Aufwand ist physikalische und biologische Forschung heute nicht mehr möglich.

3. Die Theorien der Wissenschaft sind unentbehrlich für das Selbstverständnis des Menschen. Es gibt keine Anthropologie, welche die Theorien der Wissenschaft ignorieren könnte. Von allen wissenschaftlichen Theorien haben wohl die Evolutionstheorie, die Genetik und die Theorien der vergleichenden Verhaltensforschung das Menschenbild der Wissenschaft am stärksten geprägt. Noch gravierender jedoch dürften die momentan entstehenden Theorien der molekularen Biologie und der biologischen Kybernetik das Selbstverständnis des Menschen beeinflussen.

4. Das Ethos der Wissenschaft dürfte das leistungsfähigste sittliche Prinzip sein, das im Laufe der kulturellen Evolution entstanden ist.

Zum Verständnis der Thesen

a. *Die Aufgabe der Wissenschaft* ist es, zuverlässige – man kann auch sagen, richtige – Theorien über die Systeme der realen Welt aufzustellen. Mit »realer Welt« bezeichnet man die von der Wissenschaft seit jeher postulierte Welt, die unabhängig vom Bewußtsein existiert. Wenn wir von den Systemen der realen Welt sprechen, meinen wir bestimmte Ausschnitte dieser realen Welt. Wir haben gute Gründe für die Auffassung, daß es in der realen Welt zwei verschiedene Typen von Systemen gibt, einmal die nicht-lebendigen Systeme – sie sind die Objekte der Physik – und zum anderen die lebendigen Systeme, sie sind die Objekte der Biologie. Ein lebendiges System, dem unser besonderes Interesse gilt, ist der Mensch. Die einzelnen naturwissenschaftlichen Disziplinen gehören entweder zur Physik oder zur Biologie, je nachdem, ob sie an der theoretischen Formulierung der lebendigen oder der nicht-lebendigen Systeme beteiligt sind. Die Verfahren der physikalischen und der biologischen Forschung sind im Grunde recht ähnlich, so daß man die Grundvorgänge bei der wissenschaftlichen Forschung allgemein verbindlich darstellen kann. Es ist verhältnismäßig leicht, Theorien über die reale Welt zu machen. Es ist aber erstaunlich schwierig, *zuverlässige* Theorien aufzustellen. Der Mensch hat es im wesentlichen erst im Laufe der Neuzeit, seit Galilei, gelernt, solche zuverlässigen Theorien zu schaffen. Diese Erscheinung nennt man »Wissenschaft«. Das Motiv der Wissenschaft ist der Wunsch des Menschen nach zuverlässigem Wissen.

b. *Die Bildung von Theorien.* Die Theorien der Wissenschaft basieren grundsätzlich auf »objektiven Daten«. Darunter verstehen wir »jederzeit reproduzierbare Feststellungen«. Nur objektive Daten sind für die Wissenschaft von Interesse. Man nennt diese Daten häufig auch »Tatsachen«, unabhängig davon, wie kompliziert die Beziehung der Daten zu den realen Systemen sein mag. »Objektiv« bedeutet lediglich, daß die Daten jederzeit reproduzierbar, vom *jeweiligen* Subjekt also unabhängig sind. Objektiv bedeutet hingegen nicht, daß diese Daten uns etwa unmittelbar die reale Welt zeigten. Ich möchte gleich eventuellen Mißverständnissen vorbeugen, indem ich feststelle, daß in den Naturwissenschaften der naive Realismus, dem wir im täglichen Leben huldigen, ebensowenig angesehen ist wie der übertriebene Agnostizismus. Objektive Daten werden für den Bau von Hypothesen verwendet. Dieser Vorgang, eine besonders hervorstechende Leistung unseres »Geistes«, wird oft als Induktion bezeichnet. Diese Induktion ist ein überaus komplexer, konstruktiver Vorgang, dessen Details in unserem Zusammenhang nicht erörtert werden können. Eine einfache Formulierung für diesen Vorgang wäre zum Beispiel, daß mit Hilfe unserer Erkenntniskategorien unter Zugrundelegung objektiver Daten Hypothesen der realen Systeme gemacht werden. Diese Hypothesen enthalten mehr als die objektiven Daten. Die Momente, die unser »Geist« bei der Induktion beigesteuert hat, stecken ebenfalls in diesen Hypothesen.

Man hat die schöpferische Leistung des Wissenschaftlers bei der Formulierung von Hypothesen häufig mit dem Tun des Künstlers verglichen. Es handelt sich in der Tat beim Zusammenfügen der objektiven Daten zur kohärenten Hypothese um einen kreativen Akt, an dem irrationale, »schöpferische« Komponenten beteiligt sind, die sich der logischen Analyse bisher entzogen haben. Jeder Wissenschaftler, dem die Bildung einer bedeutenden Hypothese gelungen ist, kennt das unbeschreibliche Glücksgefühl, das sich einstellt, wenn die bislang unverbundenen Daten sich im Kopf eines Menschen zu einem brauchbaren geistigen Gefüge vereinigt haben.

Eine Hypothese kann durch weitere Daten verfeinert werden; aus ihr können zum Beispiel deduktiv Schlüsse gezogen werden, deren Nachprüfung – zumeist im Experiment – die Hypothese verifiziert oder falsifiziert. Bei genauer Betrachtung erweist sich, daß Hypothesen zwar total falsifiziert werden können (hierzu genügt im Grunde ein einziges »objektives Datum«, das mit der Hypothese unverträglich ist); eine totale Verifizierung ist indessen nicht möglich. Man kann lediglich den Grad der Zuverlässigkeit immer mehr erhöhen. Hypothesen, welche vielfach durch objektive Daten gestützt und mannigfach durch Deduktions- und Induktionsvorgänge verfeinert sind, bezeichnet man als Theorien (oder als »theoretische Systeme«). Objektive Daten und die Verfahren der Induktion und Deduktion führen in einem komplexen Wechselspiel schließlich zu stabilen Theorien, welche zumindest gewisse Systemeigenschaften der Gegenstände der realen Welt – bevorzugt Struktureigenschaften – »richtig« beschreiben. Diese Beschreibung erfolgt in Form von Sätzen. Darunter versteht man eine Anordnung von Begriffen oder Symbolen, die logisch gegliedert sein muß. Nur solche Sätze sind sinnvoll, für die sich eine Verifikationsmöglichkeit angeben läßt, das heißt deren inhaltliche Richtigkeit durch objektive Daten überprüft werden kann. Sätze, für die keine objektiven Daten herbeigeschafft werden können, sind für die Wissenschaft »sinnlos«, das heißt ohne Bedeutung.

Häufig nennt man die Resultate der Forschung die »wissenschaftliche Wahrheit«. Dieser Ausdruck darf nicht mißverstanden werden. Mit »Wahrheit« meint man in der Wissenschaft entweder die objektiven Daten, die Tatsachen, oder die stabilen zuverlässigen Theorien. Ontologische Projektionen oder metaphysische Hoffnungen pflegt der Wissenschaftler mit dem Begriff »Wahrheit« nicht zu verbinden.

Die zuverlässigen Theorien der realen Systeme repräsentieren zumindest gewisse Aspekte dieser realen Systeme mit einer oft erstaunlichen Genauigkeit. Besonders eindrucksvoll ist die Prognostizierbarkeit. Darunter versteht man das Phänomen, daß der Naturforscher, wenn er eine mehr oder minder richtige Theorie eines bestimmten realen Systems gemacht hat, das Verhalten dieses Systems unter bestimmten Bedingungen mehr oder minder genau voraussagen kann. Man kann also angeben, daß unter bestimmten Bedingungen das reale System diese oder jene objektiven Daten liefern wird, zum Beispiel kann man bekanntlich den Eintritt einer Sonnenfinsternis sehr genau prognostizieren und man kann in einer statistischen Prognose angeben, was passiert, wenn zwei in bestimmter Weise erbkranke

Menschen miteinander Kinder zeugen. Wenn zum Beispiel zwei Menschen heiraten, die beide heterozygot für das sogenannte Sichelzellengen sind, so kann man die Wahrscheinlichkeit angeben, mit der die Kinder die unheilbare Sichelzellenanämie haben werden. Die Wahrscheinlichkeit beträgt für jedes Kind genau 25 Prozent. Die Prognose hat hier auch explizit den Charakter einer Wahrscheinlichkeitsangabe. Sie ist deshalb nicht minder »exakt«.

Die Zuverlässigkeit einer Theorie, die sich am deutlichsten in der Prognostizierbarkeit von Daten manifestiert, erlaubt es uns, das betreffende System in unser finales, zwecktätiges Handeln einzubeziehen. Die momentan zur Verfügung stehenden Theorien der Wissenschaft machen es möglich, wesentliche Teile der realen Welt planend zu manipulieren. Die biologische und die physikalische Technik, von denen unser aller Leben beständig abhängt, sind somit der unmittelbare Beweis dafür, daß es den Naturwissenschaften gelungen ist, richtige Theorien realer Systeme aufzustellen, das heißt solche Theorien, welche zumindest gewisse Aspekte der realen Welt mehr oder minder korrekt beschreiben. Diese Theorien *repräsentieren* also die realen Systeme. – Die Grenzen dieser Repräsentanz sind offensichtlich. Die Auffassung des dialektischen Materialismus zum Beispiel von der *adäquaten* Widerspiegelung der realen Welt im Bewußtsein des Menschen begegnet deshalb großer Reserve, nicht nur bei uns, sondern auch bei den Wissenschaftlern der östlichen Welt, die sich immer mehr von der Bevormundung durch den philosophischen Dogmatismus marxistischer Prägung freizumachen versuchen. Die Gesamtheit der wissenschaftlichen Theorien kann man als das »wissenschaftliche Weltbild« bezeichnen. Es ist wesentlich verschieden von dem naiven Weltbild des wissenschaftlich nicht gebildeten Menschen. Immerhin fand und findet sich aber auch der vorwissenschaftliche Mensch in der realen Welt ganz ordentlich zurecht. Sein naives Weltbild muß also doch eine Vielzahl richtiger Momente enthalten. – Für den Biologen ist dieser Sachverhalt leicht zu verstehen: Der Mensch wäre gewiß nicht als erfolgreichste Spezies aus der Hominiden-Evolution hervorgegangen, wenn nicht seine Sinnesorgane und sein Gehirn so strukturiert wären, daß eine einigermaßen richtige Repräsentation der realen Welt zustande kommt. – Aber erst die Verfeinerung der Begriffe und der Theorien durch die Wissenschaft führt zu Gesetzen und damit zu der Möglichkeit einer *zuverlässigen* Beherrschung der realen Welt durch eine ungeheure Steigerung in der Sicherheit der Prognosen.

c. *Der permanente Erkenntnisprogreß.* Die Theorien der Naturwissenschaften, welche die Systeme der realen Welt beschreiben, sind nicht als fertig oder abgeschlossen anzusehen. Die Theorien erfahren vielmehr unter dem Zwang neuer Daten und neuer Deduktionen eine beständige Verfeinerung und Umbildung. Dieser »permanente Erkenntnisprogreß« ist ein wesentliches Charakteristikum der Naturwissenschaften. Die Naturwissenschaften wehren sich deshalb gegen jede Art von etablierter Autorität und gegen jeden Dogmatismus. Ideen wie »absolute Richtigkeit« oder »endgültige Wahrheit« gehören nicht in die Wissenschaft. In der Wissenschaft geht es ausschließlich um objektive Daten, um Induktion und um logische Denkprozesse. Über die Richtigkeit oder Unrichtigkeit einer logisch einwandfreien Theorie wird nicht durch Autoritäten oder Kongresse entschieden, sondern ausschließlich durch objektive Daten. Die Wissenschaft ist also weder dogmatisch noch demokratisch. Maßgebend allein sind Logik und objektive Daten.

Eine Theorie ist »richtig«, solange sie keinen objektiven Daten widerspricht. Ob sie in irgendeinem metaphysischen Sinn »wahr« ist, ist für den Wissenschaftler eine müßige Frage. – Es gibt viele solcher Fragen, auf welche die Wissenschaft keine Antwort geben kann, etwa die Frage nach dem »Wesen der Natur« oder nach dem »Sinn des Seins«. So bedeutsam diese Fragen für den Menschen sein mögen, wissenschaftlich sind sie »ohne Sinn«, weil es keine Möglichkeit gibt, sie verbindlich zu beantworten. Die Wissenschaft kann nur jenen, vielleicht recht engen Bereich der Welt behandeln, aus dem objektive Daten zu beschaffen sind. In diesem Bereich allerdings ist sie – und nur sie – kompetent. Viele Probleme aus dem transempirischen Bereich – sie existieren möglicherweise nur in unserem Bewußtsein – lassen sich zwar logisch behandeln, etwa manche Probleme der Metaphysik oder der Theologie, sie lassen sich aber nicht szientifizieren, weil die Aussagen nicht auf objektiven Daten basieren und die Deduktionen nicht durch objektive Daten kontrolliert werden können.

d. *Der Begriff »Wissenschaft«.* Der kritische Leser wird bereits registriert haben, daß ich den Begriff »Wissenschaft« im Sinn des anglo-amerikanischen »Science« verwende. Dieser

Begriff ist *nicht* identisch mit dem herkömmlichen Begriff »Naturwissenschaft«; man versteht vielmehr unter Wissenschaft im Sinn von Science alle jene Aktivitäten des menschlichen Geistes, bei denen ausschließlich objektive Daten und die Logik maßgebend sind. Die Kontrollierbarkeit der Theorien ist ebenfalls ein wichtiges Merkmal der Wissenschaft. Die Wissenschaft schließt somit alle Naturwissenschaften und die axiomatisch-deduktive Mathematik ein, aber auch eine Vielzahl anderer Disziplinen, in denen die Bemühung um Objektivität evident ist. – In diesem Zusammenhang erinnere ich mich gern daran, daß es hervorragende Lehrer der vergleichenden Sprachwissenschaft gewesen sind, die mich wissenschaftliches Arbeiten zuerst gelehrt haben.

e. *Der Begriff »Philosophy of Science«*. Die Theorien der Wissenschaft repräsentieren die realen Systeme. Die Art und die Grenzen dieser Repräsentanz und die Verfahren der Theorienbildung überhaupt, die der Naturforscher anwendet, werden von wissenschaftlich gebildeten Philosophen oder von philosophisch interessierten Wissenschaftlern untersucht. Diese »Philosophy of Science«, die in unserem Sprachgebiet heutzutage fast völlig fehlt, ist ein unentbehrlicher Bestandteil der modernen Naturwissenschaften, wesentlich auch für jeden, der sich darum bemüht, die Naturforschung mit den anderen Kräften des menschlichen Geistes in Beziehung zu setzen. Je mächtiger sich die Wissenschaften entfalten, um so bedeutsamer werden für den Wissenschaftler diese Reflexionen über die Struktur seiner Forschung, über den Sinn seiner Arbeit und über seine Pflichten und Rechte in dem durch die Wissenschaft geprägten Sozialgefüge der modernen Welt.

Die »Philosophy of Science«, man kann auch sagen die »Theorie der Theorien«, hat bei weitem nicht mehr die durchsichtige, rationale Struktur der Wissenschaft. Einstein hat diesen wohlbekannten Sachverhalt in dem Satz ausgedrückt: The most unintelligible thing about the world is that it is intelligible. – Die Theorie der Wissenschaft ist auf jeden Fall weniger rational als die Wissenschaft selber.

f. *Physik und Biologie*. Die Ausführungen, die wir bisher gemacht haben, betrafen das Phänomen Wissenschaft allgemein. Im weiteren müssen wir uns fragen, wie das Verhältnis von Physik, Biologie und Anthropologie zu verstehen sei. Vorher muß ich noch einmal definieren, was ich mit diesen Begriffen meine. Die Physik ist die Wissenschaft von den »nicht-lebendigen Systemen«; die Biologie ist die Wissenschaft von den »lebendigen Systemen«; die Anthropologie ist die Wissenschaft vom Menschen. Den Begriff »Wissenschaft« verwende ich stets im Sinn von »Science«. Zur Anthropologie gehören also – gemäß dieser Definition – nur solche Aussagen über den Menschen, die den Charakter zuverlässiger wissenschaftlicher Aussagen besitzen. – Es gibt viele Aussagen über den Menschen (zum Beispiel Aussagen der philosophischen Anthropologie), die nicht die Struktur wissenschaftlicher Aussagen haben.

Wir fragen uns jetzt in einer ersten Stufe, inwiefern sich die lebendigen und die nichtlebendigen Systeme und damit Biologie und Physik unterscheiden. Wenn man die Erfahrungen der experimentellen Biologie berücksichtigt, so läßt sich mit hoher Wahrscheinlichkeit folgendes sagen: Die Eigenständigkeit der Biologie als Wissenschaft beruht nicht darauf, daß die lebendigen Systeme irgendwelche metaphysischen, der Wissenschaft nicht zugänglichen Komponenten enthielten, sondern ausschließlich darauf, daß lebendige Systeme so hochgradig kompliziert sind, daß für die Theorienbildung in der Biologie Begriffe gebraucht werden, welche in den Theorien der Physik, etwa in der Quantentheorie, keine Rolle spielen. Die Systemeigenschaften der lebendigen Systeme können deshalb durch die Quantentheorie momentan nicht völlig erklärt werden. Vorläufig benötigt die Biologie bei der Theorienbildung unbedingt eine große Zahl von Begriffen, wie zum Beispiel den Begriff »Reiz« oder den Begriff »Vererbung«, die in der Quantentheorie nicht gebraucht werden. Die Verfeinerung der Theorienbildung in der modernen Biologie geht zwar Hand in Hand mit der Eliminierung solcher spezifisch biologischer Begriffe; es scheint aber *zweifelhaft*, ob der Versuch überhaupt zweckmäßig ist, die Theorie der ungeheuer komplizierten lebendigen Systeme aus einer Theorie der Atome zu deduzieren. Eine direkte Bestimmung von Daten und eine Verwendung dieser Daten für die Theorienbildung erscheinen vernünftiger. Nur mit solchen, durch die »praktische Vernunft« nahegelegten Argumenten läßt sich die Eigenständigkeit der Biologie als Wissenschaft begründen, nicht durch den Hinweis auf metaphysische Komponenten der lebendigen Systeme. Ähnliche Situationen gibt es auch innerhalb der Physik. Zum Beispiel ist die Existenz der Chemie als Wissenschaft im Zeitalter der Quantentheorie darauf zurückzuführen, daß es unpraktisch ist, die Theorie komplexer Moleküle aus der Theorie der Atome zu deduzieren.

Es ist zumindest arbeitstechnisch vorteilhafter, in der Chemie eine direkte Bestimmung von Daten vorzunehmen und diese für die Theorienbildung zu verwenden.

g. *Biologie und Anthropologie.* Die Prinzipien und Gesetze der Biologie gelten generell auch für den Menschen. Die Wissenschaft besitzt keine objektiven Daten dafür, daß der Mensch irgendwie außerhalb biologischer Gesetze stünde. Dies bedeutet: Eine Theorie des Menschen ist nur möglich, wenn die Theorien der allgemeinen Biologie gebührend berücksichtigt werden. Eine Anthropologie ohne Biologie ist keine Wissenschaft.

Wir fragen uns jetzt in einer zweiten Stufe, ob die Anthropologie bei der theoretischen Bewältigung des Systems Mensch spezifische Begriffe und Gesetze braucht, die in der Physik und Biologie nicht benötigt werden. Ich möchte diese Frage bejahen. Die Argumentation kann in ähnlicher Weise erfolgen, wie wir sie eben bei der Konfrontation von Physik und Biologie durchgeführt haben. Angesichts der ungeheuren Komplexheit des Systems Mensch erscheint es zumindest arbeitstechnisch vorteilhafter, die Theorie des Menschen nicht ausschließlich auf Begriffe und Gesetze der Physik und Biologie zu begründen. Ein Biologismus in der Anthropologie würde zum gegenwärtigen Zeitpunkt zu einer ähnlichen Verarmung dieser Wissenschaft führen wie ein exklusiver Physikalismus in der Biologie. – Eine partielle, begriffliche Eigenständigkeit der Anthropologie darf indessen nicht dazu führen, daß der Weg der Wissenschaft verlassen wird. Objektivität und Logik müssen für die Wissenschaft vom Menschen ebenso verbindlich sein wie für Physik und Biologie.

Die Wissenschaft vom Menschen, zersplittert in eine Vielzahl heterogener Disziplinen, hat es in mancherlei Hinsicht schwerer als Physik und Biologie. – Einmal hat die Anthropologie das bei weitem komplizierteste System der realen Welt zu behandeln, den Menschen mitsamt seinem Sozialverhalten und seinem komplexen Sozialgefüge. Objektive Daten und zuverlässige Theorien sind deshalb besonders schwer zu gewinnen; Scharlatane und ideologische Apostel, die in der Physik und in der Biologie keine Chance mehr haben, sind nicht immer leicht zu erkennen. Zum anderen sieht sich die Anthropologie, weit mehr als Physik und Biologie, mit dem vorwissenschaftlichen Denken, oder sagen wir genauer, mit vorwissenschaftlichen Überzeugungen konfrontiert. Es gibt nur wenige Laien, die ernsthaft zur Quantentheorie oder zum genetischen Code Stellung nehmen. Im Hinblick auf den Menschen wird diese Zurückhaltung nur selten geübt; fast jedermann fühlt sich hier kompetent, verbindliche Aussagen zu machen; Aussagen, die – wie man zu sagen pflegt – aus der »primären Erfahrung« stammen. Die Anthropologie hat also, weit mehr als die Physik und auch weit mehr als die moderne Biologie, die ungeheure Macht des Vorurteils gegen sich. – Wir alle sind durchsetzt von subjektiven Gefühlen und traditionellen Auffassungen, mit deren Hilfe wir die Welt und uns zu bewältigen trachten. Wir geben diese hilfreichen Überzeugungen um so zögernder zugunsten objektiver Daten auf, je mehr es um den Menschen und damit um uns selber geht.

Es sei mir, dem Außenstehenden, ein Hinweis auf die subtilen Kämpfe im Bereich der Soziologie gestattet. Die Trennlinie zwischen den »two cultures« scheint mitten durch diese Disziplin zu verlaufen. Auf der einen Seite stehen die Argumente und normativen Ansprüche einer langen philosophischen und theologischen Tradition, auf der anderen Seite stehen die Daten und Hypothesen einer soziologischen Forschung, die an den Verfahren der Wissenschaft orientiert ist. Diese wissenschaftliche Soziologie hat keinen leichten Stand. Hinter den historisch-hermeneutischen oder philosophisch-spekulativen Argumenten der »traditionellen« Soziologen steht nicht nur der mächtige Glaube an unmittelbare, apriorische und allgültige Einsichten, sondern es steht hinter diesen Argumenten auch der Wunsch des Menschen nach geistiger Sicherheit und Geborgenheit, der Wunsch nach »ewiger Wahrheit«. Diesen Wunsch können die empirischen Sozialwissenschaften nicht erfüllen. Sie können ebensowenig wie andere Wissenschaften den Anspruch erheben, »ewige Wahrheiten« hervorzubringen. Ihre Aufgabe ist es, objektive Daten zu gewinnen und auf der Basis dieser Daten »richtige« Theorien aufzustellen. Diese Aufgabe ist eminent schwierig und mühsam. Das Ziel, die *zuverlässige* Aussage über das Sozialverhalten und die Sozialstrukturen des Menschen, läßt sich aber auf keinem anderen Weg erreichen. Auch für die Soziologie gilt, was ich eingangs über die Wissenschaft allgemein ausgeführt habe. Die Wissenschaft kann zwar nur jenen vielleicht recht engen Bereich der Welt behandeln, aus dem objektive Daten zu beschaffen sind. In diesem Bereich aber ist sie – und nur sie – kompetent.

Die klare Scheidung von Wissenschaft und Spekulation ist auch in der Anthropologie nicht nur ein wissenschaftstheoretisches Erfordernis; diese Scheidung ist auch im Hinblick auf die Praxis der menschlichen Existenz eine Notwendigkeit. Ich möchte diese Zusammenhänge kurz andeuten. Die Wissenschaft vom Menschen umfaßt eine Vielzahl von Disziplinen, von der Anatomie bis hin zu den Sozialwissenschaften, die sich darum bemühen, »richtige« wissenschaftliche Theorien über den Menschen als Einzelwesen, über sein Sozialverhalten und über seine Sozialgefüge aufzustellen. Die praktische Anwendung dieser Theorien zum Wohle des Menschen ist eine Aufgabe, die sich uns mit einer Dringlichkeit ohnegleichen stellt, nicht nur im Bereich der Medizin, sondern vor allem im Bereich der Humanökologie und der Gesellschaftsordnung. Es ist zum Beispiel eminent gefährlich geworden, sich bei der Lenkung der heutigen Sozialgefüge ausschließlich auf die konventionellen Verfahren der Politik zu verlassen. Diese Verfahren sind den wirtschaftlichen und technischen Möglichkeiten unserer Zeit häufig nicht mehr angemessen. Der Politiker braucht in der heutigen Welt den *zuverlässigen* Beistand der Wissenschaft. Wir können nur hoffen, daß auch die Sozialwissenschaften – in dem weiten Sinn von Social Science gemeint – ihm diesen Beistand zu leisten vermögen. Gebraucht werden »richtige« Theorien, nicht eloquente Spekulationen, hermeneutische Brillanz oder ideologische Überzeugungen. Geistvolle Ideen, deren Inhalt sich im wissenschaftlichen Sinn nicht als richtig erweist, bedeuten eine Gefahr. Es könnte sein, daß jemand, zum Beispiel ein Politiker oder eine Gruppe von Studenten, sie ernst nimmt.

h. *Wissenschaft und Technik.* Die Zuverlässigkeit einer wissenschaftlichen Theorie, die sich am deutlichsten in der Prognostizierbarkeit von Daten manifestiert, erlaubt es uns, das betreffende System in unser finales, zweckgerichtetes Handeln einzubeziehen. Die uns derzeit zur Verfügung stehenden Theorien der Wissenschaft machen es dem Menschen möglich, wesentliche Teile der realen Welt planend zu manipulieren. Diese Manipulation nennt man »Technik«.

Wem dient diese Manipulation? – Die Antwort darauf kann nur lauten: Sie dient dem menschlichen Leben. – Die Technik läßt sich nicht rationaler motivieren. Die Technik dient dem Dasein des Menschen oder sie hat keinen Sinn! Ein blinder technologischer Fortschrittsglaube ist Unsinn. Der technologische »Fortschritt« kann mit dem konsequenten Erkenntnisprogreß der Wissenschaft nicht verglichen werden, denn Wissenschaft und Technik haben verschiedenartige Ziele. – Die Wissenschaft dient der Erkenntnis. Ihre Aufgabe ist es, möglichst richtige Theorien der realen Welt zu bilden. Die Wünsche, Sehnsüchte und Glaubenssätze des Menschen spielen in der Wissenschaft keine bleibende Rolle. – Die Technik hingegen dient der menschlichen Existenz. Ihre Aufgabe ist es, das Leben des Menschen lebenswert zu machen. Eine Technik, die nicht geeignet ist, dem menschlichen Leben zu dienen, ist unsinnig. Eine Technik, die das menschliche Leben gefährdet oder zerstört, ist absurd.

Man kann die Technik mißbrauchen. Der Mensch hat sie von jeher mißbraucht. Auch in der vorwissenschaftlichen Zeit ist es dem Menschen mit einer primitiven Technik bereits gelungen, durch unsinnige Eingriffe in die Natur die Grundlagen seiner Existenz zu gefährden oder zu vernichten. Die Entwaldung weiter Teile des Mittelmeergebietes zum Beispiel, ein wahrhaft barbarischer Eingriff des Menschen in die Gegebenheiten der Natur, ist zu einem guten Teil bereits in der Blütezeit der antiken Kulturen durchgeführt worden.

Von diesem »Erbe der Antike« haben sich die betroffenen Gebiete nie mehr erholt. Die Zerstörung der Natur war irreversibel. Die Politiker und Administratoren jener Zeit haben die Zusammenhänge wahrscheinlich nicht rechtzeitig begriffen; Platon hingegen hat zumindest andeutungsweise den Zerfall der griechischen Kultur mit dieser Fehlleistung der antiken Technik in Verbindung gebracht. Wir lesen zum Beispiel im Dialog ›Kritias‹: »Einst, als es noch Wälder gab auf den Bergen Attikas, nahm die reichliche Erdschicht das Wasser auf und bewahrte es, so daß sich die eingesogene Menge ganz allmählich von den Höhen aus verteilte und Quellen speiste; aber nun ist die fette und weiche Erde herausgeschwemmt und allein das magere Gerippe des Landes noch vorhanden [...] gleichsam nur das Knochengerüst eines durch Krankheit angegriffenen Leibes.«

Die destruktive Potenz der modernen Technik ist unvergleichlich viel größer. Diese Technik stützt sich nicht mehr auf bloße Empirie – wie die primitive Technik der Antike oder des Mittelalters –, sondern auf die Gesetze und Prinzipien der Wissenschaft. Niemals in seiner Geschichte hat der Mensch eine so große Macht über die Systeme der Natur besessen wie heute, und niemals war es so schwierig, diese Macht unter Kontrolle zu halten. Frage: Wer kann diese Kontrolle ausüben? – Antwort: Allenfalls die Wissenschaft, insbesondere die Biologie;

eine andere kompetente Instanz gibt es offensichtlich nicht. – Das Urteil der Wissenschaft wiegt sehr schwer, wenn es um die Frage geht, ob ein technischer »Fortschritt« dem Menschen dient, ob er sinnvoll ist oder nicht. Die Technologen, die Politiker und die Bürokraten sollten dieses Urteil ernst nehmen; jedenfalls dann, wenn das Ethos der Wissenschaft hinter diesem Urteil steht. – Wir dürfen nicht fortfahren, die Welt um uns nach dem letztlich stets destruktiven Prinzip des unmittelbaren, maximalen Profits zu behandeln. Es ist vielmehr angebracht, daß wir daran denken, eine Ordnung aufzubauen, die über längere Zeiten hinweg funktionieren kann. – Der Versuch, die Technik zum Wohle des Menschen zu regulieren, stößt auf harten Widerstand. Der Gegner ist in erster Linie der Individual- und Gruppenegoismus, der die menschliche Natur charakterisiert. Der Gesetzgeber und der Politiker sind bei der Auseinandersetzung mit diesen Gruppeninteressen auf die Autorität und auf den Rat der Wissenschaft angewiesen. Ohne die Benützung alles relevanten, zuverlässigen Wissens und ohne Einsicht auch in die speziellen Zusammenhänge sollte man heutzutage keine technologischen oder technologisch-politischen Entscheidungen mehr treffen, falls man ein Gefühl für Verantwortung besitzt. Die Zeit der intuitiven Entscheidungen scheint vorbei. Dies gilt nicht nur für moderne Waffentechnik oder Städtebau. Es gilt in noch höherem Maße im Hinblick auf die biologische Technik in Agrikultur, Medizin, Humangenetik und Soziologie. – Häufig indessen ist auch die wissenschaftliche Prognose in dem eben skizzierten Problembereich nicht eindeutig. Die zu behandelnden Systeme sind ungeheuer komplex; das Netz der objektiven Daten ist häufig sehr weitmaschig; es gelingt nicht, alle wesentlichen Faktoren zuverlässig zu quantifizieren. – In diesem Fall darf der Wissenschaftler dem Politiker gegenüber keinen Zweifel daran lassen, daß seine Prognose eine mögliche Vorstellung ist, die andere Modelle nicht ausschließt, sondern nur weniger wahrscheinlich macht. Allgemein gilt, daß die wissenschaftliche Prognose stets einen mehr oder minder ausgeprägten Wahrscheinlichkeitscharakter hat. Auch darin unterscheidet sie sich von der apodiktischen ideologischen Prognose, die wenig Spielraum läßt zwischen Heil und Verdammnis.

i. *Das wissenschaftliche Ethos.* Ich möchte jetzt, gemäß meiner eingangs geäußerten These 4, einiges sagen über das Verhältnis von Wissenschaft und Ethik. – Manche Leser mögen darüber erstaunt sein. Vielleicht erwarten sie, daß die Ausführungen eines Wissenschaftlers zumindest in dem Augenblick ihren Abschluß finden sollten, wo die Grenzen der Ethik erreicht sind. Immer wieder sagt man doch, das Zusammenleben der Menschen beruhe auf sittlichen Prinzipien, und die Welt der Wissenschaft sei eine Welt ohne Werte. Diese merkwürdige Legende ist von den Gegnern der Wissenschaft häufig benützt worden. Sie ist trotzdem, wie ich glaube, gänzlich falsch. Die Grundlage der wissenschaftlichen Forschung, das Ethos der Wissenschaft, dürfte vielmehr eine der wirksamsten sittlichen Institutionen sein, welche die Menschheit hervorgebracht hat. Auch dieses Ethos ist freilich nicht unveränderlich. Es ist offensichtlich aus primitiven Anfängen im Verlauf der kulturellen Evolution entstanden. Auch heutzutage kann dieses Ethos keineswegs als perfekt bezeichnet werden, obgleich es seine hohe Leistungsfähigkeit bereits bewiesen hat.

Die Wissenschaft – so erinnern wir uns – ist souverän; sie ist niemandem untertan, sie ist niemandes Magd; für die Wissenschaft gibt es keine anderen Autoritäten als objektive Daten und Logik. Die Wünsche und die Sehnsüchte des Menschen haben keinen bleibenden Einfluß auf die Theorien der Wissenschaft. – Ist die Wissenschaft deshalb im Grund inhuman, wie manche ihrer Kritiker meinen? – Ist der Bereich der Wissenschaft ein Land ohne Ethos? – Ich glaube, nein! – Das Kollektiv der in der Wissenschaft Tätigen ist eine Gemeinschaft von Menschen, eine kulturelle »Gruppe«, für die es keine Grenzen im Raum und in der Zeit gibt. Was diese Gruppe zusammenhält, ist nicht eine formale, materielle oder politische Bindung; es ist ausschließlich die Gemeinsamkeit in einem geistigen Anliegen. Die sittliche Institution, welche diese Gemeinsamkeit stabilisiert, ist das »wissenschaftliche Ethos«, ein Codex von Verhaltensregeln, der die Grundlage jeder echten wissenschaftlichen Arbeit bildet und – in den Ansätzen jedenfalls – von jeher gebildet hat, bei uns genauso wie in der östlichen Welt, zur Zeit Newtons genauso wie 1969. Dieser sittliche Codex schließt zum Beispiel an Forderungen ein: Gegenseitige Achtung, Objektivität, Freiheit des Denkens, Verzicht auf Dogmatismus, absolute intellektuelle Ehrlichkeit, Dominanz der *geistigen* Aktivität, Klarheit der Ausdrucksweise. Besonders hart ist die Forderung der Verifizierbarkeit. Eine Aussage, ein »Satz«, ist nur dann erlaubt, wenn diese Aussage von jedem, der die geistigen und technischen Voraussetzungen dafür hat, auf seine Richtigkeit hin kontrolliert werden kann. Die gefährliche Neigung des Menschen zu unverbindlichen, weil nicht kontrollierbaren Aussagen wird dadurch rigoros eingeschränkt. – Der eben skizzierte Codex wird meist straff gehandhabt. Wer anstelle objektiver Daten falsche Daten mitteilt, wer Theorien aufstellt, die nicht kontrollierbar sind, verliert seine Glaubwürdigkeit und scheidet mehr oder minder schnell aus dem Kreis der Wissenschaft aus. Auch wenn der Betreffende seinen Arbeitsplatz behält, so verliert er doch die Achtung und das Vertrauen seiner Kollegen und damit jene Anerkennung, die ihm am meisten bedeutet. Ein Verstoß gegen das Prinzip der intellektuellen Redlichkeit wird dabei erfahrungsgemäß am schärfsten geahndet.

Das wissenschaftliche Ethos allein sichert die Zuverlässigkeit der wissenschaftlichen Theorien. Auf diesen sittlichen Codex ist also letztlich die Dominanz zurückzuführen, zu welcher die Theorien der Wissenschaft im geistigen und im realen Bereich unseres Daseins gelangt sind. Diese Theorien der Wissenschaft bestimmen das Weltbild unserer Zeit, auch wenn dieses Weltbild der Mehrzahl der Menschen nicht einmal im Umriß verständlich ist. Es gibt keine philosophische Theorie der Welt, die sich mit den Theorien der Wissenschaft an Zuverlässigkeit messen könnte. – Die moderne Technik, die auf den Theorien der Wissenschaft aufbaut, ermöglicht unsere reale Existenz. – Die Freiheit des Denkens manifestiert sich am deutlichsten im Erkenntnisprogreß der Wissenschaft. Das wissenschaftliche Ethos ist also offenbar ein Prinzip von hoher Leistungsfähigkeit.

Der Wissenschaftler als Person lebt indessen in mehreren Welten. Das Ethos der Wissenschaft, das seiner wissenschaftlichen Arbeit explizit oder implizit zugrunde liegt, ist im allgemeinen *nicht* identisch mit den Determinanten seiner privaten Existenz, es ist zuweilen auch nicht maßgebend für die zwischenmenschlichen Beziehungen der Wissenschaftler selber. Der Wissenschaftler arrangiert sich zum Beispiel in seiner privaten Existenz ohne wesentliche Schwierigkeiten mit der Tatsache, daß der ethische Codex der Wissenschaft von der Mehrzahl der Menschen weder verstanden wird noch befolgt werden will. Wie ist diese Diskrepanz zu verstehen? – Das wissenschaftliche Ethos ist ein »Partialethos«, das im Hinblick auf ein bestimmtes Ziel sittliche Normen angibt. Das Ziel ist die richtige Theorie, oder allgemeiner gesagt, die wissenschaftliche Wahrheit. Solange die Bemühungen eines Menschen auf das Ziel gerichtet sind, der wissenschaftlichen Wahrheit zu dienen, unterwirft er sich diesem Ethos. Er ist damit offensichtlich nicht überfordert, obgleich »Objektivität« dem Menschen schwerfällt, da sie häufig mit der emotionalen Komponente seiner Natur in Konflikt gerät.

Es erscheint mir aber fraglich, ob das wissenschaftliche Ethos geeignet ist, als Grundlage für die engen zwischenmenschlichen Beziehungen, wir wollen sie »personale Beziehungen« nennen, zu dienen. Ich glaube nicht, daß sich Prinzipien wie Objektivität und absolute intellektuelle Redlichkeit in den zwischenmenschlichen Beziehungen langfristig durchhalten lassen, ohne daß die Partner Schaden erleiden. Wir müssen, wenn wir Maximen für personale Beziehungen aufstellen, mit *allen* Erbanlagen rechnen, die der Mensch aus der Evolution mitgebracht hat: Ehrgeiz und Egoismus, der Hang zu Imponiergehabe und Aggression, die Neigung zum Haß, die Fähigkeit zur intelligenten Lüge waren vermutlich ebenso konstitutive Elemente der Hominidenevolution wie Bescheidenheit und Hingabe, Objektivität, Liebe und Wahrhaftigkeit. Ein universales Ethos, das den Menschen beständig überfordert, ist Unsinn. Entweder treibt die beständige sittliche Überforderung den Menschen in die Neurose, oder der Mensch gewöhnt sich daran, das Universalethos nicht ernst zu nehmen. Jedermann kennt diese beiden Reaktionsformen. – Das wissenschaftliche Ethos duldet keinen Verstoß. Es erhebt aber auch nicht den Anspruch, ein Universalethos zu sein. Bei den personalen Beziehungen der Menschen ist nicht »wissenschaftliche Wahrheit« das Ziel, sondern die Erfüllung einer subjektiven, vielleicht sogar irrationalen Sehnsucht. Das wissenschaftliche Ethos gibt uns hierfür keine verbindlichen Maximen. Es ist ein Partialethos, das auch die Existenz des Wissenschaftlers nur partiell beherrscht. Ein gescheiter Student, ein hervorragender junger Wissenschaftler, hat sich bei mir einmal fast verzweifelt mit den Worten abgemeldet: »Ich muß mich ein paar Tage von der Objektivität erholen.« Ich habe ihm klargemacht, daß sein Wunsch nicht nur verständlich, sondern auch legitim sei. Objektivität und irrationale Leidenschaft schließen sich in der personalen Existenz nicht aus.

In der Politik hingegen, damit meine ich die mehr oder minder geordneten Beziehungen zwischen den soziologischen Gruppen auf dieser Welt, haben irrationale Elemente offensichtlich ihre konstitutive Rolle ausgespielt. Das Zusammenleben der technisierten Massengesellschaften kann mit den politischen Maximen der Vergangenheit nicht mehr bewältigt werden. Die politische Lüge – auch die intelligente politische Lüge –, die intellektuelle Verführung und die primitive Erpressung sind nur noch scheinbar konstitutive Elemente der Politik; die tragfähige Basis einer modernen, zeitgemäßen Realpolitik ist durchsichtige Rationalität und intellektuelle Anständigkeit. Emotionen, irrationale Motive und ideologische Maximen, Komponenten einer antiquierten »Realpolitik«, taugen heutzutage nicht mehr viel als Grundlage für politische Entscheidungen. Irrationalität ist in der modernen Welt zu gefährlich geworden. Politik muß sachlich betrieben werden. – Wie könnte, so fragen wir uns, das Ethos künftiger Politik aussehen?

Ich glaube, daß die ungemein schwierigen politischen Probleme der Gegenwart lösbar wären, wenn das Ethos der Politik ähnlich wäre dem Ethos der Wissenschaft. Ich glaube ferner, daß kein anderes Partialethos imstande sein wird, die politischen Beziehungen der soziologischen Gruppen auf dieser Welt zu stabilisieren. Das wissenschaftliche Ethos wird von allen politischen Gruppen akzeptiert, in der Praxis selbst von den wildesten Ideologen, weil die Existenz einer jeden Gesellschaftsordnung in der technisierten, modernen Welt in erster Linie auf der Zuverlässigkeit der wissenschaftlichen Theorien beruht. Der Versuch, dieses Ethos zu einer brauchbaren Maxime für die Bewältigung der politischen Beziehungen zu machen, ist also durchaus naheliegend. Das am wissenschaftlichen Ethos orientierte politische Ethos des modernen Menschen wäre, auf diese Einschränkung kommt es mir an, ebenfalls ein Partialethos, dem wir unser gesellschaftliches Verhalten unterwerfen, solange wir das Ziel unserer politischen Existenz darin sehen, einen Beitrag zu liefern zu einer erträglichen Koexistenz der soziologischen Gruppen auf dieser Welt. – Warum ist die Erfolgschance für den Versuch, das wissenschaftliche Ethos politisch verbindlich zu machen, so gering? – Die Hoffnung, daß der bewährte ethische Codex der Wissenschaft zu einer Stabilisierung der politischen Beziehungen beitragen wird, wäre nur dann berechtigt, wenn allenthalben die Wissenschaften mitsamt ihren philosophischen und sittlichen Grundlagen als ein wesentlicher Teil der Erziehung und Bildung angesehen würden. Diese Voraussetzung scheint gegenwärtig nicht einmal in den Ländern mit einer langen wissenschaftlichen Tradition erreichbar zu sein. Das Phänomen der Wissenschaft wird – ein erstaunliches Paradoxon – von unserem traditionell geprägten Bildungssystem weitgehend ignoriert; das Ethos der Wissenschaft bleibt in einer durch Wissenschaft und Technik geprägten Welt für die meisten Menschen eine unbekannte oder suspekte Größe; die politische Relevanz der Wissenschaft wird unterschätzt in einer Zeit, die vor kaum lösbaren Problemen steht.

Wissenschaft und Bildung

Ich zitiere Theodor Litt: »Gebildet darf sich kein Mensch nennen – mag er nun produktiv auf dem Feld der Naturwissenschaft tätig sein oder lediglich als theoretisch sich Unterrichtender und praktisch Nutznießender an ihren Ergebnissen interessiert sein –, der nicht imstande ist, sich vom Wesen und von der Größe der naturwissenschaftlichen Erkenntnis, von ihrer Stellung im Aufbau des gemeinsamen Lebens und ihrem Verhältnis zu anderen Geistesmächten Rechenschaft zu geben.«[1]

Man wird in der Tat erwarten, daß die Wissenschaften im Bildungswesen von der Grundschule bis zur Universität eine sorgfältige Pflege erführen. Man wird weiterhin erwarten, daß unser offizielles Bildungssystem sich nach Kräften bemühte, die Bedeutung der Wissenschaft dem allgemeinen Bewußtsein auf *allen* Stufen in einer *geeigneten* Form nahezubringen. – Diese Erwartungen werden indessen von der Praxis unseres geistigen Lebens nicht bestätigt, hier bei uns in Deutschland vielleicht noch weniger als in England.

Den Beweis für diese Feststellung brauche ich nicht im einzelnen anzutreten; jedermann weiß, daß im Rahmen der traditionellen Kultur die Existenz der wissenschaftlichen Erkenntnis weitgehend ignoriert wird. Man ignoriert im geistigen Bereich die wissenschaftlichen Theorien und ihre Konsequenzen, obgleich man selbstverständlich die materiellen Vorteile der Naturwissenschaften, vom täglichen Brot bis hin zum Düsenflugzeug, von der Pockenimpfung bis zur Herz-Lungen-Maschine, gern und meist ohne jeden Skrupel in Anspruch nimmt. Das Paradoxe dieser Situation kommt merkwürdigerweise auch vielen geistig geübten Menschen nicht oder kaum zum Bewußtsein. So schreibt Carl Zuckmayer in seinen Lebenserinnerungen im Zusammenhang mit einer Schilderung der ersten Flugzeuge: »Dies war die einzige Zeit meines Lebens, in der ich mich für die Technik interessierte; sie ist Gott sei Dank nie wiedergekommen, und es ist auch nichts davon zurückgeblieben.«[2]

[1] Th. Litt, Naturwissenschaft und Menschenbildung. Heidelberg 1952.
[2] Carl Zuckmayer, Als wär's ein Stück von mir. Wien 1966, S. 175.

Der mit der geistigen Situation unserer Universitäten Vertraute kennt viele Beispiele dieser Art. Er kann sich eines Lächelns nicht erwehren, wenn er sieht, wie ein angesehener akademischer Lehrer, der soeben im überfüllten Hörsaal mit Abscheu über die technische Welt unserer Tage gesprochen hat, sich befriedigt im eleganten Auto von dannen fahren läßt. – Uns bleibt die erstaunliche Erkenntnis, die uns die Universität und das tägliche Leben, die Feuilletons der Zeitungen und die üblichen gesellschaftlichen Gespräche bestätigen: daß viele Menschen unserer Zeit nicht in der Lage und auch nicht willens sind, die »Größe der naturwissenschaftlichen Erkenntnis« zu begreifen.

Welch ein Wandel, wenn man bedenkt, daß in der klassischen Philosophie, etwa bei Kant, der Vorrang der Naturwissenschaften unbestritten war! Dieser Vorrang wurde dann allerdings in der spekulativen idealistischen Philosophie, insbesondere durch Hegel, ignoriert. Damals begann die zumindest für die europäische Philosophie so verhängnisvolle Entfremdung von Naturwissenschaften und Philosophie. Die Universitas der idealistischen Philosophie des neunzehnten Jahrhunderts zerfiel in die oppositionellen Gruppen der natur- und geisteswissenschaftlichen Richtung. Den Geisteswissenschaften wurde dabei eine Art »Bildungsmonopol« vorbehalten. Diese Entwicklung ist aus der kulturellen Situation des neunzehnten Jahrhunderts heraus verständlich. In der heutigen geistigen Welt hingegen, in der die Aussagen der Natur- und Sozialwissenschaften entscheidendes Gewicht haben, dürfte die *dominierende* Rolle der Geisteswissenschaften weitgehend ausgespielt sein. – Die Paradoxa in unseren derzeitigen Bildungsvorstellungen ergeben sich offenbar zu einem guten Teil daraus, daß viele der maßgebenden »Bildungstheoretiker« in den Schemata des neunzehnten Jahrhunderts verhaftet geblieben sind.

Die antiquierte Struktur unseres Bildungswesens wird natürlich nicht nur von den Naturwissenschaftlern gesehen, sondern auch von einsichtigen Geisteswissenschaftlern mit Sorge beobachtet. Ich möchte auch in diesem Zusammenhang einige Sätze von Theodor Litt zitieren, dem man gewiß keine Voreingenommenheit zugunsten der Naturwissenschaften nachsagen kann. Theodor Litt schrieb: »Obwohl die Bedeutung der Naturwissenschaft (samt ihren praktischen Anwendungen) für die moderne Welt offen zutage liegt, ist es dem allgemeinen Bewußtsein bis heute nicht gelungen, ihr im Ganzen des menschlichen

Daseins den rechten Platz anzuweisen und sie zu den übrigen Lebensmächten in das rechte Verhältnis zu setzen [...]« »Es besteht ein flagranter Widerspruch zwischen dem Lebenszustand, der durch den Einbruch des Neuen herbeigeführt ist, und der vorgeblichen ›Bildung‹, die sich unter Mißachtung des Eindringlings meint behaupten zu können.« Diese Sätze, die von einem der besten Kenner unserer Geistes- und Bildungsgeschichte stammen, sind genauso wirkungslos verklungen wie die zahllosen Reden und Memoranden der letzten Jahre, in denen Naturwissenschaftler und Techniker die für unser Bildungswesen zuständigen Stellen darauf aufmerksam gemacht haben, welche gefährlichen Auswirkungen die anachronistische Situation unseres derzeitigen Bildungswesens für unsere geistige und reale Existenz haben muß. Bezeichnend für die derzeitige offizielle Haltung in der Bundesrepublik ist zum Beispiel die Tatsache, daß in den sogenannten »Bildungsrat« kein einziger Naturwissenschaftler berufen wurde.

Einige Konsequenzen aus der soeben skizzierten Sachlage

1. Die meisten Menschen – die wissenschaftlich Gebildeten sind ja nur eine Minderheit – werden zeit ihres Lebens nicht mit der Struktur und mit den wichtigsten Gesetzen der Wissenschaften vertraut gemacht. Sie haben deshalb prinzipiell keinen Zugang zu der momentanen Theorie der Welt, zum Menschenbild der Gegenwart und zu jenen Kräften, von denen sie täglich leben. Die Mehrzahl der Absolventen unserer höheren Schulen und Universitäten ist in der Tat unfähig, die geistige und reale Welt, in der wir existieren, zu begreifen. Die Größe und das Wesen der wissenschaftlichen Erkenntnis bleiben ihnen für immer verborgen. – Man fragt sich, was ein junger Mensch mit seinem konstitutionell verbrieften Recht auf Freiheit anfangen soll, wenn er die moderne Welt, in der er handeln muß, nicht einmal im Prinzip versteht! Und man fragt sich, was sich die maßgebenden Bildungstheoretiker davon versprechen, wenn sie der jungen Generation die Information und den Denkstil der Wissenschaft vorenthalten. Wollen sie die Bereitschaft zum ideologischen Engagement und die Neigung zur utopischen Sozialkritik noch verstärken? – Und man fragt sich, wie der künftige Abgeordnete, der Politiker und der Verwaltungsjurist ihre Aufgaben bewältigen wollen, wenn sie nicht einmal terminologisch verstehen, wovon die Wissenschaftler und die Techniker reden.

2. Die Feststellung ist wohl richtig, daß die politische Machtkonstellation in der heutigen Welt in erster Linie durch die wirtschaftliche Konstellation bestimmt wird und diese wiederum in erster Linie durch die wissenschaftlich-technische Leistungsfähigkeit der beteiligten Partner. – Es ist eine Aufgabe der Politiker, die gedeihliche Entwicklung unseres Staatswesens und unserer Sozialordnung in diesem Rahmen zu fördern. Es ist evident, daß die meisten Politiker angesichts dieser Aufgabe überfordert sind. – Wer nicht wenigstens in groben Umrissen die totale Abhängigkeit unserer realen Existenz von den modernen Wissenschaften einzusehen vermag und wer das Phänomen der Technik, insbesondere das Phänomen der biologischen Technik, nicht selbständig beurteilen kann, ist nach meiner Auffassung unfähig, heutzutage in der politischen Arena – etwa als Abgeordneter – sinnvoll zu handeln. Er wird sich von Emotionen und Traditionen und nicht von selbständig erworbenen Einsichten bestimmen lassen. Der oft erschreckende Dilletantismus der zeitgenössischen Politik hat hier eine seiner Ursachen. Weder der wissenschaftlich ungebildete Berufspolitiker noch der politisch naive Wissenschaftler scheinen geeignet, in unserer Zeit Führungspositionen einzunehmen.

3. Die wissenschaftliche Unbildung, ein Charakteristikum unserer Zeit, hat überall in der Welt dazu geführt, daß eine gefährliche Diskrepanz zwischen dem traditionellen politischen Stil und den technischen Möglichkeiten, Politik zu machen, entstanden ist. Es werden, so kann man etwas überspitzt sagen, in der zeitgenössischen Politik die aus den Einsichten der Naturwissenschaften in die Systemeigenschaften der realen Welt resultierenden Machtmittel vom vorwissenschaftlichen Denken angewendet, es wird mit den in früheren Epochen vielleicht berechtigten Argumenten Machiavellis und mit den Machtmitteln von 1969 Politik gemacht. Ausgerechnet die politische Sphäre überläßt man also im Zeitalter des wissenschaftlichen Denkstils dem vorwissenschaftlichen Denken.

4. Die momentane Situation in der Welt ist immer noch dadurch charakterisiert, daß weder Rationalität noch intellektuelle Anständigkeit, sondern im wesentlichen die grobe Macht das politische Geschehen bestimmt. Wir fragen uns, ob unter diesem Gesichtspunkt die soziologische Gruppe, der wir angehören, den Anforderungen der Zukunft gewachsen sein wird. Was wird aus unserem Staat und aus unserer Sozialordnung, wenn auch weiterhin unsere offizielle Bildungsvorstellung die Wis-

senschaften und die Technik weitgehend ignoriert? Was passiert, wenn die höheren Schulen und die Universitäten auch in Zukunft nicht in der Lage sein sollten, dem Studenten eine ausgewogene Vorstellung von den geistigen und realen Kräften unserer Zeit zu vermitteln; was passiert, wenn jene konservativen Bildungstheoretiker sich auch weiterhin behaupten, die von der Hoffnung getragen sind, mit dem Bildungsmilieu des 19. Jahrhunderts sei auch unsere Zukunft, sei zum Beispiel die *zweite* Industrielle Revolution zu meistern, ausgerechnet mit jenem sogenannten klassischen Bildungsideal, welches nicht einmal in der Lage war, den geistigen und gesellschaftlichen Umschichtungen der *ersten* Industriellen Revolution gerecht zu werden?

C. P. Snow: »Lassen wir die naturwissenschaftliche Kultur außer Betracht, so ist von den übrigen westlichen Intellektuellen niemals der Versuch gemacht, der Wunsch geäußert oder die Fähigkeit aufgebracht worden, die Industrielle Revolution zu verstehen, geschweige denn sie hinzunehmen. Die Intellektuellen, und ganz besonders die literarisch Gebildeten, sind geborene Maschinenstürmer.«

Wir verfügen, populationsgenetisch ausgedrückt, in jeder Generation über eine bestimmte, beschränkte Zahl von Begabungen, also auch über eine beschränkte Zahl von wissenschaftlich-technisch oder organisatorisch hochbegabten Menschen. Von diesen Begabungen hängt in erster Linie die reale Existenz unseres Staates ab. Wir können an der Zahl dieser Begabungen praktisch nichts ändern; sie ist durch die populationsgenetischen Qualitäten unseres Volkes festgelegt. Wir können nur eines tun: Wir können diese Begabungen zur bestmöglichen Entfaltung bringen. Dies ist die Aufgabe der Erziehung. Diese Aufgabe wird übernommen von dem im wesentlichen staatlich garantierten Bildungssystem. Ob es diese Aufgabe befriedigend erfüllt, ist sehr zweifelhaft. Unser Bildungssystem ist allzusehr in vergangenen Epochen der kulturellen Evolution verankert und daher offensichtlich nicht in der Lage, die junge Generation so zu prägen, daß sie in intellektueller und sittlicher Hinsicht den künftigen Aufgaben voll gewachsen sein könnte. Der geistige und politische Rang, den unser Land in der Welt von Morgen einnehmen wird, ist damit gekennzeichnet. – Werden wir die Kraft aufbringen, im letzten Augenblick mit der Tradition zu brechen?

Kein Naturforscher wünscht unserem Erziehungssystem eine Usurpation durch das wissenschaftliche Denken. Das vorwissenschaftliche Fühlen und Glauben, die transempirische Ahnung, die Kräfte der Kunst und der Poesie sind mächtige Faktoren unseres Daseins und wesentliche Komponenten der menschlichen Erziehung und Bildung. An die Seite dieser Komponenten, nicht an ihre Stelle, ist in der modernen Welt das wissenschaftliche Denken getreten, das sich am deutlichsten im Erkenntnisprogreß der Wissenschaft und in der Technik manifestiert. Inhalt eines *zeitgemäßen* Bildungsvorganges müßte es demnach sein, den Menschen mit dem Wesen und mit der Größe der wissenschaftlichen Erkenntnis vertraut zu machen und gleichzeitig die Fähigkeit des Menschen zur vorwissenschaftlichen Reflexion und Weltbegegnung zu pflegen.

Max Born

Die Zerstörung der Ethik durch die Naturwissenschaft
Überlegungen eines Physikers

Das Vergnügen an der naturwissenschaftlichen Forschung gleicht ein ganz klein wenig jenem, das jeder empfindet, der Kreuzworträtsel löst. Aber es ist doch noch viel mehr, vielleicht sogar mehr als die Freude an schöpferischer Arbeit in anderen Berufen, die Kunst ausgenommen. Es besteht in dem Gefühl, in das Mysterium der Natur einzudringen, ein Geheimnis der Schöpfung zu lüften und etwas Sinn und Ordnung in einen Teil der chaotischen Welt zu bringen. Dies ist eine philosophische Befriedigung.

Ich habe mich bemüht, Philosophen aller Geschichtsepochen zu lesen, und viele erleuchtende Gedanken gefunden, doch keinen ständigen Fortschritt zu tieferer Erkenntnis und eingehenderem Verständnis. Die Naturwissenschaft hingegen vermittelt mir das Gefühl eines beständigen Fortschritts: ich bin überzeugt, daß die theoretische Physik tatsächlich Philosophie ist. Sie hat grundlegende Begriffe umgestürzt, zum Beispiel über Raum und Zeit (Relativität), über Kausalität (Quantentheorie) und über Stoff und Materie (Atomistik). Sie hat uns neue Denkmethoden gelehrt (Komplementarität), die weit über die Physik hinaus anwendbar sind. Im Laufe der letzten Jahre habe ich versucht, aus der Naturwissenschaft abgeleitete philosophische Grundsätze zu formulieren.

In meiner Jugend brauchte man in der Industrie sehr wenige Naturwissenschaftler. Der einzige Weg für sie, ihren Lebensunterhalt zu verdienen, bestand im Lehrberuf. An einer Universität zu lehren, war für mich eine sehr erfreuliche Sache. Einen wissenschaftlichen Gegenstand in anziehender und spannender Weise darzulegen, ist eine künstlerische Aufgabe, ähnlich der eines Schriftstellers oder gar eines Dramatikers. Das gleiche gilt für das Schreiben von Lehrbüchern. Das größte Vergnügen ist die Unterrichtung von Forschungsstudenten. Ich war so glücklich, unter ihnen eine beträchtliche Anzahl von genialen Leuten zu haben. Es ist herrlich, ein Talent zu entdecken und zu einem fruchtbaren Forschungsgebiet hinzuleiten.

Von meinem persönlichen Gesichtspunkt hat mir daher die Naturwissenschaft jede Befriedigung und jedes Vergnügen verschafft, das ein Mann von seinem Beruf erwarten kann. Doch während meiner Lebenszeit ist die Naturwissenschaft eine Angelegenheit von öffentlichem Belang geworden, und der Standpunkt l'art pour l'art meiner Jugend ist jetzt überholt. Die Naturwissenschaft ist ein integrierender und höchst wichtiger Teil unserer Zivilisation geworden, und die naturwissenschaftliche Arbeit bedeutet einen Beitrag zu ihrer Entwicklung. In unserem technischen Zeitalter hat die Naturwissenschaft soziale, ökonomische und politische Funktionen. Wieweit auch immer die eigene Arbeit von einer technischen Anwendung entfernt ist, bedeutet sie doch ein Glied in der Kette von Handlungen und Entscheidungen, die das Schicksal des Menschengeschlechtes bestimmen. Dieser Aspekt der Wissenschaft kam mir in seiner vollen Auswirkung erst nach Hiroshima zum Bewußtsein. Dann aber bekam er überwältigende Bedeutung. Er ließ mich über die Veränderungen nachgrübeln, welche die Naturwissenschaften in den Angelegenheiten der Menschen zu meiner eigenen Zeit verursacht haben und wohin sie führen mögen.

Trotz meiner Liebe zu wissenschaftlicher Arbeit war das Ergebnis meines Nachdenkens entmutigend. Es scheint mir, daß der Versuch der Natur, auf dieser Erde ein denkendes Wesen hervorzubringen, gescheitert ist. Der Grund dafür ist nicht nur die beträchtliche und sogar noch wachsende Wahrscheinlichkeit, daß ein Krieg mit Kernwaffen ausbrechen und alles Leben auf der Erde zerstören kann. Selbst wenn diese Katastrophe vermieden werden kann, vermag ich für die Menschheit lediglich eine düstere Zukunft zu sehen. Der Mensch ist in Anbetracht seines Gehirns von seiner Überlegenheit über alle anderen Lebewesen überzeugt; doch es ist zu bezweifeln, ob er in seinem Zustand des Selbstbewußtseins glücklicher ist als die stummen Tiere. Wenige tausend Jahre seiner Geschichte sind bekannt. Sie ist angefüllt mit aufregenden Ereignissen, doch im ganzen genommen ist sie einförmig: Frieden wechselt mit Krieg, Aufbau mit Zerstörung, Wachstum mit Niedergang.

Während dieser ganzen Zeit gab es eine elementare, von Philosophen entwickelte Naturwissenschaft und eine gewisse primitive Technik, die von der Naturwissenschaft praktisch unabhängig war und sich in den Händen von Handwerkern befand. Beide wuchsen sehr langsam, so langsam, daß lange Zeit hindurch eine Veränderung kaum wahrnehmbar und ohne großen Einfluß auf die menschliche Szene war. Doch plötzlich, vor 300 Jahren etwa, trat eine explosionsartige Steigerung der Gehirntätigkeit ein: die moderne Naturwissenschaft und die Technik wurden geboren. Diese sind seitdem mit ständig zunehmender Geschwindigkeit gewachsen, schneller wahrscheinlicher als es einer Exponentialkurve entspricht, und sie sind im Begriffe, die menschliche Welt in einem Grade umzugestalten, daß sie kaum wiederzuerkennen ist. Aber obgleich dieser Vorgang durch den Verstand bewirkt worden ist, wird er nicht durch den Verstand kontrolliert. Für diese Tatsache braucht man kaum Beispiele anzuführen. Die Medizin ist der meisten Seuchen und epidemischen Krankheiten Herr geworden und hat die Lebensdauer im Laufe einer Generation verdoppelt: das Ergebnis ist die Aussicht auf eine katastrophale Übervölkerung. Die Menschen sind in den Städten zusammengepfercht und haben allen Kontakt mit der Natur verloren. Das Leben der Tiere in der Wildnis schwindet schnell dahin. Die Nachrichtenverbindung zwischen einem Platz auf dem Erdball und einem anderen vollzieht sich fast momentan, und der Verkehr wurde in einem unglaublichen Ausmaß beschleunigt mit dem Ergebnis, daß jede kleine Krisis in einer Ecke die ganze übrige Welt in Mitleidenschaft zieht und eine vernünftige Politik unmöglich macht. Das Auto hat das ganze Land für jedermann zugänglich gemacht, aber die Straßen sind verstopft und die Erholungsgebiete verdorben. Immerhin kann vielleicht diese Art technischen Irrgangs mit der Zeit durch technische und administrative Heilmittel ausgeglichen werden.

Die wirkliche Krankheit sitzt tiefer. Sie besteht im Zusammenbruch aller ethischen Grundsätze, die sich im Laufe der Geschichte entwickelt und ein lebenswertes Leben gesichert haben, selbst in Zeitabschnitten wilder Kämpfe und weiträumiger Zerstörung. Es genügt, zwei Beispiele für die Auflösung überlieferter Ethik durch die Technik anzuführen: das eine betrifft den Frieden, das andere den Krieg.

Im Frieden war harte Arbeit das Fundament der Gesellschaft. Ein Mensch war stolz auf das, was er gelernt hatte, und auf die Dinge, welche er mit seinen Händen schuf. Geschicklichkeit und Sorgfalt standen hoch im Kurs. Heutzutage ist davon wenig übriggeblieben. Maschinen haben die menschliche Arbeit entwertet und ihre Würde zerstört. Heute sind ihr Zweck und ihr Lohn das bare Geld. Das Geld wird benötigt zum Ankauf technischer Erzeugnisse, die ihrerseits wieder von anderen um des Geldes willen geschaffen werden.

Im Krieg waren die Kennzeichen des idealen Soldaten Stärke

und Mut, Großmütigkeit gegenüber dem unterlegenen Feind und Mitleid gegenüber dem Wehrlosen. Nichts davon ist übriggeblieben. Moderne Waffen der Massenvernichtung lassen keinen Raum für irgendwelche sittlich begründeten Einschränkungen und degradieren den Soldaten zu einem technischen Mörder.

Diese Abwertung der Ethik ist die Folge der Länge und Kompliziertheit des Weges zwischen einer menschlichen Betätigung und ihrem Endeffekt. Die meisten Arbeiter kennen lediglich ihren speziellen kleinen Handgriff in einem speziellen Abschnitt des Produktionsprozesses und sehen kaum jemals das vollständige Erzeugnis. Naturgemäß fühlen sie sich nicht verantwortlich für dieses Produkt oder für seine Verwendung. Ob diese Anwendung gut oder schlecht, harmlos oder schädigend ist, liegt völlig außerhalb ihres Gesichtskreises. Das grauenhafte Ergebnis dieser Trennung von Tätigkeit und Wirkung war die Vernichtung von Millionen menschlicher Lebewesen während des Nazi-Regimes in Deutschland; die Mörder vom Eichmann-Typ erklärten sich für nicht schuldig, weil sie »ihre Arbeit verrichteten« und mit dem Endzweck nichts zu tun hätten.

Alle Versuche, unseren ethischen Kodex unserer Situation im technischen Zeitalter anzugleichen, sind fehlgeschlagen. Die Repräsentanten der überlieferten Ethik, die christlichen Kirchen, haben keinen Ausweg gefunden, soweit mir ersichtlich ist. Die kommunistischen Staaten haben den Gedanken eines ethischen Kodex, der für jedes menschliche Wesen Gültigkeit hat, einfach aufgegeben und ihn durch den Grundsatz ersetzt, daß die Gesetze des Staates den moralischen Kodex darstellen.

Ein Optimist kann hoffen, daß aus diesem Dschungel eine neue Ethik erstehen wird, und zwar rechtzeitig, um einen Krieg mit Kernwaffen und eine allgemeine Vernichtung zu verhüten. Dem steht die Möglichkeit gegenüber, daß es gerade wegen der Art der naturwissenschaftlichen Revolution im menschlichen Denken keine Lösung dieses Problems gibt.

Ich habe darüber im einzelnen geschrieben und kann hier nur die Hauptpunkte andeuten.[1] Das durchschnittliche menschliche Wesen ist ein naiver Realist, das heißt, er nimmt wie die Tiere

[1] Symbol und Wirklichkeit. In: Universitas (1964), S. 817. Eine englische Übersetzung findet sich in meinem Buch ›Natural Philosophy of Cause and Chance‹, 1965.

seine sinnlichen Eindrücke als unmittelbare Information über die Wirklichkeit, und er ist überzeugt, daß alle menschlichen Wesen diese Information mit ihm teilen. Es ist ihm nicht klar, daß es keinen Weg gibt, festzustellen, ob der Eindruck eines Individuums, beispielsweise von einem grünen Baum, und der eines anderen von diesem Baum der gleiche ist, und daß selbst das Wort »gleich« hier keinen Sinn hat. Einzelne Sinneswahrnehmungen haben keine objektive, das heißt mitteilbare und beweisbare Bedeutung. Das Wesen der Naturwissenschaft ist die Entdeckung, daß Beziehungen zwischen zwei oder mehr Sinneseindrücken, besonders Feststellungen der Gleichheit, durch verschiedene Individuen mitgeteilt und kontrolliert werden können. Wenn die Einschränkung, ausschließlich solche Feststellungen zu verwenden, angenommen wird, erhält man ein objektives, wenn auch farbloses und kaltes Bild der Welt. Dies ist die kennzeichnende Methode der Naturwissenschaft. Sie wurde langsam in der sogenannten klassischen Periode der Physik (vor 1900) entwickelt und erhielt eine dominierende Stellung in der modernen Atomphysik. Sie hat zu einer enormen Erweiterung des Horizonts unseres Wissens im Makrokosmos sowohl wie im Mikrokosmos und zu einem riesigen Zuwachs an Macht über die Naturkräfte geführt. Doch dieser Gewinn wird mit einem bitteren Verlust bezahlt. Die wissenschaftliche Haltung ist geeignet, Zweifel und Skeptizismus zu erzeugen gegenüber überlieferter unwissenschaftlicher Erkenntnis und sogar gegenüber natürlichen, unverfälschten Handlungsweisen, von denen die menschliche Gesellschaft abhängt.

Niemand hat bis jetzt ein Mittel erfunden, um die Gesellschaft ohne überlieferte ethische Prinzipien zusammenzuhalten oder um diese durch die in der Naturwissenschaft angewendeten rationalen Methoden abzuleiten.

Die Naturforscher selbst sind eine unansehnliche Minderheit; doch die eindrucksvollen Erfolge der Technik verleihen ihnen eine entscheidende Stellung in der Gesellschaft. Sie sind sich einer höheren objektiven Gewißheit bewußt, die durch ihre Denkweise erreichbar ist, aber sie sehen ihre Grenzen nicht. Ihre politischen und sittlichen Urteile sind daher oft primitiv und gefährlich.

Die nicht-naturwissenschaftliche Denkweise hängt natürlich ebenfalls von einer gebildeten Minderheit ab, nämlich den Juristen, Theologen, Historikern und Philosophen, die infolge der

Begrenzung ihrer Ausbildung nicht imstande sind, die gewaltigsten sozialen Kräfte unserer Zeit zu verstehen. Somit ist die zivilisierte Gesellschaft in zwei Gruppen aufgespalten, wovon die eine durch die überlieferten humanistischen Ideen, die andere durch naturwissenschaftliche geleitet ist. Diese Sachlage ist in jüngerer Zeit von vielen hervorragenden Denkern diskutiert worden, zum Beispiel von C. P. Snow.[2] Sie betrachten dies allgemein als einen schwachen Punkt unserer sozialen Einrichtungen, glauben aber, daß durch eine richtig ausgeglichene Bildung Abhilfe geschaffen werden könne.

Vorschläge für eine Verbesserung unserer Bildungseinrichtungen in dieser Richtung sind zahlreich, doch bisher unwirksam. Meine persönliche Erfahrung geht dahin, daß sehr viele Naturwissenschaftler und Ingenieure durchaus gebildet sind, sie sind nicht ohne Kenntnisse in Literatur, Geschichte und anderen humanistischen Dingen, sie lieben Kunst und Musik, sie malen sogar oder spielen ein Instrument; auf der anderen Seite ist die Unkenntnis und sogar Verachtung der Naturwissenschaft erstaunlich, wie sie von Leuten mit humanistischer Bildung an den Tag gelegt wird. Ich kann mich selbst als Beispiel anbieten. Ich kenne und genieße eine ganze Menge deutscher und englischer Prosa und Poesie und habe sogar den Versuch gemacht, einen volkstümlichen deutschen Dichter ins Englische zu übersetzen.[3] Ich bin auch mit anderen europäischen Schriftstellern vertraut: Franzosen, Italienern, Russen usw. Ich liebe Musik und spielte in meinen jüngeren Jahren hinreichend gut Klavier, um bei Kammermusik mitzuwirken oder mit einem Freund zusammen einfache Konzerte an zwei Klavieren zu spielen, gelegentlich sogar mit einem Orchester. Ich las und lese Bücher über Geschichte und über unsere gegenwärtige soziale, wirtschaftliche und politische Lage. Ich versuche, durch das Schreiben von Artikeln und durch Vorträge im Rundfunk die politische Meinung zu beeinflussen. Viele meiner Kollegen teilen diese Interessen und Betätigungen – Einstein war ein guter Violinspieler; Planck und Sommerfeld waren ausgezeichnete Klavierspieler; ebenso Heisenberg und viele andere.

Was die Philosophie betrifft, so ist jeder moderne Naturforscher, besonders jeder theoretische Physiker, sich zutiefst der Tatsache bewußt, daß seine Arbeit eng mit dem philo-

[2] Science and Government. Oxford 1961.
[3] Wilhelm Busch, Klecksel the Painter. New York 1965.

sophischen Denken verwoben ist und daß sie ohne eine gründliche Kenntnis der philosophischen Literatur wenig bedeutete. Dies war ein führender Gedanke in meinem eigenen Leben, den ich meinen Schülern einzuimpfen suchte – natürlich nicht um sie zu Parteigängern einer überlieferten Schule zu machen, sondern um sie in den Stand zu setzen, Kritik zu üben sowie Flekken in den Systemen herauszufinden und diese durch neue Anschauungen zu überwinden, wie Einstein uns gelehrt hat. Auf diese Weise, so möchte ich glauben, werden die Naturforscher nicht von der humanistischen Denkweise ausgeschlossen.[4]

Die Kehrseite der Angelegenheit scheint mir ziemlich anders auszusehen. Sehr viele der Menschen mit rein humanistischer Bildung, die ich getroffen habe, haben keine blasse Ahnung von wirklichem naturwissenschaftlichem Denken. Sie kennen zwar oft naturwissenschaftliche Tatsachen, sogar verwickelte Dinge, von denen ich kaum gehört habe, doch kennen sie nicht die Wurzeln der naturwissenschaftlichen Methode, wovon ich weiter oben gesprochen habe; und sie scheinen nicht in der Lage zu sein, den Kernpunkt solcher Überlegungen zu erfassen. Es scheint mir, daß die Befähigung zu fundamentalem naturwissenschaftlichem Denken eine Gabe ist, die nicht gelehrt werden kann und die auf eine kleine Minderheit beschränkt ist.

Ich bin von dem Gedanken bedrückt, daß dieser Bruch in der menschlichen Zivilisation, der durch die Entdeckung der naturwissenschaftlichen Methode verursacht wurde, nicht wieder gutzumachen ist. Obwohl ich die Naturwissenschaft liebe, habe ich das Gefühl, daß sie so sehr gegen die geschichtliche Entwicklung und Tradition ist, daß sie durch unsere Zivilisation nicht absorbiert werden kann. Die politischen und militärischen Schrecken sowie der vollständige Zusammenbruch der Ethik, deren Zeuge ich während meines Lebens gewesen bin, sind kein Symptom einer vorübergehenden sozialen Schwäche, sondern eine notwendige Folge des naturwissenschaftlichen Aufstiegs – der an sich eine der größten intellektuellen Leistungen der Menschheit ist. Wenn dem so ist, dann ist der Mensch als freies verantwortliches Wesen am Ende.

Sollte die Menschenrasse nicht durch einen Krieg mit Kern-

[4] Man muß aber nicht vergessen, daß gerade die Begeisterung der Naturforscher und Techniker für ihre Forschungen eine Versuchung bedeutet, der nur wenige widerstehen, entsprechend dem berühmt-berüchtigten Wort von Robert J. Oppenheimer: »Was technisch ›süß‹ ist, wird auch ausgeführt.«

waffen ausgelöscht werden, dann wird sie zu einer Herde von stumpfen, törichten Kreaturen degenerieren unter der Tyrannei von Diktatoren, die sie mit Hilfe von Maschinen und elektronischen Computern beherrschen.

Doch in praktischen Angelegenheiten, besonders in der Politik, braucht man Leute, welche menschliche Erfahrung und Interesse an menschlichen Beziehungen mit einer Kenntnis der Naturwissenschaften und der Technik in sich vereinigen. Außerdem müssen es Tatmenschen sein und nicht kontemplative Charaktere. Ich habe den Eindruck, daß keine Bildungsmethode Menschen mit all den erforderlichen Eigenschaften hervorbringen kann.

Dies ist keine Prophezeiung, sondern ein Alpdruck. Obwohl ich an der Anwendung naturwissenschaftlicher Kenntnis für zerstörerische Zwecke wie die Herstellung der A-Bombe oder der H-Bombe nicht teilgenommen habe, fühle ich mich verantwortlich. Wenn meine Philosophie richtig ist, dann ist das Schicksal der Rasse eine notwendige Folge der Konstitution des Menschen, einer Kreatur, in der tierische Instinkte und intellektuelle Kräfte miteinander vermischt sind.

Gleichwohl, es mag sein, daß meine Überlegungen völlig falsch sind. Ich hoffe, daß es so ist. Eines Tages mag ein Mann erscheinen, der geschickter und klüger ist als irgend jemand in unserer Generation, und imstande ist, die Welt aus ihrer Sackgasse herauszuführen.

Hellmut Glubrecht
Ist unsere Kultur gespalten?

1

C. P. Snow wollte in seiner Rede Lecture von 1959 einen Impuls zur Überwindung der tragischen Gegensätze von Arm und Reich in unserer Welt geben. Dies hat er sowohl in dem ursprünglichen Vortrag wie in dem 1963 veröffentlichten ›Nachtrag‹ immer wieder als sein wesentliches Anliegen herausgestellt. Er glaubt – und darin wird ihm wohl jeder zustimmen, der sich ein wenig mit diesen Fragen beschäftigt hat[1] –, daß die moderne Naturwissenschaft und Technik im Kampf gegen das Elend in den armen Ländern die wichtigsten Hilfsmittel bietet. Den Begriff der »zwei Kulturen« stellt er in den Vordergrund, weil es ihm scheint, daß unsere Kultur im Sinne der ganzen die Handlungen der Menschen beeinflussenden geistigen Welt gespalten sei und daß diese Spaltung einem angemessenen Einsatz naturwissenschaftlicher und technischer Hilfsmittel im Wege steht.

Die Diskussion über die »zwei Kulturen« hat sich sehr viel weniger auf die pragmatischen – ich möchte eigentlich auch sagen ethischen – Hintergründe bei Snow, als vielmehr auf theoretische und praktische Probleme der vermeintlichen Spaltung erstreckt. Ich stimme Snow in seinem anfangs genannten Anliegen uneingeschränkt zu. Die Frage hingegen, ob man in einem berechtigten und relevanten Sinne von einer Spaltung unserer Kultur reden kann, soll hier untersucht werden.

2

Wie soll die Grenze zwischen naturwissenschaftlicher und literarischer Kultur oder auch zwischen szientifischer und literarischer Intelligenz[2] gezogen werden? Darüber ließen sich bereits tiefgründige Betrachtungen anstellen, die aber letzten Endes eine breitere Analyse voraussetzen, als sie hier überhaupt gegeben

[1] Einen hinlänglich repräsentativen Beleg für diese Feststellung dürfte die Publikation der Vereinigung Deutscher Wissenschaftler ›Welternährungskrise‹ bieten. rororo aktuell. Hamburg 1968.

[2] H. Kreuzer, Literarische u. szientifische Intelligenz. Sprache im technischen Zeitalter 24 (1967), S. 305–323.

werden kann. Folgt man einfach der Mehrzahl derer, die sich in der Diskussion schon geäußert haben, so ständen sich Mathematik, Naturwissenschaft, Technik und Medizin sowie Teile der modernen Psychologie, Soziologie und Wirtschaftswissenschaften auf der einen Seite, Literatur, Theologie, Philosophie und die übrigen klassischen Geisteswissenschaften auf der anderen Seite in unzulänglichem oder völlig fehlendem Verständnis gegenüber. Neben der Literatur bleiben die anderen Gebiete der Kunst – leider – weitestgehend außerhalb der Debatte. Die literarische Kultur wird auch durch das Adjektiv »traditionell« gekennzeichnet. Auf ihrem Boden hat sich offenbar Steinbuchs (nicht Nietzsches) »Hinterwelt« gebildet.[3]

Wenn auch Snow in seinem Nachtrag in einer sehr differenzierten Perspektive den modernen Sozialwissenschaften eventuell den Bereich einer dritten Kultur zuweisen möchte,[4] so umfaßt die Zweiteilung doch im wesentlichen das ganze Feld menschlicher Geistestätigkeit. Es liegt daher der Versuch nahe, die Beschäftigung mit dem Konzept der zwei Kulturen selbst, die ja wohl ein echtes Stück kultureller Auseinandersetzung ist, in dem scheinbar gespaltenen Feld unseres geistigen Lebens einzuordnen. Und hier kann man sich wohl kaum der Feststellung verschließen, daß diese Auseinandersetzung, die ja doch eine Reflexion auf unser geistiges Tun voraussetzt, offenbar primär in den Bereich der Philosophie fällt.

Will man diese Feststellung akzeptieren, so wird sofort eine bemerkenswerte Unsymmetrie im Verhältnis der »zwei Kulturen« sichtbar. Analysen und Urteile über Wesen, Kompetenz, Wechselbeziehungen und Gegensätze beider »Kulturbereiche« sollten nur auf dem Feld der einen Seite vollzogen werden? Die Überlegung ist nicht neu, so wie ja auch die Diskussion des Dualismus von Natur- und Geisteswissenschaften schon alt ist. In jüngerer Zeit waren es in der Tat reine Philosophen wie Windelband, Rickert oder Husserl, die sich in äußerst detaillierten Untersuchungen um eine Charakterisierung dieser Wissenschaftsbereiche bemüht haben.[5] Von seiten der Naturwissenschaften wird freilich geltend gemacht, daß die »Philosophy of

[3] K. Steinbuch, Falsch programmiert. Stuttgart 1968, S. 20ff.

[4] C. P. Snow, oben S. 72.

[5] W. Windelband, Geschichte und Naturwissenschaft. Straßburg 1894; H. Rickert, Kulturwissenschaft und Naturwissenschaft, Freiburg 1899; E. Husserl, Ideen zu einer reinen Phänomenologie und phänomenologischen Philosophie II. Den Haag 1952.

Science« eine Sache ihrer eigenen Disziplinen sei, daß das Betreiben einer Wissenschaft Wissenschaftskritik und Wissenschaftstheorie mit einschlösse. Wie dem auch sei – die Diskussion über die »zwei Kulturen« setzt notwendig auch Urteile über die »literarische Kultur« voraus. Hierzu aber dürfte eine »Philosophy of Science« im Augenblick kaum legitimiert sein.

Da die breite Diskussion über unser Problem ein Faktum ist und da eine Einteilung des Gesamtbereichs menschlicher Kultur nur einen Sinn haben kann, wenn sie sich auf wesentliche faktische Aktivitäten des kulturellen Lebens auch anwenden läßt, bleiben nur drei Möglichkeiten: entweder man beläßt der »literarischen Kultur«, der man die Philosophie zurechnet, das Recht, das Austragsfeld der Kontroversen zu sein; oder aber man räumt der Philosophie als mater scientiarum (und zugleich als Philosophie der Kunst) eine Sonderstellung zwischen oder gar über den beiden Lagern ein; oder schließlich – und das wäre wohl im Sinne des Positivismus – man spricht der Philosophie jede Legitimation als eigenständiger Wissenschaft ab und weist den Naturwissenschaften (oder den »Erfahrungswissenschaften«) einschließlich der Mathematik das Recht zu, nicht nur über das Verhältnis des Menschen zur Natur, sondern über alle Fragen des menschlichen Geistes letzthin Entscheidungen zu fällen.

Es ist selbstverständlich, daß sich keiner der drei Standpunkte auf das Argument der praktischen Inkompetenz der gegenwärtigen Repräsentanten unserer Kultur gründen kann. Die grundsätzliche Frage der Kompetenz ist – ebenso wie die Frage nach der Spaltung der Kultur selbst – nicht damit zu beantworten, daß der eine über das Tun des anderen nicht hinreichend informiert sei. Snow geht zwar von diesem praktischen Befund aus (den er tief bedauert), die weitere Diskussion hat aber das Problem ins Prinzipielle gerückt, und das ist sicher kein Schaden, weil eine prinzipielle Klärung der Situation am ehesten zu einer Überwindung der praktisch sicher bestehenden Gegensätze führen kann.

3

Beginnen wir mit der Betrachtung des positivistischen Standpunktes: Die Naturwissenschaft sei im Begriff, nach der ungeheuer erfolgreichen Analyse der unbelebten Natur, nach der rasch fortschreitenden physikalisch-chemischen Erklärung der

Lebensvorgänge in näherer oder fernerer Zeit auch die geistigen Prozesse im menschlichen Bewußtsein mit ihrer Methodik adäquat zu erfassen. Die Adäquatheit der Erkenntnis wird im Felde der Naturwissenschaft bekanntlich durch das reproduzierbare Experiment und am Ende durch die technische Realisierung der theoretischen Vorstellungen sinnfällig bewiesen.

In jüngster Zeit hat Karl Steinbuch den oben sehr summarisch skizzierten Standpunkt vertreten.[6] Er steht damit aber sicher nicht allein, – als weiteres Beispiel sei nur A. March mit der Feststellung zitiert, daß die »physikalische Erkenntnis durch keine unüberschreitbaren Schranken behindert« sei.[7] Fast immer ist auch der positivistische Standpunkt mit einer mehr oder minder scharfen Kritik der »Humanities« und des »klassischen Bildungsideals« verbunden. Der nicht der Naturwissenschaft zugängliche Bereich unserer Geisteswelt wird allenfalls als ein Reservat gewisser menschlicher Gefühlsbedürfnisse anerkannt und erscheint fast nur als eine Arabeske.

Es hat wenig Sinn, dem Totalitätsanspruch der mathematischen Naturwissenschaft mit Prognosen über vermeintliche technische Unmöglichkeiten zu begegnen. Die Geschichte des Vitalismus, die in den letzten eineinhalb Jahrhunderten ein einziger Rückzug von Position zu Position war, liefert dafür ein eindrucksvolles Beispiel. Man sollte ruhig einmal von der Annahme ausgehen, daß es irgendwann gelänge, ein technisches Gebilde (ich sage absichtlich nicht Maschine oder Apparatur) herzustellen, das nicht nur biologisch, sondern auch geistig zu allen Leistungen eines natürlichen Menschen befähigt wäre. Natürlich ist das eine Fiktion, aber sie soll uns dazu verhelfen, deutlich zu machen, worauf es ankommt.

Wäre ein solcher Homunculus, gleich wie er äußerlich gestaltet sei, prinzipiell noch von einem natürlichen Menschen zu unterscheiden? Loewy und Siekewitz führen das historische Argument an[8]: der Mensch war es, der den Automaten erbaut hat, nicht umgekehrt. Ich glaube nicht, daß dieses Argument den totalen Positivismus widerlegt. Der Automat könnte sich selbst reproduzieren, der historische Ursprung bliebe zwar, würde aber kein prinzipielles Anderssein begründen.

[6] K. Steinbuch, Automat und Mensch. Stuttgart 1965. Ders., Falsch programmiert. Stuttgart 1968.

[7] A. March, Die physikalische Erkenntnis und ihre Grenzen. Braunschweig 1955, S. 113.

[8] A. G. Loewy und P. Siekewitz, Die Zelle. München 1967, S. 14.

Es scheint mir vielmehr richtig, sich zu fragen, wie wir selbst uns gegenüber diesem technisch produzierten Gebilde einstellen würden. Hier gibt es für mich zwei Alternativen, die aber zu einer klaren Unterscheidung führen:

1. Wir sehen in ihm eine vollendete Konstruktion, die aber ein Produkt ihres Erbauers und damit trotz aller »Menschenähnlichkeit« ein technisches Objekt bleibt.

2. Wir sehen in ihm ein Wesen mit eigener Individualität, d. h. mit einem eigenen Bewußtsein, dem wir ein eigenes »Ich« zusprechen.

Entscheidend ist es nicht, ob es überhaupt möglich ist, daß wir zu dem zweiten Schluß kommen, und welche Konsequenzen dies für unsere Vorstellungen von Evolution und Urzeugung hätte –, entscheidend ist, daß wir diesen Unterschied in der Beurteilung eines Gegenüber prinzipiell machen können und machen müssen.

Dieser Unterschied ist so fundamental, daß er nicht einfach als Gegensatzpaar von »außen« und »innen«, von »Natur« und »Geist«, von »Objekt« und »Subjekt« – oder wie immer man es formulieren mag – zu kennzeichnen ist. Es handelt sich um völlig verschiedene Ebenen unseres Bewußtseins. Wenn wir die eine Ebene als die der gegenständlichen Betrachtung charakterisieren, so kann sich diese Betrachtung sehr weit, bis zur Analyse unseres eigenen Leibes und unserer seelischen Zustände hinziehen. Darin liegt offenbar die Begründung der positivistischen Auffassung. Es bleibt aber eine Kluft schon zwischen jeder Beschreibung etwa einer Schmerzempfindung (der wir beliebig genau neurologische und enzephalographische Meßdaten zuordnen können) und dem »subjektiven« Bewußtsein des Schmerzes selbst. Selbst im physikalischen Bereich ist diese Kluft aufweisbar: was die Farbe »rot« bedeutet, ist uns prinzipiell gegenwärtig und weder durch Wellenlängenangaben noch durch objektive Analyse des Sehvorganges zu begründen.

Innerhalb des sehr begrenzten Teiles des neueren philosophischen Schrifttums, der mir bekannt ist, hat E. Husserl die schärfste Analyse des hier gemeinten Unterschiedes der Perspektiven gegeben.[9] Um von den sehr subtilen Differenzierungen, die hier sicher erforderlich sind, auf eine kurze Formulierung zu kommen, sei von ihm die Bezeichnung »naturalistische« und »personalistische« Einstellung übernommen. Der

[9] Husserl, Ideen II, S. 139ff.

Homunculus, von dem wir ausgegangen waren, wird sicherlich zu höchsten geistigen Leistungen in der naturalistischen Einstellung fähig sein. Schon jetzt hat er auf dem Gebiete der Datenverarbeitung vielversprechende Vorläufer. Ob ihm auch eine personalistische Einstellung zuzusprechen ist, braucht nicht entschieden zu werden. Für unsere Fragestellung ist es nur wesentlich, daß der Homunculus *dann* nicht mehr ausschließliches Objekt der Naturwissenschaft wäre. Die plötzliche Anwendbarkeit einer neuen Perspektive ist für uns nichts Unbekanntes: wir begegnen ihr auch, wenn wir versuchen, die Entstehung und den Tod der menschlichen Persönlichkeit mit medizinisch beobachtbaren Daten zu koordinieren. Wann ein Mensch beginnt und wann er aufhört, sich als Ich seiner selbst bewußt zu sein, ist aus naturwissenschaftlicher Sicht grundsätzlich nicht zu definieren: die Entscheidung, ob eine bestimmte Hypothese zutrifft, ist ja nicht durch Experimente zu gewinnen, sie bedürfte der Bestätigung oder Widerlegung durch das betroffene Ich, d.h. sie müßte in der personalistischen Einstellung erfolgen.

Ich glaube, daß durch diese Überlegungen schon sichtbar geworden ist, wie weit der Kompetenzbereich der Naturwissenschaft im weitesten Sinne reicht. Reine und konsequente Naturwissenschaft, und jede andere Wissenschaft, die sich ihrer Methoden bedient, muß die personalistische Einstellung ausklammern. In allen anderen Bereichen unserer Kultur aber spielt sie eine fundamentale Rolle, sie verbindet sich hier vielfältig mit der Betrachtung von Objekten in »naturalistischer Einstellung« und bedingt damit die Komplexität unserer Gesamtkultur.

4

Die skizzierte Gegebenheit zweier fundamental verschiedener Einstellungen unseres Bewußtseins könnte irrtümlich dahin ausgelegt werden, daß hier eine Begründung für die Rede von den »zwei Kulturen« vorläge. Sie reicht aber zweifellos nur aus, um die Besonderheit (und den darin begründeten außerordentlichen Erfolg) der mathematischen Naturwissenschaft zu verstehen. Die Stärke dieser Wissenschaft – um noch einmal Husserl zu zitieren – »ist die, daß man vollbewußt allen Skeptizismus mitsamt aller ›Naturphilosophie‹ und ›Erkenntnistheorie‹ beiseite schiebt und Erkenntnisgegenständlichkeiten nimmt, wo man sie wirklich vorfindet«[10]. Dabei geht sie zugleich von der Evidenz oder Gültigkeit einer Reihe kategorialer Prinzipien – oder wie immer man es nennen mag – aus.

Um es konkreter zu formulieren: Die Konstruktion eines Computers setzt auf jeden Fall die Gültigkeit der Mathematik voraus. Ob man dabei der »axiomatischen« oder der »intuitionistischen« Auffassung den Vorzug gibt, ist für unsere elementaren Überlegungen gleichgültig. Unwesentlich ist auch, wie weit diese notwendigen Voraussetzungen reduziert werden können: Ganz sicher kann man keinen Computer bauen (oder überhaupt Naturwissenschaft treiben), wenn man nicht z. B. die Reihe der natürlichen ganzen Zahlen voraussetzt (die nach Kronecker »der liebe Gott gemacht hat«, während »alles übrige Menschenwerk ist«).

Wenn eine völlig perfektionierte Gehirnanatomie mit informationstheoretischen Methoden am Ende zu dem Ergebnis kommt, daß auf Grund ihrer auf dieser Voraussetzung aufgebauten Theorien und Befunde diese Zahlenreihe gelten *muß*, so kann das schwerlich als eine naturwissenschaftliche Erklärung des mathematischen Denkens oder des Bewußtseins überhaupt angesprochen werden. Es ist nur bewiesen, daß die entwickelten naturwissenschaftlichen Theorien in sich selbst widerspruchsfrei sind und nicht etwa in ihrem Fortgang ihre eigenen Voraussetzungen aufheben. Das bedeutet sehr viel, insbesondere die durchgängige Anwendbarkeit naturwissenschaftlicher Erkenntnis in der Technik, – die Überlegung widerlegt aber zugleich noch einmal den Totalitätsanspruch des Positivismus.

5

Daß es kategoriale Elemente, Denkformen gibt, die für die naturalistische Einstellung konstituierend sind, kann wohl als evident angesehen werden, gleich bis zu welchem Grade man im übrigen der Kantschen Erkenntnistheorie folgen will. Die als personalistische Einstellung gekennzeichnete Bewußtseinshaltung ist dagegen in diesen Kategorien nicht zu erfassen. Schon das »subjektive Zeitbewußtsein« ist von der physikalischen Zeit (auch der relativistisch verstandenen) grundverschieden. Die Fixierung eines momentanen Zeitpunktes ist im kontinuierlichen Icherlebnis nicht möglich.

[10] Husserl, Ideen I., Halle 1928, S. 48.

Weitaus deutlicher wird die Besonderheit der personalistischen Einstellung bei der Gegenüberstellung von Kausalität und Willensfreiheit, im Bereiche der Wertsetzung oder des Kunsterlebens. Besonders klar zeigt sich die Verschiedenheit der Einstellungen am Begriff der Individualität. Gegenstand naturwissenschaftlicher Forschung ist nicht dieser oder jener Körper, dieses oder jenes Bakterium und auch nicht die Seele dieses oder jenes individuellen Menschen. Naturwissenschaftliche Sätze beziehen sich auf »feste Körper überhaupt«, auf die »Bakterienzelle überhaupt«, auf die »psychologische Konstitution überhaupt«. Auf der anderen Seite ist die Individualität der menschlichen Persönlichkeit nicht zu bestreiten. Wir sind uns ihrer bewußt (oder sollten es doch sein) und übertragen sie ja auch in den Bereich der lebenden Organismen und bis in die Welt der »toten« Gegenstände hinein. Ein Mensch (und auch Ingenieure tun das gelegentlich), der seinem Kraftfahrzeug einen Namen gibt, transformiert das personalistische Erlebnis seiner Individualität in die Welt der Technik. Dies dient zweifellos der Befriedigung bestimmter Schichten seines Gemütes. Im Falle eines Defektes der Maschine freilich hilft es nur weiter, sich auf die Grundgesetze der Physik zu besinnen und das personifizierte Kraftfahrzeug schlicht als Vertreter eines bestimmten Typus der Objektwelt zu behandeln. Bei der medizinischen Behandlung des Menschen selbst scheint dieses Verfahren nicht auszureichen. Die Erkenntnisse der modernen Psychosomatik sind im Einklang mit unseren grundsätzlichen Überlegungen.

Der Mensch als Person, als Individuum, ist also in allen Bereichen unserer Kultur aufzufinden und mitbeteiligt, mit der einen bedeutenden Ausnahme der exakten Naturwissenschaften. Letzten Endes zeigt sich an dieser Feststellung, wie außerordentlich treffend die Unterscheidung der englischen Begriffe »Science« und »Humanities« ist. Der Mensch ist aber Träger *aller* Kultur und *jeder* Intelligenz. Er kann und muß sogar als »scientist« die personalistische Einstellung ausklammern, er kann sie aber nicht ignorieren. Latent bleibt sie bestehen und dies dürfte letzten Endes ein Segen sein. Ehe ich von hier aus etwas ausführlicher begründe, warum ich eine grundsätzliche Unterscheidung von »zwei Kulturen« ablehne, sei noch eine Bemerkung zur Charakterisierung des Tätigkeitsfeldes in der naturalistischen Einstellung gemacht.

Mit voller Absicht habe ich nicht als Attribut des personalen

Ichs den Begriff des »Schöpferischen« genannt. Dieser Begriff ist – darin gebe ich Steinbuch vollkommen recht – nicht hinreichend präzisierbar. Das *Erlebnis* des Schöpferischen ist freilich an die personalistische Einstellung geknüpft; zu ergründen, wie es ausgelöst wird, ist deshalb Gegenstand der Kunstwissenschaften, einer zweifellos nicht naturwissenschaftlichen Disziplin. Diese Wissenschaften werden sicher die Frage schöpferischer Akte im Bereich von Naturwissenschaft und Technik einzubegreifen haben.

Etwas viel Schlichteres dagegen – und im Bereich der menschlichen Kultur für mein Gefühl Unentbehrliches – ist der naturwissenschaftlich-technischen Sphäre im streng verstandenen Sinne nicht eigen: der Humor. Physikalische Gesetze können aus sich heraus ebensowenig komisch sein wie Computer, Kernreaktoren oder DNS-Moleküle. Das bedeutet keineswegs, daß unser heutiger Wissenschaftsbetrieb humorlos verliefe, – im Gegenteil. Aber wo immer sich hier humoristische Elemente ergeben, resultieren sie aus der Gegenüberstellung der strengen wissenschaftlichen Gegebenheiten mit der komplexen Wirklichkeit unseres menschlichen Seins: aus der Unangemessenheit einer wissenschaftlichen Beschreibung, aus der Personifizierung wissenschaftlicher Objekte und nicht zuletzt aus dem nicht sinngemäßen Funktionieren technischer Anlagen.

Es war oben gesagt, daß die personalistische Einstellung, der Mensch als Individuum, als Ich, auch in der Arbeit der Naturwissenschaft latent immer vorhanden ist, denn diese Arbeit wird von Menschen verrichtet, die wohl ihre Methodik auf die objektiven Notwendigkeiten ihrer Disziplin abstimmen, nicht aber ihre Personalität aufgeben können. Davon letzten Endes lebt ja auch die Forschung, daß der Forscher selbst fasziniert, gespannt, ehrgeizig, dann auch vielleicht wieder enttäuscht und von neuem gepackt ist. Natürlich wertet er ständig, im kleinen und im größeren Rahmen. Dabei gehen ihm grundsätzlich Tatsachen über die Werturteile, oder genauer gesagt, kein Werturteil beeinflußt den Gehalt seiner Arbeit (sofern er echte Wissenschaft treibt). Wohl aber können Werturteile bestimmend sein, welchem Gebiet er sich etwa zuwendet und unentbehrlich werden Wertmaßstäbe, wenn es sich um Anwendung und technische Nutzung naturwissenschaftlicher Erkenntnisse handelt.

Es ist oft genug gesagt worden und muß hier doch wiederholt werden, daß Naturwissenschaft und Technik in sich wertfrei sind. Wertung bedeutet dabei eine Qualifikation im Hinblick auf den Menschen als Ganzes und sein Leben in der Welt.

Die elektromagnetischen Wellen verbreiten die Hetzreden eines faschistischen Führers in der gleichen Weise über die Welt wie die Friedensworte Albert Schweitzers; die Molekülphysik kann der Entwicklung chemischer Kampfstoffe in der gleichen Weise dienen wie der lebensrettender Pharmaka; die Kernenergie kann uns die Zerstörung der Erde oder Licht, Wärme und industrielle Güter bringen.

Wohin sich das menschliche Tun von Fall zu Fall zwischen den Polen Zerstörung und Aufbau wenden soll, ist weder aus den Maxwellschen Gleichungen, noch aus der organischen Chemie, noch aus der Kernphysik abzulesen. Wenn Naturwissenschaftler selbst wohl fast einmütig zur konstruktiven, die Menschheit in ihrer Gesamtheit fördernden Anwendung der Resultate neigen, so liegt das an ihrer Einstellung als Individuen, als Glieder der menschlichen Gesellschaft und als Arbeiter auf einem Gebiete, das ganz sicher aus sich selbst heraus keine negativen Werte erzeugt. Diese Wertfreiheit bedeutet sehr viel, vor allem ein Maximum an Freiheit der Entscheidungen und Anwendungen. Weltanschauungen, Morallehren und auch Religionen haben das nicht immer gern gesehen, und so bietet vor allem die frühe Geschichte der neueren Naturwissenschaft eine Fülle von Beispielen verhängnisvoller Eingriffe in die Forschung und in die Gewinnung von Erkenntnissen.

Nichts beweist deutlicher als diese geschichtliche Reminiszenz, daß der Naturwissenschaftler selbst in weiteren Bereichen der Gesamtkultur zu Hause sein muß (in begrenztem Ausmaß ist er es ja zwangsläufig, wie wir sahen), und daß umgekehrt jeder Angehörige des Geisteslebens in unserer Zeit einen Sinn für das Spezifische der naturalistischen Einstellung und ihre Tätigkeit in der kühlen und klaren Welt der heutigen Naturwissenschaft haben sollte.

Dabei ist nicht zu übersehen, daß den strengen kategorialen Formen, die in der naturwissenschaftlichen Forschung zur Anwendung kommen, selbst ein sittlicher Wert eigen zu sein scheint, den man gern als das »Ethos der Wissenschaft« bezeichnet. Es sind – um es in etwa zu kennzeichnen – die Eigenschaften der unbestechlichen Zuverlässigkeit, der Vorurteilslosigkeit, der kritischen Nüchternheit und der Selbstbescheidung. Es ist ohne weiteres richtig, daß ein Forscher ohne diese Eigenschaften es in der Naturwissenschaft nicht weit bringen wird. Würde er aber ohne diese Eigenschaften etwa in der historischen Forschung, in der Philologie oder in der Rechtswissenschaft Bedeutendes leisten können? Auch den »Humanities« liegen ja kategoriale Prinzipien zugrunde, nur vollzieht sich ihre Arbeit viel stärker unter Einbeziehung und Berücksichtigung der menschlichen Individualität.

Ich glaube, daß es sich bei den genannten ethischen Normen nicht um etwas handelt, das aus der Wissenschaft erwächst, sondern das für die Eignung zu wissenschaftlicher Arbeit vorausgesetzt werden muß. Niemand wird ja zur Arbeit in der Wissenschaft gezwungen. Eine Entscheidung in ökonomischer Hinsicht bedeutet diese Berufswahl von vornherein: sie bietet äußerst geringe Chancen, etwa in die wirtschaftliche Spitzenklasse der Gesellschaft vorzudringen. Darüber hinaus wird sich derjenige zum Wissenschaftler berufen fühlen, der zur Übung der oben genannten Tugenden disponiert ist. Daß die Wissenschaft, aber nicht nur die Naturwissenschaft im engeren oder weiteren Sinne, ein geeignetes Feld ist, diese Tugenden zu üben, ist unbestritten. Es beweist nur einmal mehr, daß der Mensch in seinen Funktionen und Einstellungen nicht aufzuspalten ist, sondern eins ist.

6

Wie sieht nach alldem nun die Landschaft unserer Kultur aus? Und ist in dieser Landschaft eine mehr oder minder ausgeprägte grundsätzliche Spaltung zu erkennen?

Wir hatten uns zunächst gefragt, auf welcher Ebene, mit der Kompetenz welcher Disziplin die Untersuchung dieser Frage durchzuführen sei. Der Anspruch des Positivismus auf eine übergreifende Kompetenz der Naturwissenschaft im Rahmen der Gesamtkultur mußte abgewiesen werden. Wir gewannen im Gegenteil nützliche Hinweise, worin das Charakteristische der naturwissenschaftlichen Methodik zu sehen ist und wählten die natürlich sehr abgekürzte Formulierung einer »Ausschaltung der personalistischen Einstellung«. Es zeigte sich aber weiterhin, daß die Eigentümlichkeit ihrer Methodik, die die Naturwissenschaft zu ihren außerordentlichen Erfolgen führte, eine enge Verflechtung mit den anderen Gebieten unserer Kultur geradezu fordert. Ein prominenter Vertreter der modernen Biologie, Joshua Lederberg hat das recht provozierend formuliert:

»Die Biologie ist zu wichtig, als daß man sie nur den Biologen überlassen könnte.« Diese Verflechtung ergibt sich zur Zeit vorwiegend nur absichtslos durch die Personalität der Menschen, die die Naturwissenschaft betreiben.

Die anderen Wissenschaften (Humanities) einschließlich der Literatur und der anderen Künste stehen der Naturwissenschaft nicht als eine andersartige Welt gegenüber. Sie bilden ein reiches, vielgestaltiges Feld, das hier nicht weiter untersucht wurde. Man könnte wohl sagen, – und das wäre auch historisch richtig –, daß die Naturwissenschaft aus ihrem Schoße erwachsen ist. Die oben im zweiten Abschnitt angeschnittene Frage, ob die Philosophie in diesem Felde eine Sonderstellung zu beanspruchen hat, braucht uns nicht weiter zu beschäftigen, da eine grundsätzliche Zweiteilung unserer Kultur offenbar nicht besteht.

Viel wichtiger ist es, im Auge zu behalten, daß die grundsätzliche Einstellung des geistig tätigen Menschen zunächst immer eine zweifache ist und daß man wohl in einer bestimmten Methodik die eine dieser Einstellungen ausklammern, aber nicht auf dieser Basis eine selbständige Teilkultur schaffen kann. Eine Kultur, an der der Mensch als Person, als Individuum prinzipiell unbeteiligt ist, wäre für uns ohne Belang.

Etwas ganz anderes ist es, daß zur Erkenntnis der äußeren Natur (und dieser Begriff reicht in unserer Terminologie sehr weit, bis ins Psychische) die naturwissenschaftliche Methodik in einzigartiger Weise geeignet ist. Jeder im kulturellen Bereich Tätige wäre deshalb schlecht beraten, wenn er in Fragen der Naturerkenntnis (immer soweit sie den Menschen als Individuum nicht einschließt) auf andere Quellen als auf die der Naturwissenschaft zurückgreifen wollte. Mythologien mögen ihre große Bedeutung für die Erforschung der personalen Struktur des Menschen haben. Für die sachliche Erforschung der uns umgebenden und unserer eigenen Natur im Sinne objektiver Sachgegebenheit vermögen sie die Resultate der Naturwissenschaft nicht zu ersetzen und natürlich auch nicht zu beeinflussen.

Man könnte den Ausspruch Lederbergs entsprechend abwandeln und in bezug auf eine der anderen Disziplinen sagen: »Die Philosophie ist zu wichtig, als daß man sie nur den Philosophen überlassen könnte.« Natürlich bezieht sich das auf Philosophen – und genauso war es bei den Biologen gemeint –, die von wesentlichen anderen Bereichen unserer Gesamtkultur, wie etwa der Naturwissenschaft, nicht Kenntnis nehmen.

Unsere Kultur ist also ihrer Wesensstruktur nach nicht gespalten. Wohl aber ragt in ihrem Felde – um einen bildlichen Vergleich zu wagen – die Naturwissenschaft wie ein riesiger ständig wachsender Turmbau hervor. Offensichtlich haben die Wissenschaftler, die an diesem Bauwerk wirken, eine für ihre Zwecke höchst geeignete Konstruktionsform gefunden. Die zahlreichen anderen Bauwerke in der Umgebung und die Gärten (in denen wir gern die Bereiche der Kunst symbolisiert sehen möchten) benötigen für ihre Pflege und ihren Weiterbau andere, sehr vielfältige und vielleicht diffizilere Verfahren. Das Ganze muß aber eine Einheit bleiben. Man kann die Menschen nicht in dem Turmbau einsperren, man kann diesen Bau aber auch nicht ignorieren und leer stehen lassen. Im Gegenteil, man braucht ihn lebensnotwendig – für die ungeheuer wachsende Zahl der Menschen.

Damit sind wir zum Anfang zurückgekehrt. Die wechselseitige Uninformiertheit, die bis zu der Vermutung einer prinzipiellen Spaltung unserer Kultur geführt hat, *muß*, aber kann auch überwunden werden. Die Menschheit hat in ihrer gegenwärtigen Situation ein lebenswichtiges Interesse daran. Was Snow als die »zwei Kulturen« bezeichnet, sind letzten Endes zwei Formen der Entartung unserer einen vielgestaltigen und vielgliedrigen Kultur. Nicht anders sollte man den Begriff der »two cultures« verwenden. Würde man ihn im Sinne einer positiven Kennzeichnung und damit einer Einteilung menschlicher Denkweisen einführen, so würde sich das noch sehr viel verhängnisvoller auswirken als das simplifizierte Gegensatzpaar »Links« und »Rechts« zur Kennzeichnung politischer Haltungen.

Primär scheint mir die Diskussion um Snows Rede Lecture zu einem Aufruf zu wesentlich verstärkter geistiger Aktivität zu führen. Der Mensch muß – nach Rudolf Pannwitz – »sich selbst nicht als geworfenes oder willkürliches Subjekt, sondern als geschaffenen Typus und als schaffendes Individuum«[11] begreifen. Darin liegen die beiden Einstellungen beschlossen, von denen hier die Rede war.

[11] R. Pannwitz, Das Werk des Menschen. Stuttgart 1968, S. 668.

August Nitschke
Ein Plädoyer für die andere Kultur

Im Jahre 1959 hielt Charles Snow seinen Vortrag über die »zwei Kulturen«. Wer mit dem 19. Jahrhundert vertraut ist, weiß, daß, zumindest in Deutschland, die »zwei Kulturen« damals schon recht alt waren.

Heinrich Schipperges veröffentlichte jüngst eine Untersuchung über die Utopien der Medizin. Dafür wertete er die Akten der Versammlungen der deutschen Naturforscher und Ärzte aus, die seit 1822 sich Jahr für Jahr trafen. Fast auf jeder Versammlung wurde in festlichen Aussprachen zu dem von Snow behandelten Thema Stellung genommen. Zwar gebrauchten die Redner den Begriff der zwei Kulturen noch nicht, doch bekannten sie sich, oft in pathetischen Formulierungen, zu dem, was Snow die »Kultur der Naturwissenschaftler« genannt hat.

Diese Naturwissenschaftler waren von dem Optimismus erfüllt, den auch Snow bei ihren Kollegen im 20. Jahrhundert beobachtete. So verkündete Virchow auf der Schlußrede der Berliner Versammlung des Jahres 1886: »Wir kennen die Methode, durch welche wir die Natur zwingen, nicht bloß sich uns zu erschließen, sondern auch ihre Kräfte in unsere Hand zu geben.« Sie lebten von einem Glauben an die Zukunft: »Wir wollen schon dafür sorgen, daß die hundert Jahre nach uns noch größere Herren der Natur sind« (1852 Nees von Esenbeck). Sie glaubten an eine enge Verbindung zwischen Naturwissenschaft und Moral. Virchow formulierte am entschiedensten: »Ja, meine Herren, [. . .] wir verlangen, daß jeder von seinem Standpunkt hieran helfe, die Moral als eine empirische Wissenschaft nach den Regeln zu entwickeln, welche die allgemeine Naturwissenschaft konstituiert hat.« In Rektoratsreden haben Naturwissenschaftler sich schließlich dann auch gegen die Kultur der Literaten gewandt. So forderte du Bois-Reymond, durch Einsparen des Religionsunterrichts und des Unterrichts in der griechischen Sprache dafür zu sorgen, daß die Naturwissenschaften an Schulen eifriger betrieben würden, und dieser Gedanke wurde mit unbekümmert naiven Angriffen gegen die neuhumanistischen Bestrebungen der Dichter aus Weimar verbunden. Goethe, so wurde behauptet, würde heutzutage seinen ›Götz‹, den ›Werther‹ oder den ›Faust‹ ungeschrieben lassen; er würde Volksredner im Reichstag werden; Faust selber hätte ja auch besser daran getan, »Gretchen zu heiraten, sein Kind ehelich zu machen und die Elektrisiermaschine und Luftpumpe mitzuerfinden«. Die Rektoratsrede trug den Titel ›Goethe und kein Ende‹.

Wie aktuell diese Fragen in Deutschland immer noch sind, zeigt die Tatsache, daß die Gedanken, die im 19. Jahrhundert von Naturwissenschaftlern und Medizinern vorgetragen wurden, im Jahre 1967 in der Rektoratsrede des Ingenieurs Fritz Leonhardt wieder auftauchen. Auch er fordert, statt der »2000 Griechisch- und Lateinstunden« und statt der »800 bis 1000 Religionsstunden«, die oft »fast nutzlos seien«, vermehrten naturwissenschaftlichen Unterricht. Auch er erhofft »eine zeitgemäße Ethik«, wenn »Naturwissenschaftler sich der Philosophie zuwenden, um sie aus ihrer Agonie zu befreien«. Er hält wenig von den »klassischen Fakultäten«, deren »Themen sich vorwiegend auf die Vergangenheit beziehen«.

Auch Snows »andere Kultur«, die »traditionelle Kultur«, die Kultur der Literaten und Geisteswissenschaftler fand in Deutschland wirkungsvolle Vertreter. Sie hatten schon im 19. Jahrhundert wenig Kenntnis von den Problemen, die die Naturwissenschaftler behandelten – in unserem Jahrhundert verstehen sie die Begriffe der Naturwissenschaftler kaum noch. Wer je als Philologe oder Historiker in einer Fakultät mit Naturwissenschaftlern zusammenarbeiten durfte, weiß, daß er – etwa bei Habilitationsvorträgen von Physikern oder Mathematikern – meist nach dem zweiten oder dritten Satz den Zusammenhang nicht mehr begreift: ihm ist die Sprache, die von diesen Wissenschaftlern verwandt wird, unverständlich geworden.

Freilich müßten nun Differenzierungen und Modifikationen vorgenommen werden. So steht sicher ein Teil der Soziologen und Politologen den Naturwissenschaftlern nahe. Doch diese Frage soll uns hier nicht weiter beschäftigen. Hingegen möchten wir wissen, ob die Tatsache, daß in derselben Gesellschaft unter den geistig führenden Schichten zwei Kulturen – um Snows Ausdruck zu verwenden – bestehen, ein Anlaß zur Unruhe ist. Snow ist beunruhigt und wünscht, diesen Zustand zu ändern. Doch warum eigentlich? Es gab in der Geschichte viele Gesellschaften, die an ihrer Spitze Vertreter von zwei oder noch mehr Kulturen hatten, und dies ist meist ohne irgendwelche bedenkliche Folgen gut gegangen.

So verstanden im 15. Jahrhundert die Humanisten die Professoren ihrer Universitäten nicht und konnten deswegen auch nicht ahnen, daß diese die entscheidenden Entdeckungen gemacht hatten, die zur modernen Naturwissenschaft führten. Beide Gruppen lebten nebeneinander; jede war der Ansicht, die Zukunft für sich zu haben. Erst aus dem Aspekt unserer Zeit wird deutlich, daß nicht die Humanisten, sondern die Universitäts-Professoren recht hatten; denn auf ihren Ergebnissen baute Galilei seine Hypothesen auf. Warum sollten wir also nicht die zwei Kulturen nebeneinander bestehen lassen und getrost auf ein künftiges Urteil warten?

Die Gründe, aus denen heraus die Gelehrten unserer Tage sich mit dem Nebeneinander der beiden Kulturen nicht zufriedengeben mögen, sind sehr unterschiedlich. Huxley hätte gerne, daß die Dichtung zeitgemäßer wäre. Er wünscht von einem modernen Dichter, dieser solle, wenn er von der Nachtigall spricht und die Schönheit ihres Gesanges beschreibt, gleichzeitig mit erwähnen, daß der Gesang, wie uns die Untersuchungen der Verhaltensphysiologen gezeigt haben, die Funktion hat, das Revier gegen einen Nebenbuhler zu sichern. – Snow erhofft von einer Verbindung der beiden Kulturen, daß dann die Verfasser von Romanen sich veranlaßt sähen, sich in ihrer »Kunst mit Produktionsvorgängen auseinanderzusetzen«. Nun – gegen diese Wünsche ist wenig einzuwenden; doch blieben sie unerfüllt, wäre wohl auch niemand um seinen Schlaf gebracht.

Schwerer wiegen andere Argumente. Snow hat den Verdacht, die Vertreter der literarisch-geisteswissenschaftlichen Kultur reagierten so, als »gäbe es gar keine Zukunft«. Sie sind an Gesellschaftsformen interessiert, »die schon zur Zeit der Plantagenets als höchst barbarisch und verachtet gegolten hätten«. Snow hat keine Scheu zu behaupten, daß diese Kultur mit Schuld an dem Weg trug, der nach »Auschwitz« führte. Diese Vorwürfe sind in Deutschland neuerdings von Karl Steinbuch aufgenommen worden. Steinbuch, nach Snow ein typischer Vertreter der Kultur der Naturwissenschaftler, nennt die Vertreter der anderen Kultur die »Hinterwelt«. »Die Hinterwelt ist durch und durch rückwärts gewandt, sie eröffnet keine Ausblicke in die Zukunft, sondern konserviert die Irrtümer der Vergangenheit. [...] Die Hinterwelt ist erfüllt von historischen Denkmodellen und übersieht, daß diese vor allem die Träger eingefrorener Irrtümer sind«. Steinbuch seinerseits sieht – »in schwerer Sorge« – in der geisteswissenschaftlich-literarischen

Kultur eine politische Gefahr: Sie »hindert unsere Gesellschaft daran, über ihr zukünftiges Schicksal ernsthaft nachzudenken, und sie macht sie dadurch weiterhin zum willenlosen Objekt zufälliger, möglicherweise schädlicher oder krimineller Entwicklungen«.

Snow malt dieses Gemälde weiter aus: Ist die literarische Kultur innenpolitisch konservativ, so ist sie in ihren Wirkungen außenpolitisch – trotz allem guten Willen des einzelnen – imperialistisch. Denn da sie nicht auf Veränderungen bedacht ist, plant sie nicht, Neues zu schaffen, und läßt damit praktisch alles beim alten. Das heißt aber, sie läßt den Zustand im internationalen Bereich so bestehen, wie er im Augenblick beschaffen ist: Es herrscht eine kleine Gruppe von Industrienationen, deren Bevölkerung es gut oder sehr gut geht, und daneben lebt die große Gruppe hungernder, armer Staaten. »Wir befinden uns in einer Lage, in der Harmlosigkeit das größte Verbrechen ist«. Es muß also, das ist Snows Überzeugung, und ähnlich argumentiert Steinbuch, zu einer Verbindung zwischen den beiden Kulturen kommen, wobei beide Autoren keinen Zweifel daran lassen, daß die Kultur der Naturwissenschaftler zu dominieren hätte.

Die Thesen klingen sehr überzeugend. Denn gewiß ist nicht zu leugnen, daß manche Schriftsteller unserer Tage eine Vergangenheit verklären, die nicht mehr existiert. Und kein Mensch, der etwas informiert ist, kann daran zweifeln, daß die akute Not auf der Erde noch so groß ist, daß die Geschicktesten und Erfahrensten aller Staaten es sich zu ihrer Aufgabe machen müßten, durch sinnvolle Planung der Zukunft diese Not möglichst rasch zu beseitigen. Das sind Banalitäten, doch es ist leider nötig, sie zu sagen, damit keine Mißverständnisse aufkommen. Die Frage ist nur: Können Naturwissenschaftler und Ingenieure, die in die Zukunft zu wirken beabsichtigen, ohne Literatur und ohne Kenntnis vergangener Zustände auskommen? Was die literarische Kultur angeht, meint Steinbuch kurz und bündig, sie diene nur dem menschlichen »Erleben« und »Erfülltsein«; denn sie erzeuge – vereinfacht ausgedrückt – »Lust«. Wenn er recht haben sollte, dann könnte diese Kultur zwar persönliche Bedürfnisse der Naturwissenschaftler und Ingenieure befriedigen, aber sie hätte nichts mit ihrer Arbeit und nichts mit ihren Planungen zu tun. – Was die Vergangenheit angeht, so sind Snow und Steinbuch an ihr höchstens als Individuen interessiert. Von der Gesellschaft fordern sie ein »Bildungsprogramm«, das mehr »ausgebildete Naturwissenschaftler und Ingenieure« schafft. Nirgends ist davon die Rede, daß diese sich noch mit vergangenen Zeiten befassen sollen.

Hier möchte nun der Historiker Bedenken anmelden. Er hat den Eindruck, daß Steinbuch wirklich »falsch programmiert«, wenn er die literarische Kultur für eine Lusterzeugerin hält. Auch kann er sich nicht vorstellen, wie ein Wissenschaftler, der über die Vergangenheit nicht Bescheid weiß, zu planen gedenkt. Wir müssen sicher »die Kluft zwischen unseren Kulturen schließen«, aber nicht nur, um mehr Naturwissenschaftler und Ingenieure auszubilden. Wichtiger ist wohl, daß diese in ihrem eigenen Interesse einen neuen Kontakt zur Literatur und zur Vergangenheit gewinnen. An zwei Thesen sei diese Forderung erläutert:

1. Die Literatur hilft dem Naturwissenschaftler bei seinen Untersuchungen.

2. Die Geschichtswissenschaft ermöglicht dem Ingenieur, Pläne für die Zukunft zu entwerfen.

1

Vorbemerkung: Literatur wird hier stellvertretend für Kunst behandelt.

Die Erläuterung der These: Die Naturwissenschaftler machen sich selber nicht gerne zu ihren Objekten. Sie sind, was natürlich berechtigt ist, zuerst an ihrer Forschung interessiert. Dies hat zu dem merkwürdigen Phänomen geführt, daß viele Naturwissenschaftler sehr lange nicht präzise zu sagen wußten, was eigentlich einen naturwissenschaftlichen Fortschritt ermöglicht.

Durch die Untersuchungen des Amerikaners Thomas S. Kuhn ist jüngst etwas Klarheit in die Eigenart naturwissenschaftlichen Fragens hineingekommen. Kuhn unterscheidet streng zwei verschiedene Formen naturwissenschaftlicher Entdeckungen. In der einen Art von Entdeckungen wird ein neues Paradigma gefunden. In der anderen Art von Entdeckungen wird ein bereits gefundenes Paradigma ausgebaut. Wird ein »Paradigma« geschaffen, spricht Kuhn von einer »wissenschaftlichen Revolution«. Ein Paradigma in diesem Sinn formulierte Kopernikus, als er das Sonnensystem entwarf. Ein Paradigma schuf Newton, als er die Himmelsmechanik niederschrieb. Ein Paradigma war die allgemeine Relativitätstheorie von Einstein. Jedes dieser Werke setzte ein neues Beispiel. Mit jedem wurde eine höhere Stufe erreicht, und nun konnte man das Beispiel erweitern, ausführen, differenzieren, sich auf der gewonnenen Stufe nach allen Seiten bewegen.

Der Ausbau eines Paradigmas, also etwa die Anwendung der Relativitätstheorie, ist selbstverständlich für den Fortgang der Wissenschaft von außerordentlicher Bedeutung. Interessant ist allerdings auch die Frage, aus welchen Gründen es Menschen möglich wird, ein neues Paradigma zu finden. Für diese Frage interessierte sich Kuhn. Sein Ergebnis war: Eine neue Stufe wird erklommen, eine wissenschaftliche Revolution gelingt, wenn ein Naturwissenschaftler oder eine Gruppe von Naturwissenschaftlern Dinge »in neuer Weise sehen«. Es wurde der Bewegungsvorgang von Kopernikus und Galilei und von Newton anders gesehen, als der Bewegungsvorgang von Physikern des Mittelalters oder der Antike gesehen worden war. Es wird der Raum und das Verhältnis von Raum und Zeit von Einstein anders wahrgenommen, als es von Newton wahrgenommen worden war. Diese neue Wahrnehmungsweise, diese neue Sicht bringt eine naturwissenschaftliche Revolution mit sich.

Wer – so muß man nun folgern – den Fortgang naturwissenschaftlichen Arbeitens ermöglichen will, hat für zweierlei zu sorgen. Er muß Mittel bereitstellen und eine Ausbildung verschaffen, die es möglich machen, ein gewonnenes Paradigma zu erweitern, zu differenzieren und an dieser oder jener Stelle zu korrigieren. Doch das ist nur seine eine Verpflichtung. Die andere, mindestens so bedeutungsvolle Aufgabe ist, darauf zu achten, daß Menschen die Möglichkeit behalten, bisher bereits bekannte und erforschte Zusammenhänge in neuer Weise zu sehen.

Es ist nicht möglich, in diesen Ausführungen näher darauf einzugehen, unter welchen Umständen eine neue Wahrnehmungsweise, eine neue Art, die Bewegung der Körper im Raum zu sehen, entsteht. Nur auf eines muß hingewiesen werden: Immer wenn sich eine neue Wahrnehmungsweise bildet, ist diese Wahrnehmungsweise an allen Handlungen des Menschen erkennbar. Nach allem, was wir bisher in der Geschichte beobachten konnten, scheint die neue Wahrnehmungsweise zumindest in einem engen Zusammenhang mit einem neuen Verhalten und dementsprechend mit neuen Sozialstrukturen zu stehen. Sie wird dann von Menschen, die unvoreingenommen genug sind, ihre Art des Sehens auch in der Wissenschaft anzuwenden, auf die wissenschaftliche Arbeit übertragen. Es handelt sich bei der geschilderten Wahrnehmungsweise also um eine vorwissenschaftliche Art des Sehens.

Nun beobachten nicht nur Naturwissenschaftler die Bewegungen von Körpern im Raum. Auch Künstler befassen sich mit Körpern, mit ihren Bewegungen und mit dem Raum, und suchen diese gestaltet darzustellen. Auch künstlerische Werke könnten also eine neue Art des Wahrnehmens bezeugen, ja vielleicht könnten mit ihrer Hilfe Menschen, die noch in einer traditionellen Art des Sehens befangen sind, eine neue Art des Sehens lernen. Theoretisch wäre sogar vorstellbar, daß die im Umgang mit Kunstwerken erworbene neue Art des Sehens von Wissenschaftlern auch für die Arbeit – bei der Interpretation von experimentell gewonnenen Resultaten – fruchtbar gemacht würde.

Das klingt vorläufig noch sehr spekulativ. Beispiele mögen das Gesagte erläutern. Die Lyrik scheint nach verbreiteter Meinung von der modernen Naturwissenschaft besonders weit entfernt zu sein. Sie soll hier, um es uns nicht zu einfach zu machen, zugrunde gelegt werden.

Zur neuen Sehweise, die Ende des 18. und Anfang des 19. Jahrhunderts entstand, gehörte es, daß die Naturwissenschaftler nicht mehr nur auf mechanische Vorgänge, sondern auf Kraft- oder Energieverwandlungen achteten; die beiden Begriffe gingen damals noch durcheinander. So wurden die Kräfte untersucht, die chemische in elektrische Prozesse (Voltameter) oder die Wärme in Bewegung umsetzen (Dampfmaschine). Wurde hier gewissermaßen von Körper auf Körper eine Kraft übertragen, so beobachteten Naturwissenschaftler nach den Entdeckungen von Faraday, daß einzelne Körper – etwa Magneten – um sich ein Feld bildeten und daß bei Bewegungen eines Drahtes in diesem Feld sich in diesem ebenfalls eine besondere, eine elektrische Kraft nachweisen ließ.

Die Naturwissenschaftler legen in unseren Tagen großen Wert darauf nachzuweisen, daß diese neu entdeckten Gesetze auf Grund von Experimenten gefunden wurden. Sicher werden Experimente durchgeführt. Doch ist zu sagen: Diese Experimente ließen sich von den Naturwissenschaftlern nur interpretieren, weil sie die Phänomene, die sie dann vortrugen, um die Experimente zu deuten, zuvor schon zu sehen gelernt hatten.

Unserer Vermutung entsprechend, ist nun in der Dichtung jeweils die gleiche Wahrnehmungsweise zu finden. Goethe etwa beschreibt Energieübertragungen von Körper zu Körper. Energie kann von einem Menschen auf den anderen übergehen.

Wie du mir Jugend
Und Freud' und Mut
Zu neuen Liedern
Und Tänzen gibst.

Und ähnlich lassen andere Wesen, etwa ein Fluß, an ihrer Kraft teilhaben.

Drunten werden in dem Tal
Unter seinem Fußtritt Blumen,
und die Wiese
Lebt von seinem Hauch.

In etwas späterer Zeit ist eine Wahrnehmungsweise in Dichtungen bezeugt, die »Felder« zu erkennen vermag. Eichendorff schildert Körper oder Körpergruppen, die um sich herum einen Raum schaffen. Wer in diesen Raum gerät, erhält neue Energie. So kann der Morgenstrahl den Raum des Tages entstehen lassen und Bewegungen des Erwachens auslösen.

Fliegt der erste Morgenstrahl
Durch das stille Nebeltal
Rauscht erwachend Wald und Hügel:
Wer da fliegen kann, nimmt Flügel!

Diese Beispiele, die für viele andere stehen, lassen erkennen: Die Deutungen, die die Wissenschaftler ihren Experimenten geben, sind in einer vorwissenschaftlichen Wahrnehmungsweise begründet, die in der Dichtung bereits zu beobachten ist. Der Naturwissenschaftler konnte seine Experimente nur interpretieren, weil er die Umwelt in entsprechender Weise sah. Er kannte bereits die Übertragung von Mut und Energie von einem auf einen anderen Körper. Er kannte bereits Räume, die durch Körper, durch den Morgenstrahl, eine besondere Ordnung erhalten hatten, in denen dann eine neue Bewegung ermöglicht wurde. Noch auffälliger ist der Zusammenhang zwischen der sinnlichen Wahrnehmungsweise der Menschen und der von ihr abhängigen Art, Experimente zu deuten, in der jüngsten Entwicklung. Wir müssen uns hier auf wenige Züge der modernen Physik beschränken. Von den Tatsachen, die durch die moderne Physik bekannt wurden, seien nur zwei hervorgehoben: 1. Körper können zu Bewegungsenergien werden. »Alle Elemententeilchen können [...] aus kinetischer Energie erzeugt werden, und sie können sich in Energie z.B. in Strahlung verwandeln«. (Heisenberg) 2. Es gibt nebeneinander verschiedene (gedehnte und verkürzte) Zeiten (Ortszeiten). »Einstein stellte fest, daß es kein Mittel gibt, diese absolute Zeit aus den unendlich vielen, gleichberechtigten Ortszeiten der verschiedenen bewegten Bezugssysteme herauszufinden [. . .] Zeitangaben haben nur Sinn relativ zu bestimmten Bezugssystemen. Damit ist die Relativierung des Zeitbegriffes durchgeführt.« (Born)

Diese Aussagen setzen eine Art des Wahrnehmens voraus, die sich vor den naturwissenschaftlichen Entdeckungen bereits in der Dichtung beobachten läßt. Bei Rimbaud etwa, für den – nebenbei bemerkt – auch der absolute Raum als ein Bezugssystem nicht mehr bestand, lösten Körper Bewegungen aus: »Kristallgrauer Himmel. Ein bizarres Gebilde von Brücken, – die einen gerade, die andern bauchig, wieder andre schiefwinklig auf die ersten herabsteigend, und alle diese Figuren wiederholen sich in anderen beleuchteten Windungen des Kanals, – alle aber derart lang und leicht, daß die dombeladenen Ufer sinken und schwinden«.

Dabei wird durch die Formulierung ausgeschlossen, daß der Leser die entstehende Bewegung auf die Schwerkraft zurückführt; denn die Brücken werden ausdrücklich »leicht« genannt, die die Ufer, auf denen die Dome stehen, »sinken und schwinden« lassen. Am Ende des kleinen Prosastückes werden dann durch einen Strahl alle Körper aufgelöst: »Ein weißer Strahl fällt vom Himmel und vernichtet diese Komödie.« Ähnlich modern schildert Rainer Maria Rilke die Dinge, die bei ihm freilich nicht bizarr, sondern ernst und feierlich auftreten. Er kennt völlig verschiedene Zeiten, die jeweils verschiedenen Bezugssystemen entsprechen: der Schule, den weithin bewegten Plätzen und Gärten.

Da rinnt der Schule lange Angst und Zeit
Mit Warten hin, mit lauter dumpfen Dingen
O Einsamkeit, o schweres Zeitverbringen . . .
Und dann hinaus: Die Straßen sprühn und klingen
Und auf den Plätzen die Fontänen springen
Und in den Gärten wird die Welt so weit. –
Und durch das alles gehn im kleinen Kleid
Ganz anders als die andern gehn und gingen –:
O wunderliche Zeit, o Zeitverbringen.

Die verschiedenen Bewegungsweisen – »ganz anders als die andern gehn« – und die verschiedenen Bezugssysteme, die springende, sprühende, klingende Welt neben dem »Gehn im kleinen Kleid«, wird noch einmal aufgenommen.

> Und manchmal die Erwachsenen zu streifen
> Blind und verwildert in des Haschens Hast,
> Aber am Abend still, mit kleinen steifen
> Schritten nach Haus zu gehn, fest angefaßt.

Hier stehen verschiedene Räume, verschiedene Bewegungsweisen, verschiedene Arten, in denen die Zeit abläuft, jeweils für sich. Diese Art der Schilderung ist nun in der modernen Lyrik immer wieder zu finden, bei Mallarmé, bei Garcia Lorca.

Wieder wird also unsere Vermutung bestätigt: Die Dichter spiegeln eine Art des Sehens, die den Physikern ermöglichte, ihre Experimente zu erläutern. Weder Bohr noch Heisenberg noch Einstein hätten ihre Erklärungen geben können, wäre ihnen nicht, in dieser oder jener Weise, diese Art wahrzunehmen bereits vertraut gewesen. Es soll nicht behauptet werden, daß sie die Dichter kannten und unmittelbar von ihnen inspiriert waren. Aber das, was diese Dichter seit Rimbaud im vorigen Jahrhundert immer wieder formulierten, drang auf vielfältige Weise in die Sprache ein und veranlaßte Menschen dazu, in dieser neuen Weise sich und die Umwelt wahrzunehmen. Wer genug Unbefangenheit besaß, konnte diese Art zu sehen dann zur Interpretation naturwissenschaftlicher Experimente benutzen.

Mir scheint, die von mir aufgestellte These ist belegt. Die Naturwissenschaftler brauchen die Literatur, wenn sie noch Wert darauf legen, statt nur das bereits Entdeckte weiter auszubauen, neue Paradigmata zu finden, neue »wissenschaftliche Revolutionen« heraufzuführen.

Noch etwas anderes ist deutlich geworden: Alle von uns zitierten Kunstwerke sprechen in einer wissenschaftsfernen Sprache. Sie schildern ein Milieu, das auch in einer Agrarwirtschaft hätte beschrieben werden können; sie erwähnen Gegenstände, die seit Jahrtausenden von Dichtern erwähnt worden sind. Und trotzdem bezeugen sie eine neue Art wahrzunehmen. Das – so zeigen die Beispiele – kann ein Autor auch, wenn er nur von Dingen spricht, von denen die Lyriker immer gesprochen haben.

Hiermit endet das Plädoyer für die Literatur.

2

Vorbemerkung: Im folgenden spreche ich nur von der Gruppe von Ingenieuren, die durch ihre Arbeit auf die Gesellschaft einzuwirken gedenkt, indem sie Programme für die Zukunft entwirft. Dazu gehören die Architekten, die Bauingenieure, die Straßen, Verkehrswege oder Städte errichten; dazu gehören aber auch die Ingenieure, die in irgendeinem Zweig der Elektrotechnik oder des Maschinenbaus neue Wege einschlagen und so, etwa durch Einführung der Automation neue Formen menschlichen Arbeitens verbreiten.

Die Erläuterung der These: Die Tätigkeiten der Ingenieure beeinflussen die Art des menschlichen Zusammenlebens. Vielen Ingenieuren ist nicht klar, daß sie zwei völlig verschiedene Funktionen ausüben können. Sie vermögen schlechte Zustände – die Infrastruktur eines Entwicklungslandes – nach verschiedenen Vorbildern – etwa aufgrund der Erfahrungen eines hochindustrialisierten Landes – zu bessern. Dafür vor allem setzt Snow sich ein. Ingenieure können aber auch Pläne entwerfen, – etwa im Städtebau –, die noch nirgends realisiert wurden.

Für diese zweite Form der Planung liegen keine Erfahrungen vor. Es ist also nicht sicher zu sagen, wie Menschen, ist das Geplante einmal ausgeführt, innerhalb dieser neuen Umwelt reagieren werden. Ingenieure neigen manchmal dazu, künftige Gesellschaften einer Maschine entsprechend zu konstruieren: Jeder Teil hat die Bedeutung, die sich aus seiner Funktion ableiten läßt. Doch solch eine an Funktionen orientierte Planung müßte, wäre sie konsequent, vielen Menschen, z.B. den Geisteskranken, den Altersschwachen, das Weiterleben unmöglich machen, da sie keine erkennbaren Funktionen mehr haben. Das wird wohl niemand mehr ernsthaft erwägen. Nicht nur Gedanken der Humanität sprechen gegen eine Planung dieser Art, auch die schlichte Tatsache, daß wir über die produktive Begabung des Menschen so wenig wissen. Uns ist nur bekannt, daß sehr oft ein enger Zusammenhang zwischen genialen Anlagen und Krankheiten besteht und von den Nutzlos-Überflüssigen die unmittelbarsten Anregungen ausgehen. So würde jede Planung, die die Menschen nur nach ihren erkennbaren Verwendungsmöglichkeiten beurteilt, für die betroffene Gesellschaft bald außerordentlich beunruhigende Folgen haben.

Schon diese Überlegung zeigt: Wenn Ingenieure etwas noch nirgends Vorhandenes planen, dann können sie selber zwar sagen, mit welchen Mitteln sich ein Ziel am rationellsten (oder in besonders gelungenen Formen) verwirklichen läßt, sie müssen aber, was die Ziele angeht, sich Politikern fügen oder sich von den Wissenschaftlern beraten lassen, die menschliche Verhaltensweisen kennen. Zwei Gruppen von Wissenschaftlern stehen zur Verfügung: Ingenieure können sich an Soziologen und Psychologen wenden oder sie können Historiker um Auskünfte bitten.

Diese zwei Gruppen sind nicht streng zu scheiden. Aber gewisse Tendenzen lassen sich doch gegeneinander absetzen. Soziologen und Psychologen neigen in der Mehrheit dazu, über die Menschen generalisierende Aussagen zu machen. Sie nehmen an, daß die derzeitige Gesellschaft und das derzeitige menschliche Verhalten Schlüsse auf die Zukunft erlaubt; denn – und diese Hypothese liegt ihrem Vorgehen zugrunde – die Menschen werden sich (zumindest im industriellen Zeitalter) in Gesellschaftsformen und Verhaltensweisen immer ähnlich bleiben. – Die Historiker, auch wenn sie sich für Gesellschaft und Psychologie interessieren, folgen der konträren Hypothese. Sie scheuen generalisierende Aussagen und rechnen damit, daß zumindest die menschlichen Gesellschaftsformen sich von Epoche zu Epoche entscheidend wandeln.

Innerhalb der Historikerschaft sind zwei Richtungen zu scheiden. Eine Gruppe – zu ihr gehören so verschiedene Gelehrte wie Karl Marx und Oswald Spengler – meint, beim Studium des Wandels ließen sich Gesetzmäßigkeiten erkennen, die auch Schlüsse auf die Zukunft erlaubten. So glauben diese Historiker – nicht aufgrund einer Gegenwartsanalyse, sondern durch Untersuchungen des historischen Wandels – Hinweise für eine sinnvolle Planung geben zu können. Die andere Gruppe – zu ihr gehört der erwähnte Thomas S. Kuhn – konzentriert ihre Aufmerksamkeit auf die Augenblicke des Wandels und bemüht sich durch eine sorgfältige Beschreibung der Faktoren, die im Verlauf der Geschichte immer wieder zu unerwarteten Veränderungen führten, zu erkennen, welche Bedingungen gegeben sein müssen, damit Gesellschaften und menschliches Verhalten wandlungsfähig bleiben. Diese Gruppe kann aufgrund ihrer Forschungen sagen, was ein Planer zu beachten hat, wenn er einer Gesellschaft die Möglichkeit zu erhalten wünscht, daß sie sich weiter umzuformen vermag. – Gleichzeitig beschäftigt sich diese Gruppe der Historiker – zu dieser Aufgabe bekannten sich schon Thukydides und Machiavelli – mit den Zuständen der Gesellschaft, in denen die Menschen ihre Wandlungsfähigkeit verlieren, in denen sie nur noch selbstzerstörerisch auf Vernichtung bedacht sind. So kennen diese Historiker – wenigstens ahnungsweise – die Umstände, die in jeder Zukunft destruktive Tendenzen der Menschen wieder erwarten lassen.

So verschieden wie diese beiden Gruppen der Historiker sind, gemeinsam ist ihnen, daß sie beide mit tiefgreifenden Veränderungen im Ablauf der Zeiten rechnen. Die Vertreter beider Gruppen würde es keinesfalls wundern, wenn die zukünftige menschliche Gesellschaft und das zukünftige menschliche Verhalten sich völlig von unserer Gesellschaft und von unserem Verhalten unterschieden.

Nun ist es einem planenden Ingenieur natürlich freigestellt, ob er sich lieber von Soziologen und Psychologen oder lieber von Historikern beraten läßt. Nur muß er sich darüber klar sein, daß die Zukunft der Soziologen – von rühmlichen Ausnahmen abgesehen – nichts als eine erweiterte Gegenwart ist, während die Zukunft der Historiker unerwartete Möglichkeiten in sich birgt.

Auf eines sollte ein planender Ingenieur achten: Er müßte aufgrund von eigenen Kenntnissen in der Lage sein, sich selber ein Urteil über die Auseinandersetzungen zu bilden, die zwischen Soziologen und Historikern vor sich gehen. Denn nur dann kann er entscheiden, wen er am zweckmäßigsten um Mitarbeit bittet, wenn er Pläne entwirft, die noch nirgends realisiert wurden. Da nur die zwischen den beiden Parteien strittigen Punkte in der Vergangenheit liegen, müßte sich dieser Ingenieur mindestens in die Geschichtswissenschaft einarbeiten.

Ich denke, damit habe ich auch meine zweite These erläutert, und so soll mit diesem Hinweis das Plädoyer für die Geschichtswissenschaft beendet sein.

Es bleibt in einer Schlußbemerkung noch zweierlei zu erwähnen. Einmal: In diesem Plädoyer für die »andere Kultur« wurde nicht für Bildung im Sinne des 19. Jahrhunderts geworben. Wer noch den Gedanken des verflossenen Jahrhunderts folgt, mag meinen, Kunst diene zur Erzeugung von »Lust« und mag sie unter ästhetischen Gesichtspunkten betrachten. Er kann auch glauben, das Studium der Geschichte hätte den Sinn, sich eine besonders vollkommene Zeit herauszusuchen, um sich traditionsgebunden mit dieser zu identifizieren. Im Gegensatz dazu setzten wir voraus: Die Beschäftigung mit der Literatur kann jungen Menschen zeigen, was es heißt, eine neue Wahrnehmungsweise zu erwerben, und ihre selbsterworbenen historischen Kenntnisse werden sie darauf hinweisen, wie Gesellschaftsstrukturen in der Gegenwart beschaffen sein müssen, damit sich diese, ohne dem Zerstörungstrieb der Menschen anheimzufallen, mit dem menschlichen Verhalten in Zukunft noch wandeln können. Zum anderen: Snow suchte die Kluft zwischen den beiden Kulturen zu überbrücken und hoffte auf diese Weise, die Zahl ausgebildeter Naturwissenschaftler und Ingenieure zu erhöhen. Sein Anliegen ist sicher unterstützenswert, freilich nur, wenn die künftigen Naturwissenschaftler und Ingenieure sich möglichst früh mit Literatur und mit vergangenen Gesellschaften vertraut machen; denn nur dann können sie hoffen, später einmal unter die hervorragenden Naturwissenschaftler und Ingenieure gezählt zu werden.

Literaturhinweise

W. Heisenberg, Physik und Philosophie (1959).

M. Born, Die Relativitätstheorie Einsteins ([4]1964).

A. Nitschke, Naturerkenntnis und politisches Handeln im Mittelalter, Körper – Bewegung – Raum (1967).

Th. S. Kuhn, Die Struktur wissenschaftlicher Revolutionen (1967).

H. Schipperges, Utopien der Medizin (1968).

G. Christian Amstutz

Die ganzheitlichen Grundlagen der Wissenschaften

In der Diskussion über die Dichotomie in gegensätzliche und sich fremde moderne Geistes- und Naturwissenschaften in C. P. Snows ›The Two Cultures: and A Second Look‹, wie auch bei anderen Autoren, sind wohl zwei Aspektgruppen überhaupt nicht, oder wenigstens nicht erschöpfend und klar genug hervorgehoben. Es sind dies erstens geschichtliche und zweitens psychische Aspekte.

Der Leser vermißt geschichtliche Proportionen in folgender Hinsicht: Snow vergleicht die Allgemeinbildung des heutigen durchschnittlichen Geistes- und Naturwissenschaftlers mit derjenigen früherer führender Köpfe. Dieser inadäquate Vergleich ist wohl deshalb unstatthaft, weil es den durchschnittlichen »Wissenschaftler« im heutigen Sinne vor drei- oder fünfhundert Jahren gar nicht gab; man müßte mit dem damaligen Uhrmacher, Alchemisten oder Arzt vergleichen. Doch von diesen hat man so spärlich Überlieferungen, daß ein Vergleich unmöglich ist. Dagegen halten heute geistige Spitzenwissenschaftler auf »beiden Seiten« einem Vergleich durchaus stand; und ein Vergleich, der nicht in Oberflächlichkeiten stecken bleibt, führt uns zu der Betrachtung der psychischen Aspekte.

Doch muß zuvor noch ein weiterer geschichtlicher Aspekt aufgezeigt werden, der noch deutlicher zur Betrachtung der psychischen Aspekte führt: Es ist dies das Fehlen der historischen Perspektiven.

Die Ideengeschichte ist voll von entstehenden und untertauchenden Binaritäten, Ternaritäten usw., d.h. von sich ergänzenden oder sich bekämpfenden Polaritäten, Dreifältigkeiten, Vierfältigkeiten usw. Vielleicht die eingehendste Darstellung hat G. E. Mueller mit seinem Buch ›The Interplay of Opposites‹ gegeben.

Eine Dichotomie, eine Bimodalität, die den »zwei Kulturen« in gewissen Hinsichten ähnelt, aber eben, wie wir sehen werden, viel grundsätzlicher erlebt und verstanden wird, war wohl bereits der Gegensatz zwischen Demokrit und Plato. Doch auf derartige alte, grundsätzliche und längst schon aktive, erlebte und heute noch wirksame Wechselwirkungen und Polaritäten hat Snow nicht hingewiesen.

Dieser Mangel an Tiefe gibt der ganzen »Two-Cultures«-Diskussion den bestimmenden Charakter, und man kann auch in bezug auf die nun folgenden relativistischen und ganzheitlichen Aspekte des Verbindend-Archetypischen auf einen bekannten griechischen Philosophen verweisen: Heraklit hat den relativierenden Ausdruck »panta rhei« geprägt, aber betont, daß in diesem Fließen der Logos als Gesetz walte. Dieses werde aber nur von wenigen erkannt: »Das Widerstrebende vereinige sich und aus den entgegengesetzten (Tönen) entstehe die schönste Harmonie [...]« (Fragment 8) und »Dies Weltgesetz (Logos), das doch ewig ist, begreifen die Menschen nicht. [...] Denn obgleich alles nach diesem Gesetze geschieht, machen sie den Eindruck, als ob sie nichts davon ahnten.« (Fragment 1; Capelle, S. 135 u. 136f.)

Der weiland Physiker Snow ringt sich nicht zu einem ganzheitlichen Aspekt durch, was um so bedauernswerter ist, als unter den Naturwissenschaften gerade die Physik die stärksten Impulse zu einer modernen Weltanschauung und Ganzheitsphilosophie gegeben hat. Es ist selbstverständlich nicht zu leugnen, daß die Welt der Wissenschaften nicht weniger von Spaltungen durchzogen ist wie die Welt der Politik, der Kunst und der Philosophie. Doch diese Spaltungen sind kompliziert und wohl neben dem Ungewissen des Noch-nicht-Bekannten die stärkste Quelle von Impulsen für wissenschaftliches, künstlerisches und soziales Schaffen.

Die Zahl »zwei« der »Two Cultures« findet eine derartige Überbetonung – neben der nur kurz genannten »third culture« – daß die Vermutung naheliegt, hier sei wieder einmal der Mythos der Zahl »zwei« – der Bimodalität, Bipolarität, des Binarismus – eingedrungen. Genauer besehen dürfte die Vierteilung, die z.B. Ortega y Gasset, Medicus u.a. benutzen, mehr gerechtfertigt sein. Diese Einteilung in einen ästhetischen, religiösen, ethisch-moralischen und einen intellektuellen Bereich entspricht den Bereichen des menschlichen Geistes.

Darüber hinaus lassen sich beliebig viele zusätzliche Unterteilungen machen, und Snow gibt selber zu, daß es an sich beliebig viele weitere »Kulturen« gibt, verfolgt aber diesen grundlegenden Gedanken nicht. Wichtig für jeden grundsätzlichen Fortschritt auf jedem Gebiet ist heute jedoch ein ganzheitliches Gefühl, Empfinden und Denken und die Anstrengung, sich der ganzheitlichen Basis aller Dinge bewußt zu werden. Davon findet sich bei Snow sehr wenig und man darf wohl sagen, daß er daran scheitert und im Grunde genommen am Schluß ratlos bleibt.

Wir kommen somit zum Kernpunkt der heutigen Auseinandersetzung über einen Zerfall in zwei Kulturen, in, wie F. Wagner schreibt, eine »Menschenwelt« und eine »Wissenschaftswelt«. Es scheint uns wichtig, ins Bewußtsein zu bringen, daß der Ursprung des Mythos der Zahl »zwei« aus der Existenz einer Welt außerhalb des Menschen und einer Innenwelt herrührt. Diese »Dichotomie«, auf deren grundlegende Bedeutung in diesem Sinne unseres Wissens noch nirgends hingewiesen wurde, ist aber nur eine scheinbare. Diesen Schein bewußt zu machen, ist Aufgabe eines jeden verantwortungsbewußten Menschen; denn es ist z.B. leicht zu zeigen, daß die meisten Feindschaften projizierte endogene Schatten sind. Könnten diese Projektionen eliminiert, d.h. zurückgenommen werden, wären beispielsweise die Hauptgründe der meisten Kriege aus der Welt geschafft.

Aber die Konstruktion einer getrennten, verherrlichten und/oder gefürchteten Außenwelt als unabhängigen Faktor hat mythologische Kraft. Die Überbetonung der Außenwelt hat in der Geschichte periodisch abgewechselt mit einem vermehrten inneren Interesse; diese letzteren Perioden wurden meist als Zeiten der Mystik bezeichnet. Für diese Perioden vorherrschender Endogenese ist der folgende Spruch von Angelus Silesius das leitende Motiv gewesen:

Nichts ist, das dich bewegt,
Du selber bist das Rad,
Das aus sich selbsten lauft
und keine Ruhe hat.

Das 19. Jahrhundert mit seiner enormen Betonung des wissenschaftlichen und technischen Interesses gehörte zu einer exogenen Zeit. Derartige Betonungen der Außenwelt waren früher auch oft Zeiten der politischen Aktivität und Expansion und Perioden der Auswanderung und Entdeckung.

Unsere heutige Zeit steht noch im Schatten und trägt noch an den Folgen der extremen Exogenese des letzten Jahrhunderts; besonders deshalb, weil die Folgen durch die Technik und Industrialisierung von großer praktischer Tragweite waren. Aber es haben sich längst starke Zeichen einer neuen, reiferen Endogenese oder Mystik abgezeichnet.

Wenn heute eine vom Quantitativen geprägte »Wissenschaftswelt« einer dem Qualitativen verpflichteten »Menschenwelt« gegenübergestellt wird, so ist dies ein unbewußter Verfall an den Mythos der Dualität. Schließlich war es ja der Mensch selber, der sich das Instrument der Wissenschaft und Technik entwickelt hat. Dieses Instrument als selbständige »Sekundärwelt« zu bezeichnen, heißt erstens, seinen endogenen Charakter zu verkennen, und zweitens zu mißachten, daß längst erkannt worden ist, wie sehr alle wissenschaftlichen Theorien von menschlicher Relativität geprägt sind, d.h. daß auch diese »Sekundärwelt« ganz innerhalb der »Menschenwelt« steht!

Wer Wissenschaft und Technik abtrennt zu einer eigenständigen »Kultur«, der ist dem Geiste des letzten Jahrhunderts mit der mythosartigen, an Religionsersatz grenzenden Verherrlichung der materiellen Außenwelt noch immer verfallen. Die Relativität, d.h. die endogene Natur *auch* der wissenschaftlichen Tätigkeit und der in der Technik zum Ausdruck kommenden menschlichen Interessen ist auf vielen maßgeblichen Seiten längst wieder vorherrschendes Gedankengut geworden. Man erinnere sich nur an Jaspers' Ausspruch (1953, S. 76): »Alles Erkennen ist *Auslegung.* Das Verfahren beim Verstehen von Texten ist ein Gleichnis für alles Auffassen vom Sein. Dieses Gleichnis ist nicht zufällig«. Es ist anthropologisch, d.h. kulturell bestimmt. Oder man überzeuge sich von der kulturellen Relativität wissenschaftlicher Vorstellungen anhand der aufschlußreichen Darstellungen von C. F. von Weizsäcker (1964) oder etwa der Physiker Pauli (1952) und Holton (1964, 1965). (Für die Geowissenschaften hat der Autor die Relativität nach Ort und Zeit verschiedentlich dargestellt, so z.B. 1960.)

Am deutlichsten hat wohl die Symbolforschung der letzten fünfzig Jahre die enorme durchgehende innere Bedingtheit und Verbundenheit aller wissenschaftlichen, künstlerischen, religiösen und moralisch-ethischen Tätigkeiten und Empfindungen aufgezeigt.

Es ist bei ernsthafter Betrachtung der heutigen Situation wohl kaum mehr möglich, an dem ganzen Tatsachenmaterial der psychologischen Forschung, besonders der tiefenpsychologisch orientierten, vorbeizugehen. Nimmt man es zur Kenntnis, sollten wohl keine Zweifel verbleiben, daß die Angst vor der Außenwelt nur durch eine künstliche Mythologisierung entstehen kann, einen Mangel an »interiorization«, wie Polanyi dies nennt.

Es wird von einigen die Auffassung vertreten, daß »der Siegeszug der quantisierenden Forschung zur Trennung der Geisteswissenschaften von der Naturwissenschaft, des normativen Wissens vom technischen Macht- und Veränderungswissen« geführt hätte, »in einem Ausmaß, das von jener Ganzheit wenig mehr übrig ließ« (so Wagner, 1968, S. 832). Diese Ansicht muß auf einem bedauernswerten Irrtum beruhen, der selbst an einer Trennung schuld ist, wo diese etwa vorhanden wäre. Der Irrtum geht erstens am allgemeinen, also auch am ethischen Bildungswert der Naturwissenschaften vorbei, wie ihn etwa Paul Niggli (1945) hervorgehoben hat, aber zweitens wird durch die Betonung oder gar Vergötterung und Verabsolutierung einer quantisierenden Naturwissenschaft die unselige Übertreibung durch das letzte Jahrhundert weitergeschleppt und ferner werden die gemeinsamen archetypischen Wurzeln der vier oben genannten Bereiche des menschlichen Geistes übersehen.

Wir müssen vielmehr mit Ortega einsehen, daß beispielsweise die Kunst und die Mathematik gleiche Wurzeln haben, »la poesía brota de la misma raíz como la matemática« (Obras, V, S. 394, 1934), und wir müssen mit C. G. Jung erkennen, wie sehr alle menschliche Tätigkeit, seien es die fortgeschrittensten, scheinbar abstraktesten physikalischen oder mathematischen Theorien oder die moderne Kunst, oder die religiösen und politischen Tendenzen aus dem gleichen Substrat des geschichteten Unbewußten stammen. Diese Erkenntnisse der grundsätzlichen, unzerstörbaren Einheit gewinnen nur langsam Boden; aber bereits hat doch schon eine gute Zahl moderner Physiker (z.B. Pauli, Anrich, Holton u.a.), Biologen (z.B. Portmann), Geisteswissenschaftler (z.B. Schmid und viele andere) und Philosophen sich dieses moderne verbindende Gedankengut zu eigen gemacht.

Wenn immer noch Hemmungen, d.h. »Stemmungen« dagegen auftreten, so beruhen diese sicher einerseits auf einer unbewußten Angst vor dem Bewußtwerden, diesem Individuationsprozeß, der eben auch eine große Verantwortung mit sich bringt; andererseits ist wohl die Bindung an den Mythos der Teilung in »Exo und Endo« mit schuld; beherrscht er doch noch große Teile der Theologie (als Glauben an einen exogenen Gott), der Wissenschaft (als Mythos der mächtigen exogenen Wirkungen, z.B. in Form von kosmischen Kräften, Meteoreinschlägen etc.), der Kunst (in den projizierten Darstellungen von Gefahren, die von außen kommen, vgl. C. G. Jung, 1952), usw.

Es ist klar, daß diese Ängste vor einer scheinbar emanzipierten, übermächtigen Naturwissenschaft usw. uneingestandene, tiefunbewußte Projektionen sind. Sie sind die Hauptwurzeln des Mythos der Trennung in ein gefährliches oder heilbringendes »Außen«, das Teufel und Engel gleichzeitig beherbergt, und einem »Innen«, das für den Geisteswissenschaftler eben das »Haus« ist, in dem er wohnt, sein eigenes Gebiet und Gebäude, dem er gelegentlich ausschließlich »normative« Funktionen zuordnet (zu-projiziert).

Die Lösung vieler Gegenwartsprobleme, einschließlich politischer Hauptprobleme liegt weitgehend im Bewußtwerden des Exo-Endo-Mythos (vergleiche dazu G. C. Amstutz, 1960 und 1967). Dieses Bewußtwerden hat ja schon große wissenschaftliche Fragen gelöst, wie z. B. die Entdeckung und Annahme des Evolutionsgedankens. Im persönlichen Verkehr mit anderen Menschen führt es zu einer wichtigen Toleranz, die sich ausweiten muß bis zu einem Mindestmaß an Völkerverständnis, das die einzige konstruktive Garantie des Völkerfriedens ist[1]. Vor allem aber würde die Einheit zwischen den »Wissenschaften« aus der Scheintrennung herausgehoben und wieder hergestellt.

Literatur

Amstutz, G. C. (1960) Some Basic Concepts and Thoughts on the Space-Time-Analysis of Rocks and Mineral Deposits. Geologische Rundschau 50, S. 165–189.

Ders., (1967) Review of: Science as a Cultural Force. Ed. by H. Woolf, 1964. In: Physics Today, April 1967, S. 76–81.

Anrich, E. (1963) Moderne Physik und Tiefenpsychologie. Stuttgart.

Capelle, W. (1963) Die Vorsokratiker. Stuttgart.

Fordham, F. (1956) An Introduction to Jung's Psychology. Pelican Books.

Holton, G. (1964) Presupposition in the Construction of Theories. In: H. Woolf, Science as a Cultural Force. Baltimore, S. 77–108.

Ders., (1965) Science & Culture. Boston and Daedalus Library.

Hutten, E. H. (1956) The Language of Modern Physics. An Introduction to the Philosophy of Science. London.

Jaspers, K. (1953) Einführung in die Philosophie. München.

[1] Vgl. Frieda Fordham (1956, S. 114): »They might also be more tolerant if they realized they were dealing with something inherent, when their partner's attitude differed from their own.«

Jung, C. G. (1952) Synchronizität als ein Prinzip akausaler Zusammenhänge. In: Naturerklärung und Psyche, Zürich, S. 1–107.

Jung, C. G., M.-L. von Franz, J. L. Henderson, J. Jacobi und A. Jaffe (1964) Man and his Symbols. London.

Medicus, F. (1943) Vom Wahren, Guten und Schönen. Erlenbach-Zürich.

Mueller, G. E. (1956) The Interplay of Opposites. A Dialectical Ontology. New York.

Niggli, P. (1945) Schulung und Naturerkenntnis. Erlenbach-Zürich.

Ortega y Gasset, J. (1934) Obras Completas. Bd. V, S. 394.

Pauli, W. (1952) Der Einfluß archetypischer Vorstellungen auf die Bildung naturwissenschaftlicher Theorien bei Kepler. In: Naturerklärung und Psyche. Zürich, S. 109–194.

Polanyi, M. (1964) Science and Man's Place in the Universe. In: H. Woolf, Science as a Cultural Force. Baltimore, S. 54–76.

Sambursky, S. (1965) Das physikalische Weltbild der Antike. Zürich.

Snow, C. P. (1964) The Two Cultures: and A Second Look. Cambridge University Press.

Wagner, F. (1968) Die Einheit der Wissenschaft als Grundfrage unserer Zeit. Das Weltproblem der »Zwei Kulturen«. In: Universitas, 23 (1968), S. 825–838.

Weizsäcker, C. F. von (1964) Die Tragweite der Wissenschaft. 1. Band: Schöpfung und Weltentstehung. Die Geschichte zweier Begriffe. Stuttgart.

Hans Paul Bahrdt
Literarische Bildung und technische Intelligenz

1. Funktionswandel der literarischen Bildung

Eine früher mächtige, heute vom Zweifel zernagte, aber immer noch nachwirkende Vorstellung ist, daß die Bildung das Band darstelle, welches Menschen unterschiedlicher Funktion und Herkunft zu einer Elite zusammenbinde. Die Bildung gäbe nicht nur die Chance, sondern auch das Recht zu Einfluß und Macht. Freilich behauptet man vielfach, daß dieses Prinzip heute nicht mehr gelte. Aber diese Tatsache akzeptiert man nicht. Gern träumt man von der Zeit, in der angeblich eine Bildungselite geherrscht habe, und wünscht sich für die Zukunft, daß die »Gebildeten« wieder gebildet und auch mächtig sein mögen. Sie seien ja die »eigentliche« Elite. Das heißt, man behauptet, daß es auch in der Gegenwart wenigstens eine potentielle Elite gebe. Nicht wenige schöpfen aus dieser Auffassung Hoffnung und Selbstbewußtsein, stoßen sich freilich an der Wirklichkeit der Gegenwart mit dieser Auffassung wund.

Wollen wir diese Meinung, die ja in der Akademikerschicht, insbesondere auch unter Wissenschaftlern weit verbreitet ist, näher untersuchen, so müssen wir zunächst fragen, um was für eine Art von Bildung es sich in diesem Falle handelt. Es gibt sehr verschiedene Bildungstypen. Wir haben hier einen bestimmten Typ der literarischen Bildung im Auge, wie er für das europäische, speziell das deutsche Bildungsbürgertum noch vor kurzem charakteristisch war. Sodann müssen wir nach der gesellschaftlichen Funktion dieser Bildung fragen. Welchen Einfluß hat sie auf die soziale Position ihrer Träger gehabt? Inwieweit konnte sie die Qualifikation darstellen, die solche Leistungen ermöglichte, wie sie die Gesellschaft von einer Elite erwartet? Schließlich müssen wir fragen, ob unter den veränderten Verhältnissen der Gegenwart die Auffassung, es gäbe eine Bildungselite bzw. man gehöre ihr selbst an, eine Berechtigung hat oder eine kollektive Selbsttäuschung, ein falsches Bewußtsein darstellt.

Es wäre ein uferloses Beginnen, wenn wir jetzt den Typ der »literarischen Bildung« ausreichend bestimmen wollten. Nur soviel wollen wir feststellen: Dieser Bildungstyp hat ein Ziel, das sich von vielen anderen Bildungs- und Erziehungstypen nicht grundsätzlich unterscheidet. Es geht – wie das deutsche Wort »Bildung« meint, das allerdings in vielen Sprachen keine genaue Entsprechung hat und auch im Deutschen erst spät seine heutige Bedeutung erlangt hat – um eine »Formung« des ganzen Menschen zu einer weltoffenen, innerlich freien und nach Möglichkeit harmonischen Persönlichkeit. Rohigkeit, Triebhaftigkeit, Beschränktheit und Einseitigkeit des barbarischen Zustandes soll der Mensch hinter sich lassen. Es geht also nicht um Vielwisserei. Das wichtigste Mittel, mit dem dieses Ziel erreicht werden soll, ist jedoch die Vertrautmachung mit der Weltliteratur, teils wissenschaftlichen, teils belletristischen Inhalts, ferner die Bekanntmachung mit der bildenden Kunst nicht nur des eigenen Zeitalters, sondern auch der Vergangenheit. Dieser Kenntnisvermittlung geht das Erlernen mehrerer Fremdsprachen voran, dem man als solchem bereits einen bildenden Effekt zuschreibt. Vor allem verspricht man sich vom Erlernen der alten Sprachen eine Schulung des Denkens.

So verzweigt und vielseitig die Gegenstände sind, die zur Bildung beitragen sollen, so klar man sich zu allen Zeiten war, daß zu diesen Bemühungen auch eine Ertüchtigung des Körpers und Stählung des Willens hinzutreten muß – wenn das Ergebnis der Bildung nicht ein lebensuntüchtiger und einseitig entwikkelter Bücherwurm sein soll –, so steht doch fest, daß es kaum ein Erziehungssystem gibt, in dem soviel und solange gelernt werden muß, wie in diesem. Die offiziellen Abschlüsse der institutionalisierten Bildungsprozesse liegen um viele Jahre später als die vergleichbaren Initialriten anderer Kulturen und auch derjenigen sozialen Gruppen, die für ihren Nachwuchs eine solche Bildung nicht intendieren. Die Vorbereitungszeit schiebt sich in ein Alter, in dem die körperliche und psychische Entwicklung längst aus dem Jugendlichen einen Erwachsenen gemacht hat. In nichtinstitutionalisierter Form läuft aber der Bildungsprozeß noch weiter, der bewußten Tendenz dieses Bildungstyps entsprechend, das ganze Leben hindurch. Lange Jahre hindurch genießt dieser Prozeß einen Vorrang vor allen anderen Lebensbereichen, ja, wird geradezu zum Lebensinhalt. Er kann sogar zum Surrogat für ein immer wieder aufgeschobenes Leben werden: Anstatt zu leben, lebt mancher nur den eigenen Erziehungsroman.

In diesem Erziehungssystem spielt der Umgang mit den geschriebenen und gedruckten Worten eine ungeheure Rolle. Die

Chance, Weltkenntnis zu erlangen, vergrößert sich. Das Kommunikationssystem, in dem der Gebildete lebt, ist gleichsam von Jugend auf überlokal, vielfach international und in einem gewissen Sinn auch überepochal: er verständigt sich mit den vergangenen Zeitaltern der Geschichte. Aber diese weltweite Kommunikation zeichnet sich durch Unanschaulichkeit, Indirektheit und relativ geringe Möglichkeiten aus, von der Rezeptivität zur entsprechenden Aktivität zu gelangen. Vergleicht man die Chancen eines wandernden Handwerksburschen, seine erwanderten Erfahrungen praktisch zu verwerten, mit den geringen Möglichkeiten von kleinstädtischen Honoratioren, ihre geschichtlichen und erdkundlichen Kenntnisse in Lebenspraxis zu übertragen, so wird es schwer, hier nicht von einem Mißverhältnis, von einer Disharmonie zu sprechen. Letztere kann eigentlich nur dadurch vermieden werden, daß der Betroffene eine besondere Tugend der Entsagung entwickelt, für die aber – trotz Goethe – in diesem Typ der vorwiegend literarischen Bildung nur wenig Ansätze vorhanden sind.

Wenn man nach der gesellschaftlichen Bedeutung dieser Bildung fragt, insbesondere nach ihrer Eignung als Qualifikation einer Elite, so darf man diese sehr äußerlichen, aber die Lebensführung stark beeinflussenden Merkmale nicht vernachlässigen. Nämlich: das außerordentliche Übergewicht rezeptiven Verhaltens, das lange Unfertigsein noch in einem Alter, in dem der physische und psychische Reifeprozeß beendet ist, der große Umfang indirekter und unanschaulicher Weltkontakte, freilich auch die Chance eines fast unbegrenzten geistigen Horizonts, dem aber nur selten ein vergleichbares politisches Wirkungsfeld entspricht, schließlich aber auch die Wahrscheinlichkeit, daß angesichts der prätentiösen geistigen Bildungsbemühungen – trotz des Harmonieideals – andere Erziehungsziele in den Hintergrund gedrängt werden. Der geistige Bildungsprozeß erzieht wohl zu zähem Fleiß. Zu Mut und Tapferkeit erzieht er aber bestenfalls auf dem Umweg über die Vermittlung von Idealen, zu Disziplin nur in Gestalt von Arbeitsdisziplin, zur Fähigkeit, andere Menschen zu führen, gar nicht, ebenso kaum zur körperlichen Stärke. Charakteristisch ist, daß bereits mit dem sozialen Aufstieg der Bildungsschicht in gehobene mittlere Lagen der Gesellschaft pädagogische Anleihen bei ganz anderen Gruppen gemacht werden mußten, die dann in seltsamem Widerspruch zur traditionellen Bildung standen. Man denke an die Maxime, daß auch hochgebildete Akademiker in wilhelminischer Zeit sich oft nur dann als vollwertige Menschen fühlten, wenn sie Reserveoffiziere waren. Hier ging es nicht nur um Status und Prestige, sondern auch um Erwerb einer persönlichen Leistungsqualifikation, zu der aber die herkömmliche bürgerliche Bildung kaum etwas beitragen konnte.

Wir müssen nun aber auch nach dem Inhalt der literarischen Bildung fragen. Es handelt sich hier nicht einfach um die Einführung in schlechthin gültige heilige Schriften oder die »Heilige Schrift« zum Zwecke einer besseren Fundamentierung eines traditional bestimmten Alltags. Die Renaissance hatte die Möglichkeit eines ausgedehnten säkularisierten literarischen Lebens eröffnet, freilich unter Beschwörung eines zweiten Weltbildes, dem der Antike, wie man sie verstand. Dieses zweite Leitbild konnte jedoch niemals die gleiche Harmonisierung gewinnen wie die Überlieferungen der Kirche, schon weil letztere ja nicht außer Kraft gesetzt wurden, sondern ihren Anspruch nach wie vor vertraten. Auch besaß das Bild der Antike nicht die gleiche Eindeutigkeit wie die Dogmengebäude der Kirche. Seit der Renaissance wurde das im Mittelalter noch verhüllte Janus-Antlitz der abendländischen Kultur sichtbar. Die Chance und der Zwang, zwischen zwei Vorbildern zu wählen oder zu lavieren, spielten dem Geist eine Freiheit zu, die er nie zuvor besessen hatte.

Schon dies veränderte Verhältnis zur Tradition läßt vermuten, daß die neue Bildung große gesellschaftliche und sicher auch politische Bedeutung gewinnen würde. Dies geschah, als sich langsam aus den lokal und ständisch verhafteten bürgerlichen Gruppen eine bürgerliche Gesellschaft auszubilden begann. Die literarische Form der Bildung – zunächst stark humanistisch geprägt, später immer stärker auf die modernen Nationalsprachen angewiesen, von denen der Gebildete aber meist mehrere beherrschte –, war die Voraussetzung für die Entstehung der literarischen Öffentlichkeit. Literatur, wie wir sie heute verstehen, ist ohne literarische Öffentlichkeit nicht zu denken, und zwar eine Öffentlichkeit, an der – sonst wäre es keine – nicht nur kleine Gruppen teilnehmen, sondern eine zahlreiche Menschen umfassende Schicht, die Schicht der Gebildeten. Ihre Bildung setzt sie in den Stand, aus ihren lokalen Verkapselungen herauszutreten und überlokal, ja über den ganzen Kontinent hinweg, Beziehungen aufzunehmen, und zwar ohne moderne Verkehrs- und Kommunikationsmittel, wenn man von der Buchdruckerkunst absieht, die freilich an dieser Umwälzung entscheidenden Anteil hat.

Fast möchte man diesen Vorgang eine Revolution nennen. Auf jeden Fall bereitete er die bürgerliche Revolution vor. Es wurde eine kollektive Selbstverständigung im europäischen Raum möglich, die alle Polisgrenzen übersprang, welche in der Antike und im Mittelalter die bürgerlichen Erhebungen eingeengt und zerstückelt hatten.

In dieser literarischen Öffentlichkeit begann der Kampf des Bürgertums gegen die herrschenden Gruppen, der Prozeß der Gesellschaft gegen den Staat, dessen Urteil freilich noch lange nicht vollstreckt werden konnte. Die Vorstellung, daß die Literatur, insbesondere das Theater, ein Gerichtshof sei, der nach anderen Gesetzen andere Urteile fällt als die staatlichen Gerichte, nämlich »moralische Urteile«, ist ein typischer Gedanke des 18. Jahrhunderts. Niemand hat ihn klarer ausgedrückt, als Schiller in seinen Ausführungen über die »Schaubühne als moralische Anstalt«. Er bezeichnet sie als einen »schrecklichen Richterstuhl« und meint: »Eben diese Unzulänglichkeit, diese schwankende Eigenschaft der politischen Gesetze bestimmt [...] den sittlichen Einfluß der Bühne«, und: »Tausend Lasten, die jene (die staatliche Gerichtsbarkeit) ungestraft duldet, straft sie; tausend Tugenden, wovon jene schweigt, werden von der Bühne empfohlen.«[1]

Ist die literarische Bildung nun nichts anderes als ein bürgerliches Klassenbewußtsein? Diese Behauptung wäre ohne Zweifel zu eng und mißverständlich. Aber sie hat unter anderem durchaus auch die Funktionen eines Klassenbewußtseins gehabt, teils unmittelbar – man denke an das Republikanertum, das sich fast automatisch aus der Beschäftigung mit römischer Geschichte ergab –, teils mittelbar: Die Fülle verfügbarer Kenntnisse, Denkformen und Ausdrucksweisen stellte ein Repertoire für ideologische Konzeptionen dar, wie es noch keine aufsteigende und expandierende Klasse besessen hatte. Die literarische Öffentlichkeit war zudem ein Kommunikationsfeld, auf dem weltweit in aller Offenheit von solchen Gruppen konspiriert werden konnte, die noch außerhalb des Staates und seiner Kommunikationsmittel standen, und auch sonst noch keine großen Machtmittel besaßen. Die Obrigkeit stand dieser Situation

[1] Vgl. R. Koselleck, Kritik und Krise. Freiburg, München 1959, S. 82ff.

ziemlich hilflos gegenüber. Der meist kleine absolutistische Staat war nicht in der Lage, die Literatur wirksam zu kontrollieren. Erst der totalitäre Staat der neuesten Zeit besaß hierzu die technischen Mittel. Wie intensiv, weiträumig und vor allem wie schnell Vergesellschaftung durch eine überlokale schriftliche, oder besser: gedruckte Öffentlichkeit erzielt werden kann, ist für uns, die wir inzwischen noch schnellere Kommunikationsmittel kennengelernt haben, schwer nachzuvollziehen. Wir können dies nur richtig einschätzen, wenn wir bedenken, daß in den meisten Perioden der Geschichte der soziale Aggregatzustand der Öffentlichkeit – falls es ihn überhaupt gab – nur im lokalen Rahmen einer Stadt oder eines Marktes oder einer gelegentlichen Volksversammlung vorhanden war, Literatur jedoch mehr oder weniger esoterischer Besitz eines sehr kleinen privilegierten Standes gewesen ist. Die Kombination von Literatur und Öffentlichkeit mit Hilfe der Buchdruckerkunst mußte eine ähnliche Brisanzwirkung im Reiche des Geistes haben wie die Kombination von kapitalistischer Rechenhaftigkeit und moderner Naturwissenschaft in der Produktionstechnik, sofern die Inhalte dieser literarischen Öffentlichkeit in Widerspruch mit der herrschenden Ordnung gerieten.

Die Chance zu rascher weltweiter Kommunikation, die durch eine gedruckte Öffentlichkeit geschaffen wurde, hat vor allem deshalb so große Bedeutung, weil spätestens seit der Aufklärung sich die aufsteigende bürgerliche Gesellschaft als progressiv verstand und sich auch faktisch in rascher Bewegung befand. Der durch die Pluralität der Leitbilder auf sich selbst zurückgeworfene und beweglich gewordene und sich selbst der Bewegung verpflichtende Geist verwandelte sich in seiner jeweiligen Bewegungsphase in öffentliches Bewußtsein. An diesem öffentlichen Bewußtsein teilzuhaben, war nur durch ständige Bildungsbemühung all derer, die dazugehören wollten, möglich. Die Permanenz des vom erwachsenen Individuum selbst weiterbetriebenen Bildungsprozesses fließt nicht nur aus einem individuellen Streben nach Vollkommenheit, sondern erklärt sich auch aus der immer wieder notwendigen, nie abgeschlossenen Vergesellschaftung im Geiste, die sich in der dynamisierten literarischen Öffentlichkeit vollzieht. Die hierdurch bewirkte geistige Integration bedeutete eine ganz andere Kraft für das integrierte Kollektiv, als es die steifen und starren Normen einer traditionalen Gesellschaft sein können, weil jetzt die jeweilige vermittelte Weltsicht aktuell war, ja vielfach aus der Aktualität in die Zukunft vorgriff, und nicht mehr bei praktischen Entschlüssen jedesmal ein schwieriger Brückenschlag zwischen der Epoche, aus der die Tradition stammt, und der Epoche, in der gehandelt wird, nötig war. Das Bürgertum hat nicht nur die Wirtschaft und die Produktion, sondern auch die Formen kollektiver Bewußtseinsbildung revolutioniert. Es hat die moderne Ideologie und den ideologischen Kampf erfunden, deren Theorie freilich erst von seinen Gegnern, den Marxisten, geschaffen wurde. Die literarische Bildung, von der wir hier sprechen, war aber zunächst keine Privatsache. Man kann sie zwar, wie gesagt, sicher nicht als eine in sich geschlossene Ideologie oder Handlungslehre bezeichnen. Aber sie ist Mutterboden und Anreger für die Theorie und Praxis der bürgerlichen Revolution. Und die literarische Öffentlichkeit, sich allmählich gliedernd, aber noch nicht zerfallend in Räume der Nationalsprachen, steckt bereits den politischen Raum der Nation inmitten verwandter Nationen ab. Das ist die politische Welt der emanzipierten bürgerlichen Gesellschaft. Die literarische Bildung war also nicht die schlechteste Ausrüstung für den Kampf um die Macht, der natürlich nicht allein mit geistigen Mitteln gewonnen werden konnte.

Freilich wird man zweifeln müssen, ob sie als typische Qualifikation einer Elite in dem oben umschriebenen Sinn jemals effektiv geworden ist. Dieser Anspruch ist – insbesondere in Deutschland – oft erhoben worden. Aber waren die Träger dieser Bildung eigentlich jemals eine Elite gewesen? Gewiß waren sie eine Zeitlang Wortführer des breiten Bürgertums (man denke an die Reformen in Preußen nach 1807 und an die Zusammensetzung des Paulskirchen-Parlaments). Aber in dieser Zeit – auch nach 1848 – hatte die alte Führungsschicht noch nicht abgedankt. Als gegen Ende des 19. Jahrhunderts sich die alte Herrenschicht immer mehr in eine Expertengruppe für Herrschaft eines an Kopf und Gliedern verbürgerlichten Industriestaates verwandelte, war das Bildungsbürgertum bereits von der industriellen und kommerziellen Bourgeoisie überflügelt worden. Diese Tatsache gestand es sich nur ungern ein. Dennoch befand es sich auf dem Wege, ebenfalls zu einer gehobenen Spezialistenschicht zu werden, die niemals die Funktion einer Elite gewinnen konnte.

Inzwischen hatte aber die Bildung der Gebildeten einen Wandel durchgemacht, in dem sie ihre politische Dynamik, die sie immerhin vorher besessen hatte, einbüßte. Sie hat eine ganz andere Funktion erhalten. In ihrer neuen Gestalt kann sie Eliteträume ermöglichen, hat aber endgültig aufgehört, eine ernstzunehmende elitäre Qualifikation zu sein.

Das, was heute diesem inzwischen traditionell, allzu traditionell gewordenen Bildungstyp in Deutschland oft zum Vorwurf gemacht wird, ist, daß er den Menschen zwar vielleicht als Individuum, als Persönlichkeit zu formen vermag, jedoch nicht als gesellschaftliches und politisches Wesen. Im Gegenteil: Dieser Bildungstyp steht unter dem Verdacht, daß er das Individuum seinen sozialen und politischen Verpflichtungen entfremdet, indem er ihm ein harmonisches Reich des Geistes, in dem es keine dissonierenden Realitäten gibt, als Fluchtburg anbietet.

Dieser Vorwurf ist sicher berechtigt, wenn wir an den Gebrauch denken, der seit längerer Zeit von vielen »sogenannten« und auch z.T. wirklichen Gebildeten von den Bildungsgütern gemacht wurde. Der Vorwurf trifft sicher in geringerem Umfang die Produzenten: die Künstler und Literaten, obwohl auch von ihnen natürlich viele unmittelbar für den gebildeten Konsum produzierten, so daß ihre Werke nicht erst eine Umstilisierung für den privaten Gebrauch benötigten.

Diese Entfremdung, welche die literarische Bildung einer ihrer wichtigsten gesellschaftlichen Funktionen, nämlich der partiellen, aber doch recht wirksamen Vergesellschaftung aufstrebender bürgerlicher Kräfte im Geiste und im Hinblick auf mögliche politische Aktionen, beraubt, ist selbst natürlich ein gesellschaftlicher Vorgang von politischer Relevanz.

Daneben gewinnt aber die Bildung in immer stärkerem Maße eine andere soziale Funktion, die anfangs zwar auch vorhanden war, aber doch nur eine periphere Bedeutung hatte. Wir betonten vorhin, daß die bildungsbürgerlichen Gruppen in Deutschland niemals zur nationalen Führungsschicht wurden. Immerhin haben sie an sozialem Prestige und ökonomischer Stabilität das ganze 19. Jahrhundert hindurch gewonnen. Hierzu hat auch gerade die Industrialisierung unter kapitalistischen Vorzeichen beigetragen, obwohl sie die Hoffnung der Bildungsbürger, die Führung der Nation zu übernehmen, zunichte machte. Mit fortschreitender industrieller Entwicklung und der in ihrem Gefolge sich immer mehr vergrößernden Finanzkräftigkeit des Staates boten sich immer mehr und bessere berufliche Chancen für die typischen Besitzer einer literarischen Bildung, nämlich die Akademiker. Der fortgeschrittene Kapitalismus verlangte einen bürokratischen Ausbau und verkomplizierte alle Rechtsverhältnisse. Es ergaben sich bessere Berufschancen für Juristen. Wachsender mittelständischer Wohlstand und staatliche Sozialpolitik gaben zahlreichen Ärzten Nahrung und Brot. Die komplizierter werdende Wirtschaft und Produktionstechnik schufen viele Arbeitsplätze für Akademiker in der Wirtschaft selbst. All diese Menschen mußten ausgebildet werden, und der steuerkräftige Staat war auch in der Lage, im großen Stil höhere Schulen, Hochschulen und Universitäten zu schaffen, und er war auch fähig, das Ausbildungspersonal ausreichend und regelmäßig zu bezahlen, was am Anfang des 19. Jahrhunderts und im 18. Jahrhundert keineswegs der Fall war. Die Angehörigen der Ausbildungsberufe, früher oft junge ledige Theologen oder alte Soldaten oder Gelehrte, die, falls sie zeitlebens und nicht nur für eine Übergangszeit ausbildeten, verbannt in eine wenig geachtete, ungesicherte, bohemeähnliche Stellung waren, erwarben jetzt einen festen ökonomischen und sozialen Status. Die Voraussetzung für ein stabiles Selbstgefühl der Gebildeten war eigentlich erst gegen Ende des 19. Jahrhunderts gegeben.

Es könnte so scheinen, als ob wir jetzt akademische Ausbildung mit literarischer Bildung verwechselten oder in eins gesetzt hätten. Dieser Anschein war kaum zu vermeiden. So geläufig uns heute die Unterscheidung von Bildung und akademischer Spezialausbildung ist, so wenig geschieden ist beides noch in jenen Jahrzehnten des Hochkapitalismus, obwohl sich beides gerade in dieser Zeit mit der Spezialisierung der Wissenschaften voneinander zu sondern beginnt. Zwar verdanken die Akademiker ihren sozialen Aufstieg nicht der unter ihnen häufig vorhandenen literarischen Bildung, sondern den verschiedenen wissenschaftlichen Spezialausbildungen, die sie zu unentbehrlichen Funktionären des Staates und der Wirtschaft machen. Aber die Ausbildungsstätten für akademische Berufe, vor allem die Universitäten (mutatis mutandis auch die Gymnasien als Vorstufe der Universitäten) vermitteln die Vorstellung von der Einheit von Bildung und Ausbildung und bis zu einem gewissen Grade – obschon abnehmend – praktizieren sie sie auch. Zum mindesten bleibt sie als Postulat erhalten und veranlaßt die Lernenden, außer ihrer Spezialausbildung sich auch ein wenig Bildung zuzulegen. Damit wird die literarische Bildung zum sozialen Zeichen bzw. zum Prestige-Symbol für eine gesellschaftliche Position, die gar nicht aus der Bildung, sondern vielmehr aus der Spezialausbildung entsteht. Man erkennt den akademisch ausgebildeten Funktionär der modernen Gesellschaft an der Allgemeinbildung, wie man den Offizier der ersten Hälfte des 20. Jahrhunderts vielfach noch an seinem Degen erkannte, den er natürlich zu Hause ließ, wenn er den Panzer oder den Kübelwagen bestieg.

Damit hatte die literarische Bildung eine gesellschaftliche Funktion gewonnen, die höchst problematisch war. Sie verwandelte sich aus der Weltsicht der sozialen Gruppen, die die Welt erobern und nach ihrem Bilde umzugestalten versuchten – mit dem Anspruch auf Allgemeingültigkeit, um die man sich auch redlich bemühte – zum Statussymbol einer arrivierten und privilegierten Funktionärsschicht, die sich wohl nach unten abgrenzen wollte, aber auf Herrschaftsansprüche verzichtet hatte. Dadurch war vor allem einem bedenklichen Bildungsphilistertum Tür und Tor geöffnet. Diesem Funktionswandel entspricht eine allmähliche Umstilisierung der Bildungsinhalte. Diese darzustellen fehlt uns hier der Raum. Nur einige Andeutungen können wir darüber machen, welche Verschiebungen, Umdeutungen, Aussparungen und Ergänzungen die überlieferten, aber sich ständig weiter entwickelnden potentiellen Bildungsgüter erfahren mußten, um den völlig veränderten gesellschaftlichen Bedürfnissen des Bildungsbürgertums gerecht zu werden.

Wir beschränken uns jetzt auf die deutschen Verhältnisse. Die Enttäuschung über die Entartung der französischen Revolution, die hoffnungslosen politischen Zustände in Deutschland, die auch nach den Befreiungskriegen anhielten und die wirtschaftliche Misere des rückständigen Deutschland drängten die Bildungsbemühungen stärker in eine Richtung, die von politischer Aktualität, von Gesellschaftskritik und dem Kampf um Freiheit wegführte. Es drängte sich angesichts der Erfahrungen der Gedanke auf, daß die Menschheit für die politische Freiheit noch nicht reif war. Zunächst mußten die Menschen eine innere Befreiung erfahren, ehe man sie auch politisch befreien konnte. Wie konnte dies geschehen?

Schiller gab in den ›Briefen über die ästhetische Erziehung des Menschen‹ eine ebenso präzise wie utopische Antwort, die aber mehr oder weniger verschwommen allgemein in der Luft lag: Für ihn bestand – sehr vereinfacht ausgedrückt – das Dilemma darin: daß der Mensch von der ihm plötzlich übereigneten Freiheit keinen würdigen Gebrauch machen konnte, weil er durch die vorangegangene Unfreiheit verdorben – wir können sagen, seiner wahren Bestimmung entfremdet – worden war. (Der Gedanke der Selbstentfremdung ist bei Schiller schon sehr präzis herausgearbeitet.) Gewinnt er nun plötzlich die Freiheit, so entsteht Chaos, Terror, d.h. eigentlich eine neue Form von Unfreiheit. Die Vorbereitung für den rechten Gebrauch der Freiheit kann der Mensch nur erwerben, wenn er selbst bereits in der Freiheit lebt. Die ästhetische Erziehung sollte nun aus diesem Dilemma herausführen: Das luftige und ideale Reich der Künste (in dem sich die Sachen nicht hart im Raume stoßen), d.h. aber doch wohl – boshaft interpretiert – das unverbindliche Reich der Bildung konnte den Menschen für die Freiheit vorbereiten.

In dieser faszinierenden halbwahren These steckt eine verhängnisvolle Entscheidung für die folgende deutsche Geistesgeschichte. Was sich hieraus im Laufe der Zeit ergab, ist sicherlich von Schiller nicht beabsichtigt, ist auch natürlich nicht von ihm allein eingeleitet worden. Bei ihm können wir die Schwenkung des Geistes nur besonders präzis fassen. Zwei Zitate aus dem 9. Brief über die ästhetische Erziehung des Menschen mögen dies verdeutlichen: »Aber ist hier nicht vielleicht ein Zirkel?...

Alle Verbesserung im Politischen soll von Veredelung des Charakters ausgehen – aber wie kann sich unter den Einflüssen einer barbarischen Staatsverfassung der Charakter veredeln? Man müßte also zu diesem Zwecke ein Werkzeug aufsuchen, welches der Staat nicht hergibt, und Quellen dazu eröffnen, die sich bei aller politischen Verderbnis rein und lauter erhalten. Jetzt bin ich an dem Punkt angelangt, zu welchem alle meine bisherigen Betrachtungen hingestrebt haben. Dieses Werkzeug ist die schöne Kunst, die Quellen öffnen sich in ihren unsterblichen Mustern.« Wenige Seiten später spricht er den Künstler an: »Der Ernst deiner Grundsätze wird sie (die Zeitgenossen) von dir scheuchen, aber im Spiele ertragen sie sie noch; ihr Geschmack ist keuscher als ihr Herz, und hier mußt du den scheuen Flüchtling ergreifen. Ihre Maxime wirst du umsonst bestürmen, ihre Taten umsonst verdammen, aber an ihrem Müßiggange kannst du deine bildende Hand versuchen. Verjage die Willkür, die Frivolität, die Rohigkeit aus ihren Vergnügungen, so wirst du sie unvermerkt auch aus ihren Handlungen, endlich aus ihren Gesinnungen verbannen. Wo du sie findest, umgib sie mit edlen, mit großen, mit geistreichen Formen, schließe sie ringsum mit den Symbolen des Vortrefflichen ein, bis der Schein die Wirklichkeit und die Kunst die Natur überwindet.«

Nach all den Enttäuschungen blieb den außerordentlich lebendigen und aktiven deutschen Bildungsbürgern kaum ein anderes Betätigungsfeld, als durch Bildung und Erziehung an der inneren Befreiung des Menschen zu arbeiten. Man soll dieses Ausweichen nicht höhnisch abwerten: Der bereits in napoleonischer Zeit begonnene Umbau und Ausbau des deutschen Erziehungswesens (vor allem der Universitäten) wird auch in der Restaurationszeit fortgesetzt und läuft zügig durch das ganze 19. Jahrhundert hindurch bis zum Ersten Weltkrieg. In dieser Zeit gewinnt das deutsche Bildungswesen und Universitätssystem einen Vorsprung vor dem vieler anderer Länder. Trotzdem war diese Hinwendung zur erzieherischen Alltagsarbeit am einzelnen Menschen und die zunehmende Abneigung gegenüber einem weltweiten Konspirieren in einer literarischen Öffentlichkeit ein Ausweichen.

Über die Arbeit an der inneren Befreiung des Menschen konnte man die äußere Freiheit aus dem Auge verlieren. Ja, sie ließ sich sogar als etwas bloß Äußerliches, d.h. Oberflächiges und Oberflächliches abwerten, dem ein wahrhaft Gebildeter nicht nachjagen sollte. Raffinierter ließ sich politische Feigheit und Bequemlichkeit kaum entschuldigen. Zur Bemäntelung seiner politischen Entmündigung trieb der Bildungsbürger genausoviel geistigen Aufwand, wie er vorher zur Begründung seiner politischen Ansprüche an Geist investiert hatte. Bereits diese Pädagogisierung höhlte diese bürgerliche Bildung aus und bereitete eine Verkehrung ihres gesellschaftlichen Sinnes vor.

In die Hohlräume drangen die Ideen der Romantik ein. An die Stelle des Anspruchs, die Welt zu verändern, trat die Verklärung der Vergangenheit und der Anspruch auf ein Recht zur Flucht aus der unheilbaren Gegenwart in ein unverbindliches ästhetisches Ersatz-Jenseits, das nur Gebildeten zugänglich war. Dort waren sie frei, dort durften sie herrschen.

Jetzt bestand kein zwingender Grund mehr, die Bildungsinhalte auf die aktuelle geschichtliche Situation zu beziehen. Wenn es nicht um die Freiheit der Gesellschaft, sondern um die innere Freiheit des Menschen ging, so brauchte er auch nicht mehr Orientierung in der Gegenwart. Die Konfrontation mit den zahlreichen Genies der Vergangenheit, ja mit der abgeklärten Monumentalität der vergangenen Geschichte, bot ja viel mehr pädagogische Chancen als die Beschäftigung mit der verwirrten Gegenwart, in der man das Bleibende noch nicht von der Mode und die Genies noch nicht von den Eintagsfliegen unterscheiden konnte. War es nicht überhaupt empfehlenswert, die vergangene Geschichte zu einer Art pädagogischer Provinz zu erklären und die Frage, wann und wie die Vergangenheit auf die Gegenwart bezogen wird, durch das gebildete, also innerlich frei gewordene Individuum selbst beantworten zu lassen?

Damit wurde der Gebrauch der Bildungsgüter beliebig. So konnte auch die gesellschaftskritische Literatur des 19. und beginnenden 20. Jahrhunderts, die der bürgerlichen Gesellschaft einen bösen Spiegel vorhielt, von dieser gleichen Gesellschaft geschmäcklerisch rezipiert werden. Sie war freilich jederzeit austauschbar gegen klassische oder romantische Werke. Man interessierte sich für die neuen stilistischen Mittel der zeitgenössischen Literatur und suchte in ihr das »Bleibende«, d.h. das »Nichtaktuelle«. So war Dostojewskij vor allem ein großer Psychologe, Fontane galt als Meister des Gesprächs, als feinsinniger Humorist und fast schon als ein brandenburgischer Heimatschriftsteller für gehobene Ansprüche. Allenfalls ließ man sich ergreifen von dem Konflikt zwischen individueller Liebe und Standesvorurteilen. Das war ein uraltes Thema, ein »bleibendes Thema«, das man nicht auf die gesellschaftliche Situation Deutschlands im Jahre 1890 zu beziehen brauchte.

Aber ebenso konnte man auch jene romantischen Literatur- und Kunstrichtungen akzeptieren, die gegen alle Demokratisierungstendenzen oder andere sozialen und politischen Änderungswünsche mißtrauisch machten. Es war in das Belieben des Gebildeten gestellt, wann und wo er für sich selbst den Vorhang vor den jeweils neuesten Erzeugnissen von Kunst und Literatur herunterlassen wollte. Es war ihm die Entscheidung darüber überlassen, in welchem Umfang und auf welche Weise Bildung ihn in der Welt orientieren, d.h. ihm durch Konfrontation mit der Welt einen Platz in der Welt zuweisen sollte oder durch Selektion und Verhüllung seinen Blick einengen und sein Gewissen beruhigen sollte. Diese Entscheidung fällte jeder nach seinem Geschmack. Für wenige blieb literarische Bildung ein Mittel der Orientierung in der Welt im doppelten Sinne des Wortes: der Information über die Welt und der Verortung in ihr. Andere füllten sich eine handfeste, durchaus praktikable reaktionäre Ideologie ab, manche wiederum eine sarkastische Kulturkritik, die jede Passivität entschuldigte; die meisten entnahmen dem riesigen Bestand an Bildungsgütern gerade soviel, als sie meinten als Statussymbol zu benötigen. Für sie wurde die literarische Bildung zum

Schleppsäbel des akademisch ausgebildeten Experten. Dieser lernte, immer seltener bei seiner forschen Berufsarbeit über ihn zu stolpern.

Es ist selbstverständlich, daß eine solche Bildung – falls sie diesen Namen noch verdient – keine wirksame elitäre Qualifikation darstellt, auch wenn manche ihrer Träger sicher Gruppen angehören, die man in einem wertfreien soziologischen Sinn als Teil eines pluralistischen Eliten-Konglomerats ansprechen kann.

Auf der anderen Seite erkennen wir deutlich, daß in hochindustrialisierten Gesellschaften das zerstückelte Erbe der großen bürgerlichen Bildungstradition immer noch – teils schon wieder – eine bedeutsame Rolle spielt. In erster Linie denken wir natürlich an die wachsende praktische Bedeutung der spezialisierten Wissenschaften in allen Bereichen des Lebens. Diese Wissenschaften haben sich zwar schon lange aus dem Kosmos der Bildung emanzipiert, können aber doch bei näherem Hinsehen ihre Herkunft nicht verleugnen.

2. Technische Intelligenz und gesellschaftliches Bewußtsein

Es ist bekannt, daß die Angehörigen der »technischen Intelligenz« in ihrem außerbetrieblichen Verhalten, ja schon in ihrer Studentenzeit das Vorbild der älteren akademischen Berufe vielfach ängstlich kopieren. Die studentischen Korporationen an Technischen Hochschulen sind möglicherweise noch konservativer als die an Universitäten. Das Zugehörigkeitsgefühl währt genauso das ganze Leben hindurch. Die Bildungsbedürfnisse der meisten Techniker sind genau an dem Vorbild der epigonalen bürgerlichen Bildung ausgerichtet, die teils ergänzend, teils kompensierend und entschuldigend das Berufswissen des Juristen, Arztes oder Pfarrers umrahmte, nur mit dem Unterschied, daß der Hiatus und Kontrast zwischen Berufsausbildung und Allgemeinbildung hier noch krasser ist, daß die Allgemeinbildung noch stärker unverbunden im leeren Raum schwebt, als dies bei den Angehörigen älterer akademischer Berufe mittlerweile der Fall ist.

Man beobachte Programme und Publikumsreaktionen kultureller Werkveranstaltungen, und man wird dies bestätigt finden. Oder man diskutiere mit Technikern über die kulturelle und soziale Bedeutung der Technik. Gewiß werden sie nicht ganz so verächtlich von der Technik sprechen wie manche Geisteswissenschaftler und Literaten, die das Gefühl, ausgesperrt aus der technischen Zivilisation zu sein, mit Ressentiment gegen die Technik beantworten. Immerhin wird man Mühe haben, die Vorurteile der geisteswissenschaftlich geprägten Zivilisationskritik von vorgestern zu widerlegen, obwohl doch der technische Alltag Anschauungsmaterial genug für eine eigene Deutung der eigenen sozialen Umwelt anbietet. Vielmehr findet man häufig eine seltsame Gespaltenheit des geistigen Habitus, eine Schizophrenie der Betrachtungsweisen. Äußerste Rationalität bei der Behandlung technischer Fragen. Aber schon bei der Beurteilung betrieblicher Sozialfragen folgt man gern den Spuren Ortega y Gassets. Ehrfurcht vor Goethe, falls man ihn liest, aber auch, falls man ihn nicht liest, aber Vorbehalte gegenüber moderner Kunst, die doch ein wenig von der technischen Welt zu spiegeln versucht, die der Techniker selbst mitgeschaffen hat.

Über all diese Erscheinungen wundert sich der Intellektuelle, wenn er Angehörigen der »technischen Intelligenz« begegnet. Natürlich gibt es Ausnahmen. Aber es bleibt erstaunlich, warum die Ausnahmen nicht die Regel sind. Warum haben diejenigen Menschen, die durch die Technik die Welt verändert haben, nicht auch ein eigenes Weltbild hervorgebracht, oder wenigstens Ansätze zu einer eigenen Weltbetrachtung entwickelt? Warum sprechen sie von Vermassung, Anonymität, Austauschbarkeit des Menschen im Großbetrieb wie die Kulturkritiker, die nie einen Großbetrieb gesehen haben, obwohl die Techniker doch wissen, wie schwer es ist, Herrn Lehmann an der Maschine zu ersetzen, wenn er krank ist? Warum ist für sie so oft das Prinzip der freien Wirtschaft »tabu«, obwohl sie doch täglich spüren, daß dieses Prinzip längst Einschränkungen erfahren hat, weil sonst langfristige technische Planung nicht möglich wäre, und weitere Einschränkungen nötig sind, wenn die Automation, die Bürotechnisierung, die Atomwirtschaft, die Wasserwirtschaft und die Standort- und Siedlungspolitik Fortschritte machen sollen.

Über all dies wundert sich der Intellektuelle, denn er setzt stillschweigend voraus, daß der Angehörige der technischen Intelligenz, den er um die Präzision seines mathematischen Denkens beneidet, ähnlich reagieren müßte wie er. Aber dies ist ein Trugschluß. Die »technische Intelligenz« ist keine neue soziale Schicht, keine neue Klasse und auch kein neuer Stand, mit eigener Standortbestimmung und neuem Weltbild. Sie ist nur ein

Teil der aufgeblähten, konturlos gewordenen bürgerlichen Intelligenz, die ihre revolutionären Absichten und Denkweisen preisgab und konservativ und epigonal wurde, als sie ein wenig Macht und Wohlstand erreicht hatte. Jetzt sollte sich die Welt nicht mehr verändern. Und da sie sich trotzdem wandelte, verstrickte man sich immer mehr in eine Haltung, die Kultur gegen Zivilisation ausspielt. Man praktizierte Oswald Spengler im eigenen Alltag: Tagsüber bei der Arbeit Zivilisation, nach Feierabend Kultur. In einer Welt, die die Arbeit vergötterte, kam die Kultur, wie man sie verstand, begreiflicherweise zu kurz, vielleicht gottseidank, denn was ist verlogener als eine kulturelle Beflissenheit, die die gesellschaftliche Wirklichkeit wie eine Pfütze umgeht und wie eine Schande verschweigt.

Die Aufgabe der technischen Intelligenz wäre es gewesen, einen Weg aus diesem Dilemma zu suchen. Warum führte der Kampf der Techniker um gesellschaftliche Anerkennung nicht zur Herausbildung eines Kollektivbewußtseins, das zugleich die Gesellschaft neu interpretierte? Warum gelang ihnen nicht das, was vielen Arbeitern gelungen ist, die mit geringerem geistigem Rüstzeug versehen waren? Wie kam es eigentlich, daß die technische Intelligenz niemals ernsthafte Herrschaftsansprüche anmeldete, obwohl von Jahr zu Jahr Kapitalisten, kommerzielle Manager, Militärs und Politiker mehr auf sie angewiesen waren? Gewiß rückten die Mitglieder der technischen Intelligenz in höchste Stellungen des Staates, der Wirtschaft und der Wehrmacht auf. Aber sie gelangten in diese Position auf Grund des Gesetzes von Ursache und Wirkung. Sie traten nicht als Exponenten einer neuen Klasse oder eines neuen Standes auf, sondern gliederten sich ängstlich und pedantisch in die alten, fadenscheinig gewordenen herrschenden Gruppen ein und ahmten deren Gewohnheiten nach. Auch der technische Direktor großer Konzerne schmückt sein Heim mit Hirschgeweihen und Barockengeln.

Der Soziologe, der die Herrschaftsverhältnisse der modernen Gesellschaft herausfinden möchte, steht vor Rätseln. Wer paßt sich wem an? Fällt diese bewußtlose Unterwanderung unter die Formel Paretos vom »Kreislauf« der Eliten? Wer herrscht nun eigentlich über uns? Gibt es überhaupt Herrschaft, oder findet nur ein geologisches Geschiebe mit wechselnden Druckverhältnissen statt?

Die »Technokratie« blieb ein Thema für theoretische Diskussionen. Die Revolution der Techniker blieb aus, wie die Revolution der Manager. Es ist kaum faßbar: die technische Intelligenz macht von der ungeheuren Macht, die sie in ihren Händen hält, keinen Gebrauch. Sie weiß gar nicht, daß sie sie besitzt. Und wenn sie es wüßte und ihre Macht ausüben wollte, dann würde sie sie – mangels Übung – so dilettantisch anwenden, daß man sie ihr genauso rasch aus der Hand schlagen würde, wie es in den kommunistischen Ländern von seiten der herrschenden Parteifunktionäre immer wieder geschieht.

Für diesen merkwürdigen Zustand mag es verschiedene Ursachen geben. Eine Ursache liegt sicher darin, daß bisher technisches Wissen nur selten intellektuell verwendet wurde. Das antitraditionelle Erbe der abendländischen Wissenschaft hat sich in den spezialisierten technischen Disziplinen bis zur Wirkungslosigkeit verdünnt. Die Kritik des Motorenbauers am Bestehenden richtet sich auf altmodische Motoren, die des Chemikers auf veraltete Verfahren, Schwefelsäure herzustellen. Nun zeichnet sich allerdings die Situation der heutigen Wissenschaft nicht nur durch eine übergroße Spezialisierung aus, sondern zugleich auch durch eine zunehmende Verflechtung der Forschungszweige und einen immer stärkeren Zwang zu interdisziplinärer Zusammenarbeit. Interdisziplinäre Kooperation verlangt interdisziplinäres Denken wenigstens bei einem Teil der Spezialisten. Von hier ist der Weg bis zu einer intellektuellen Durchdringung der eigenen sozialen Situation und zu einer Kritik an ihren Bedingungen nicht mehr weit. Manche Naturwissenschaftler werden eine ähnliche Erweiterung und Aufsprengung ihres Fachdenkens erleben, wie sie die Kernphysiker schlagartig und schreckartig erfahren haben, als die erste Atombombe fiel. Aber ein neues, sich legitim auf der modernen Wissenschaft aufbauendes gesellschaftliches Bewußtsein wird wohl noch lange nicht die breiten Schichten der technischen Intelligenz ergreifen. Eine Technokratie ist genauso wenig zu befürchten, wie eine geistige und politische Bewältigung der durch die Technik veränderten Lebensumstände zu erhoffen ist.

Jürgen Habermas
Technischer Fortschritt und soziale Lebenswelt

1

Seit dem Erscheinen der ›Two Cultures‹ im Jahre 1959 hat von neuem, und nicht nur in England, eine Diskussion über das Verhältnis von Wissenschaft und Literatur eingesetzt. Wissenschaft ist dabei im Sinne von »Science« eingeschränkt auf die strikten Erfahrungswissenschaften, während Literatur weit gefaßt ist und in gewissem Sinne auch das einschließt, was wir geisteswissenschaftliche Interpretation nennen. Die Abhandlung, mit der Aldous Huxley unter dem Titel ›Literature and Science‹ in die Kontroverse eingegriffen hat, beschränkt sich freilich auf eine Konfrontation der Naturwissenschaften mit der belletristischen Literatur.

Beide Kulturen unterscheidet Huxley zunächst unter dem Gesichtspunkt der spezifischen Erfahrungen, die in ihnen verarbeitet werden: die Literatur macht Aussagen über eher private Erfahrungen, die Wissenschaften über intersubjektiv zugängliche Erfahrungen. Diese lassen sich in einer formalisierten Sprache ausdrücken, die nach allgemeinen Definitionen für jedermann verbindlich gemacht werden kann. Die Sprache der Literatur hingegen muß das Unwiederholbare verbalisieren und von Fall zu Fall die Intersubjektivität der Verständigung erst herstellen. Aber diese Unterscheidung zwischen privaten und öffentlichen Erfahrungen gestattet nur eine erste Annäherung an das Problem. Das Moment Unaussprechlichkeit, das der literarische Ausdruck bewältigen muß, geht nicht so sehr darauf zurück, daß ihm ein in Subjektivität eingesperrtes, ein privates Erlebnis zugrunde liegt, sondern darauf, daß diese Erfahrungen sich im Horizont einer lebensgeschichtlichen Umwelt konstituieren. Die Ereignisse, auf deren Zusammenhang sich die Gesetzeshypothesen der Wissenschaften richten, lassen sich zwar in einem raumzeitlichen Koordinatensystem beschreiben, aber sie sind nicht Elemente einer Welt: »Die Welt, mit der sich die Literatur befaßt, ist die Welt, in der Menschen geboren werden, darin leben und schließlich sterben; die Welt, in der sie lieben und hassen, Triumph und Erniedrigung, Hoffnung und Verzweiflung erleben; die Welt der Leiden und Freuden, des Wahnsinns und des Gemeinverstands, der Dummheit, Verschlagenheit und Weisheit; die Welt aller Arten sozialen Drucks und individuellen Triebs, des Zwistes von Vernunft und Leidenschaft, der Instinkte und Konventionen, gemeinsamer Sprache und mit niemandem teilbarer Gefühle und Empfindungen«[1]. Hingegen befaßt sich die Wissenschaft nicht mit den Gehalten einer solchen perspektivisch aufgebauten, ichzentrisch gebundenen, umgangssprachlich vorinterpretierten Lebenswelt sozialer Gruppen und vergesellschafteter Individuen: »Der Chemiker, der Physiker und der Physiologe sind Bewohner einer von Grund auf verschiedenen Welt – nicht des Universums gegebener Erscheinungen, sondern der Welt erschlossener, äußerst feiner Strukturen; nicht der Erfahrungswelt einzigartiger Ereignisse und mannigfaltiger Eigenschaften, sondern der Welt quantifizierter Regelmäßigkeiten«. Der sozialen Lebenswelt stellt Huxley das weltlose Universum der Tatsachen gegenüber. Er sieht auch genau, in welcher Weise die Wissenschaften ihre Informationen über dieses weltlose Universum in die Lebenswelt sozialer Gruppen umsetzen: »Wissen ist Macht, und scheinbar paradoxerweise ist es dahin gekommen, daß Naturwissenschaftler und Technologen mittels ihres Wissens von dem, was in einer unerlebten Welt der Abstraktionen und der Schlußfolgerungen geschieht, ihre ungeheure und zunehmende Macht erwarben, die Welt lenken und abändern, in welcher zu leben die Menschen bevorrechtet und verurteilt sind.«[2]

Aber Huxley nimmt die Frage nach dem Verhältnis der beiden Kulturen nicht an diesem Schnittpunkt auf, an dem die Wissenschaften mit der technischen Verwertung ihrer Informationen in die soziale Lebenswelt eintreten, sondern er postuliert eine unmittelbare Beziehung: die Literatur soll die wissenschaftlichen Aussagen als solche assimilieren, damit die Wissenschaft »eine Gestalt von Blut und Fleisch« annehmen könne. Es soll ein Dichter kommen, der uns sagt, »wie die getrübten Wörter der Überlieferung und die zu genauen Wörter der Lehrbücher dichterisch geläutert werden müßten, um sie dafür tauglich zu machen, unsere privaten und mit niemandem teilbaren Erlebnisse mit den wissenschaftlichen Hypothesen, in denen sie erklärt werden, in Übereinstimmung zu bringen«[3].

[1] Literatur und Wissenschaft. München 1963, S. 14.
[2] Ebd., S. 15.
[3] Ebd., S. 117.

Dieses Postulat beruht, wie ich meine, auf einem Mißverständnis. Die strikt erfahrungswissenschaftlichen Informationen können in die soziale Lebenswelt nur auf dem Wege ihrer technischen Verwertung, also als technologisches Wissen eingehen: hier dienen sie der Erweiterung unserer technischen Verfügungsgewalt. Sie liegen also nicht auf der gleichen Ebene wie das handlungsorientierende Selbstverständnis sozialer Gruppen. Für deren praktisches Wissen, das in der Literatur zum Ausdruck gelangt, kann deshalb der Informationsgehalt der Wissenschaften nicht unvermittelt relevant sein, – er kann nur auf dem Umwege über die praktischen Folgen des technischen Fortschritts Bedeutung erlangen. Die Erkenntnisse der Atomphysik bleiben, für sich genommen, ohne Folgen für die Interpretation unserer Lebenswelt – insofern ist die Kluft zwischen jenen beiden Kulturen unvermeidlich. Erst wenn wir mit Hilfe der physikalischen Theorien Kernspaltungen durchführen, erst wenn die Informationen für die Entfaltung produktiver oder destruktiver Kräfte verwertet werden, können ihre umwälzenden praktischen Folgen in das literarische Bewußtsein der Lebenswelt eindringen – Gedichte entstehen im Anblick von Hiroshima und nicht durch die Verarbeitung von Hypothesen.

Die Vorstellung einer hypothesenverarbeitenden Atomdichtung geht von falschen Voraussetzungen aus. Es zeigt sich vielmehr, daß mit dem problematischen Verhältnis von Literatur und Wissenschaft nur der Ausschnitt eines viel umfassenderen Problems erfaßt wird: des Problems nämlich, wie eine Übersetzung des technisch verwertbaren Wissens in das praktische Bewußtsein einer sozialen Lebenswelt möglich ist. Diese Frage stellt offensichtlich nicht nur, ja, nicht einmal in erster Linie die Literatur vor eine neue Aufgabe. Jenes Mißverhältnis der beiden Kulturen ist nur deshalb so beunruhigend, weil sich in dem scheinbaren Streit zweier konkurrierender Geistestraditionen in Wahrheit ein Lebensproblem der verwissenschaftlichten Zivilisation abzeichnet: wie nämlich die heute noch naturwüchsige Beziehung zwischen technischem Fortschritt und sozialer Lebenswelt reflektiert und unter die Kontrolle einer rationalen Auseinandersetzung gebracht werden kann.

In gewisser Weise mußten praktische Fragen der Staatsführung, der Strategie und der Verwaltung auch früher unter Verwendung technischen Wissens gelöst werden. Gleichwohl hat sich heute das Problem einer Umsetzung technischen Wissens in praktisches Bewußtsein nicht nur in der Größenordnung verändert. Die Masse technischen Wissens beschränkt sich nicht mehr auf die pragmatisch erworbenen Techniken der klassischen Handwerke, es hat die Gestalt wissenschaftlicher Informationen angenommen, die sich für Technologien verwerten lassen. Auf der anderen Seite bestimmen die verhaltenssteuernden Traditionen das Selbstverständnis der modernen Gesellschaften nicht mehr naiv. Der Historismus hat die naturwüchsige Geltung der handlungsorientierenden Wertsysteme gebrochen. Das Selbstverständnis sozialer Gruppen und ihr umgangssprachlich artikuliertes Weltbild sind heute durch eine hermeneutische Aneignung von Traditionen qua Traditionen vermittelt. In dieser Lage verlangen Fragen der Lebenspraxis eine rationale Erörterung, die sich weder auf die technischen Mittel noch auf die Anwendung tradierter Verhaltensnormen je für sich genommen bezieht. Die geforderte Reflexion reicht über die Erzeugung technischen Wissens und die hermeneutische Klärung von Traditionen hinaus; sie erstreckt sich auf den Einsatz technischer Mittel in geschichtlichen Situationen, deren objektive Bedingungen (Potentiale, Institutionen, Interessen) jeweils im Rahmen eines traditionsbestimmten Selbstverständnisses interpretiert werden.

2

Diese Problematik ist erst seit ein oder zwei Generationen ins Bewußtsein getreten. Im 19. Jahrhundert konnte man der Auffassung sein, daß die Wissenschaften durch zwei getrennte Kanäle in die Lebenspraxis eindringen: einmal durch die technische Verwertung wissenschaftlicher Informationen und dann durch die individuellen Bildungsvorgänge des wissenschaftlichen Studiums. Ja, im deutschen Hochschulsystem, das auf die Reform Humboldts zurückgeht, halten wir bis heute an der Fiktion fest, daß die Wissenschaften ihre handlungsorientierende Kraft durch Bildungsprozesse innerhalb der Lebensgeschichte des einzelnen Studenten entfalten. Ich möchte zeigen, daß sich jene Intention, die Fichte als die »Umwandlung des Wissens in Werke« bezeichnet hat, heute nicht mehr in der Privatsphäre der Bildung, sondern nurmehr auf der politisch relevanten Ebene einer Übersetzung des technisch verwertbaren Wissens in dem Kontext unserer Lebenswelt einlösen läßt. Daran arbeitet gewiß auch die Literatur, aber in erster Linie stellt sich dieses Problem für die Wissenschaften selber.

An der Wende vom 18. zum 19. Jahrhundert, also zu Humboldts Zeiten, konnte man sich in einem auf Deutschland beschränkten Blickfeld noch keinen Begriff von einer möglichen Verwissenschaftlichung der äußeren Geschäfte bilden. Die Universitätsreformer brauchten deshalb mit der Tradition der praktischen Philosophie nicht ernstlich zu brechen. Die bei allen tiefgreifenden Revolutionen der politischen Ordnung gleichwohl durchgehaltenen Strukturen einer vorindustriellen Arbeitswelt gestatten damals sozusagen zum letzten Mal die klassische Auffassung des Verhältnisses von Theorie und Praxis: die in der Sphäre der gesellschaftlichen Arbeit verwendbaren technischen Fertigkeiten sind der theoretischen Anleitung unmittelbar nicht fähig; sie werden nach tradierten Mustern der Geschicklichkeit pragmatisch eingeübt. Die Theorie, die sich auf das unveränderliche Wesen der Dinge jenseits des veränderlichen Bereichs menschlicher Angelegenheiten bezieht, gewinnt nur dadurch Geltung in der Praxis, daß sie die Lebenshaltung der mit Theorie befaßten Menschen selbst prägt, ihnen aus dem Verständnis des Kosmos im ganzen auch Normen für das eigene Verhalten erschließt und so durch die Handlungen der philosophisch Gebildeten hindurch positive Gestalt annimmt. Eine andere Beziehung der Theorie zur Praxis hat die überlieferte Idee der Universitätsbildung nicht in sich aufgenommen; noch wo Schelling versucht, der Praxis des Arztes durch Naturphilosophie eine wissenschaftliche Basis gleichwohl zu geben, verwandelt sich ihm das medizinische Handwerk unversehens in eine medizinische Handlungslehre: der Arzt soll sich an den naturphilosophisch abgeleiteten Ideen nicht anders orientieren als das sittlich handelnde Subjekt an den Ideen der praktischen Vernunft.

Inzwischen ist jedem bekannt, daß die Verwissenschaftlichung der Medizin nur in dem Maße gelingt, in dem die pragmatische Kunstlehre des medizinischen Handwerks in eine erfahrungswissenschaftlich kontrollierte Verfügung über isolierte Naturprozesse umgewandelt werden kann. Das gilt in gleicher Weise für andere Bereiche der gesellschaftlichen Arbeit; ob es darum geht, die Gütererzeugung, Betriebsführung und Verwaltung oder den Bau von Werkzeugmaschinen, Straßen und Flugzeugen oder die Beeinflussung des Wahl-, Kauf- und Freizeitverhaltens zu rationalisieren, stets wird die entsprechende Berufspraxis die Form einer technischen Verfügung über vergegenständlichte Prozesse annehmen müssen.

Damals hat die Maxime, daß Wissenschaft bilde, eine strenge Trennung von Universität und Fachhochschule schon deshalb verlangt, weil sich die vorindustriellen Formen der Berufspraxis gegen theoretische Anleitung sperrten. Heute sind die Forschungsprozesse mit der technischen Umsetzung und der ökonomischen Auswertung, ist die Wissenschaft mit Produktion und Verwaltung im industriegesellschaftlichen System der Arbeit zusammengekoppelt: Anwendung der Wissenschaft in Technik und Rückanwendung der technischen Fortschritte in der Forschung sind zur Substanz der Arbeitswelt geworden. Eine unverändert starre Abwehr gegen die Zerstreuung der Universität in Spezialschulen kann sich unter diesen Umständen nicht mehr auf das alte Argument berufen. Die universitäre Form des Studiums soll heute gegen die Berufssphäre nicht etwa abschirmen, weil diese der Wissenschaft noch immer fremd wäre, sondern weil sich umgekehrt die Wissenschaft in dem Maße, in dem sie die Berufspraxis durchdrang, ihrerseits der Bildung entfremdet hat. Die philosophische Überzeugung des Deutschen Idealismus, daß Wissenschaft bilde, trifft auf die strikten Erfahrungswissenschaften nicht mehr zu. Einst konnte Theorie durch Bildung zur praktischen Gewalt werden; heute haben wir es mit Theorien zu tun, die sich unpraktisch, nämlich ohne auf das Handeln zusammenlebender Menschen untereinander ausdrücklich bezogen zu sein, zur technischen Gewalt entfalten können. Gewiß vermitteln die Wissenschaften jetzt ein spezifisches Können; aber das Verfügenkönnen, das sie lehren, ist nicht dasselbe Leben- und Handelnkönnen, das man vom wissenschaftlich Gebildeten damals erwartete.

Der Gebildete verfügte über Orientierung im Handeln. Universal war diese Bildung nur im Sinne der Universalität eines perspektivisch zusammengezogenen Horizonts von Welt, in dem wissenschaftliche Erfahrungen interpretiert und in praktische Fähigkeiten, nämlich in ein reflektiertes Bewußtsein von dem praktisch Notwendigen, umgesetzt werden konnten. Nun ist der Typ Erfahrung, der heute nach positivistischen Kriterien wissenschaftlich allein zugelassen wird, dieser Umsetzung in Praxis nicht fähig. Das Verfügenkönnen, das die empirischen Wissenschaften ermöglichen, ist mit der Potenz aufgeklärten Handelns nicht zu verwechseln. Ist aber deshalb Wissenschaft überhaupt von dieser Aufgabe einer Orientierung im Handeln dispensiert, oder stellt sich heute die Frage nach akademischer Bildung im Rahmen einer mit wissenschaftlichen Mitteln verwandelten Zivilisation von neuem als ein Problem der Wissenschaften selber?

Erst sind die Produktionsverfahren durch wissenschaftliche Methoden revolutioniert worden; dann wurden die Erwartungen des technisch richtigen Funktionierens auch auf gesellschaftliche Bereiche übertragen, die sich im Gefolge jener Industrialisierung der Arbeit verselbständigt haben und deshalb einer planmäßigen Organisation entgegenkommen. Die wissenschaftlich ermöglichte Gewalt technischer Verfügung über Natur wird heute auch auf die Gesellschaft direkt ausgedehnt; jedem isolierbaren gesellschaftlichen System, jedem verselbständigten kulturellen Bereich, dessen Beziehungen immanent unter einem vorausgesetzten Systemzweck analysiert werden können, wächst gleichsam eine neue sozialwissenschaftliche Disziplin nach. Im gleichen Maße verwandeln sich aber die wissenschaftlich gelösten Probleme der technischen Verfügung in ebensoviele Lebensprobleme: denn die wissenschaftliche Kontrolle natürlicher und gesellschaftlicher Prozesse, mit einem Wort: die Technologien, entbinden die Menschen nicht vom Handeln. Nach wie vor müssen Konflikte entschieden, Interessen durchgesetzt, Interpretationen gefunden werden – durch umgangssprachlich gebundene Handlungen und Verhandlungen gleichermaßen. Nur sind diese praktischen Fragen heute weithin durch das System unserer technischen Leistungen selber bestimmt.

Wenn aber Technik aus Wissenschaft hervorgeht, und ich meine die Technik der Beeinflussung menschlichen Verhaltens nicht weniger als die Beherrschung von Natur, dann verlangt das Einholen dieser Technik in die praktische Lebenswelt, das Zurückholen der technischen Verfügung partikularer Bereiche in die Kommunikation handelnder Menschen erst recht der wissenschaftlichen Reflexion. Der vorwissenschaftliche Horizont der Erfahrung wird infantil, wenn der Umgang mit den Produkten angespanntester Rationalität auf naive Weise in ihm eingelebt werden soll.

Freilich läßt sich Bildung dann nicht länger auf die ethische Dimension der persönlichen Haltung einschränken; in der politischen Dimension, um die es geht, muß vielmehr die theoretische Anleitung zum Handeln aus einem wissenschaftlich explizierten Weltverständnis folgen.

Das Verhältnis von technischem Fortschritt und sozialer Lebenswelt und die Übersetzung wissenschaftlicher Informationen ins praktische Bewußtsein ist keine Angelegenheit der privaten Bildung.

3

Statt dessen möchte ich dieses Problem im Bezugssystem der politischen Willensbildung noch einmal neu formulieren. Wir wollen im folgenden unter Technik die wissenschaftlich rationalisierte Verfügung über vergegenständlichte Prozesse verstehen; damit ist dann das System gemeint, in dem Forschung und Technik mit Ökonomie und Verwaltung rückgekoppelt sind. Ferner wollen wir unter »Demokratie« die institutionell gesicherten Formen einer allgemeinen und öffentlichen Kommunikation verstehen, die sich mit der praktischen Frage befaßt: wie die Menschen unter den objektiven Bedingungen ihrer immens erweiterten Verfügungsgewalt miteinander leben können und wollen. Unser Problem läßt sich dann als eine Frage nach dem Verhältnis von Technik und Demokratie stellen: wie kann die Gewalt technischer Verfügung in den Konsensus handelnder und verhandelnder Bürger zurückgeholt werden?

Ich möchte zunächst zwei einander entgegengesetzte Antworten diskutieren. Die erste Antwort können wir in groben Zügen der Marxschen Theorie entnehmen. Marx kritisiert ja den Zusammenhang der kapitalistischen Produktion in der Art einer Gewalt, die sich gegenüber der produzierenden Freiheit, gegenüber den Produzenten verselbständigt hat. Durch die private Form der Aneignung gesellschaftlich produzierter Güter gerät der technische Prozeß der Erzeugung von Gebrauchswerten unter das fremde Gesetz des ökonomischen Prozesses einer Erzeugung von Tauschwerten. Sobald wir diese Eigengesetzlichkeit der Akkumulation des Kapitals auf ihren Ursprung aus dem Privateigentum an Produktionsmitteln zurückführen, kann die Gattung den ökonomischen Zwang als ein entfremdetes Werk ihrer produzierenden Freiheit durchschauen und dann auch aufheben. Schließlich kann die Reproduktion des gesellschaftlichen Lebens als ein Prozeß der Erzeugung von Gebrauchswerten rational geplant werden: die Gesellschaft nimmt ihn technisch unter Kontrolle. Diese wird demokratisch nach dem Willen und der Einsicht der vereinigten Individuen ausgeübt. Dabei setzt Marx die praktische Einsicht einer politischen Öffentlichkeit mit einer erfolgreichen technischen Verfügung gleich. Inzwischen wissen wir, daß selbst eine gut funktionierende Planungsbürokratie (und die wissenschaftliche Kontrolle der Produktion von Gütern und Dienstleistungen) keine zureichende Bedingung ist für die Realisierung der vereinigten materiellen und ideellen Produktivkräfte im Genuß und in der Freiheit einer emanzipierten Gesellschaft. Marx hat nämlich nicht damit gerechnet, daß zwischen der wissenschaftlichen Kontrolle über die materiellen Lebensbedingungen und einer demokratischen Willensbildung auf allen Stufen eine Diskrepanz entstehen könnte – der philosophische Grund dafür, daß Sozialisten den autoritären Wohlfahrtsstaat, nämlich eine relative Sicherung des gesellschaftlichen Reichtums unter Ausschluß der politischen Freiheit, niemals erwartet haben.

Selbst wenn die technische Verfügung über die physischen und sozialen Bedingungen der Lebenserhaltung und Lebenserleichterung ein Ausmaß erreicht hätte, wie es etwa Marx für ein kommunistisches Stadium der Entwicklung annimmt, müßte damit nicht automatisch auch schon eine Emanzipation der Gesellschaft im Sinne der Aufklärung des 18. und der Junghegelianer des 19. Jahrhunderts verbunden sein. Denn die Techniken, mit denen die Entwicklung einer hochindustrialisierten Gesellschaft unter Kontrolle zu bringen wären, lassen sich nicht mehr nach dem Werkzeugmodell deuten, so nämlich, als würden für undiskutiert vorausgesetzte oder aber in Kommunikation geklärte Ziele geeignete Mittel organisiert.

Freyer und Schelsky haben ein Gegenmodell entworfen, in dem die Verselbständigung der Technik anerkannt wird. Gegenüber dem primitiven Zustand der technischen Entwicklung scheint sich heute das Verhältnis der Mittelorganisation für gegebene oder vorentworfene Zwecke umzukehren. Aus einem immanenten Gesetzen gehorchenden Prozeß von Forschung und Technik fallen sozusagen ungeplant die neuen Methoden heraus, für die wir dann erst Verwendungszwecke finden. Uns wächst durch einen automatisch gewordenen Fortschritt, so heißt Freyers These, in immer neuen Schüben abstraktes Können zu; dessen müssen sich Lebensinteressen und sinnstiftende Phantasie erst nachträglich bemächtigen, um es für konkrete Ziele auszuschöpfen. Schelsky verschärft und vereinfacht diese These dahin, daß der technische Fortschritt zusammen mit den unvorhergesehenen Methoden auch noch die ungeplanten Verwendungszwecke selber produziert: die technischen Möglichkeiten erzwingen zugleich ihre praktische Auswertung. Er vertritt diese These insbesondere mit dem Blick auf die hochkomplizierten Sachgesetzlichkeiten, die bei politischen Aufgaben angeblich alternativlose Lösungen vorschreiben: »anstelle der politischen Normen und Gesetze (treten) Sachgesetzlichkeiten der wissenschaftlich-technischen Zivilisation, die nicht als politische Entscheidungen setzbar und als Gesinnungs- oder Weltanschauungsnormen verstehbar sind. Damit verliert auch die Idee der Demokratie sozusagen ihre klassische Substanz: an die Stelle eines politischen Volkswillens tritt die Sachgesetzlichkeit, die der Mensch als Wissenschaft und Arbeit selbst produziert.« Gegenüber dem autonom gewordenen System von Forschung, Technik, Ökonomie und Verwaltung scheint die vom neuhumanistischen Bildungsanspruch inspirierte Frage nach der möglichen Souveränität der Gesellschaft über die technischen Lebensbedingungen, die Frage nach deren Integration in die Praxis der Lebenswelt, hoffnungslos veraltet. Derlei Ideen taugen im technischen Staat bestenfalls zu »Motivmanipulationen für das, was unter sachlich notwendigen Gesichtspunkten sowieso geschieht«.

Es liegt auf der Hand, daß diese These von der Eigengesetzlichkeit des technischen Fortschritts nicht stimmt. Die Richtung des technischen Fortschritts hängt heute in hohem Maße von öffentlichen Investitionen ab: in den USA sind das Verteidigungsministerium und die Raumfahrtbehörde die beiden größten Auftraggeber der Forschung. Ich vermute, daß in der Sowjetunion die Lage ähnlich ist. Die Behauptung, daß sich die politisch folgenreichen Entscheidungen in den Vollzug des immanenten Sachzwangs verfügbarer Techniken auflösen und daß sie deshalb zum Thema praktischer Überlegungen gar nicht mehr gemacht werden können, dient am Ende bloß dazu, naturwüchsige Interessen und vorwissenschaftliche Dezisionen zu verschleiern. Sowenig wie die optimistische Annahme einer Konvergenz von Technik und Demokratie, sowenig stimmt auch die pessimistische Behauptung, als sei Demokratie durch Technik ausgeschlossen.

Die beiden Antworten auf die Frage: wie die Gewalt technischer Verfügung in den Konsensus handelnder und verhandelnder Bürger zurückgeholt werden kann, sind unbefriedigend. Keine der beiden Antworten kann das Problem, das sich uns in West und Ost objektiv stellt, angemessen entfalten: wie wir den Versuch unternehmen können, die naturwüchsigen Beziehungen zwischen technischem Fortschritt und sozialer Lebenswelt unter Kontrolle zu bringen. Die schon von Marx diagnostizierten Spannungen zwischen produktiven Kräften und gesellschaftlichen Institutionen, deren Explosivität im Zeitalter thermonuklearer Waffen auf unvorhergesehene Weise angewachsen ist, verdanken sich einem ironischen Verhältnis der Technik zur Praxis. Die Richtung des technischen Fortschritts ist heute noch weithin durch gesellschaftliche Interessen bestimmt, die naturwüchsig aus dem Zwang zur Reproduktion des gesellschaftlichen Lebens hervorgehen, ohne als solche reflektiert und mit dem erklärten politischen Selbstverständnis der sozialen Gruppe konfrontiert zu werden; infolgedessen bricht neues technisches Können unvorbereitet in bestehende Formen der Lebenspraxis ein; neue Potentiale einer erweiterten technischen Verfügungsgewalt machen das Mißverhältnis zwischen Ergebnissen angespanntester Rationalität und unreflektierten Zielen, erstarrten Wertsystemen, hinfälligen Ideologien offenbar.

Heute muß in den beiden industriell fortgeschrittensten Systemen der energische Versuch unternommen werden, eine bisher naturgeschichtlich sich durchsetzende Vermittlung des technischen Fortschritts mit der Lebenspraxis großer Industriegesellschaften bewußt in Regie zu nehmen. Hier ist nicht der Ort, um die sozialen, ökonomischen und politischen Bedingungen zu diskutieren, von denen eine langfristige zentrale Forschungspolitik abhängen müßte. Abschließend möchte ich mich darauf beschränken, einige Bemerkungen zur Methodologie einer solchen Planung zu machen. Denn auf politischer Ebene stellt sich hier die Aufgabe eines Übersetzungsprozesses, der dem zwischen Wissenschaft und Literatur analog ist. Die Diskussion einer langfristigen Forschungspolitik müßte sich unaufhebbar innerhalb eines Zirkels bewegen: nur in dem Maße, als wir in Kenntnis des technischen Könnens unseren historisch bestimmten Willen an der gegebenen Lage orientieren, können wir auch umgekehrt wissen, in welcher Richtung wir in Zukunft unser technisches Können erweitern wollen. Ich möchte diese Dialektik von aufgeklärtem Wollen und selbstbewußtem Können, in der Technik und Demokratie allein zu versöhnen wären, erläutern, indem ich drei Modelle vorführe. Das sind Modelle für eine mögliche Kommunikation zwischen den Wissenschaften, die das technisch verwertbare Wissen monopolisieren, und den Instanzen der politischen Entscheidung, die eine wachsende Gewalt technischer Verfügung mit den Bedürfnissen der sozialen Lebenswelt integrieren sollen. Diese Modelle für das mögliche Verhältnis von Wissenschaft und Politik nenne ich das dezisionistische, das technokratische und das pragmatistische.

4

Max Weber hat im Gefolge einer Tradition, die auf Hobbes zurückgeht, für das Verhältnis von Fachwissen und politischer Praxis klare Definitionen gefunden. Seine berühmte Konfrontation der Beamtenherrschaft mit dem politischen Führertum dient der strikten Trennung zwischen den Funktionen des Sachverständigen und des Politikers. Dieser bedient sich des technischen Wissens; aber die Praxis von Selbstbehauptung und Herrschaft verlangt darüber hinaus die interessierte Durchsetzung eines dezidierten Willens. In letzter Instanz kann sich das politische Handeln nicht rational begründen, es realisiert vielmehr eine Entscheidung zwischen konkurrierenden Wertordnungen und Glaubensmächten, die zwingender Argumente entraten und einer verbindlichen Diskussion unzugänglich bleiben. Sosehr der Sachverstand des Fachmannes die Techniken rationaler Verwaltung und militärischer Sicherung bestimmen und somit auch die Mittel der politischen Praxis nach wissenschaftlichen Regeln erzwingen kann, so wenig kann die praktische Entscheidung in konkreter Lage durch Vernunft zureichend legitimiert werden. Gerade die Rationalität der Mittelwahl geht zusammen mit der erklärten Irrationalität der Stellungnahme zu Werten, Zielen und Bedürfnissen. Erst die komplette Arbeitsteilung zwischen den sachlich informierten und technisch geschulten Generalstäben der Bürokratie und des Militärs auf der einen, den machtinstinktiven und willensintensiven Führern auf der anderen Seite soll eine Verwissenschaftlichung der Politik ermöglichen.

Max Weber hat damit ein dezisionistisches Modell entworfen; das war zur Zeit des Ersten Weltkrieges. Wir fragen uns, ob es auch heute noch plausibel Geltung beanspruchen darf. Systemforschung und vor allem Entscheidungstheorie stellen für die politische Praxis nicht etwa nur neue Technologien bereit und verbessern somit die herkömmlichen Instrumente; sondern durch berechnete Strategien und Entscheidungsautomatiken scheinen sie die Wahl als solche zu rationalisieren und den Sachzwang der Spezialisten gegen die Dezision der Führer durchzusetzen. Im Gefolge einer Tradition, die über St. Simon bis Bacon zurückreicht, will man daher heute die dezisionistische Bestimmung des Verhältnisses von Fachwissen und politischer Praxis zugunsten eines technokratischen Modells preisgeben. Das Abhängigkeitsverhältnis des Fachmannes vom Politiker scheint sich umgekehrt zu haben – dieser wird zum Vollzugsorgan einer wissenschaftlichen Intelligenz, die unter konkreten Umständen den Sachzwang der verfügbaren Techniken und Hilfsquellen sowie die optimalen Strategien und Steuerungsvorschriften entwickelt. Wenn es möglich ist, die Entscheidung praktischer Fragen als eine Wahl in Situationen der Unsicherheit so zu rationalisieren, daß die Entscheidungsproblematik schrittweise abgebaut wird, dann bleibt in der Tat dem Politiker im technischen Staat nur mehr eine fiktive Entscheidungstätigkeit. Allenfalls wäre er so etwas wie der Lückenbüßer einer noch unvollkommenen Rationalisierung der Herrschaft, wobei die Initiative ohnehin auf wissenschaftliche Analyse und technische Planung übergangen ist. Der Staat scheint nicht länger ein Apparat zur gewaltsamen Durchsetzung prinzipiell unbegründbarer, nur dezisionistisch vertretener Interessen zu bleiben, sondern Organ einer durchgängig rationalen Verwaltung zu werden.

Aber die Schwächen dieses technokratischen Modells liegen auf der Hand. Einerseits unterstellt es einen immanenten Zwang des technischen Fortschritts so, als wäre dieser unabhängig von den in ihm wirksamen gesellschaftlichen Interessen; zum anderen setzt das Modell ein Kontinuum der Rationalität in der Behandlung technischer und praktischer Fragen voraus, das es nicht geben kann. Auch die neuen Verfahren bringen nämlich die mit der Entscheidung praktischer Fragen verknüpfte Problematik keineswegs ohne Rest zum Verschwinden. Über die Wahl von »Wertsystemen« können wir im Rahmen der Forschungen, die unsere technische Verfügungsgewalt erweitern, keine zwingenden Aussagen machen. Entweder finden sich andere als die streng erfahrungswissenschaftlichen Methoden, um die mit Technologien und Strategien nicht restlos zu beantwortenden praktischen Fragen gleichwohl zu klären; oder solche Fragen wären überhaupt nicht mit Gründen zu entscheiden, dann müßten wir aber zum dezisionistischen Modell zurückkehren. Man könnte etwa zugeben, daß der Spielraum der puren Dezisionen in dem Maße eingeschränkt worden ist, in dem der Politiker über ein vervielfachtes und verfeinertes Arsenal technologischer Mittel verfügen und der strategischen Entscheidungshilfen sich bedienen kann. Aber innerhalb dieses verringerten Spielraums wäre nun erst recht die Problematik politischer Entscheidungen bis auf den Kern abgebaut, der schlechterdings nicht weiter rationalisiert werden kann. Die ins Extrem getriebene Kalkulation der Entscheidungshilfen scheint die Entscheidung selber auf reine Dezision zurückzuführen, von allen Elementen also zu reinigen, die noch irgend der verbindlichen Reflexion für zugänglich gehalten werden.

In diesem Punkt hat indessen auch das erweiterte dezisionistische Modell nichts von seiner ursprünglichen Fragwürdigkeit verloren. Offensichtlich besteht zwischen Werten, die aus Interessenlagen hervorgehen, einerseits, und den Techniken, die zur Befriedigung wertorientierter Bedürfnisse verwendet werden können, andererseits, ein Wechselverhältnis. Wenn sogenannte Werte ihren Zusammenhang mit einer technisch geeigneten Befriedigung realer Bedürfnisse auf die Dauer einbüßen, werden sie funktionslos und sterben als Ideologien ab; umgekehrt können sich mit neuen Techniken aus veränderten Interessenlagen neue Wertsysteme bilden. Beispielsweise ändern sich unsere Maßstäbe für ein hygienisch einwandfreies Leben; es bilden sich neue hygienische Bedürfnisse im Verhältnis zu Fortschritten der medizinischen Forschung. Es ist sehr wohl möglich, daß der Einsatz stetig vermehrter und verbesserter Techniken nicht nur an undiskutierte Wertorientierungen gebunden bleibt, sondern seinerseits auch die tradierten Werte einer gleichsam pragmatischen Bewährungsprobe unterzieht. Es war die große Entdeckung des Pragmatismus, auf einer solchen Prüfung und somit rationalen Erörterung der Beziehung zwischen verfügbaren Techniken und praktischen Entscheidungen, die in der dezisionistischen Betrachtung ganz ignoriert wird, zu bestehen.

Anstelle einer strikten Trennung zwischen der Funktion des Sachverständigen und des Politikers tritt im pragmatischen Modell gerade ein kritisches Wechselverhältnis. Weder ist der Fachmann, wie im technokratischen Modell es vorgestellt wird, souverän geworden gegenüber den Politikern, die dem Sachzwang unterworfen sind und nur noch fiktiv entscheiden; noch behalten die Politiker, wie im dezisionistischen Modell, außerhalb der zwingend rationalisierten Bereiche ein Reservat, in dem praktische Fragen allein durch Willensakte entschieden werden müßten. Es ließe sich im einzelnen zeigen, daß Politikberatung in einem Prozeß der Übersetzung von praktischen Fragen in wissenschaftliche Probleme und umgekehrt von technischen Lösungen in praktisch befriedigende Antworten besteht. Die Bedürfnisse der Lebenspraxis werden erst durch eine Prüfung an den technischen Möglichkeiten und den zu ihrer Befriedigung verfügbaren Instrumenten artikuliert und strenger formuliert; grundsätzlich können die Interpretationen der Bedürfnisse als unrealisierbar daran auch scheitern. Umgekehrt wird die Richtung des Forschungsprozesses und die Erzeugung technischer Empfehlungen natürlich auch von den praktischen Fragen, die der Politiker in problematischen Lagen stellt und lösen möchte, gesteuert. So entfaltet sich in der Diskussion zwischen Wissenschaftlern und Politikern eine Dialektik von Können und Wollen, eine wechselseitige Aufklärung von technischem Wissen und von praktischem Bewußtsein. Diese Übersetzung von technisch verwertbaren Informationen in das praktische Bewußtsein einer sozialen Lebenswelt müßte in großem Maßstab institutionalisiert werden, wenn wir im Rahmen einer langfristigen Forschungspolitik den technischen Fortschritt aus dem Zusammenhang naturwüchsiger Interessen herauslösen und den realen Bedürfnissen der Gesellschaft anpassen wollten. Dies ist die eigentliche Übersetzung, die zwischen jenen beiden Kulturen Huxleys nötig und möglich ist.

Dieser Prozeß der Übersetzung wäre nicht von der politischen Öffentlichkeit abzutrennen. Denn die Kommunikation zwischen den Sachverständigen und den Instanzen der politischen Entscheidung muß ja an die gesellschaftlichen Interessen und die Wertorientierungen, also an das Selbstverständnis einer gegebenen sozialen Lebenswelt anknüpfen. Sie kann sich nicht absperren gegen eine Kommunikation, die vorwissenschaftlich immer schon im Gang ist. Der technische Fortschritt würde erst dann aufhören, als eine naturgeschichtliche Kraft gleichsam von außen in die soziale Lebenswelt einzubrechen, das technisch verwertbare Wissen könnte erst dann in das hermeneutisch explizierte Selbstverständnis einer gegebenen Situation wirklich aufgenommen werden, wenn unter den Bedingungen einer politisch fungierenden Öffentlichkeit die Beteiligung aller die Gewähr dafür bieten würde: daß sich der Wille die Aufklärung verschafft hat, die er tatsächlich will, und daß zugleich die mögliche Aufklärung den Willen soweit durchdrungen hat, wie sie es unter den gegebenen, den gewollten und den machbaren Umständen irgend vermag.

Arnold Buchholz
Die »zwei Kulturen« in entwicklungsgeschichtlicher Sicht

Es gehört zu den Merkwürdigkeiten unserer Zeit, daß im Westen das Gefühl für entwicklungsgeschichtliches Denken fast ganz verlorengegangen ist, während im Osten alle Vorgänge in einer dogmatisierten Form des Geschichtsdeterminismus gedeutet werden. Beide Einstellungen aber blockieren den Zugang zu entscheidenden Problemen der Gegenwart, so daß zwischen diesen radikal verschiedenen Betrachtungsweisen ein neuer Durchbruch notwendig erscheint.

Der Ansatz für die entwicklungsgeschichtliche Deutung unseres Zeitgeschehens – und damit auch des Phänomens der »zwei Kulturen« – wird darin gesehen, daß die Primärfaktoren der stürmischen Weltveränderung durch die naturwissenschaftlich-technische Betätigung hervorgebracht werden und daß es sich dabei offenbar um kein rein willkürliches Geschehen handelt. Je eingehender man die Geschichte gerade der großen wissenschaftlichen und technischen Errungenschaften untersucht, um so mehr sieht man, wie die Ergebnisse durch eine Vielzahl anderer Forschungen vorbereitet und eingegabelt werden, bis die Zeit für die Entdeckung »reif« wurde, wie man sagt. Die große Zahl der Mehrfachentdeckungen und Mehrfacherfindungen ist ein wichtiges Indiz dafür, daß die Eigendetermination im naturwissenschaftlich-technischen Bereich trotz aller Spontaneitäten erheblich größer ist, als gemeinhin angenommen wird. Wichtig in diesem Zusammenhang ist auch die Erkenntnis, daß unser zivilisatorischer Grundprozeß von niemandem bewußt geplant worden ist, sondern durch die hochspezialisierte Tätigkeit hunderttausender von Wissenschaftlern und Technikern, durch oft überraschende Wechselwirkungen zwischen den Forschungsergebnissen und durch die gewaltige Vervielfältigung technischer Produkte in der Wirtschaft zu einem lawinenartigen Geschehen geworden ist. Obwohl an diesem Prozeß alle in irgendeiner Weise mitwirken, rollt er dennoch gleichsam über unseren Köpfen ab und reißt uns wie ein Strudel mit.

Dieses Phänomen der Beschleunigung unserer Entwicklung hat eine grundlegende Bedeutung für das Verständnis und die rechte Einstellung zu den Problemen der Gegenwart. Betrachtet man zum Beispiel die Kurve der Bevölkerungsentwicklung, so sieht man, wie sie über Jahrtausende ganz flach verläuft, im 18. Jahrhundert langsam ansteigt und im 20. Jahrhundert steil in die Höhe schießt. In ähnlicher Weise kann man solche Beschleunigungskurven für alle nur erdenklichen Bereiche unserer zivilisatorischen Welt aufzeigen. Man muß sich diesen fundamentalen Umbruch in der Menschheitsgeschichte immer wieder plastisch vor Augen führen, um die Größenordnung und die Neuartigkeit unseres heutigen Weltgeschehens zu erkennen. Vor allem gewinnt man erst in einer solchen Sicht ein Gefühl dafür, daß in diesem Prozeß Erfahrungen und Strukturen der Vergangenheit eines Tages hinfällig werden können und neue Lebensformen sich herausbilden.

Wie ohnmächtig wir im Grunde gegenüber diesem von uns selbst hervorgebrachten Geschehen sind, wird deutlich, wenn man die Forderung erheben wollte, diesen Prozeß »anzuhalten«. Theoretisch wäre es zwar denkbar, daß die Menschen von einem Tag zum anderen die Beschäftigung mit der Wissenschaft einstellen, aber beim Gedanken an die Praxis wird man hierin sofort eine Illusion sehen. Der springende Punkt liegt eben darin, daß der Mensch durch die Wissenschaft trotz mancher unerwünschten Nebenwirkungen Voraussetzungen für eine Lebensweise hervorbringen kann, die ihm höchst angenehm und wünschenswert ist und auf welche vielleicht ein Einzelgänger, nicht aber die Masse der Menschen verzichten möchte. Im Gegenteil, man fühlt sich verpflichtet, im Bunde mit der Wissenschaft die Menschheit von der noch hinreichend vorhandenen materiellen Not, von Krankheiten und Unwissenheit zu befreien. Hierfür aber zeichnen sich beim Blick auf die Leistungsfähigkeit der modernen Wissenschaft in der Tat großartige Perspektiven ab. Es gibt heute Dutzende von Büchern und Hunderte von Studien über die Zukunftsperspektiven einzelner Wissenschaftsdisziplinen, aus denen auch bei kritischen Vorbehalten summarisch entnommen werden kann, daß durch immer billiger werdende Energiegewinnung, durch fortschreitende Automatisation und durch neue wissenschaftliche Errungenschaften die Menschen immer mehr Produkte und Möglichkeiten für die Erleichterung und Verbesserung ihrer Lebensverhältnisse in die Hand bekommen.

Auf der anderen Seite ist leicht einzusehen, daß die Entwicklung mit jener Beschleunigung, wie wir sie heute sehen, nicht in alle Ewigkeit weiterlaufen kann. Auch wenn eine Globalkatastrophe vermieden wird, muß man über kurz oder lang mit einem Umschlag der Beschleunigungskurven rechnen. Für die Bevölkerungsentwicklung würde sich bei gleichbleibender Zuwachsrate zum Beispiel die Konsequenz ergeben, daß in tausend Jahren auf der Fläche einer Buchseite 40 Menschen übereinandergeschichtet werden müßten, so daß bestimmte Grenzwerte in einer geschichtlich kurzen Zeit ins Blickfeld kommen. Es läßt sich ferner zeigen, daß das Bruttosozialprodukt in allen Ländern, in denen der naturwissenschaftlich-technische Prozeß angelaufen ist, bedeutend schneller wächst als die Bevölkerung. Aus diesem Grunde ist zu erwarten, daß eines Tages eine weitgehende Sättigung der Bevölkerung mit den für das Leben notwendigen Bedarfsgütern eintritt. Zwar meint man, daß der Mensch nie genug bekommen könne, jedoch ist zu prüfen, ob es sich hierbei nicht um ein Vorurteil handelt. Zumindest gibt es heute bereits in allen hochindustrialisierten Ländern eine symptomatische Protestbewegung gegen den Überkonsum. Ferner kann mit einer fortschreitenden Automatisierung aller Produktionsprozesse und zunehmenden Rationalisierung aller Außenweltbeziehungen gerechnet werden, wodurch ein ständiges Anwachsen der Freizeit zu erwarten ist. Betrachtet man die Grenzen des Bevölkerungswachstums, die zunehmende materielle Bedürfniserfüllung und die Rationalisierung im Zusammenhang, so zeichnet sich für die »technische Kultur« in weiterer Perspektive eine fortschreitende Funktionalisierung der »Außenwelt« ab. Ein funktionales System ist zwar durchaus dynamisch, beinhaltet aber zugleich in seinem übergeordneten Sinne eine bestimmte Statik, da nichts wirklich Neues geschieht.

Gegen eine solche idealtypische Vorstellung von einer künftigen funktional-statischen Welt wehrt sich unser heutiges Empfinden. Man sträubt sich hier gegen den unhistorischen Gedanken vom »Ende der Geschichte«, man fürchtet eine total organisierte Welt, in welcher die Menschen nur Anhängsel von Automaten sind, man bezweifelt, daß die materiellen Bedürfnisse des Menschen jemals befriedigt werden können.

Gegenüber diesen naheliegenden Bedenken muß allerdings die Gegenfrage erwogen werden, ob oder inwieweit wir uns einer fortschreitenden Rationalisierung der Außenweltbeziehungen überhaupt entziehen können. Zunächst ist natürlich an die Möglichkeit zu denken, daß auf der Grundlage der »technischen Kultur« eine Katastrophe ausgelöst wird, welche alle Zukunftsüberlegungen gegenstandslos macht. Will man aber eine solche Katastrophe verhindern, so wird man »gezwungen«, sich um eine Stabilisierung des Friedens in der Welt zu bemühen. Dabei gilt es zu erkennen, daß die Formulierung vom Frieden als »Lebensbedingung des technischen Zeitalters« mehr als ein Schlagwort ist. Erst wenn man sich bemüht, den Gedanken des Friedens ernst zu nehmen und zu Ende zu denken, wird man die damit verbundenen Konsequenzen erfassen oder erahnen. Gelingt die Verhinderung der Katastrophe und die Sicherung des Weltfriedens, so kommt man bei den »Angeboten« der fortschreitenden Technik zwangsläufig zu einer immer funktionalistischer und damit auch statischer werdenden »Außenwelt«.

Die große Frage lautet freilich, ob der Mensch sich in eine solche rationalisierte Welt einfügen kann und wie er geistig mit ihr fertig werden soll. Bei Diskussionen über die geistig-seelischen Zukunftsprobleme des Menschen wird sehr bald der naheliegende Gedanke entwickelt, daß eine perfektionierte Außenwelt eine unerträgliche Langeweile im Gefolge haben würde. Der Mensch wüßte mit seiner Freizeit nichts mehr anzufangen und würde sich in eine belanglose Betriebsamkeit flüchten. Vielleicht würden auch unkontrollierte Fehlhandlungen in massierter Form aus ihm hervorbrechen. Dies wiederum könnte dirigistische Maßnahmen und eine Zwangsorganisation zur Folge haben.

Alle diese Bedenken müssen gebührend ernst genommen werden, zumal es auch in der Praxis Anzeichen für solche Entwicklungen gibt. Dennoch handelt es sich hierbei offenbar, ähnlich wie bei den Horror-Utopien, um eine verengte Sicht des Menschen und eine unvermittelte Übertragung von Vorstellungen unserer heutigen Empfindungswelt in die Zukunft. Je mehr man sich jedoch bemüht, die existentiellen Möglichkeiten des Menschen allseitig in den Blick zu bekommen, um so eher werden auch die gefährlichen Perspektiven durch Korrektive eingegrenzt. Ferner sei hinzugefügt, daß diejenigen, welche eine fortschreitende Rationalisierung der Außenbeziehung des Menschen ins Auge fassen, sich weitgehend darüber einig sind, daß der Sinn einer solchen Entwicklung nur darin liegen kann, den Menschen von unnötigem Ballast zu befreien, um seine besten Eigenschaften zur Entfaltung zu bringen. Es eröffnet sich die Perspektive, daß die Außenwelt durch ihre funktionale Optimierung immer mehr an Bedeutung verliert und dadurch erst die ganze existentielle Kapazität des Menschen freigesetzt werden kann. Eine Welt des Friedens würde also immer mehr die

Möglichkeit eröffnen, daß der Mensch durch die Befreiung vom Druck der Außenwelt zu seinem wahren Wesen findet.

Für das Problem, was unter den existentiellen Entfaltungsmöglichkeiten zu verstehen ist, wird eine interessante Grenzlinie sichtbar, wenn man die Frage prüft, welche Bereiche des Menschen der Mathematisierung und Rationalisierung zugänglich sind und welche nicht.

G. Frey ist dieser Frage in einem Buch mit dem Titel ›Die Mathematisierung unserer Welt‹ (1967) nachgegangen, wobei er zu dem Ergebnis kommt, daß alles mathematisierbar oder formalisierbar ist, was objektiviert werden kann. Hierzu gehört alles, was zu einer konstruktiven Wissenschaft gemacht werden kann. Als nicht objektivierbar hebt er dagegen insbesondere den schöpferischen Akt und damit auch die Normsetzung des Menschen hervor.

Hat man allerdings Normen gefunden und festgelegt, so lassen sich auch diese objektivieren und zur Grundlage mathematisch kalkulierbarer Entscheidungen machen, so daß in der »Außenwelt« ein immer dauerhafteres Gefüge von Normen entstehen kann. Kombiniert man diesen Gedanken mit der Vorstellung des immer statischer werdenden Weltbildes, so zeichnet sich die Zukunftsperspektive ab, daß die Ethik immer mehr in das rationalistische Gefüge übergeht, während Religiosität wieder mystischer und ekstatischer wird. Es scheint also, daß sich durch die Mathematisierung und Formalisierung aller objektivierbaren Lebensbereiche eine neue Grenzlinie in der Konstitution des Menschen abzeichnet, nachdem die traditionelle Grenze zwischen Natur- und Geisteswissenschaften nicht mehr aufrechterhalten werden kann. Der Mensch wäre danach eingebunden in eine immer rationaler werdende »Außenwelt«, welche zugleich die Voraussetzung für eine fortschreitende Öffnung der »Innenwelt« oder Existenz des Menschen ist.

Legt man sich die Frage vor, welche konkreten Möglichkeiten bei Abnahme des Drucks der Außenwelt für die Entfaltung des existentiellen Bereichs gegeben sind, so muß zunächst beachtet werden, daß bei diesen Überlegungen größte Vorsicht angebracht ist, da sich die Menschheit noch nie in einer solchen Situation befunden hat. Zwar hat jeder Einzelmensch Erfahrungen in der Gefühlswelt, und es gibt viele Menschen, welche sich nahezu alle materiellen Wünsche erfüllen könnten. Dennoch stehen diese Gefühlslagen in der Spannung zu einer Welt, die sich tiefgreifend von dem unterscheidet, was eine Welt des Friedens darstellen kann, so daß die Übertragung unserer heutigen Empfindungen in die Zukunft unzulänglich sein muß. Andererseits aber haben wir keine andere Möglichkeit, als von unserer heutigen Erfahrungswelt auszugehen.

Ein Blinder, der sich im Innenraum des Menschen sicher in besonderer Weise auskennt, hat gesagt, es gäbe nur drei Dinge, welche im Leben wichtig sind: Arbeit, Liebe und Glauben. In der Tat scheinen damit die Hauptkomponenten einer konstitutiven Achsialstruktur des Menschen gekennzeichnet zu sein. Dementsprechend sollen nachstehende drei große Beziehungsrichtungen des Menschen kurz anvisiert werden: Das Verhältnis zur Arbeitswelt, zum Mitmenschen und zur Transzendenz.

Auch wenn in den vorangegangenen Ausführungen das idealtypische Bild einer total perfektionierten »Außenwelt« entwickelt wurde, so steht natürlich außer Zweifel, daß der Mensch auch weiterhin von ihr geformt wird und daß er gestaltend auf sie einwirken muß. Praktisch bedeutet dies, daß die Fortschritte von Naturwissenschaft und Technik auch immer neue Möglichkeiten eröffnen, deren Verwirklichung sinnvoll ist. Automatisiert man alles, was automatisierbar ist, so bleiben auf jeden Fall genügend Aufgaben, die erfüllt werden müssen, um ein »optimales« Leben der Menschen zu gewährleisten. Dabei ist es durchaus möglich, daß die vorläufig auf materielle Verbesserungen gerichteten Tätigkeiten sich immer mehr jenen Aufgaben zuwenden, welche der existentiellen Entfaltung des Menschen in einer unmittelbaren Weise dienen.

Ein anderer Bereich bezieht sich auf das Verhältnis zum Mitmenschen. Wer sich darüber klar ist, wie schwer es ist, einen seelischen Durchbruch zum Mitmenschen zu vollziehen, wird erahnen, welche Aufgaben und Möglichkeiten hier noch bevorstehen. Die Probleme beginnen damit, daß der seelische Kontakt nicht zwischen beliebigen Menschen zur vollen Entfaltung gebracht werden kann. Hier ließen sich die Möglichkeiten erweitern, Menschen zusammenfinden zu lassen, die eine tiefere Bindung zueinander entwickeln können. Eine Voraussetzung hierfür wäre zum Beispiel eine gründliche Erforschung des Problems der zwischenmenschlichen Bindung und dementsprechend eine rationalisierte Vergrößerung der Wahlmöglichkeiten zwischen geeigneten Partnern. Dabei ist nicht nur an die Ehe, sondern auch an Freundschaften zu denken. Ist der einzelne aber durch mitmenschliche Kommunikation wirklich aufgeschlossen worden, so gewinnt er auch eine andere Einstellung zum Menschen allgemein, so daß dadurch die ganze Ebene der zwischenmenschlichen Beziehungen angehoben werden könnte. Nicht weniger wichtig ist freilich der sozialpolitische Ansatz, der darauf abzielt, die sozialen und konventionellen Schranken zwischen den Menschen abzubauen. Ziel solcher Bestrebungen ist dabei weniger eine bestimmte Organisationsform der Gesellschaft als die Herausbildung einer Haltung, in welcher sich die Menschen grundsätzlich als gleichrangig betrachten und sich für die weniger Befähigten einsetzen.

Es wäre allerdings eine Verkennung des Menschen, wollte man ihn ganz in der Hinwendung zum Mitmenschen ausgerichtet sehen. Der Mensch braucht auch die Abgrenzung, die Zurückgezogenheit auf sich selbst, die Einsamkeit. Er hat, wie Kant es zum Ausdruck brachte, eine gesellig-ungesellige Natur. Dieses Bedürfnis nach Abgrenzung aber steht wiederum in enger Beziehung zu einem weiteren Bereich, der als das Verhältnis des Menschen zur Transzendenz gekennzeichnet werden kann. Es geht dabei um die großen Fragen nach Sinn und Ziel des Lebens, um das Leiden und um das Verhältnis des Menschen zum Tode. Auch wenn diese Fragen die ganze Menschheitsgeschichte begleiten, so ist bei einer Suche nach einer Antwort der einzelne letzten Endes immer wieder auf sich selbst zurückgeworfen und kann nur hoffen, daß er einen festen Stand findet. Es besteht natürlich die Versuchung, sich auch in diesem Bereich mit geistigen Vorgriffen zu versuchen. Wenn man jedoch weiß, daß es sich hierbei um eine Dimension handelt, welche für grundlegende Einsichten nicht direkt verfügbar ist, so erscheint Zurückhaltung angebracht, um den Blick für echte Neuerungen nicht vorzeitig zu verstellen.

Andererseits deutet manches darauf hin, daß sich gerade in diesem Bereich die für das Weltbild des Friedens entscheidenden Entwicklungen vollziehen werden. Viele Kulturphilosophen haben darauf hingewiesen, daß die moralische Entwicklung mit den Fortschritten von Naturwissenschaft und Technik nicht Schritt gehalten hat, so daß – wie Max Bense einmal sagte – das große ethische Ereignis seit der Renaissance ausgeblieben ist. Wenn man es jedoch für möglich hält, daß unsere »Außenwelt« eines Tages eine gewisse Stabilisierung erfährt, so ist es naheliegend, daß damit große menschliche Kapazitäten freigesetzt werden können für die Hinwendung zu jenen Bereichen, die lange Zeit eine unzulängliche Entwicklung erfahren haben. Dabei ist es möglich, daß die auf die Transzendenz gerichtete

Komponente des Menschen neue Ausformungen erfährt. Es möge genügen, jene Probleme zu bedenken, welche sich aus der Indifferenz großer Teile der Menschheit gegenüber dem traditionellen Glauben, der Vielzahl der Religionen und dem existentiellen Atheismus ergeben, um ein Gefühl für die Größenordnung jenes Bereiches zu gewinnen, der der Erschließung harrt und trotz seiner Unausgefülltheit mit den rechten Proportionen in alle Zukunftsüberlegungen einbezogen werden muß.

Angedeutet sei ferner die Überlegung, daß unter den Bedingungen des Friedens auch das Problem der Wahrheit und des schlechthin richtigen Lebens in neuer Form auf uns zukommen dürfte. Während für eine sich rasch wandelnde und nur in kleinen Ausschnitten überschaubare Welt eine perspektivistische und damit relativistische Wahrheitsauffassung durchaus adäquat erscheint, stellt sich unter den Bedingungen einer fortschreitenden Stabilisierung der »Außenwelt« die Problematik anders. Es ist anzunehmen, daß der Mensch dann in neuer Weise mit dem Absoluten eins werden oder sich ihm nähern will.

Eine besondere Bedeutung als Bindeglied zwischen Innen- und Außenwelt des Menschen dürfte der Kunst zukommen. Bereits in der heutigen Kunst ist die Tendenz unverkennbar, die »Entfremdung« zwischen Kunst und Leben aufzuheben. Man will Kunst nicht mehr als ein »Gegenüber« betrachten, das an der Wand hängt oder auf einer »Guckkasten-Bühne« zu sehen ist, sondern strebt danach, Kunst und Wirklichkeit in neuer Synthese zusammenzuführen. Hierzu sucht man die Strukturen der Mathematik, Natur und Technik in neuer Weise als Kunst sichtbar zu machen und experimentiert mit der wechselseitigen Umwandlung von Malerei, Musik und Bewegung. Dies kann wiederum als Voraussetzung dafür dienen, Farben, Töne, Worte und Menschen, die in diesem Milieu agieren, zu einem »Gesamtkunstwerk« zusammenzufügen. In maximaler Ausweitung geht es darum, Leben und Kunst identisch werden zu lassen, indem »Außengestaltung« der Welt und »Inneneinrichtung« des Menschen zu einer neuen Harmonie kommen.

Alle diese Überlegungen sind angeführt worden, um das Vorstellungsvermögen dafür aufzuschließen, daß der Mensch keine fixierte Größe ist, sondern in allen Bereichen zu Weiterentwicklungen fähig oder zumindest dafür offen ist. Es besteht Grund zur Annahme, daß die technisch bedingte Entfremdung unseres Lebens in dem Maße, wie sich die »technische Kultur« stabilisiert, einen dialektischen Druck auf die existentielle Auffüllung der »geistigen Kultur« ausüben wird. Der Umschlag von der Dynamik der Außenwelt in die Räume der Innenwelt kennzeichnet dabei den geistigen Gehalt jener Transformation der Menschheit, die sich in Umrissen abzeichnet.

Der Hinweis auf die existentielle Tiefendimension der Zukunft trägt allerdings die Problematik in sich, daß eine solche Sicht eine Abwehrreaktion hervorruft. Der Mensch empfindet eine instinktive Scheu vor dem Neuen und Unbekannten. Er wird unsicher, wenn Anforderungen auf ihn zukommen, welche das gewohnte Leben verändern. Es ist deshalb nicht verwunderlich, daß Zeiten großen Übergangs oft zu panikartigem Fehlverhalten führen. Deshalb kann ein friedlicher Weg in eine neue Zukunft erst gefunden werden, wenn man die Angst vor dem trotz aller geistigen Bemühungen unauslotbaren Ziel verliert, wenn man mit dem Gedanken des Friedens in sich ernst macht und wenn man das Wagnis des Übergangs auf sich nimmt.

Auf diesem Weg in die Zukunft haben die »zwei Kulturen« offenbar eine arbeitsteilige Funktion. Dem naturwissenschaftlich-technischen Bereich kommt dabei die Aufgabe zu, unsere Welt so durchzuorganisieren, daß die materielle Not überwunden wird, der Frieden organisatorisch stabilisiert werden kann und der Mensch von allen mechanischen Tätigkeiten befreit wird. Die »Geistkultur« wiederum kann eine große Aufgabe darin finden, den Menschen in der Weise aufzuschließen, daß er eine solche Welt geistig zu tragen vermag und eine zunehmende existentielle Entfaltung in ihr findet. Es dürfte deutlich sein, welch große Anforderungen, aber auch neue Möglichkeiten sich hier für die Geisteswissenschaften und nicht zuletzt für die Kunst abzeichnen.

Unmittelbarer bedrängen uns freilich die Gegenwartsprobleme. Aber auch hier kann die entwicklungsgeschichtliche Sicht auf die »zwei Kulturen« zu einem vertieften Verständnis wichtiger Vorgänge beitragen.

Die Grundsituation ist dabei durch den Zusammenprall der sich beschleunigt und uniform über die Welt ausbreitenden »technischen Kultur« mit der geschichtlich gewachsenen »Geistkultur« gekennzeichnet. Sieht man den geistigen Bereich wiederum in Verbindung mit staatlichen, rechtlichen, ideologischen und religiösen Strukturen oder Institutionalisierungen, welche gleichsam für die Ewigkeit konzipiert sind, so wird verständlich, wie durch die Kollision der »zwei Kulturen« gewaltige Spannungsfelder auftreten können. Sie lassen sich am Ost-West-Konflikt, an dem von inneren Kämpfen begleiteten Aufbruch der Entwicklungsländer oder an den Erschütterungen, welchen die Kirchen heute ausgesetzt sind, demonstrieren.

Auch die Jugendrevolten unserer Zeit erscheinen bei einem solchen Ansatz in anderem Licht. Zwar sind Ausgangssituationen und Angriffsziele der Jugend in allen Ländern je nach den konkreten Bedingungen verschieden, aber zugleich verbindet sie die gemeinsame Überzeugung, daß die bestehenden gesellschaftlichen Verhältnisse und Institutionen veraltet sind und ein Widerspruch besteht zwischen der Welt, wie sie sein kann, und jener, wie sie ist. Insbesondere die Beschleunigung des Zivilisationsprozesses hat dabei die Ansichten zwischen den Generationen buchstäblich auseinandergerissen und gegeneinander verschoben, so daß man von einer »weltanschaulichen Phasenverschiebung« sprechen kann. Die junge Generation kennt auf Grund der technisch-wirtschaftlichen Entwicklung kaum materielle Not, ist motorisiert, verbringt den Urlaub im Ausland und besitzt die Antibabypille. Es ist deshalb kein Wunder, daß sie die Welt anders sieht und empfindet als die ältere Generation, welche durch die geschichtliche Erfahrung mit Terror, Krieg und realen Spannungen in der Welt daran gehindert ist, unbefangen aus den vorhandenen Strukturen herauszutreten und sich verantwortlich fühlt, das Bestehende zu erhalten, um das Chaos zu verhindern. Entscheidend ist es einzusehen, daß für diese geistige Kluft zwischen den Generationen im Grunde niemand verantwortlich ist, sondern daß es sich dabei um eine »natürliche« oder zumindest verständliche Folge eines Entwicklungsprozesses handelt, den wir noch nicht zu steuern vermögen.

Bei einer entwicklungsgeschichtlichen Betrachtungsweise stellt sich auch das Problem des Friedens in neuer Weise. Wenn nämlich Frieden lediglich die Sicherung des Bestehenden ist, wenn also Frieden nur Ruhe und Ordnung gewährleisten soll, dann kommt man auf diese Weise – so paradox es klingt – eines Tages nahezu zwangsläufig zum nächsten Krieg. Denn wenn die fortschreitende Wissenschaft und Technik nur zur Stärkung und Stabilisierung jener nationalstaatlichen und gesellschaftlichen Strukturen benutzt wird, aus denen im Laufe der Geschichte immer wieder Kriege hervorgegangen sind, dann ist es nur folgerichtig, wenn wir auf diesem Weg über kurz oder lang in die nächste Katastrophe hineingeraten, die dann vielleicht die letzte ist.

Auf dem Hintergrund der Kriegsgefahr hebt sich auch die Bedeutung – und wenn man will die Aufgabe – der »geistigen Kultur« in besonderer Weise heraus. Die »technische Kultur« nämlich läuft gleichsam blind weiter und gibt uns immer wirksamere Mittel für eine vernünftige Weltgestaltung, aber auch für die Weltzerstörung, in die Hand. Demgegenüber bedarf es gewaltiger Anstrengungen der »Geistkultur«, um zu jenen Umformungen festgefahrener gesellschaftlicher und internationaler Strukturen zu kommen, welche für eine dauerhafte Friedenssicherung notwendig sind. Eine solche Umgestaltung der Welt war bislang, wie die Geschichte zeigt, eine echte Utopie. Der materielle Entwicklungsprozeß, in dem wir stehen, schafft jedoch Voraussetzungen für das Beschreiten dieses Weges.

Jedoch auch der Versuch, im Frieden zum Frieden zu kommen, ist mit erheblichen Gefahren verbunden, denn nur zu oft war Terror die Folge. Neben dem Bemühen um die großen Ziele ist es deshalb nicht weniger wichtig, die Einsicht in die prinzipielle Begrenztheit des Menschen und die Unlösbarkeit seiner Grundkonflikte wachzuhalten. Nicht so sehr die Suche nach Wahrheit als das Bemühen um das Wahrwerden sollte dabei das Handeln bestimmen.

Die Autoren

AMSTUTZ, GERHARDT CHRISTIAN, Professor für Mineralogie und Petrographie; 1922 geboren, Studium an der ETH Zürich, Dr.-Sc. Nat. 1954, 1956–1963 Professor an der University of Missouri School of Mines and Metallurgy, Rolla/Mo.; seit 1963 Professor in Heidelberg.
Wichtigste Publikationen: Geologie und Petrographie der Ergußsteine im Verrucano des Glarner Freiberges 1954; Glossary of Mining Geology 1968; Ores in Sediments 1973; Mineralien und Gesteine im Odenwald 1975; über 50 Aufsätze in Fachzeitschriften.

BAHRDT, HANS PAUL, em. Professor für Soziologie, 1918 in Dresden geboren, studierte 1945–1952 in Göttingen und Heidelberg Philosophie, Soziologie und Politologie; 1952 Dr. phil. in Göttingen, 1955 bis 1958 bei der BASF tätig, 1958 Privatdozent in Mainz, 1959 Professor an der TH Hannover, seit 1962 Professor in Göttingen.
Wichtigste Publikationen: Technik und Industriegesellschaft (Mithrsg.) 1957; Industriebürokratie 1958; Die moderne Großstadt 1961; Humaner Städtebau 1968; Wissenssoziologie ad hoc 1971; Umwelterfahrung 1974; Großratenbriefe 1981.

BORN, MAX, Physiker; geboren 1882 in Breslau, studierte in Breslau, Heidelberg, Zürich und Göttingen Mathematik, Astronomie und Physik; 1907 Dr. phil. in Göttingen, 1909 ebd. Privatdozent, 1915 Professur in Berlin, 1919 in Frankfurt, 1921 in Göttingen; zu seinen Göttinger Schülern zählen u.a. W. Pauli, P. Jordan, W. Heisenberg und J. R. Oppenheimer; 1933 Emigration, 1933–1936 Lehrtätigkeit in Cambridge, 1936–1953 Professur in Edinburgh, lebte seit 1954 in Bad Pyrmont; 1954 Nobelpreis; 1970 in Göttingen gestorben.
Wichtigste Publikationen: Dynamik der Kristallgitter 1915; Zur statistischen Deutung der Quantenmechanik, zuletzt 1962; Optik 1933; Dynamical Theory of Crystal Lattices (zusammen mit Kun Huang) 1954; Principles of Optics (zusammen mit E. Wolf) 1959; Physik im Wandel meiner Zeit 1958; Ausgewählte Abhandlungen (2 Bd.) 1963; Von der Verantwortung des Naturwissenschaftlers (Vorträge) 1965.

BUCHHOLZ, ARNOLD, Wiss. Dir. am »Bundesinstitut für ostwissenschaftliche und internationale Studien« in Köln; 1921 in Magdeburg geboren, Dr. phil. in der Fachrichtung »Geschichte der Naturwissenschaft«, langjähriger Redakteur der Zeitschrift »Osteuropa-Naturwissenschaft«, lebt in Köln.
Wichtigste Publikationen: Ideologie und Forschung in der sowjetischen Naturwissenschaft 1953; Der Kampf um die bessere Welt 1961; Die große Transformation 1968; Am Ende der Neuzeit 1978.

DOMIN, HILDE, Schriftstellerin; 1912 in Köln geboren, studierte Soziologie bei Karl Mannheim, Philosophie bei Jaspers; Dottore in Szience Pol. bei Sapori, Florenz; Lehr- und Übersetzertätigkeit in Italien, England, Südamerika; zahlreiche Preise und Auszeichnungen; lebt in Heidelberg.
Wichtigste Publikationen: Nur eine Rose als Stütze (Gedichte) 1959; Rückkehr der Schiffe (Gedichte) 1962; Hier (Gedichte) 1964; Höhlenbilder (Gedichte 1951–52) 1968; Wozu Lyrik heute? Dichter und Leser in der gesteuerten Gesellschaft 1968; Ich will dich (Gedichte) 1970; Das zweite Paradies. Roman in Segmenten 1968; Von der Natur nicht vorgesehen (Autobiogr.) 1974; Aber die Hoffnung (Autobiogr.) 1982; Hrsg.: Doppelinterpretationen. Das zeitgenössische deutsche Gedicht zwischen Autor und Leser 1966.

GLUBRECHT, HELLMUT, Professor für Strahlenbiologie, 1917 in Neisse/Schlesien geboren, studierte 1935–39 in Hannover Physik, 1943 Promotion, 1951 Habilitation über ein Thema der Biophysik, seit 1959 Direktor des Instituts für Strahlenbiologie an der TH Hannover, seit 1969 zugleich Direktor eines Bundesinstituts der Gesellschaft für Strahlenbiologie.
Wichtigste Publikationen: Welternährungskrise oder Ist eine Hungerkatastrophe unausweichlich? (Mitverf.) 1968; Molekulare Struktur und Strahlenforschung (Hrsg.) 1969; zahlreiche Aufsätze in Fachzeitschriften, meist über Strahlenbotanik und ihre Anwendung in der Zukunftsplanung.

GREEN, MARTIN, englischer Literaturwissenschaftler, 1927 in London geboren, studierte engl. Literatur, später Naturwissenschaften in Cambridge (u. a. bei Leavis), London, Paris und an der University of Michigan; Professor im Department of English an der Tufts University, Medford/Mass.
Wichtigste Publikationen: A Mirror for Anglo-Saxons 1960; Reappraisals 1963; Science and the Shabby Curate of Poetry 1964, [2]1978; The Problem of Boston 1965; Yeats Blessings on von Hugel 1968; The Labyrinth of Shakespeares Sonnets 1974; Children of the Sun 1977; The English Novel in the 20th Century 1984.

HABERMAS JÜRGEN, Professor für Philosophie und Soziologie; 1929 in Düsseldorf geboren, Studium in Göttingen, Zürich, Bonn, dort 1954 Dr. phil., apl. Professor in Heidelberg, 1964 Professur in Frankfurt. 1971–1981 Direktor eines Max-Planck-Instituts in Starnberg, seit 1981 wieder in Frankfurt; zahlreiche Preise und Auszeichnungen.
Wichtigste Publikationen: Das Absolute und die Geschichte. Von der Zwiespältigkeit in Schellings Denken (Diss.) 1954; Student und Politik (Mitverfasser) 1961; Strukturwandel der Öffentlichkeit 1962; Theorie und Praxis 1963; Zur Logik der Sozialwissenschaften 1967; Erkenntnis

und Interesse 1968; Wissenschaft und Technik als »Ideologie« 1968; Legitimationsprobleme im Spätkapitalismus 1973; kleine polit. Schriften I–IV, 1981; Theorie des kommunikativen Handelns 1981; Die neue Unübersichtlichkeit 1985; Der philos. Diskurs der Moderne 1985.

HEISSENBÜTTEL, HELMUT, Schriftsteller; 1921 in Wilhelmshaven geboren, studierte 1942–1945 in Dresden und Leipzig, nach dem Kriege in Hamburg Architektur, Germanistik und Kunstgeschichte; 1955 bis 1957 Lektor bei einem Hamburger Verlag, 1959–1981 Redakteur beim Süddeutschen Rundfunk in Stuttgart; lebt in Borsfleth (Holstein).
Wichtigste Publikationen: Kombinationen (Gedichte) 1954; Topographien (Gedichte) 1956; Textbücher (experimentelle Texte) I: 1960; II: 1961; III: 1962; IV: 1964; V: 1965; VI: 1967; Mary McCarthy. Versuch eines Portraits 1964; Über Literatur 1966; D'Alemberts Ende (Roman) 1970; Eichendorffs Untergang 1978; Wenn Adolf Hitler den Krieg nicht gewonnen hätte 1979; Das Ende der Alternative 1980; Ödipus made in Germany 1981; zahlreiche Essays in verschiedenen Zeitschriften.

HUXLEY, ALDOUS LEONARD, englischer Schriftsteller, 1894 in Godalming (Sussex) geboren, Enkel von Thomas Huxley, Großneffe Matthew Arnolds, Bruder Julian Huxleys; Erziehung in Eton, Studium in Oxford, zunächst Medizin (wegen Krankheit abgebrochen), dann Literatur; lebte 1923 bis 1930 vorwiegend in Italien, ab 1937 in Kalifornien; 1963 in Los Angeles gestorben.
Wichtigste Publikationen: Crome Yellow (Roman) 1921; On the Margin (Essays) 1923; Selected Poems 1925; Those Barren Leaves (Roman) 1925; Point Counter Point (Roman) 1928; Brave New World (Roman) 1932; Eyeless in Gaza (Roman) 1932; After Many a Summer (Roman) 1939; Time Must Have a Stop (Roman) 1944; Science, Liberty and Peace (Essays) 1946; The Genius and the Goddess (Roman) 1956; Collected Short Stories 1957; Brave New World Revisited (Essays) 1958; Collected Essays 1959.

KLEIN, WOLFGANG, 1946 in Spiesen geboren, Studium der Sprachwissenschaften in Saarbrücken, dort 1970 Promotion, Habilitation 1972 in Heidelberg, 1976 o. Prof. in Frankfurt, 1980 Dir. am MPI für Psycholinguistik in Nijmegen, Hon. Professor in Frankfurt.
Wichtigste Publikationen: Parsing 1971; Aspekte der Soziolinguistik 1971; Variation in der Sprache 1974; Einführung in die Computerlinguistik (mit R. Dietrich) 1974; Developing Grammars (mit N. Dittmar) 1979; Second Language Acquisition 1986. Etwa 100 Aufsätze zur Sprachwissenschaft.

KREUZER, HELMUT, Professor für neuere deutsche Philologie und Literaturwissenschaft; geboren 1927, Studium in Freiburg/Br., Basel,

Göttingen, Tübingen; 1956 Dr. phil.; 1965 Habilitation in Stuttgart, 1967 o. Prof. in Saarbrücken, 1970 in Bonn, seit 1972 in Siegen. Gastprofessor in Houston, Stanford, New York, Kairo u. a.
Wichtigste Publikationen: (Hrsg.) Hebbel in neuer Sicht 1963, ^{2}1969; (Hrsg. zus. m. R. Gunzenhäuser) Mathematik und Dichtung 1965, ^{4}1971; Die Boheme. Beiträge zu ihrer Beschreibung 1968, ^{2}1971; (Hrsg., zus. m. K. Hamburger) Gestaltungsgeschiche und Gesellschaftsgeschichte 1969; Veränderungen des Literaturbegriffs 1975; Jahrhundertende – Jahrhundertwende (Hrsg.) 1975; Literaturwissenschaft – Medienwissenschaft (Hrsg.) 1977; Fernsehsendungen und ihre Formen (Hrsg. mit K. Prümm) 1979; Sachwörterbuch des Fernsehens (Hrsg.) 1982; zahlreiche Aufsätze in Zeitschriften und Sammelbänden.

Leavis, Frank Raymond, englischer Literaturkritiker; 1895 geboren, Studium in Cambridge, Ph. D., Fellow 1936–1964; 1965 Gastprofessor an der University of New York; führender Vertreter der close reading-Schule; Mitgründer der literarischen Vierteljahresschrift »Scutiny«, die er von 1932 bis 1953 herausgab; von maßgeblichem Einfluß auf den Literaturunterricht an englischen Schulen und Universitäten; starb 1978 in Cambridge.
Wichtigste Publikationen: The Relationsship of Journalism to Literature 1924; Mass Civilisation of Minory Culture 1930; New Bearings in English Poetry (über T. S. Eliot, Pound u. a.) 1932; For Continuity (Aufsätze) 1933; Culture and Environment: The Training of Critical Awareness 1933; Revaluation: Tradition and Development in English Poetry 1936; Education and the University: a Sketch for an »English School« 1943; The Great Tradition: George Eliot, Henry James, Joseph Conrad 1948: The Common Pursuit (Aufsätze) 1952; D. H. Lawrence, Novelist 1955; Two Cultures? The Significance of C. P. Snow 1962; Retrospect of Scutiny 1963; Anna Karenina and Other Essays 1967; Dickens, the Novelist 1970; The Living Principle: English as a Discipline of Thought 1975; Thought, Work and Creativity 1976.

Mohr, Hans, Professor für Biologie, geboren 1930 in Altburg, studierte 1950–1955 Biologie und Physik, 1956 Promotion, anschließend längerer Aufenthalt in den USA, seit 1960 Direktor des Biologischen Instituts II der Universität Freiburg.
Wichtigste Publikationen: Wissenschaft und menschliche Existenz 1968; Lehrbuch der Pflanzenphysiologie 1969, ^{3}1978; Lectures on Photomorphogenesis 1972; Structure and Significance of Science 1977; Biologische Erkenntnis – ihre Entstehung und Bedeutung 1981; Homo investigans – homo politicus 1985; etwa 250 Aufsätze vor allem zur Entwicklungsphysiologie der Pflanze.

Nitschke, August, Professor für Geschichte, 1926 in Hamburg geboren, 1950 Dr. phil. in Göttingen, 1958 Privatdozent in München, seit 1965 Professor in Stuttgart.

Wichtigste Publikationen: Heilige in dieser Zeit – Persönliche Autorität und politische Wirksamkeit 1962; Der Feind. Theorie und Begegnung. Formen politischen Handelns im 20. Jahrhundert 1964; Naturerkenntnis und politisches Handeln im Mittelalter. Körper, Bewegung, Raum 1967; Verhaltenswandel in der industriellen Revolution 1974; Revolution in Naturwissenschaft und Geschichte 1979; Historische Verhaltensforschung 1981; Junge Rebellen 1985.

OPPENHEIMER, ROBERT JACOB, amerikanischer Atomphysiker, 1904 in New York geboren, Studium in Harvard, Cambridge, Göttingen, dort 1927 Dr. phil. (bei Max Born), 1929–1947 Professor an der University of California, leitete 1943 bis 1945 die Herstellung der ersten Atombombe in Los Alamos, 1954 als leitender Berater der Atomenergiekommission wegen angeblicher Beziehungen zu den Kommunisten entlassen, seit 1947 Direktor am Institute for Advanced Studies in Princeton, 1967 gestorben.
Wichtigste Publikationen: Science and the Common Unterstanding 1954 (dt. 1955); The Open Mind 1955 (dt. Atomkraft und menschliche Freiheit); Jews in the World of Science 1955; The Flying Trapeze: three Crises for Physicists 1964; zahlreiche Aufsätze in Fachzeitschriften.

SNOW, CHARLES PERCY, englischer Romancier; 1905 in Leicester geboren, Studium der Physik in Leicester und Cambridge, 1928–1940 in der aktiven Forschung am Christ's College in Cambridge, 1930 Ph. D.; seit 1932 literarisch tätig; 1940 Tutor in Cambridge; 1947–1964 Direktor der English Electric Co., 1964–1966 Parlamentarischer Staatssekretär im Ministery of Technology; 1957 geadelt, 1964 Baron of the City of Leicester, zahllose weitere Auszeichnungen (mehr als 20facher Ehrendoktor), 1980 in London gestorben.
Wichtigste Publikationen: Death under Sail (Kriminalroman) 1932; The Search 1933; Strangers and Brothers (erster Band der gleichnamigen Serie in 11 Bänden, die 1970 abgeschlossen wurde) 1940; The Light and the Dark 1947 (dt. 1948); Time of Hope 1949 (dt. 1951); The Masters 1951 (dt. 1952); The New Men 1954; Homecomings 1956; The Conscience of the Rich 1958 (dt. 1961); The Affair 1960 (dt. 1965); The Malcontent 1972; In their Wisdom 1974; Coat of Varnish 1979. Mehrere Bücher über die Rolle der Naturwissenschaft in der Gesellschaft, u.a. The Two Cultures 1955 (dt. 1967); Science and Government 1961 (dt. 1962); Public Affairs 1971. Biographische Studien: Nine Originals 1967; Trollope: His Life and Art 1975; The Realists: Eight Protraits 1979; verschiedene wissenschaftliche Aufsätze in den Proceed. Roy. Soc. 1929, 1930, 1935; A Series of One-Act Plays (zusammen mit seiner Frau Pamela Hansford Johnson) 1951.

STEINBUCH, KARL, Professor für Nachrichtentechnik; 1917 in Bad Canstatt geboren, Studium in Stuttgart und Berlin, 1944 Dr. phil., von 1948–1958 bei der Standard Elektrik AG. Stuttgart, von 1958–1980

Professur in Karlsruhe; arbeitete vorwiegend über lernende Automaten (entwickelte u. a. die nach ihm benannte Lernmatrix) und automatische Zeichenerklärung.
Wichtigste Publikationen: Automat und Mensch 1961; Taschenbuch der Nachrichtenverarbeitung (Hrsg.) 1962; Neuere Ergebnisse der Kybernetik (Hrsg.) 1964; Die informierte Gesellschaft 1966; Nachrichtentechnik (zusammen mit E. Rupprecht) 1967; Falsch programmiert 1968; Kurskorrektur 1973; Maßlos informiert 1979; Die rechte Zukunft 1981; Unsere manipulierte Demokratie 1985.

TRILLING, LIONEL, amerikanischer Literaturkritiker; 1905 in New York geboren, Studium an der Columbia University, 1928 Ph. D., seit 1931 Professor of English in Columbia; Mitherausgeber von Kenyon Review und Partisan Review; 1975 in New York gestorben.
Wichtigste Publikationen: Matthew Arnold 1939; The Middle of the Journey (Roman) 1947; The Liberal Imagination (Essay) 1950; The Opposing Self (Essays) 1955; Freud and the Crisis of the Culture (Vorlesungen) 1955; A Gathering of Fugitives (Essays) 1956; The life and work of Sigmund Freud 1961; Beyond Culture. Essays on Learning and Literature 1965; Literary Criticism 1970; Sincerity and Authenticity 1972; Mind in the Modern World 1972; außerdem publizierte T. einen Roman (The Middle of the Journey 1947) und eine Reihe von Kurzgeschichten.

YUDKIN, MICHAEL D., englischer Biochemiker, Studium in Cambridge, 1963 Ph. D., anschließend bis 1964 an der Harvard Medical School, seit 1965 Fellow in Oxford.
Wichtigste Publikationen: Comprehensible Biochemistry (mit R. Offord) 1973; Biochemistry 1975; When Kids Think the Unthinkable 1984; zahlreiche Aufsätze über Biochemie und Mikrobiologie.

Drucknachweise, Übersetzer

Herausgeber und Verlag danken für die freundlich erteilten Abdruckgenehmigungen.

C. P. Snow, Die zwei Kulturen
Abdruck aus der Ausgabe im Ernst Klett Verlag, Stuttgart 1967. Die Übersetzung aus dem Englischen besorgten Grete und Karl-Eberhardt Felten. Snow-Zitate in den späteren Beiträgen dieses Bandes werden in der Regel gleichfalls nach dieser Übersetzung zitiert.

Michael Yudkin, Die »Rede Lecture« von Sir Charles Snow
Aus: F. R. Leavis, Two Cultures? The Significance of C. P. Snow. With an Essay on Sir Charles Snow's Rede Lecture by Michael Yudkin. Chatto & Windus, London 1962, 45 S. Der Essay von Yudkin umfaßt S. 33–45. Für diesen Band übersetzt von Manfred Schubert in Zusammenarbeit mit Ingrid Kreuzer.

Frank R. Leavis, Zwei Kulturen?
Aus: F. R. Leavis, Two Cultures? The Significance of C. P. Snow. With an Essay on Sir Charles Snow's Rede Lecture by Michael Yudkin. Chatto & Windus, London 1962, 45 S. Leavis' Vorwort und seine »Richmond Lecture« 1962 umfassen S. 5–30. Für diesen Band übersetzt von Manfred Schubert in Zusammenarbeit mit Wolfgang Klein.

Lionel Trilling, Naturwissenschaft, Literatur und Kultur
Aus: Lionel Trilling, Science, Literature and Culture. A Comment on the Leavis-Snow Controversy. Commentary 33 (June 1962), S. 461–77. Für diesen Band übersetzt von Manfred Schubert in Zusammenarbeit mit Ingrid Kreuzer.

Martin Green, Alter und neuer Humanismus
Auszüge aus: Martin Green, Science and the Shabby Curate of Poetry. Essays about the two Cultures. Longmans, Green and Co Ltd, London 1964. Für diesen Band übersetzt von Manfred Schubert in Zusammenarbeit mit Jens Malte Fischer.

J. Robert Oppenheimer, Über Wissenschaft und Kultur
Aus: J. Robert Oppenheimer, On Science and Culture. Encounter, October 1962, S. 3–10. Für diesen Band übersetzt von Manfred Schubert in Zusammenarbeit mit Jens Malte Fischer.

Aldous Huxley, Rose und Nachtigall
Auszüge aus: Aldous Huxley, Literatur und Wissenschaft. Übersetzt von Herberth E. Herlitschka. R. Piper Verlag, München 1963.

Hilde Domin, Eine Kultur oder keine Kultur
Großenteils Auszug aus: Hilde Domin, Wozu Lyrik heute. Dichtung und Leser in der gesteuerten Gesellschaft. R. Piper Verlag, München 1968.

Helmut Heißenbüttel, Die Schizophrenie des gesellschaftlichen Bewußtseins und ihre hypothetische Auflösung.
Originalbeitrag.

Helmut Kreuzer, Literarische und szientifische Intelligenz
Leicht veränderter Auszug aus: Helmut Kreuzer, Literarische und szientifische Intelligenz. Zur internationalen Kontroverse um die »zwei Kulturen«. Vortrag gehalten im November 1966 an der Technischen Hochschule Stuttgart. Erschienen in: Sprache im technischen Zeitalter 24 (1967), S. 305–323. Erweitert in Helmut Kreuzer, Veränderungen des Literaturbegriffs. Verlag Vandenhoeck & Ruprecht, Göttingen 1975.

Karl Steinbuch, »Zwei Kulturen«: Ein engagierter Beitrag
Originalbeitrag, inzwischen leicht verändert auch erschienen in: Karl Steinbuch, Falsch programmiert. Über das Versagen unserer Gesellschaft in der Gegenwart und vor der Zukunft und was eigentlich geschehen müßte. Deutsche Verlags-Anstalt, Stuttgart 1968.

Hans Mohr, Wissenschaft und Bildung
In den Originalbeitrag sind einige Abschnitte aus: Hans Mohr, Wissenschaft und menschliche Existenz. Vorlesungen über Struktur und Bedeutung der Wissenschaft. Rombach Verlag, Freiburg i. Br. 1967, eingegangen.

Max Born, Die Zerstörung der Ethik durch die Naturwissenschaft
Auszug aus: Max Born, Erinnerungen und Gedanken eines Physikers, Teil 3. Universitas 23 (1968), S. 249–276 (Teil 3: S. 269–276). Ursprünglich unter dem Titel ›Recollections of Max Born‹ erschienen im ›Bulletin of Atomic Scientists‹. Die von Max Born durchgesehene und autorisierte Übersetzung stammt von H. Degen. Enthalten auch in Max Borns ›Erinnerungen‹, die in der Nymphenburger Verlagshandlung erschienen sind.

Hellmut Glubrecht, Ist unsere Kultur gespalten?
Originalbeitrag.

August Nitschke, Ein Plädoyer für die andere Kultur
Originalbeitrag.

G. Christian Amstutz, Die ganzheitlichen Grundlagen der Wissenschaften
Originalbeitrag.

Hans Paul Bahrdt, Literarische Bildung und technische Intelligenz
Aus: Hans Paul Bahrdt, Gibt es eine Bildungselite? Atomzeitalter 5 (1962), S. 115–125, und Die Stellung der »Technischen Intelligenz« in der Gesellschaft. Frankfurter Hefte 15 (1960), S. 241–248.

Jürgen Habermas, Technischer Fortschritt und soziale Lebenswelt
Zuerst erschienen in: Praxis. Philosophische Zeitschrift 1/2 (1966), S. 217–228.

Arnold Buchholz, Die »zwei Kulturen« in entwicklungsgeschichtlicher Sicht
In den Originalbeitrag sind einige Abschnitte aus: Arnold Buchholz, Die große Transformation. Deutsche Verlags-Anstalt, Stuttgart 1968, eingegangen.